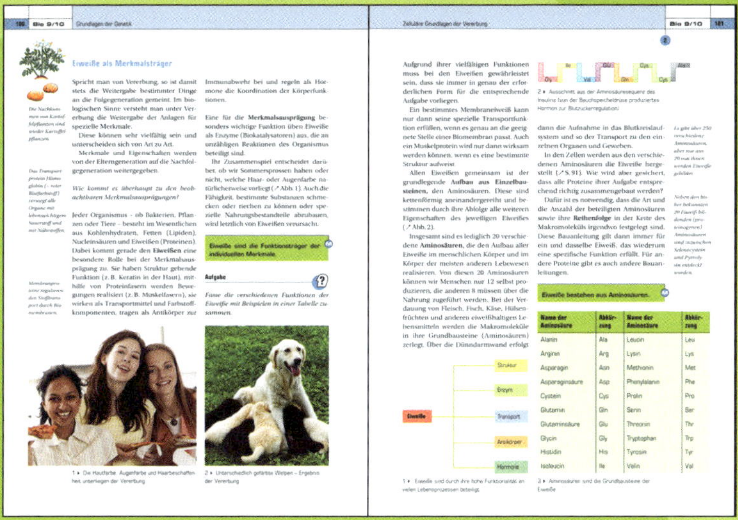

Inhaltsseiten

Diese Seiten vermitteln dir – unterstützt durch **Merksätze,** Tabellen und Übersichten – biologisches Grundlagenwissen über wichtige Begriffe, Gesetze, Erscheinungen und Zusammenhänge.

Vielfältige **Aufgaben** ermöglichen es dir, dein Wissen anzuwenden und zu testen.

Ergänzendes und Vertiefendes bietet zusätzliche Informationen.

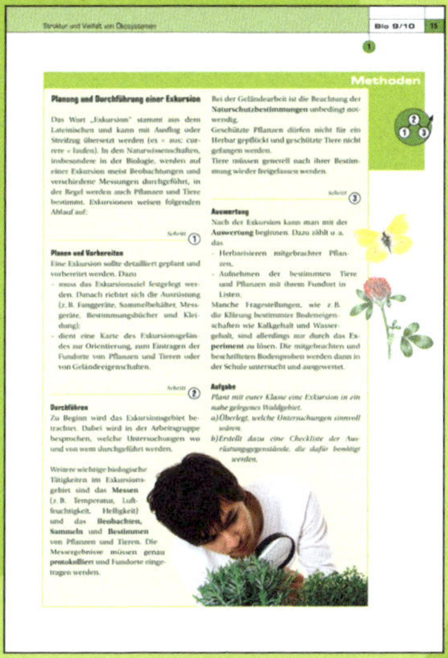

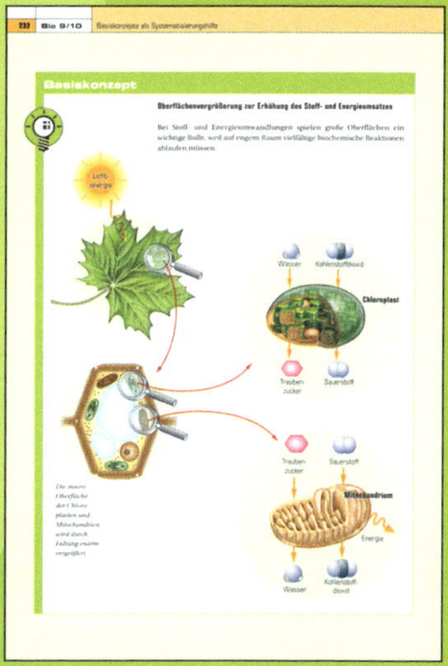

Projekte

Diese Seiten sollen dich zum selbstständigen Bearbeiten ausgewählter Themen anregen.

Methoden

Für die Biologie charakteristische Denk- und Arbeitsmethoden zeigen dir, wie du bei bestimmten Tätigkeiten (z. B. Beobachten, Beschreiben, Vergleichen, Informationen erschließen und präsentieren) schrittweise vorgehen kannst.

Basiskonzepte

Diese Seiten helfen dir, allgemeingültige Zusammenhänge (z. B. Struktur und Funktion) in der Biologie zu erkennen und Wissen zu strukturieren.

Mikolajczak

Biologie

9/10

Lehrbuch für die Klassen 9/10
Gymnasium
Thüringen · Mecklenburg-Vorpommern

Herausgeber:
Dr. Edeltraud Kemnitz
Marlies Müller

DUDEN Schulbuchverlag

Berlin · Mannheim

Autoren
Frank-Michael Becker
Dr. Karl-Heinz Firtzlaff
Prof. Dr. habil. Frank Horn
Dr. Edeltraud Kemnitz
Andrea Mohrenweiser
Marlies Müller
Dr. habil. Christa Pews-Hocke
Prof. Dr. Wilfried Probst
Ralph Schubert
Petra Schuchardt
Prof. Dr. habil. Erwin Zabel

Beiträge von Birgit Pietsch, Dr. Christiane Quaisser, PD Dr. habil. Gottfried Wiedenmann

Berater
Dr. Sabine Hild (Erfurt)

Dieses Werk enthält Vorschläge und Anleitungen für **Untersuchungen** und **Experimente.** Vor jedem Experiment sind mögliche Gefahrenquellen zu besprechen. Die Gefahrstoffe sind durch die entsprechenden Symbole gekennzeichnet. Experimente werden nur nach Anweisung der Lehrkraft durchgeführt. Solche mit Gefahrstoffen dürfen nur unter Aufsicht durchgeführt werden. Beim Experimentieren sind die Richtlinien zur Sicherheit im naturwissenschaftlichen Unterricht einzuhalten.

1. Auflage
1 5 4 3 2 1 | 2014 2013 2012 2011 2010
Alle Drucke dieser Auflage können im Unterricht nebeneinander benutzt werden.
Die letzte Zahl bezeichnet das Jahr des Druckes.

Internet www.duden.de

Redaktion Birgit Pietsch
Gestaltungskonzept Simone Hoschack
Layout Angela Richter
Grafik Wolfgang Beyer, Diener/Gluszak, Christiane Gottschlich, Martha-Luise Gubig, Christiane Mitzkus, Heike Möller, Zeynep Neuls, Jens Prockat, Walther-Maria Scheid, Sybille Storch
Titelbild Glückliche Familie, iStockphoto/John Prescott;
Ammonit, iStockphoto/Heiko Grossmann
Druck und Bindung DZA Druckerei zu Altenburg GmbH, Altenburg

ISBN 978-3-8355-4095-8

Inhaltsverzeichnis

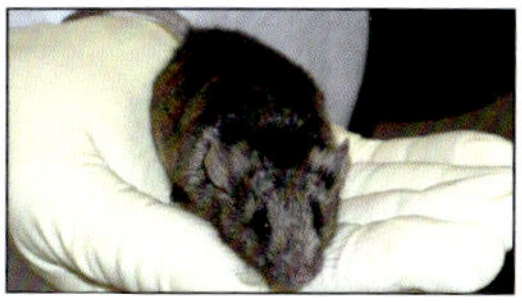

1 Ökologie

1

1.1 Struktur und Vielfalt von Ökosystemen

Vielfalt von Lebensräumen ▸▸ Auf der Erde gibt es eine Vielzahl von Lebensräumen. Für Deutschland typisch sind Wälder, Wiesen, Äcker, Mittelgebirge und Gewässer. Andere Regionen sind z. B. durch Hochgebirge oder tropische Regenwälder geprägt. Lebensräume sind von verschiedenen Organismenarten besiedelt.

In der Gemeinschaft zusammenleben ▸▸ Lebewesen kommen in ihren Lebensräumen, z. B. im Wald oder im See, stets vergesellschaftet vor. Sie bilden Lebensgemeinschaften und gehen viele Beziehungen untereinander ein.

Hang ist nicht gleich Hang ▸▸ Ein Südhang und ein Nordhang bieten für Organismen unterschiedliche Lebensbedingungen. Oftmals siedeln auf dem Südhang Organismenarten, die auf dem Nordhang nicht anzutreffen sind.

Lebensraum und abiotische Umweltfaktoren

Ein Biotop bietet meist vielen Organismen Lebensmöglichkeiten, wenn die abiotischen Faktoren den Ansprüchen der Organismen genügen.

Für die Besiedlung eines Landschaftsbereichs (Biotops) mit Lebewesen sind die dort herrschenden **abiotischen Umweltfaktoren** (nicht lebenden Faktoren) bestimmend. Dazu zählen u. a. Klimafaktoren wie Licht, Temperatur, Feuchtigkeit, Luftbewegung (Windflüchter, ↗ Abb.) und andere Faktoren wie Gase (Sauerstoff, Kohlenstoffdioxid) und Schadstoffe in der Luft.

Weitere abiotische Faktoren physikalisch-chemischer Natur sind z. B. Einstrahlungen unterschiedlicher Art (UV-Licht, radioaktive Strahlen), das Wasser im Boden und in Gewässern mit darin befindlichen Stoffen wie Mineralsalzen, Sauerstoff und Schadstoffen.

Zu den abiotischen Faktoren zählen weiterhin die Bodenverhältnisse wie Sand-, Lehm-, Humusböden, das Bodenrelief wie Hänge, Täler, Bergkuppen.

Das Biotop (der Lebensraum) mit den jeweils herrschenden Lebensbedingungen ist die Lebensstätte der Organismen. Der Charakter des Biotops wird durch abiotische Faktoren bestimmt.

Ein **Biotop** verändert sich laufend. Von außen wirken ständig Stoffe und Energie ein (↗ Abb. 1), es werden aber auch fortwährend Stoffe und Energie an die Umwelt abgegeben.

Beispielsweise wird ständig Wasser verdunstet und gelangt als Wasserdampf in die Atmosphäre. Tiere verlassen einen Lebensraum und siedeln sich in einem anderen Biotop an und auch der Mensch entnimmt ständig Stoffe aus dem Biotop (z. B. durch Holzgewinnung).

Man sagt deshalb auch, ein Biotop ist ein **offenes System.**

1 ▸ Einwirkung abiotischer Umweltfaktoren im Biotop Strand/Düne

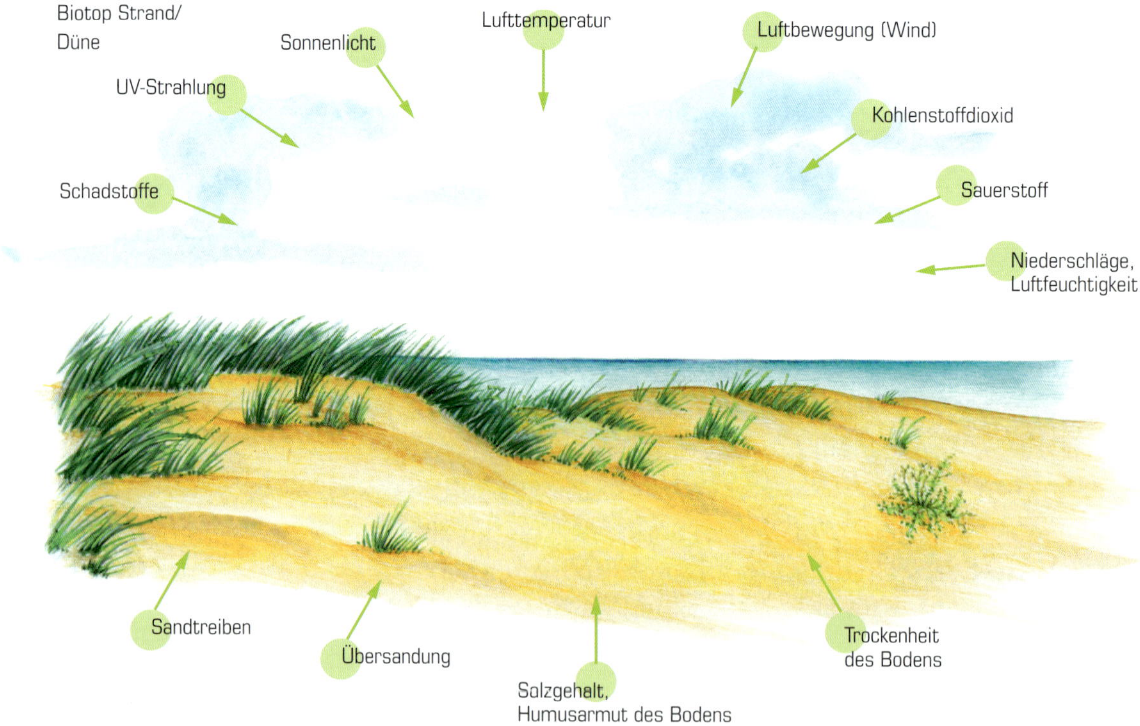

1

Lebensraum und biotische Umweltfaktoren

In Abhängigkeit von den abiotischen Umweltfaktoren, die in einem Biotop herrschen, wird dieses oft von verschiedenen Arten besiedelt. Die Arten sind meist mit zahlreichen Individuen vertreten (z. B. Tausende von Gemeinem Löwenzahn auf einer Wiese). Die Gesamtheit der Individuen einer Art in einem bestimmten Lebensraum wird **Population** genannt.

Die Individuen (Populationen) verschiedener Arten stehen untereinander in vielfältigen Beziehungen. Sie bilden die **biotischen Umweltfaktoren** (lebenden Faktoren). Dazu zählen somit alle Lebewesen, die direkt oder indirekt auf ein anderes Lebewesen einwirken können.

Die Organismen mit ihren Beziehungen untereinander sind vergesellschaftet und bilden eine **Lebensgemeinschaft (Biozönose).**

So bieten alle waldbildenden Pflanzen zahlreichen Tierarten Aufenthaltsmöglichkeiten in Form von Nist- und Brutplätzen sowie Wohnstätten. Gemeinsam leben sie in einem Lebensraum (Biotop) zusammen.

Alle Organismenarten, die den Wald bilden, in ihm vorkommen und gemeinschaftlich zusammenleben, bilden die **Biozönose Wald** (↗ Abb. 1).

Die Organismen in einem Biotop bilden die biotischen Faktoren. Sie stehen untereinander in Beziehung und bilden eine Lebensgemeinschaft (Biozönose).

Aufgabe

Nenne weitere Biozönosen und ordne diesen typische biotische Faktoren zu.

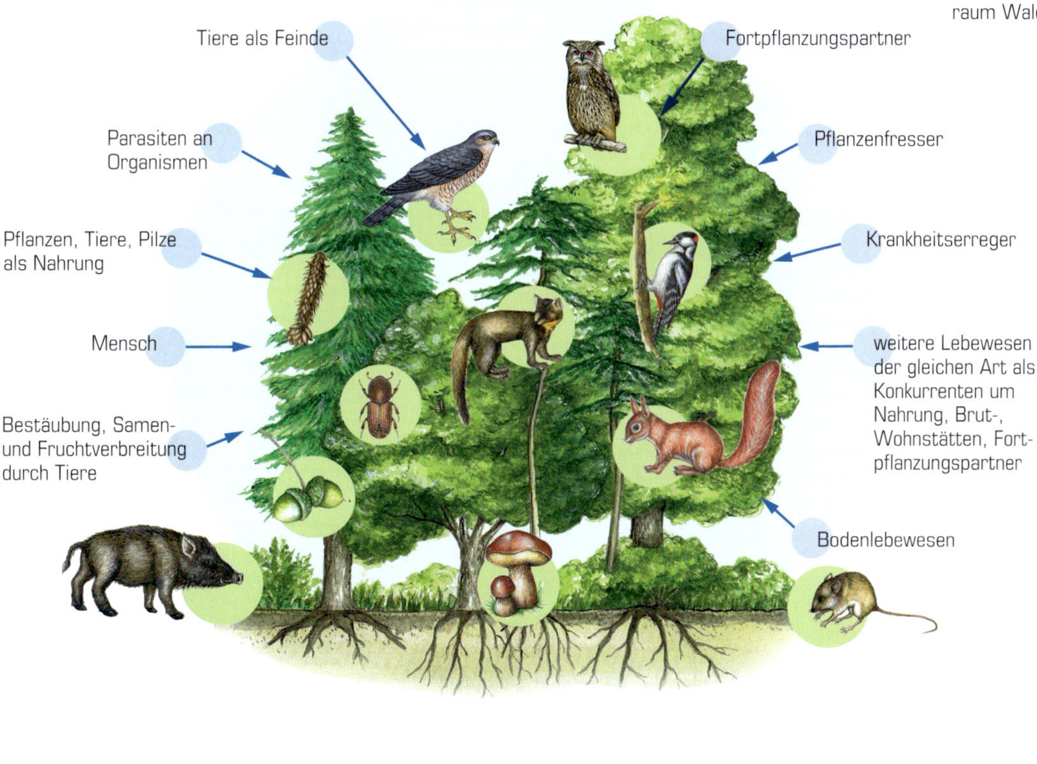

1 ▸ Ausgewählte biotische Umweltfaktoren im Lebensraum Wald

Beziehungen zwischen biotischen und abiotischen Umweltfaktoren

Zwischen den verschiedenen Umweltfaktoren in einem Lebensbereich gibt es vielfältige Wechselwirkungen. So beeinflussen sich die abiotischen Faktoren untereinander. Erhöht sich z. B. die Sonneneinstrahlung, steigt die Temperatur in einem Gewässer.

Die **Wechselbeziehungen zwischen den Lebewesen** (biotischen Faktoren) sind nahezu unübersehbar.

An der Lebensgemeinschaft Wald kann man das gut erkennen. Die Organismen beeinflussen selbst die abiotischen Faktoren im gemeinsamen Lebensraum Wald. Die den Wald bildenden Pflanzen bringen ein spezifisches Klima innerhalb des Waldes hervor. Dieses Kleinklima im Wald unterscheidet sich beträchtlich vom Klima außerhalb des Waldes. Im Waldesinneren herrschen andere Bedingungen, z.B. andere Licht-, Feuchtigkeits-, Temperatur- und Windverhältnisse, vor als außerhalb des Waldes.

Zwischen der **Lebensgemeinschaft** der Organismen **(Biozönose)** und dem **Lebensraum (Biotop)** besteht also eine untrennbare Einheit. Diese wird als **Ökosystem** bezeichnet (↗ Abb.).

Das Modell des Ökosystems hat sich in der Biologie als sehr nützlich zur Beschreibung der verschiedenen Lebensbereiche auf der Erde erwiesen. Als Ökosystem lassen sich sowohl kleine Lebensbereiche, wie Tümpel, Baumstümpfe als auch große und sehr große Lebensbereiche, wie Wälder, Seen, Meere, arktische Gebiete, Wüstengebiete, tropischer Regenwald, bezeichnen.

Ökosysteme sind sehr störanfällig. Gegenwärtig werden sie besonders durch den Menschen beeinflusst. Durch Wirtschaft, Industrie und Verkehr werden Stoffe in Ökosysteme eingebracht, die u. a. zu Luftverschmutzung und zum Aussterben von Organismenarten führen können.

1

Es gibt verschiedene Ökosysteme. Dazu gehören neben Wüsten, tropischen Regenwäldern auch Meere und Tümpel.

Ökosystem Wüste

Verbreitung:
Wüsten gibt es in 2 Gürteln, die jeweils in beiden Hälften der Erde zwischen dem 15. und 30. Breitengrad auftreten. Sie kommen in unterschiedlicher Ausprägung weltweit vor.

Lebensbedingungen:
Von allen Landökosystemen sind die Wüsten am trockensten (Regen nur 2 mm pro Jahr, in manchen Jahren regnet es überhaupt nicht). Die Niederschläge fallen unregelmäßig. Einige Wüsten sind sehr heiß (z. B. Nordafrika – Tagestemperatur über +60 °C am Boden) und weisen starke Temperaturschwankungen zwischen Tag und Nacht auf. Es gibt aber auch kalte Wüsten (z. B. Regionen in den Rocky Mountains).

Besonderheiten biotischer Faktoren:
Der Pflanzenwuchs ist durch die Höhe und Häufigkeit der Niederschläge bestimmt.
Trockenheit ertragende Pflanzen wie Kakteen und andere sukkulente Arten, die Wasser speichern können, herrschen vor. Manchmal fehlt über weite Strecken eine Vegetation.
Unter den Tieren sind samenfressende Vögel und Nagetiere verbreitet. Eidechsen und Schlangen sind die Jäger dieser Tiere. Die Tiere sind ebenfalls an das Wüstenklima angepasst, ihr Organismus braucht wenig Wasser. Manche sind nachtaktiv, halten sich am Tag in Höhlen oder unter Steinen auf, wo sie vor der Hitze geschützt sind, z. B. Wüstenkäfer.

Ökosystem tropischer Regenwald

Verbreitung:
Regenwald kommt weltweit in heißen Tropen nördlich und südlich des Äquators vor, u. a. in Südamerika, Afrika, Südostasien.

Lebensbedingungen:
Die Jahrestemperatur beträgt zwischen +24 °C und +30 °C mit geringen Schwankungen. Tageslänge etwa 12 Stunden. Sehr hoch sind die Niederschläge (im Jahr zwischen 2 000 und 3 000 mm). Sie sind jahreszeitlich gleichbleibend.

Besonderheiten biotischer Faktoren:
Kennzeichnend ist die große Artenvielfalt.
Auf einem Hektar (10 000 m^2) wachsen nicht selten 3 000 verschiedene Baumarten, teilweise über 50 m hoch, meist Laubbäume.
Die Vegetation weist in der Regel nur schwer erkennbare Schichten auf: oberstes Kronendach, niedrige Bäume, Strauch-, Kraut- und Bodenschicht. Zahlreiche Lianen und Epiphyten (u. a. Flechten, Farne, Orchideen und Bromelien) siedeln in der Baumschicht. Die Vielfalt an Pflanzen bietet auch vielen Tieren eine Lebensgrundlage. Die einzelnen Tierarten bevorzugen bestimmte Nahrungsräume, z. B. das Kronendach (Orang Utan, einige Vögel), andere (u. a. Kleinsäuger, Insekten) suchen im Bereich der Bodenschicht nach Futter. Tropische Regenwälder sind extrem bedroht, über die Hälfte ist bereits verloren. Damit wurden auch unzählige Arten vernichtet.

Methoden

Planung und Durchführung einer Exkursion

Das Wort „Exkursion“ stammt aus dem Lateinischen und kann mit Ausflug oder Streifzug übersetzt werden (*ex* = aus; *currere* = laufen). In den Naturwissenschaften, insbesondere in der Biologie, werden auf einer Exkursion meist Beobachtungen und verschiedene Messungen durchgeführt, in der Regel werden auch Pflanzen und Tiere bestimmt. Exkursionen weisen folgenden Ablauf auf:

Schritt 1

Planen und Vorbereiten

Eine Exkursion sollte detailliert geplant und vorbereitet werden. Dazu
- muss das Exkursionsziel festgelegt werden. Danach richtet sich die Ausrüstung (z.B. Fanggeräte, Sammelbehälter, Messgeräte, Bestimmungsbücher und Kleidung);
- dient eine Karte des Exkursionsgeländes zur Orientierung, zum Eintragen der Fundorte von Pflanzen und Tieren oder von Geländeeigenschaften.

Schritt 2

Durchführen

Zu Beginn wird das Exkursionsgebiet betrachtet. Dabei wird in der Arbeitsgruppe besprochen, welche Untersuchungen wo und von wem durchgeführt werden.

Weitere wichtige biologische Tätigkeiten im Exkursionsgebiet sind das **Messen** (z.B. Temperatur, Luftfeuchtigkeit, Helligkeit) und das **Beobachten, Sammeln** und **Bestimmen** von Pflanzen und Tieren. Die Messergebnisse müssen genau **protokolliert** und Fundorte eingetragen werden.

Bei der Geländearbeit ist die Beachtung der **Naturschutzbestimmungen** unbedingt notwendig.
Geschützte Pflanzen dürfen nicht für ein Herbar gepflückt und geschützte Tiere nicht gefangen werden.
Tiere müssen generell nach ihrer Bestimmung wieder freigelassen werden.

Schritt 3

Auswerten

Nach der Exkursion kann man mit der **Auswertung** beginnen. Dazu zählt u.a. das
- Herbarisieren mitgebrachter Pflanzen,
- Aufnehmen der bestimmten Tiere und Pflanzen mit ihrem Fundort in Listen.

Manche Fragestellungen, wie z.B. die Klärung bestimmter Bodeneigenschaften wie Kalkgehalt und Wassergehalt sind durch **Untersuchungen und Experimente** zu lösen. Die mitgebrachten und beschrifteten Bodenproben werden dann in der Schule weiter untersucht und ausgewertet.

Aufgabe

Plant mit eurer Klasse eine Exkursion in ein nahe gelegenes Waldgebiet.
a) Überlegt, welche Untersuchungen sinnvoll wären.
b) Erstellt dazu eine Checkliste der Ausrüstungsgegenstände, die dafür benötigt werden.

Methoden

Beobachten und Beschreiben

Eine wichtige Tätigkeit während einer Exkursion und im Biologieunterricht ist das **Beobachten von Naturobjekten und Naturvorgängen.** Dabei ermittelst du mithilfe deiner Sinnesorgane wichtige Merkmale, Eigenschaften und Verhaltensweisen der Objekte. Oftmals musst du beim Beobachten Hilfsmittel, z. B. Lupe, Fernglas, Mikroskop, Thermometer, Lineal, Messzylinder, Präparierbesteck oder Waage, einsetzen, um konkrete Ergebnisse zu erreichen.

Am Ende der Beobachtung musst du deine Ergebnisse darstellen. Das kann in Form einer Beschreibung erfolgen, aber auch als Tabelle, Diagramm oder als einfache Zeichnung.

In der Regel ist das Beobachten also mit dem **Beschreiben** verbunden.
Beim Beschreiben wird zusammenhängend dargestellt, wie ein Gegenstand oder eine Erscheinung beschaffen ist oder wie ein Vorgang abläuft.
Das Beschreiben erfolgt gegliedert und in logischer Reihenfolge. Dabei werden Fachbegriffe verwendet.
Beim Beobachten und Beschreiben kannst du **schrittweise** vorgehen.

Schritt ①

Erfassen der Beobachtungsaufgabe
Lies die Beobachtungsaufgabe genau durch. Merke und notiere dir die zu beobachtenden Kennzeichen, Eigenschaften und Verhaltensweisen.

Schritt ②

Auswählen notwendiger Hilfsmittel
Wähle die Hilfsmittel aus, die du zur Beobachtung benötigst.

Schritt ③

Erfassen wesentlicher Merkmale
Merke bzw. notiere dir die wesentlichen Merkmale und Eigenschaften sowie Verhaltensweisen.

Schritt ④

Sinnvolles Anordnen der Aussagen
Schreibe die beobachteten Merkmale, Eigenschaften und Verhaltensweisen in einfachen Sätzen auf. Ordne die Aussagen dabei sinnvoll an. (Vermeide dabei einen häufigen Wechsel zwischen verschiedenen Aspekten.)

Beschreibe z. B. die Veränderung eines Ökosystems im Laufe eines Jahres.

Tipp:
Suche dir ein Ökosystem, an dem du auf dem Weg zur Schule jeden Tag vorbeikommst, z. B. eine Wiese, eine Hecke, einen kleinen Gartenteich. So kannst du jeden Tag im Vorbeigehen auftretende Veränderungen beobachten und notieren.

Untersuchungen • Experimente

Untersuchungen von abiotischen Umweltfaktoren

Um in das Wirkungsgefüge eines Ökosystems Einblick zu gewinnen, kann man unterschiedliche Untersuchungen durchführen. Im Folgenden sind einige Beispiele zusammengestellt, die sich für die Erforschung eines Waldökosystems eignen.

Licht und Schatten

Die Helligkeit eines Standorts wird in der Regel als Beleuchtungsstärke mit einem Luxmeter gemessen und in Lux angegeben. Dabei kann die Beleuchtungsstärke an ein und demselben Standort sowohl über den Tag als auch im Jahresverlauf stark schwanken. Dafür sind der wechselnde Sonnenstand, das Wetter und die Belaubung der Bäume verantwortlich.
Das Lichtbedürfnis einer Pflanzenart gibt man wegen der starken Schwankungen in der Regel als relativen Lichtgenuss an. Darunter versteht man den Anteil (Prozentanteil) des vollen Tageslichts, der an einem bestimmten Standort herrscht.

Mini-Luxmeter

1. Miss die Beleuchtungsstärke in Abhängigkeit von der Zeit.

Material:
Luxmeter

Durchführung:
Finde im Wald einen Standort mit Wald-Sauerklee. Miss die Beleuchtungsstärke in Höhe der Sauerkleeblättchen. Führe über ca. 2 Stunden wiederholte Messungen im Abstand von 10 min durch und notiere die Ergebnisse.

Auswertung:
1. Stelle die Messergebnisse im Liniendiagramm dar (Beleuchtungsstärke und Zeit).
2. Du erhältst mit deinem Diagramm ein Bild der Helligkeitsschwankungen. Überlege, welche Fehler bei einer solchen Darstellung auftreten können.

2. Untersuche das Pflanzenvorkommen in Abhängigkeit von der Beleuchtungsstärke.

Material:
Luxmeter; Maßband oder markierte Wäscheleine; 1 m breiter, in zehn 10 x 10 cm Quadrate unterteilter Holzrahmen

Durchführung:
1. Suche einen Waldstandort auf, an dem die Beleuchtungsstärke in einer Richtung stark zu- bzw. abnimmt. Beleuchtungsstärken verändern sich deutlich an einem Waldrand oder an einem Übergang von dichtem Fichtenforst in einen offenen Laubwald.
2. Stecke mit einem Maßband eine Strecke von ca. 20 m ab und miss im Abstand von 1 m die Beleuchtungsstärke.
3. Lege nun im Abstand von 1 m, wie in der Abbildung dargestellt, den Holzrahmen mit den zehn Kästchen aus und notiere für jede Pflanzenart die Zahl der Kästchen, in denen sie vorkommt.

Tipp: Diese Untersuchungen gelingen an sonnigen Tagen besonders gut.

Auswertung:
1. Rechne die Messwerte in den relativen Lichtgenuss (%) um.
2. Ordne jeder vorkommenden Pflanzenart (artgenau bestimmen!) ein bestimmtes Lichtbedürfnis zu (Schattenpflanze, Halbschattenpflanze, Sonnenpflanze).
3. Stelle die Ergebnisse in einem Diagramm dar.

Untersuchungen • Experimente

Standortklima

Das kleinräumige Klima an einem bestimmten Standort kann sich schon auf wenigen Metern stark verändern. Um das Standortklima zu erfassen, muss man die Werte über den Tagesverlauf (und auch zu verschiedenen Jahreszeiten) messen. Wichtige Kenngrößen sind dabei: Beleuchtungsstärke, Lufttemperatur, relative Luftfeuchtigkeit und Verdunstungskraft (Evaporation).

Richte Messstellen ein.

Material:
2 Luxmeter, 2 Thermometer, 2 Hygrometer, 6 Piche-Evaporimeter (kalibriertes Glasröhrchen mit grüner Filtrierpapierscheibe, ↗Abb.)

Durchführung:

1. Richte in einem Waldökosystem und auf einer Wiese einen Messplatz für das Standortklima ein (↗Abb. 1).
   a) Die Messungen werden jeweils in 5 cm, 50 cm und 150 cm Höhe über der Bodenoberfläche durchgeführt.
   b) In diesen drei Höhen sollten an beiden Messstellen die Piche-Evaporimeter fest installiert werden. Es wird die zwischen zwei Messungen verdunstete Wassermenge gemessen und auf ml/h umgerechnet.
   c) Die Thermometer, Hygrometer und Luxmeter werden in den drei Höhen kurzzeitig gehalten und abgelesen.
   d) Beim Ablesen der Thermometer muss darauf geachtet werden, dass diese nicht direkt von der Sonne getroffen werden.
2. Führe über den Tagesverlauf möglichst zahlreiche Messungen durch, mindestens aber drei (kurz nach Sonnenaufgang, um die Mittagszeit, kurz vor Sonnenuntergang).

Tipp: Günstig sind elektrische Hygrometer mit digitaler Anzeige, die gleichzeitig auch die Temperatur messen und anzeigen.

Auswertung:

1. Stelle für jede der beiden Messstellen den Tagesgang von Beleuchtungsstärke, Temperatur, relativer Luftfeuchte und Evaporation dar.
2. Vergleiche die Ergebnisse beider Standorte. Beachte dabei besonders die Werte in den verschiedenen Höhen. Was stellst du fest?

Sind ausreichend Messinstrumente vorhanden, können diese auch fest installiert werden.

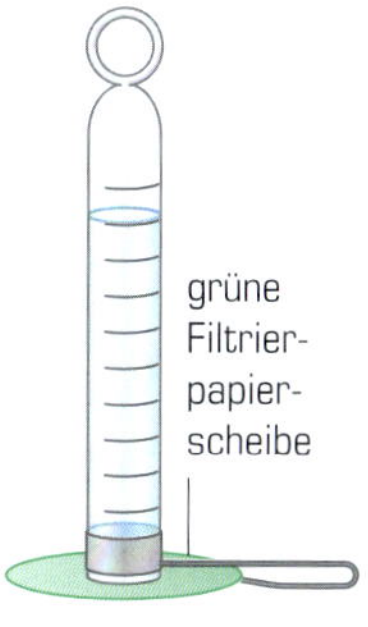

Evaporimeter

1 ▸ So kann der Messplatz zur Kennzeichnung des Standortklimas eines Ökosystems eingerichtet werden.

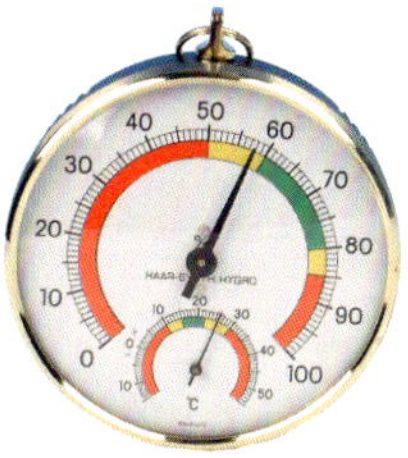

Hygrometer

pH-Wert als abiotischer Faktor für Pflanzen

Der **pH-Wert** ist ein weiterer wesentlicher abiotischer Umweltfaktor. Er ist ein Wert für eine neutrale, saure oder basische Reaktion einer wässrigen Lösung, sei es eine Bodenlösung oder das Wasser eines Gewässers.
Je kleiner der pH-Wert, desto saurer reagiert die wässrige Lösung. Je größer der pH-Wert, desto basischer reagiert sie. Bei einem Wert von 7 reagiert sie weder sauer noch basisch. Man sagt, sie ist neutral (sauer < 7, neutral = 7, basisch > 7).
In Böden lassen sich mehrere Reaktionsbereiche unterscheiden (↗ Tab. rechts).

Die Ansprüche der Pflanzenarten an den pH-Wert des Bodens sind unterschiedlich (↗ Abb. 1 u. 2; Tab. unten). Manche Arten können verschiedene pH-Werte tolerieren, andere sind auf eng begrenzte Reaktionsbereiche angewiesen.
Der pH-Wert hat großen Einfluss auf die im Biotop lebenden Pflanzenarten und Bodenorganismen.
Entsprechend wirken sich auch Änderungen im pH-Wert auf die dort lebenden Arten aus.

Einige Reaktionsbereiche von Böden

Reaktionsbezeichnung	pH-Wert
sehr stark sauer	3,0–3,9
stark sauer	4,0–4,9
mäßig sauer	5,0–5,9
schwach sauer	5,0–5,9
neutral	7,0
schwach basisch	7,1–8,0
mäßig basisch	8,1–9,0
stark basisch	8,1–9,0
sehr stark basisch	9,1–10,0

Ökologische Ansprüche von Pflanzenarten an den pH-Wert (Beispiele)

stark sauer bis mäßig sauer	Rauschbeere, Heidekraut (↗ Abb. 1), Faulbaum
stark basisch bis schwach basisch	Schwarz-Kiefer, Berberitze (↗ Abb. 2), Nesselblättrige Glockenblume
sauer – neutral – basisch	Spitz-Ahorn, Stiel-Eiche, Schwarzer Holunder, Rot-Buche

1 ▸ Heidekraut

2 ▸ Berberitze

1

Untersuchungen • Experimente

Boden

1. Schätze den Kalkgehalt des Bodens.

Material:
10%ige Salzsäure [X], Porzellan- oder Petrischale, Tropfpipette, Teelöffel, Schutzbrille

Durchführung:
Setze die Schutzbrille auf und gib jeweils zu einem Teelöffel Bodenprobe in der Petrischale vorsichtig zehn Tropfen Salzsäure.

Auswertung:
1. Den Kalkgehalt kann man am Aufbrausen erkennen. Schätze nach der Tabelle in Abhängigkeit von der Reaktion mit Salzsäure den Kalkgehalt der Bodenprobe.

Reaktion	Kalkgehalt in %
stark, lang anhaltend	> 5
deutlich, aber nicht anhaltend	3–4
schwach, kurz	1–2
keine Reaktion	< 1

2. Beschreibe die chemische Reaktion, die dem Aufbrausen zugrunde liegt.
3. Kannst du einen Zusammenhang zwischen pH-Wert und Kalkgehalt feststellen?
4. Setze den pH-Wert und den Kalkgehalt des Bodens mit den vorkommenden Pflanzenarten in Beziehung.

2. Untersuche die organischen Bestandteile des Bodens.

Material:
kleine Schaufel oder Löffel, kleines Glas (mindestens 2-mal so hoch wie breit, z.B. von Kleinkindernahrung), Alaun [Kalium-Aluminiumsulfat, $KAl(SO_4)_2$]

Durchführung:
Fülle ein Probenglas zu etwa 1/4 mit der Bodenprobe, gib dann einen Esslöffel voll Alaun dazu und fülle mit Leitungswasser auf. Verschließe das Glas und schüttle es kräftig. Lass das Glas einige Minuten ruhig stehen.

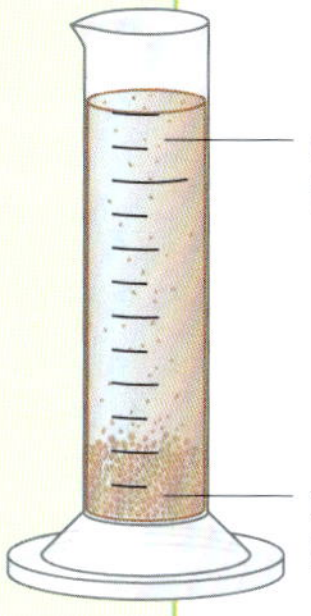

Tipp: Die organischen Bestandteile des Bodens sammeln sich an der Oberfläche, während die anorganischen (mineralischen) Bestandteile sich absetzen.
Lässt man das Glas länger stehen, setzen sich auch die organischen Bodenbestandteile ab, deshalb sollte die Auswertung sofort erfolgen.

Auswertung:
1. Vergleiche verschiedene Bodenproben miteinander.
2. Erläutere, wodurch die Unterschiede zustande kommen könnten.
3. Erkläre die Bedeutung der organischen Bestandteile für die Bodenfruchtbarkeit.

Bodenfruchtbarkeit fasst alle Eigenschaften des Bodens zusammen, die das Pflanzenwachstum beeinflussen.

Untersuchungen • Experimente

3. Ermittle die Bodenart.

Die Korngröße der Bodenbestandteile ist entscheidend für die Wasser- und Mineralstoffspeicherfähigkeit eines Bodens. Sandboden hält nur wenig Wasser zurück, während Lehm- oder Tonböden regelrecht aufquellen können.
Während Sand keine Bestandteile von < 0,01 mm Durchmesser enthält, besteht Ton zu mehr als 60 % aus solchen kleinsten Teilchen.

Durchführung:
Ermittle die Bodenart mit der Handprobe und nach folgendem Bestimmungsschlüssel:

1 Bodenprobe lässt sich zwischen Handflächen zu Kugel formen 2
- nicht formbar .... **Sand**

2 Bodenprobe lässt sich zwischen Handflächen zu bleistiftdicker Wurst ausrollen .. 3
- nicht so dünn ausrollbar .... **lehmiger Sand**

3 Bei Quetschen der Probe zwischen Daumen und Zeigefinger in Ohrnähe kein starkes Knirschen 4
- starkes Knirschen .... **sandiger Lehm**

4 Gleitfläche der Quetschprobe glänzend . 5
- nicht glänzend, stumpf .... **Lehm**

5 Knirscht bei Prüfung dünn ausgestrichen zwischen Objektträgern ..... **lehmiger Ton**
- knirscht nicht .... **Ton**

4. Bestimme den Wassergehalt verschiedener Bodenproben.

Material:
Bodenproben, Plastikbeutel mit Verschluss oder gut verschließbare Gefäße, mit denen die Proben nach der Entnahme ohne Wasserverlust transportiert werden können; Waage, Trockenschrank oder Heizung

Durchführung:
- Wäge die Bodenprobe.
- Trockne die Probe mehrere Tage auf der Heizung oder einige Stunden im Trockenschrank.
- Wäge die Probe erneut.
- Berechne den Wassergehalt in Gramm (g):

$$\text{Wassergehalt in g} = \text{Masse vor dem Trocknen in g} - \text{Masse nach dem Trocknen in g}$$

- Berechne den Wassergehalt in Prozent:

$$\frac{\text{Wassergehalt in g} \cdot 100}{\text{Masse vor dem Trocknen in g}}$$

Auswertung:
1. Vergleiche den Wassergehalt verschiedener Bodenproben.

Tipp: Vergleiche die Proben verschiedener Standorte oder Proben, die zu verschiedenen Zeiten entnommen worden sind.

2. Überlege, von welchen Faktoren der Wassergehalt abhängig ist.

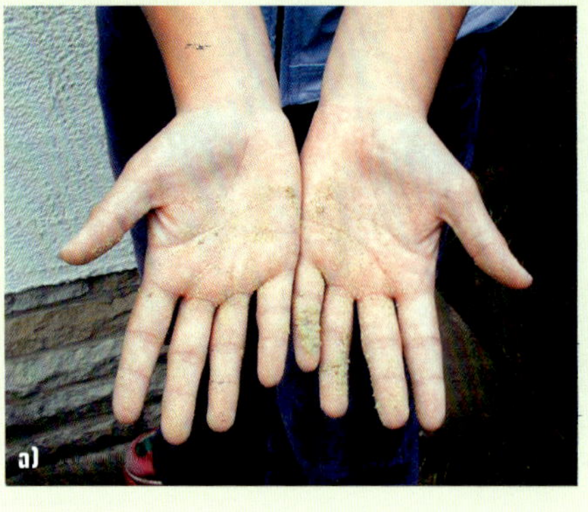

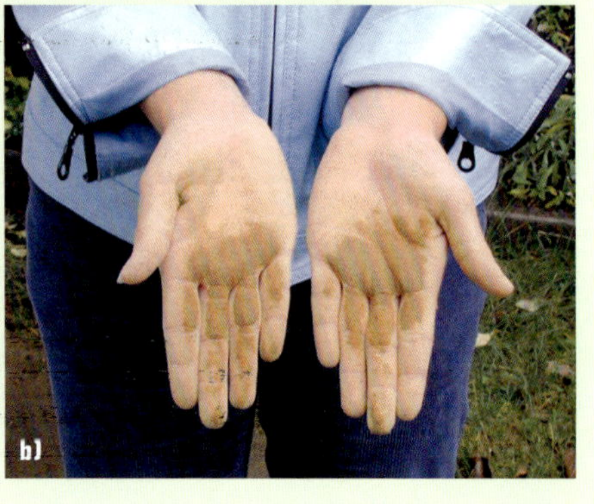

1 ▸ Handflächen nach der Fingerprobe
a) mit Sand
b) mit Lehm

1

Untersuchungen • Experimente

Untersuchung der Luft

Die Eigenschaften und die Qualität der Luft sind für Lebewesen von großer Bedeutung. Einige dieser Eigenschaften wie Temperatur und Luftfeuchtigkeit lassen sich mit einfachen Messgeräten messen.
Durch verschiedene menschliche Aktivitäten, insbesondere durch Verbrennung fossiler Kraftstoffe, gelangen Gase wie Schwefeldioxid, Kohlenstoffdioxid und Kohlenstoffmonooxid, Stickstoffoxide und Ozon, aber auch Stäube und Rußpartikel in die Luft. Diese Stoffe sind für die meisten Lebewesen mehr oder weniger giftig. Die Erfassung dieser Schadstoffbelastung erfordert aufwendige Messverfahren, die von Umweltämtern durchgeführt werden.
Eine Hilfe bei der Bestimmung der Luftqualität sind empfindliche Zeigerorganismen, wie die **Flechten**. Sie reagieren besonders empfindlich auf Schwefeldioxid und andere schwefelhaltige Abgase.

Ermittle den Flechtenbesatz an Stämmen von Bäumen als Indikator für Luftverschmutzung.

Material:
Notizblock, Bleistift

Durchführung:
- Bilde gemeinsam mit deinen Mitschülern sinnvolle Arbeitsgruppen.
- Wählt Bäume unterschiedlicher Standorte aus (z. B. Straßenrand, Waldgebiet, Zentrum eines Stadtgebietes als Vergleich).
- Schätzt den Flechtenbesatz des Umfanges der Baumstämme in 30 bis 200 cm Höhe ein. Nutzt dabei folgende Schätzskala für den Deckungsgrad (↗ Tabelle).

Auswertung:
- Registriert die Ergebnisse und vergleicht sie.
- Schätzt anhand des Flechtenbesatzes die Luftverschmutzung der verschiedenen Standorte ein.

Deckungsgrad	Deckung in %
1	0 bis 1
2	2 bis 10
3	11 bis 25
4	26 bis 40
5	über 40

Hinweis: Hoher Flechtenbesatz deutet auf relativ geringe Luftverschmutzung hin.

1 ▸ Laubflechte

2 ▸ Krustenflechte

Untersuchungen • Experimente

Man kann die Pflanzen nach der Linientransektmethode auszählen. Dabei werden alle Pflanzen entlang einer zufällig oder willkürlich festgelegten Linie, z. B. einer Geraden, gezählt.

Untersuchungen von biotischen Umweltfaktoren im Ökosystem Wald (Auswahl)

1. Untersucht die Häufigkeit von Baumarten in einem Waldgebiet.

In Deutschland kommen meistens nur relativ wenige verschiedene **Baum- und Gehölzarten** in einem Wald vor. Um ihre Häufigkeit festzustellen, kann man sie auszählen. Mehrere solcher Stichproben geben dann einen zuverlässigen Schätzwert für die Artenzusammensetzung der gesamten Untersuchungsfläche.

Material:
Bestimmungsschlüssel für Bäume (nach Blättern); 1 Bettlaken; für jede Arbeitsgruppe: 1 Wäscheleine (mindestens 25 m lang), 1 Sammelbeutel

Durchführung:

1. Legt zuerst eine Basislinie (z. B. an einem Waldweg) fest, von der aus die Linientransekte gelegt werden sollen.
2. Die Arbeitsgruppen verteilen sich im Abstand von mindestens 15 m an der Basislinie. Dann befestigt jede Gruppe das Seil an dem zunächst stehenden Baum.
3. Von dort wird das Seil senkrecht zur Basislinie von Baum zu Baum in den Wald hinein gespannt, wobei eine leichte Zickzacklinie erlaubt ist.
4. Von jedem berührten Stamm wird ein Blatt als Beleg eingesammelt. Bei Nadelgehölzen kann man kurze Zweige einstecken (anstelle von Blättern).
5. Alle Gruppen legen die Blätter einer Art am unteren Rand des Lakens auf einen Haufen. Die Blätter werden auf dem Laken so zu Säulen angeordnet, dass für jedes Blatt – unabhängig von seiner Größe – derselbe Platz zur Verfügung steht. So erhält man ein Säulendiagramm, das die Häufigkeit der einzelnen Gehölzarten wiedergibt (↗ Abb. unten).

Auswertung:
Stellt fest, ob die Arten gleichmäßig über das Gebiet verteilt sind. Erläutert, woran es liegen könnte, dass einige Baumarten besonders häufig sind.

*Tipp:
Sind die Blätter zu hoch, muss ein entsprechendes Blatt von einem anderen Baum derselben Art oder vom Boden eingesteckt werden.*

1

Untersuchungen • Experimente

2. Untersucht Tiere in der Streuschicht des Waldes.

Material:
Gläser mit Streu verschiedener Standorte; Gläser (z. B. Marmeladengläser), Lupen, Pinzetten, weißes Papier

Durchführung:
1. Entnehmt an verschiedenen Standorten Proben der Streuschicht.
2. Sammelt aus der Streu die Tiere und gebt sie getrennt in Gläser oder auf weißes Papier.
3. Beobachtet ihren Körperbau, ihre Mundwerkzeuge und ihre Fortbewegung sowie ihre Reaktion auf Licht.
   Verwendet dazu eine Lupe.
4. Benennt die Tiere. Ordnet sie in ihre systematische Gruppe ein. Nutzt dazu nebenstehende Abbildungen oder einfache Bestimmungshilfen.

Auswertung:
1. Leitet von den Mundwerkzeugen ab, wovon sich die Tiere ernähren.
2. Leitet aus den Beobachtungsergebnissen ab, welche Funktion die Bodenlebewesen im Ökosystem Wald haben.

3. Ermittelt Tiere in den oberen Bodenschichten oder im Humus des Waldes.

Material:
Berlese-Apparatur (↗ Abb. rechts), Glühlampe (60 W), frischer Boden oder Humus

Durchführung:
1. Gebt in das Sieb der Berlese-Apparatur ca. 100 g frischen Boden oder Humus. Aus dem Boden bzw. Humus müssen vorher alle größeren Lebewesen, die nicht die Maschen des Siebs passieren können, entfernt werden.
2. Schaltet die Lampe ein und lasst alles 2 bis 3 Tage stehen.

Auswertung:
1. Betrachtet (Lupe oder Stereomikroskop) und bestimmt die Arten, die vorher ausgesondert wurden.
2. Betrachtet (Lupe, Stereomikroskop) und bestimmt die Arten, die die Maschen des Siebs passiert haben und sich auf dem Boden des Erlenmeyerkolbens befinden.
3. Wiederholt die Untersuchung mit Böden verschiedener Standorte und prüft, ob in unterschiedlichen Böden verschiedene Arten auftreten.

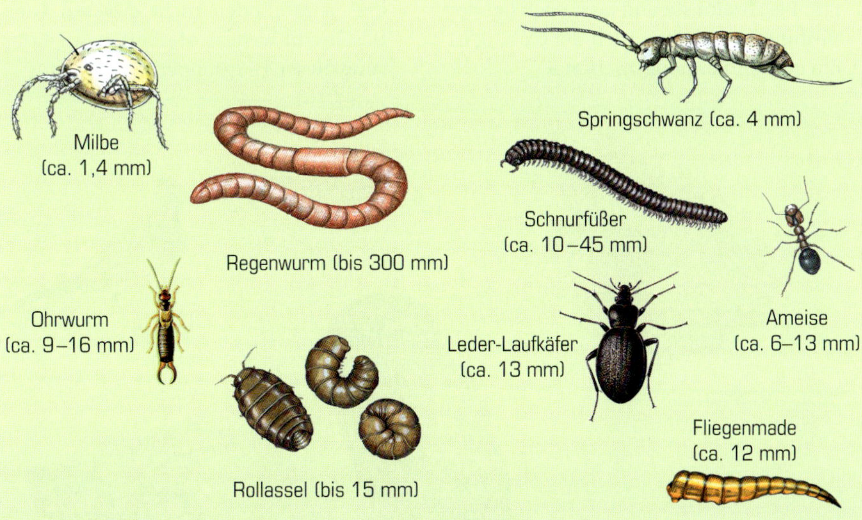

Hinweis: *Die gesammelten Tiere sind nach der Untersuchung wieder in die Umwelt (möglichst am Fundort) auszusetzen!*

Untersuchungen • Experimente

4. Untersucht und vergleicht die Tierarten in einem Wald und auf einer Wiese.

Je nach Tiergruppe gibt es unterschiedliche Erfassungsmethoden. Vögel werden vor allem beobachtet, wirbellose Tiere mithilfe von speziellen Fanggeräten, z. B. Keschern, gefangen. Die beste Zeit dafür ist ein trockener und warmer Frühlingstag.

Material:
je Gruppe: 1 Fernglas, 4 Lupen (z. B. Becherlupen), 1 Bestimmungsschlüssel für Vögel und 4 für wirbellose Tiere, 2 Kescher, 1 Schaufel oder Spaten, 2 große Fotoschalen, 2 Bettlaken, Sammelgefäße: durchsichtige Plastikbecher oder Gläser mit Deckel, Tüten

Durchführung:
Bildet zwei Gruppen:
Eine untersucht die Tierwelt des Waldes, die zweite die Tiere einer Wiese. Im Frühjahr sollte man am frühen Morgen mit der Erfassung der Vögel beginnen.

1. Nehmt alle Hinweise über im Gebiet vorkommende Tiere auf, z. B. Maulwurfshügel und Trittsiegel, sammelt Federn, Fraßspuren und Schneckengehäuse usw.
2. Nutzt das Fernglas, um Vögel zu beobachten. Beschreibt sie und lasst euch bei der Bestimmung helfen. Auch der Gesang ist ein gutes Erkennungsmerkmal.
3. In der Krautschicht werden wirbellose Tiere mit dem Kescher gefangen (nach Anleitung durch eine kundige Begleitperson). Überführt die gefangenen Tiere vorsichtig in die mitgebrachten Gefäße und bestimmt sie. Nutzt dazu Bestimmungsschlüssel und Lupen.
4. Von Büschen und Bäumen werden Wirbellose mit einem Stock „abgeschlagen". Legt dazu Bettlaken unter das Gebüsch. Herabgefallene Tiere absammeln und bestimmen.
5. Hebt eine ca. 10 cm tiefe Bodenprobe aus. Breitet die Probe vorsichtig in einer Fotoschale aus. Durchsucht sie nach Tieren und bestimmt diese.

Auswertung:
1. Stellt Artenlisten für die Wiese und den Wald zusammen.
2. Informiert euch in der Bibliothek oder über das Internet über Lebensweise und Ansprüche der gefundenen Arten.
3. Begründet die Tatsache, dass bestimmte Arten nur auf der Wiese und andere nur im Wald vorkommen.
4. Stellt mögliche Nahrungsnetze der gefundenen Arten zusammen. Gibt es Lücken? Nennt Arten, die diese füllen könnten.
5. Überlegt, welche Tiergruppen man mit diesen Methoden nicht erfassen kann. Beschreibt weitere Methoden zur Erfassung dieser Tiergruppen.

Wichtig:
Setzt alle gefangenen Tiere sofort nach Abschluss der Arbeiten wieder in die Natur zurück.

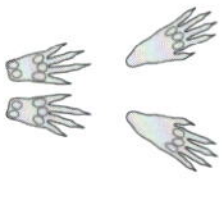

1

Untersuchungen • Experimente

5. Bestimmt die Pflanzenarten in einem ausgewählten Waldstück.

Material:
je Gruppe: 1 Maßband, 9 Stäbe, feste Schreibunterlage, kariertes oder Millimeterpapier, Stifte, Bestimmungsliteratur

Durchführung:
Steckt zunächst ein Waldstück ab.
Fertigt in einem ausgewählten Waldstück eine Bestandsaufnahme an. Tragt eure Ergebnisse in eine Pflanzenkarte ein.

Tipps:
- Arbeitet in Gruppen zusammen.
- Messt mit einem Maßband ein Quadrat von zehn Metern Seitenlänge aus und markiert die Eckpunkte mit Stäben. Unterteilt die Untersuchungsfläche nochmals in Teilquadrate (z. B. 5 x 5 m) und bearbeitet diese einzeln.
- Übertragt den Grundriss und die Unterteilung der Untersuchungsfläche auf kariertes oder Millimeterpapier.
- Tragt jeweils in eure Teiluntersuchungsfläche den Wuchsort von Laub- und Nadelbäumen sowie die Ausdehnung der von Büschen, Gräsern und Moosen bewachsenen Flächen ein. Verwendet dazu Symbole.
- Bestimmt die Arten der Waldbäume. Nutzt auch Bestimmungsbücher.

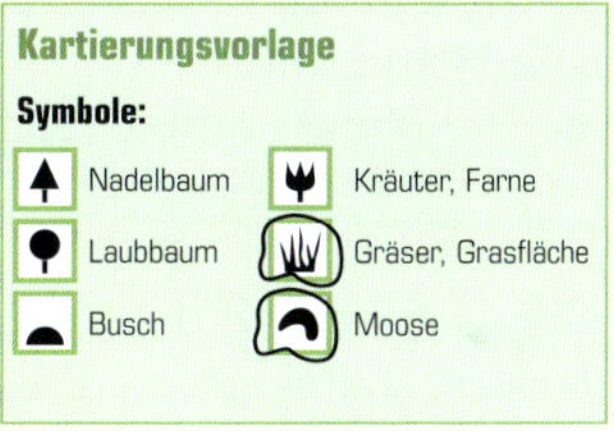

Gewässer als Ökosysteme

1 ▸ Anteil des Wassers auf der Erde

Der Hauptbestandteil von **Gewässern** ist **Wasser.** Die Menge an Wasser und auch die Art können dabei in Gewässern unterschiedlich sein. Die Erde ist ein Planet des Wassers. 71 % der Erdoberfläche werden allein von **Meeren** bedeckt (↗ Abb. 1).

Binnengewässer kommen in großer Vielfalt vor. In Mecklenburg z. B. prägen Flüsse, z. B. die Warnow, aber auch Seen (u. a. die Müritz, Feldberger Seenlandschaft) das Landschaftsbild.

Jeder Mensch braucht täglich 2,5 bis 3,5 Liter zum Trinken, verbraucht aber in Deutschland z. T. 120 l Trinkwasser pro Tag.

Wasser ist unersetzbar. Es ist nicht nur **Lebensraum** für Algen, Pflanzen, Tiere und andere Organismen, sondern auch

- Lebensmittel und Nahrungsquelle,
- Transportmittel,
- Rohstoff für die Industrie,
- Mittel zur Energiegewinnung,
- Voraussetzung für die Bewässerung von Äckern und Parks sowie
- Stätte der Erholung und Freizeitgestaltung.

Wasser gibt es genug auf der Erde, etwa 1,38 Milliarden Kubikmeter. Das entspricht einem Würfel von 1 100 km (Köln bis Rom) Seitenlänge. Diese Wassermasse bleibt immer gleich. Sie befindet sich in einem ständigen Kreislauf (↗ Abb. 2).

Von der **gesamten Wassermasse** sind 97 % Salzwasser. Für den Menschen und auch viele andere Organismen ist es daher für die Ernährung unbrauchbar. Nur 3 % sind **Süßwasser,** und davon ist noch der größte Teil in Eis festgelegt, sodass nur 0,02 % des gesamten Vorkommens für die Versorgung des Menschen zur Verfügung stehen.

Außerdem steigt der Süßwasserbedarf weltweit; nicht in allen Gebieten steht Süßwasser ausreichend zur Verfügung. Die Folge sind Dürre, die Ausbreitung von Wüsten und Wassermangel für Menschen, Tiere, Pflanzen und andere Organismen.

Süßwasser ist also ein kostbares Gut. Obwohl in Deutschland noch hinreichend Süßwasser vorhanden ist, müssen wir sparsam mit ihm umgehen und auch Niederschlagswasser in Becken (Talsperren) speichern. An **Trinkwasser** werden besondere Anforderungen gestellt. Es muss keimfrei, klar, durchsichtig, farblos und auch geruchlos sein und darf keine Schadstoffe enthalten. Von Natur aus erfüllt das Wasser diese Anforderungen meistens nicht. Es muss daher in speziellen Anlagen aufbereitet werden. Das ist teuer und erfordert viel Energie.

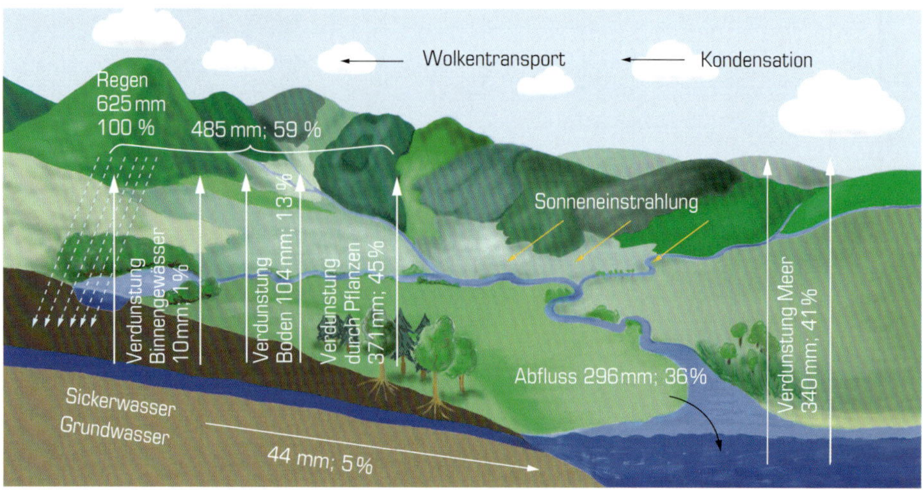

2 ▸ Kreislauf des Wassers

1

Projekt

Der See als Ökosystem

Seen prägen das Landschaftsbild in Teilen von Deutschland wesentlich mit. Sie sind nicht nur eine Wasseransammlung, sondern gleichzeitig Lebensraum für viele Organismen. Dieser Lebensraum weist z. B. im Vergleich mit einem Wald viele andere Besonderheiten auf.

Das Umfeld eines Sees

Für die Beurteilung eines Sees ist dessen Umfeld von großer Bedeutung, weil von diesem viele Einflüsse auf einen See ausgehen (z. B. Eintrag von Schadstoffen). Viele Gewässer sind umgeben von landwirtschaftlichen Nutzflächen, von Wäldern oder liegen als Teich inmitten eines Dorfs.

1. *Erkundet das Umfeld eines ausgewählten Sees und tragt die Ergebnisse in eine Skizze ein. Beachtet dabei die Gesichtspunkte, die in der Randspalte aufgeführt sind.*

- *Gibt es Zu- bzw. Abflüsse?*
- *Ist der See von landwirtschaftlichen Nutzflächen (z. B. Feldern, Grünland) oder Wald umgeben?*
- *Liegen Siedlungen, Betriebe in der Nähe des Sees?*
- *Sind Gefahren für den See erkennbar?*

Zonierung des Sees

Seen und Teiche weisen meist eine gut erkennbare Zonierung auf (↗ Abb.). Sie kann in Abhängigkeit vom Seetyp unterschiedlich sein. Ein See besteht aus verschiedenen Zonen, von denen jede einen eigenen Lebensraum bildet. Diese Lebensräume bieten für Organismen jeweils unterschiedliche Lebensbedingungen.

2. *Versucht, von einer geeigneten Stelle am Ufer aus einige der Zonen zu erkennen. Fertigt eine eigene Skizze an und beschriftet sie.*

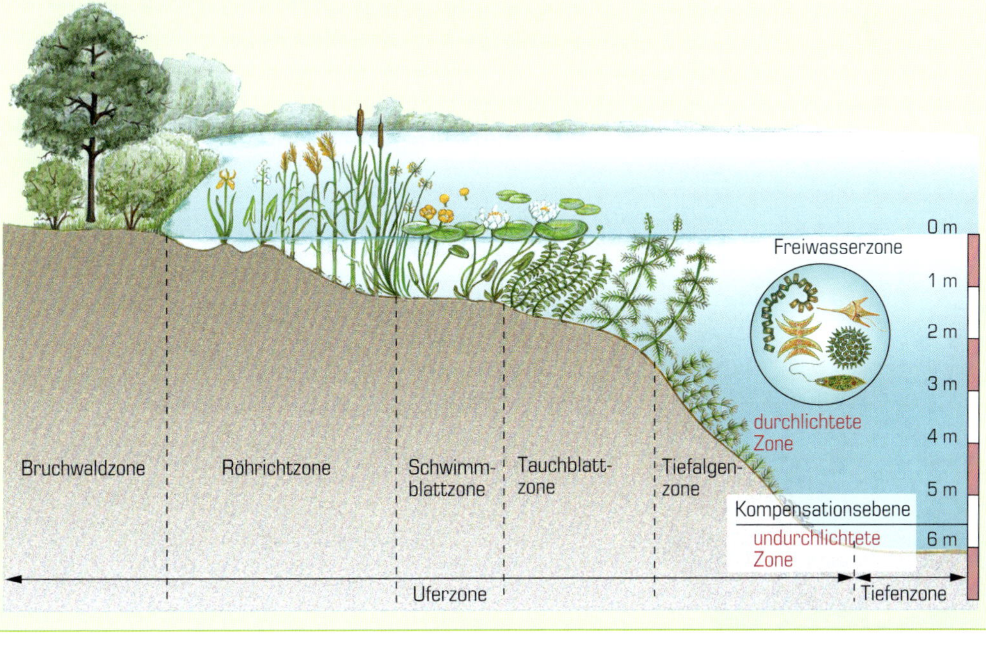

Projekt

Abiotische Umweltfaktoren eines Sees

Lebewesen können nur dort existieren, wo die Lebensbedingungen ihren Ansprüchen genügen. Die Lebensbedingungen in einem See werden durch die vorhandenen abiotischen Umweltfaktoren weitgehend mitbestimmt.
Zu diesen Umweltfaktoren gehören u.a. das Licht, die Temperatur und der Sauerstoffgehalt, der pH-Wert des Wassers sowie die Belastung mit Schadstoffen.

Über den Grad der Wasserverschmutzung des Gewässers geben einfache Untersuchungen einen gewissen Aufschluss. Hinweise erhält man schon, wenn man die Trübung und Farbe sowie den Geruch des Wassers einschätzt.

3. *Ermittelt die Trübung (Qualität) und Farbe vom Wasser eines Sees. Geht nach folgender Anleitung vor:*

Material:
Bechergläser oder andere Glasbehälter aus Weißglas, Wasserproben

Durchführung:
Schöpft mit einem Glasbehälter Wasser aus dem Gewässer.
Beurteilt die Qualität und die Farbe des Wassers nach folgender Skala:

Farben	**Qualität**
durchsichtig blau	unbelastet
schwach gelblich, gelblich, gelb	wahrscheinlich Abwasserbelastung, z.B. durch Eisen
gelblich braun	verstärktes Algenwachstum durch Nährstoffreichtum
gelblich grün, grün	verstärktes Algenwachstum durch Nährstoffreichtum
braun	belastet durch Eisen, Humusteilchen, evtl. durch Sickerwasser verursacht
grauschwarz	belastet durch Faulstoffe

Auswertung:
Ermittelt mögliche Ursachen für den Zustand des Gewässers.
Beschreibt am Beispiel je einer Pflanze und eines Tiers mögliche Auswirkungen der Wasserqualität auf die Lebensvorgänge dieser Organismen.
Notiert die Ergebnisse.

1

Projekt

4. *Ermittelt den Wassergeruch eines Sees. Geht folgendermaßen vor:*

Material:
Gläser, Messzylinder, Flaschen mit Korken, Wasserproben

Durchführung:
- Gebt Gewässerproben jeweils in eine Flasche, verschließt sie.
- Schüttelt sie kräftig.
- Beschreibt nach Öffnung der Flasche den Geruch der Gewässerprobe.
- Nutzt zur Einschätzung folgende Geruchsqualitäten: aromatisch, süßlich, faulig, modrig.
- Entscheidet, mit welcher Intensität die jeweilige Geruchsqualität auftritt: schwach, stark, sehr stark.
- Registriert die Ergebnisse.

Auswertung:
- Fertigt dazu eine Tabelle an.
- Ermittelt Ursachen für den Geruch des Wassers eines Gewässers.

1 ▸ Geruchsprobe

Aufschluss über die **Belastung des Wassers** eines Gewässers geben u. a. auch die Sichttiefe, der pH-Wert des Wassers und das Vorhandensein bestimmter Lebewesen im und am See.
Die **Sichttiefe** ist ein einfaches Maß, um die Lichtdurchlässigkeit einzuschätzen. Sie wird mithilfe der Secchischen Scheibe (↗ Abb. 2) ermittelt. Die Sichttiefe ist diejenige Tiefe, in der die Secchische Scheibe noch gerade zu erkennen ist. Je sauberer das Wasser ist, desto größer ist die Sichttiefe. Geringe Sichttiefe (unter 3 m) deutet auf Belastungen des Gewässers hin.

5. *Messt die Sichttiefe eines Sees. Geht nach folgender Anleitung vor:*

Material:
weiße Scheibe an Leine mit Dezimetereinteilung oder Secchische Scheibe

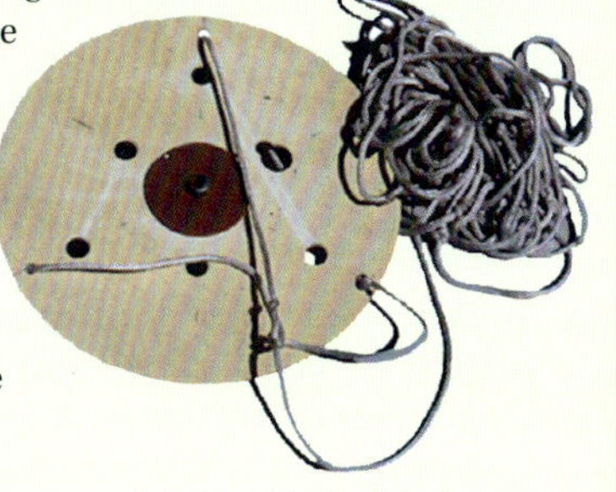

2 ▸ Secchische Scheibe

Durchführung:
- Bestimmt die Sichttiefe an verschiedenen Messstellen durch Absenken der Scheibe.
- Lest die Sichttiefe an der gemeterten Leine ab, wenn die Scheibe gerade noch zu erkennen ist, und protokolliert die Ergebnisse.

Auswertung:
Schätzt die Belastung des Wassers unter Berücksichtigung der Sichttiefe ein.

Projekt

Der **pH-Wert** ist ein weiterer wesentlicher Umweltfaktor. Er zeigt an, ob eine Lösung neutral, sauer oder basisch ist. Der pH-Wert hat großen Einfluss auf Lebewesen, die an bestimmte pH-Werte angepasst sind. Sie entwickeln sich nur normal, wenn der entsprechende pH-Wert gegeben ist. Viele Fische z. B. können nur im Bereich eines bestimmten pH-Werts leben.

pH-Grenzwerte (Vorzugswerte)	
Süßwasser-fische	pH 7 (6–8)
Meeres-fische	pH 8,2–8,4

6. *Ermittelt den pH-Wert von Wasserproben. Geht dabei nach folgender Anleitung vor:*

Material:
Wasserproben, Testpapier bzw. Indikatorstäbchen, pH-Messgerät (↗ Abb. 1)

Durchführung:
- Haltet ein Teststäbchen bzw. ein Indikatorstäbchen 1 Sekunde in die Wasserproben und vergleicht mit der Farbskala.
- Haltet die Elektrode des pH-Messgeräts in die Wasserproben, lest den Messwert ab und notiert die Messwerte.

Auswertung:
Vergleicht die pH-Werte der Wasserproben miteinander.
Bewertet die pH-Werte im Hinblick auf die Bedeutung für die Organismen.

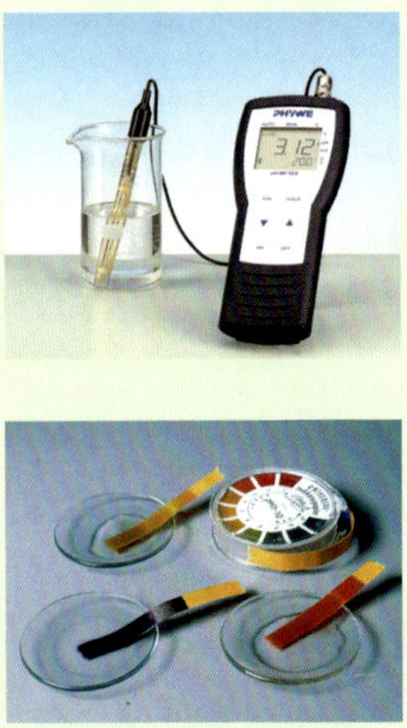

1 ▸ Geräte und Materialien zur Untersuchung des pH-Werts

Lebewesen eines Sees

Ein See bietet zahlreichen Lebewesen Lebensmöglichkeiten. Alle im Wasser lebenden Organismen (z. B. Algen, Unterwasserpflanzen, Fische, Krebstiere, tierisches und pflanzliches Plankton) sind an die im Wasser herrschenden Lebensbedingungen angepasst und lassen anhand ihrer artspezifischen Lebensbedingungen Rückschlüsse auf die Belastung eines Gewässers zu.

Dabei kommen in den einzelnen Zonen unterschiedliche Organismenarten vor. Die Organismenarten der **Bruchwald-, Röhricht-** und **Schwimmblattzone** sind meist gut zu erkennen.

7. *Ermittelt mithilfe von Bestimmungsbüchern die Vielfalt der Organismen des untersuchten Sees. Haltet dabei gezielt nach Zeigerorganismen Ausschau. Ordnet der Bruchwald-, Röhricht- und Schwimmblattzone jeweils drei Pflanzen- und Tierarten zu.*
   Fertigt dazu eine Tabelle an.

In der **Tauchblattzone** leben die Pflanzen völlig untergetaucht. Sie müssen das spärlich einfallende Licht maximal ausnutzen.

8. *Wählt aus der Tabelle der ermittelten Lebewesen (↗ Aufgabe 7) je Zone eine Pflanzen- und eine Tierart aus und erklärt deren Angepasstheit an ihren jeweiligen Lebensraum.*

2 ▸ Laichkraut

1

Projekt

In der **Freiwasserzone** existiert eine Vielfalt von Lebewesen. Auf der Wasseroberfläche beobachtet man verschiedene Vogelarten, im Wasser die unterschiedlichsten Fischarten, Krebstiere, Schnecken sowie zahlreiche Kleinstlebewesen. Die im Wasser schwebenden Lebewesen werden als Plankton bezeichnet.
Besonders wichtig ist das pflanzliche Plankton (↗ Abb. 1). Am Tag produziert es organische Stoffe und Sauerstoff. Es erhöht den Sauerstoffgehalt des Wassers und ist Nahrungsquelle für Kleinkrebse und einige Jungfische.

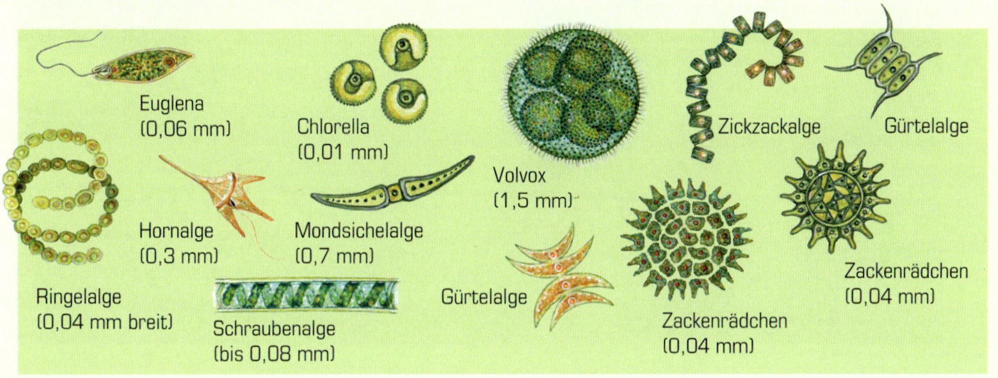

1 ▸ Pflanzliches Plankton

Tierisches Plankton (↗ Abb. 2), zu dem u. a. Wasserflöhe und andere Kleinkrebse zählen, ist wiederum Nahrungsgrundlage für andere Wassertiere (z. B. Fische, Larven von Insekten).

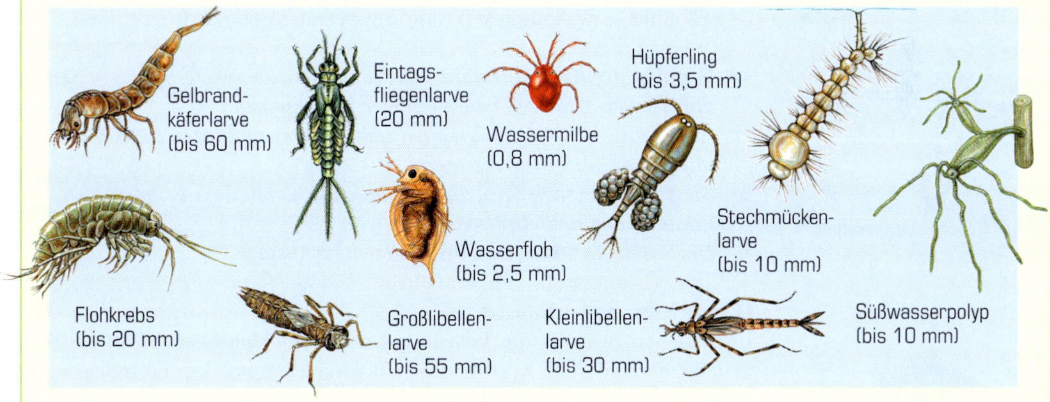

2 ▸ Tierisches Plankton

9. *Befragt Angler oder Fischer, welche Fischarten im See zu finden sind. Ordnet sie in Fried- und Raubfische. Begründet eure Zuordnung.*

10. *Entnehmt eine Wasserprobe und betrachtet sie mithilfe eines Mikroskops. Prüft, ob von den oben abgebildeten Kleinstlebewesen (Plankton) einige in der Probe vorkommen.*

Projekt

11. *Viele wirbellose Tiere, wie Schnecken, Spinnen, Insekten und deren Larven, zeigen vielfältige Anpassungen an ein Leben im Wasser. Betrachtet die Abbildung. Beschreibt den Zusammenhang von Bau und Funktion am Beispiel der verschiedenen Atmungsmechanismen.*

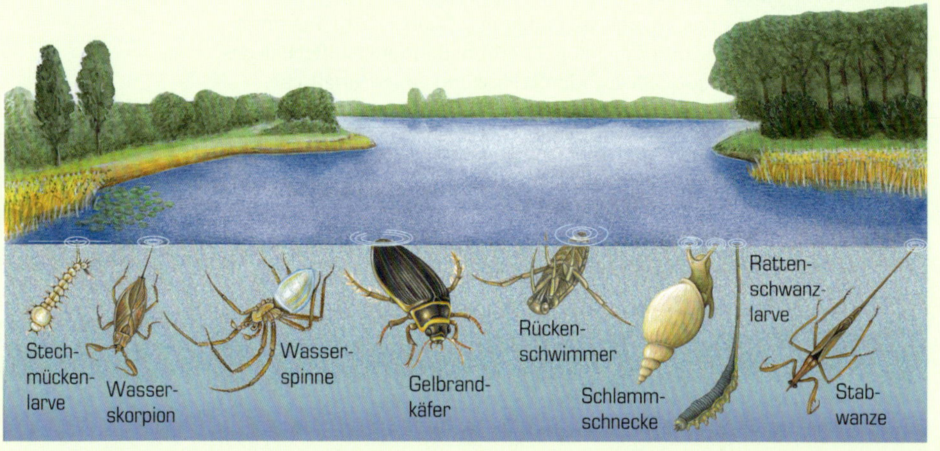

Nahrungskette

Zwischen den Lebewesen eines Sees bestehen vielfältige Beziehungen. Diese **Wechselbeziehungen** werden besonders deutlich, wenn man fragt: „Wer frisst wen?"
Infolge der Nahrungsbeziehungen bestehen zwischen den Organismen eines Sees zahlreiche Abhängigkeiten, die in einfachen Nahrungsketten (↗ Abb. links) bzw. komplexen Nahrungsnetzen ihren Ausdruck finden.

12. *Versucht, weitere Nahrungsketten bzw. Nahrungsnetze in einem See aufzustellen. Beschreibt die jeweiligen Beziehungen.*
13. *Am Anfang von Nahrungsketten stehen immer Pflanzen mit Chlorophyll. Begründet diese Aussage.*
14. *Auch im Ökosystem See wirken abiotische und biotische Faktoren. Erläutert dies an Beispielen.*
15. *Der See ist ein Ökosystem. Begründet diese Aussage.*

Unsere Seen sind gefährdet
In manchen Seen ist die Belastung durch den Menschen, z. B. durch Schadstoffe und Müll, so groß, dass z. B. Fische sterben. Der Freizeitsport gefährdet die Gewässer ebenfalls.

16. *Nennt Ursachen, durch die die Lebensbedingungen in einem See verändert werden können.*
17. *Ist der von euch untersuchte See ebenfalls in Gefahr? Beurteilt die Belastung dieses Sees. Geht auch auf das Vorhandensein bzw. Fehlen von Zeigerarten ein. Nennt Maßnahmen, die dem Schutz dieses Sees dienen. Begründet die Wahl der vorgeschlagenen Maßnahmen.*

1

gewusst · gekonnt

1. Ordne folgende Begriffe den biotischen und abiotischen Umweltfaktoren zu: 1 Temperatur, 2 Wasser/Niederschläge, 3 Mensch, 4 Sonnenlicht, 5 andere Pflanzen, 6 Tiere, z. B. Vögel, 7 Sauerstoff, 8 Boden, 9 Parasiten, 10 Kohlenstoffdioxid, 11 Luftbewegung. Fertige eine Tabelle an.

2. Definiere die Begriffe Biotop, Biozönose und Ökosystem.

3. Ermittle einige typische Pflanzenarten verschiedener Ökosysteme (z. B. einer Hecke, eines Waldes, einer Wiese, eines Gewässerufers), auch mithilfe eines Bestimmungsbuchs. Welche Arten prägen das äußere Bild der ausgewählten Ökosysteme?

4. Tropische Regenwälder sind optimale Lebensräume für viele Lebewesen.
- **a)** Suche im Atlas Gebiete mit tropischen Regenwäldern. Charakterisiere sie.
- **b)** Vergleiche die Pflanzen- und Tierwelt mit der in einer Wüste.

5. Nenne Ökosysteme anderer Länder, die bei uns nicht vorkommen. Begründe, warum sie fehlen.

6. Vergleiche die Schichtung in einem Laubmischwald und in einem Nadelwald. Begründe die Unterschiede.

7. Frische deine Kenntnisse zur jahreszeitlichen Struktur von Laubwäldern auf.
- **a)** Beschreibe den Frühjahrsaspekt.
- **b)** Begründe das Auftreten von Frühblühern wie Busch-Windröschen und Scharbockskraut vor der Belaubung der waldbildenden Pflanzen.
- **c)** Erkläre, warum bei uns heimische Laubbaumarten wie Rot-Buche und Berg-Ahorn im Herbst ihre Blätter abwerfen.

8. Im Waldesinnern, am Waldrand und auf einer angrenzenden Wiese wurde an einem sonnigen Sommertag jeweils gegen 12 Uhr in einer Höhe von 20 cm vom Boden aus die Lufttemperatur gemessen. Der niedrigste Wert wurde im Waldesinnern, der höchste auf der Wiese ermittelt. Begründe die Unterschiede.

9. Gib für ein bestimmtes Lebewesen einige Beispiele an, wie es mit seiner Umwelt in Wechselbeziehungen steht. Erstelle dazu eine Skizze.

10. Beschreibe, wie Pflanzen das Klima im Wald beeinflussen.

Das Wichtigste auf einen Blick

Struktur eines Ökosystems

Ökosystem – ein Beziehungsgefüge zwischen einer Lebensgemeinschaft (Biozönose) und ihrem Lebensraum (Biotop).

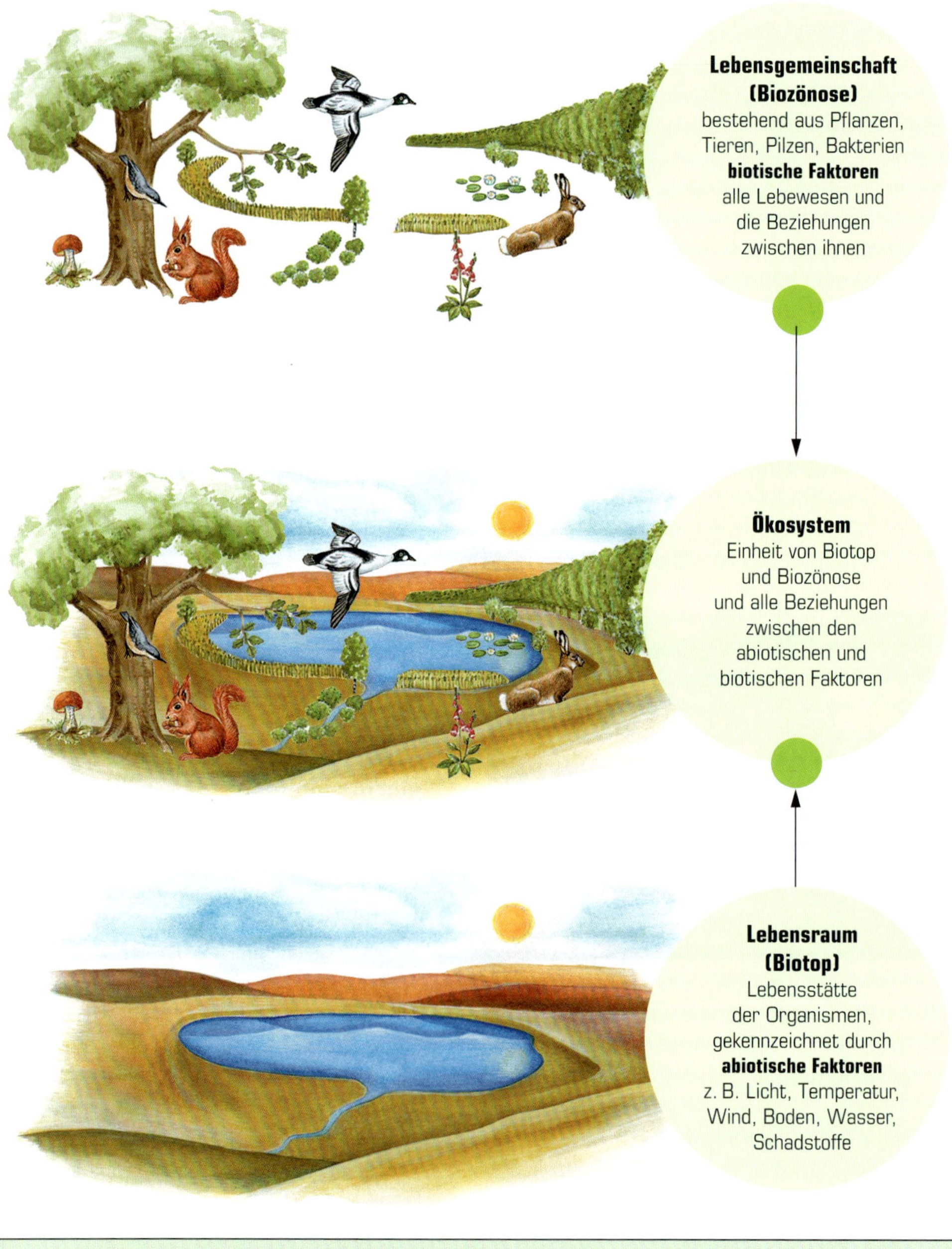

1

1.2 Wechselwirkungen in einem Ökosystem

Einfluss der Umwelt auf Lebewesen ▸▸ Es fällt auf, dass Pflanzen sich zum Licht wenden. Manche Tiere (z. B. der Igel) halten bei niedrigen Temperaturen Winterschlaf. Einige Lebewesen sind auf spezifische Standorte angewiesen, wo u. a. ein ganz bestimmter abiotischer Umweltfaktor vorhanden ist. Man nennt solche Arten Zeigerarten.

Zusammenleben von Organismen ▸▸ Lebewesen eines Ökosystems beeinflussen sich gegenseitig. Dieser Einfluss kann positiv oder negativ sein. Leben sie z. B. in einer Symbiose zusammen, ziehen beide daraus einen Vorteil.

Verbreitung von Lebewesen ▸▸ Der Gemeine Löwenzahn z. B. überzieht – besonders im Frühjahr – viele Wiesen, er kommt aber auch in Pflasterritzen vor. Andere Arten sind an bestimmte Lebensräume gebunden, z. B. der Eisbär.

Einflüsse von abiotischen Umweltfaktoren auf Lebewesen

Ohne Wasser kein Leben

Ohne **Wasser** gäbe es auf der Erde kein Leben. Wasser ist die **Lebensgrundlage** für viele Organismen. So besteht der Körper der Lebewesen zu 60 % bis über 90 % aus Wasser. Für viele Lebewesen ist das Wasser auch **Lebensraum.**

Wasser ist lebenswichtig für Tiere.
Für die Menschen und die Tiere ist Wasser eine Grundvoraussetzung für den Ablauf wichtiger Lebensprozesse im Körper (z. B. Verdauung, Wachstum und Entwicklung).

Die Tiere sind mehr oder weniger stark vom abiotischen Umweltfaktor Wasser abhängig. Lurche haben eine feuchte, schleimige Haut, durch die sie atmen können, sie sind **Feuchtlufttiere.** Wasserfrösche leben immer in der Nähe von Gewässern, die sie bei Gefahr aufsuchen. Feuersalamander (↗ Abb. 2) leben in feuchten Laubwäldern. Sie verlassen ihre Verstecke in Erdlöchern, zwischen Steinen und unter Moospolstern nachts und tagsüber nur bei Regenwetter. Alle Lurche laichen im Wasser und ihre Larven entwickeln sich im Wasser.

Demgegenüber sind Kriechtiere, die meisten Säugetiere und Vögel **Trockenlufttiere,** die vom Wassergehalt der Umgebung relativ unabhängig sind. Zauneidechsen (↗ Abb. 1) z. B. können sich stundenlang sonnen, weil ihre Haut von Hornschuppen bedeckt und so vor dem Austrocknen geschützt ist. Auch die meisten Säugetiere und Vögel haben eine trockene Haut, die außerdem durch das Fell bzw. das Gefieder vor starker Austrocknung geschützt ist. Zudem findet die Fortpflanzung dieser Trockenlufttiere außerhalb des Wassers statt. Fast alle Kriechtiere und Vögel legen mehr oder weniger dickschalige Eier, und bei den Säugetieren entwickeln sich die Jungen eine Zeit lang im Mutterleib.

Tiere sind vom abiotischen Umweltfaktor Wasser abhängig. Sie nutzen Wasser z. B. als Fortpflanzungsort oder als Lebensraum. Sie sind entsprechend angepasst.

Aufgabe

Nenne jeweils einen weiteren Vertreter für Trockenluft- sowie für Feuchtlufttiere. Erstelle für diese Tierarten einen Steckbrief.

1 ▸ Zauneidechse

2 ▸ Feuersalamander

1

1 ▸ An Waldtümpeln bzw. Bächen, die durch den Wald fließen, bilden sich charakteristische Teilökosysteme heraus.

Wasser ist lebenswichtig für Pflanzen. Wälder gelten als „Wasserspeicher". Sie beeinflussen den Wasserhaushalt der Landschaft maßgeblich.

Je dichter der Pflanzenbestand im Wald ist, umso mehr Wasser kann gespeichert werden. Außerdem verzögern **Bäume, Sträucher** und **Kräuter** den oberirdischen Abfluss von Wasser. Damit wird die Erosion des Bodens vermindert.

Für alle grünen Pflanzen ist Wasser ein unentbehrlicher **Ausgangsstoff** für die **Fotosynthese** (↗ S. 233). Es ist auch notwendig für ihr Wachstum und ihre Entwicklung.

Pflanzen haben in der Regel in ihren Zellen zentrale Vakuolen und verfügen über einen „inneren" Wasservorrat, der durch ein gut ausgebildetes Wurzelsystem ergänzt werden kann. Sie können ihre Wasserabgabe regulieren und auch größere Schwankungen im Wasserangebot ausgleichen.

Pflanzen besiedeln verschiedenartige Teillebensräume, beispielsweise im **Ökosystem Wald** Waldtümpel, feuchte Senken, Gebiete mit hohem Grundwasserstand und Staunässe (↗ Abb. 1), aber auch trockene Steilhänge und Bergkuppen. An das dort jeweils vorherrschende Wasserangebot sind sie angepasst.

Bei **Laubbäumen** kann man eine besondere Angepasstheit an den Umweltfaktor Wasser beobachten. Sie werfen im Herbst ihre Blätter ab. Dadurch wird die Verdunstungsoberfläche der Laubbäume verringert und dem stark eingeschränkten Wassernachschub aus dem frosttrockenen Boden im Winter begegnet.

Auch **Moose, Flechten, Luftalgen, Pilze** und **Bakterien** beeinflussen den Wasserhaushalt, insbesondere den oberirdischen Wasserabfluss. Der Wassergehalt dieser Lebewesen schwankt meist stark, da sie nur wenige Einrichtungen als Verdunstungsschutz aufweisen.

Im Gegensatz zu vielen Samenpflanzen können jedoch viele dieser Organismen vorübergehende vollständige Austrocknung überdauern.

Der abiotische Umweltfaktor Wasser ist wesentlich an der Ausbildung der Struktur des Ökosystems beteiligt. M

Pflanzen an feuchten und an trockenen Standorten

In **nassen** bzw. **sehr feuchten Gebieten** gibt es für die hier vorkommenden Pflanzen meist keinen Wassermangel. Sie müssen von dem reichlich aufgenommenen Wasser rasch wieder viel abgeben. Dafür sind sie entsprechend gebaut.

1 ▸ Kleines Springkraut

Feuchtpflanzen, wie das Kleine Springkraut (↗ Abb. 1), welken meist sehr schnell, wenn sie aus dem feuchten Boden herausgenommen werden.

Die sogenannten **Feuchtpflanzen** haben
- dünne, zarte, großflächige Laubblätter ohne einen speziellen Schutz vor Verdunstung (Wachsschicht).
- Spaltöffnungen, die über die Blattoberfläche hinausragen und dadurch die Verdunstung fördern.
- oft zusätzlich lebende Haare, über die viel Wasser abgegeben wird, d.h. die Verdunstung wird gefördert.

Moospflanzen, beispielsweise das Sternmoos (↗ Abb. 3), sind auf feuchte Standorte angewiesen, weil ihre Stämmchen und ihre Blättchen keinerlei Verdunstungsschutz besitzen und sie daher an trockenen Standorten schnell austrocknen würden.

An trockenen Standorten herrscht Wassermangel. An solchen Standorten können nur Arten gedeihen, die Einrichtungen haben, die sie vor zu starker Wasserabgabe und damit vor dem Austrocknen schützen. Pflanzen solcher Standorte nennt man **Trockenpflanzen.** Typische Beispiele dafür sind Weißdorn und Königskerze (↗ S. 39, Abb. 2).

2 ▸ Weißdorn

Die Königskerze besitzt zur Herabsetzung der Verdunstung
- feste Laubblätter mit einer äußeren Schutzschicht.
- Laubblätter und Stängel, die mit toten Haaren bedeckt sind.
- Spaltöffnungen, die in die Blattoberfläche eingesenkt und außerdem durch Haare verdeckt sind.

Zusätzlich hat sie eine Pfahlwurzel, die tief in die Erde dringt und dadurch der Pflanze zusätzliche Wasservorräte erschließt.

Untersuchungen • Beobachtungen

Untersuche ein Blättchen vom Sternmoos

Material:
1 Blättchen vom Sternmoos, Lupe, Mikroskop, Objektträger, Deckgläschen

Durchführung:
- Trenne ein Blättchen vom Stämmchen der Moospflanze ab.
- Fertige ein Frischpräparat des Moosblättchens an.
- Betrachte das Objekt mithilfe eines Mikroskops oder einer Lupe.
- Fertige eine Zeichnung von einem Ausschnitt des mikroskopischen Bilds an.

Beobachtung und Auswertung:
Beschreibe das mikroskopische Bild.

Nenne Merkmale, die das Sternmoos als Feuchtpflanze kennzeichnen.

3 ▸ Sternmoos

1

Zahlreiche Pflanzen trockener Standorte haben Gewebe ausgebildet, in dem Wasser gespeichert wird. Außerdem haben sie oft einen kugel- oder säulenförmigen Wuchs (z. B. Kakteen, ↗ Abb. 4).

Bestimmte Pflanzenarten sind an das Leben im Wasser, andere an das Leben auf nassen bzw. feuchten oder trockenen Standorten angepasst (Wasserpflanzen, Feucht- bzw. Trockenpflanzen).

Aufgaben

1. *Recherchiere Informationen zum Bau und zur Funktion der Spaltöffnungen. Beschreibe sie und gehe dabei auch auf die Unterschiede zwischen Feucht- und Trockenpflanzen ein.*

2. *Informiere dich in Fachbüchern bzw. im Internet genauer über den Bau von Kakteen. Beschreibe dann, wie sie in der Lage sind, an trockenen Standorten zu leben.*

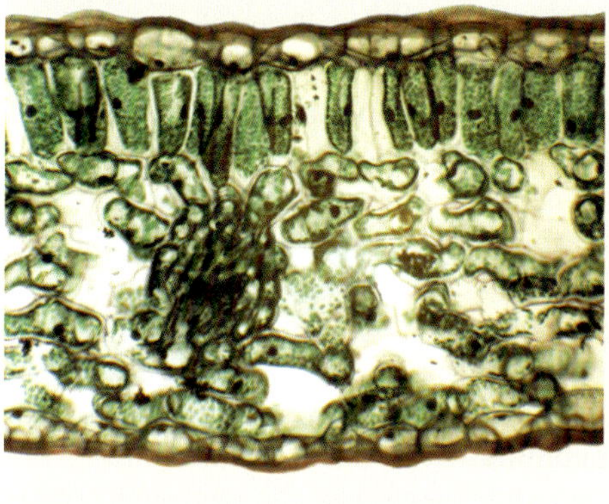

1 ▸ Laubblatt, vergrößerter Querschnitt

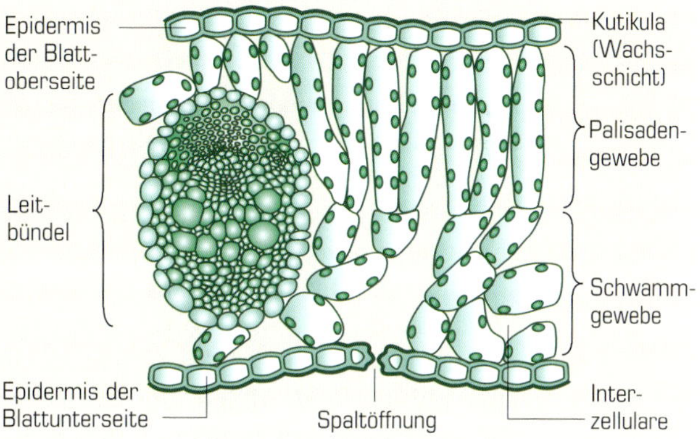

3 ▸ Laubblatt, schematische Zeichnung

2 ▸ Königskerze auf trockenem Untergrund

4 ▸ Vielrippiger Säulenkaktus in Mexiko

Licht als abiotischer Umweltfaktor

Licht, insbesondere Sonnenlicht, ist ein weiterer abiotischer Umweltfaktor. Sonnenlicht liefert die Energie als Existenzgrundlage nahezu aller Lebensgemeinschaften und für den Ablauf zahlreicher Lebensprozesse.

Licht ist lebenswichtig für Pflanzen.
Die **Ansprüche** der einzelnen Pflanzenarten an den Lichtfaktor sind verschieden. Nur dadurch sind beispielsweise die **jahreszeitlichen Aspekte** der Laubwälder in unseren Breiten zu erklären.

In einem Buchenwald z. B. weist die Lichtintensität in Bodennähe im Jahresverlauf erhebliche Unterschiede auf. Sie ist im März und April am höchsten (keine Beschattung durch das Laubdach). Dadurch sind für die **Frühblüher** (z. B. Busch-Windröschen, ↗ S. 43, Abb. 2) günstige Bedingungen gegeben. Sie treiben rasch aus, blühen und bilden Reservestoffe. Die in den Zwiebeln oder Erdsprossen (Rhizomen) eingelagerten Reservestoffe stehen den Frühblühern im nächsten Frühjahr wieder für das Wachstum und die Entwicklung zur Verfügung.

Unabhängig von jahreszeitlichen Veränderungen herrschen am Waldrand, mitten im dichten Baumbestand oder auf einer Lichtung im Wald **unterschiedliche Lichtverhältnisse.** Diese beeinflussen das Vorkommen vieler Pflanzenarten.

Schattenpflanzen kommen im Waldesinneren vor, **Lichtpflanzen (Sonnenpflanzen)** an Waldrändern, auf Lichtungen und außerhalb des Waldes.

Lichtpflanzen (z. B. Königskerze, ↗ S. 39, Abb. 2) gedeihen bei hoher Lichtintensität am besten. Schattenpflanzen (z. B. Kleines Springkraut, ↗ S. 38, Abb. 1) kommen mit weniger Licht aus und können sogar absterben, wenn sie längere Zeit intensiver Lichteinwirkung ausgesetzt sind.

Unter den dichten Kronendächern von **Schattenbaumarten,** z. B. der Rot-Buche gedeihen nur solche Pflanzenarten, die den dort herrschenden geringen Lichtverhältnissen angepasst sind. Als Schattenpflanzen gehören dazu beispielsweise Großes Springkraut, Goldnessel, viele Farne und Moose.

1 ▸ a) Auswirkung der unterschiedlichen Lichtintensität auf Wachstum und Entwicklung des Wald-Ziests
b) Pflanzen des Wald-Ziests

1

Die Laubblätter sind bei Schatten- und Lichtpflanzen unterschiedlich ausgebildet (↗ Abb. 1). Lichtblätter sind meist klein, relativ dick und derb, mit mehrschichtigem Palisadengewebe. Schattenblätter sind meist größer, sowie dünn und zart, mit einschichtigem Palisadengewebe.

Angepasstheiten an die Lichtverhältnisse lassen sich auch an den **Blättern ein und derselben Pflanze** feststellen, z. B. der Rot-Buche. Auf der besonnten Südseite des Kronenbereichs sind **Lichtblätter,** auf der Nordseite und im Innern der Krone sind **Schattenblätter** ausgebildet. Bezogen auf die Blattfläche ist die Fotosyntheseleistung der Lichtblätter höher als die der Schattenblätter.

Bei vielen Pflanzen ist Licht auch der Reiz für die Auslösung von **Wachstumsbewegungen** (z. B. Hinwenden der Pflanzen zum Licht). Auch das Blühen von Pflanzen ist vom Licht abhängig.

Die **Individualentwicklung der Pflanzen** ist ebenfalls abhängig vom Licht. Deutliche Auswirkungen sind z. B. auf die Wuchshöhe und die Blütenbildung von Kräutern zu beobachten. Bei optimaler Lichtstrahlung entwickelt sich die Pflanze am besten (↗ S. 40, Abb. 1).

Pflanzen sind mit ihrem Bau an die Lichtverhältnisse angepasst. M

Aufgabe

Untersuche Licht- und Schattenblätter.

a) *Lege je ein Lichtblatt und ein Schattenblatt auf Millimeterpapier und zeichne den Umriss auf. Vergleiche die Umrisse. Betrachte und befühle die Blätter.*

b) *Vergleiche den Aufbau von Licht- und Schattenblättern. Ziehe eine Schlussfolgerung bezüglich der Angepasstheit.*

c) *Mikroskopiere einen Laubblattquerschnitt (Dauerpräparat) und beschreibe den Aufbau eines Laubblatts.*

d) *Betrachte das mikroskopische Bild und vergleiche mit der Abbildung 1.*

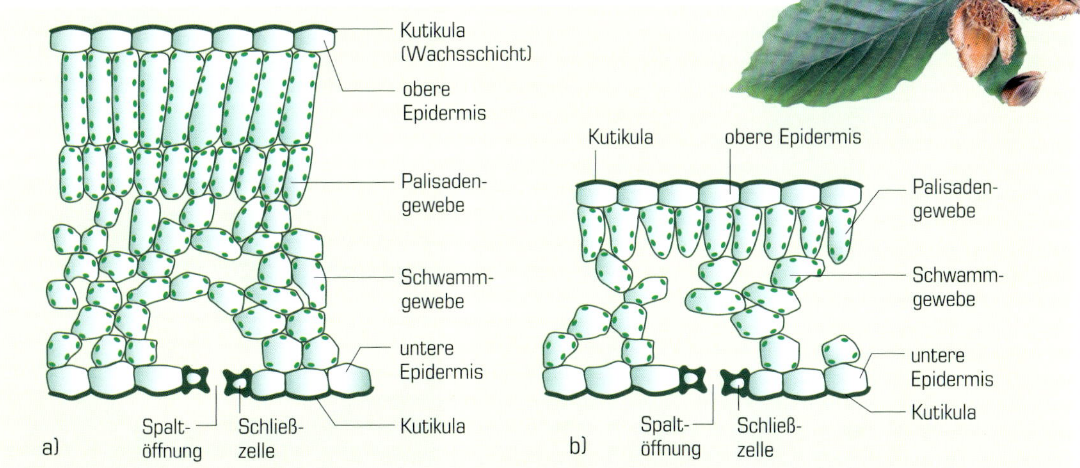

1 ▸ Schematische Zeichnung der Querschnitte von Lichtblatt (a) und Schattenblatt (b) derselben Pflanze (Rot-Buche)

Licht ist lebenswichtig für Tiere.
Der Wechsel von Licht und Dunkelheit, von Tag und Nacht, bewirkt bei Tieren gut beobachtbare Änderungen im Verhalten.

In der **Dämmerung** ist beispielsweise das Schwärmen von Mücken auffällig. Fledermäuse (↗ Abb. 3) fliegen nur dann zwischen den Baumwipfeln.

In der **Nacht** jagen Eulen (↗ Abb. 2), Igel und Dachse ihre Beute. Waldmäuse suchen in den Nachtstunden ihre Nahrung. Regenwürmer kriechen auf der Erdoberfläche.

Tagsüber sind die Sing- und Greifvögel aktiv. Eidechsen huschen zwischen Gesteinen, und in der Luft schwirren Käfer, Libellen (↗ Abb. 1) und Fliegen.

Entsprechend ihren Aktivitätszeiten lassen sich **tagaktive, nachtaktive** und **dämmerungsaktive Tiere** unterscheiden.

Vom Licht beeinflusst wird auch der morgendliche Sangesbeginn der Vögel. Jede Art hat eine bestimmte Helligkeitsstufe, bei der sie munter wird und zu singen beginnt.

„Frühaufsteher" bei den Singvögeln sind der Gartenrotschwanz, das Rotkehlchen und die Amsel. „Langschläfer" sind Haussperling und Star.

Diese sogenannte **„Vogeluhr"** lässt gewisse Regelmäßigkeiten erkennen. Sie ist aber nicht ganz zuverlässig, weil sich, bedingt durch die Jahreszeiten, der Zeitpunkt des Sonnenaufgangs verschiebt.

Der abiotische Umweltfaktor Licht beeinflusst das Verhalten der Tiere, wie die Tag- und Nachtaktivität. M

Aufgabe

Finde heraus, was unter Dämmerung verstanden wird. Nutze dazu Literatur und Internet. Suche weitere Beispiele für dämmerungsaktive Tiere.

1 ▸ Gebänderte Prachtlibelle – tagaktives Tier

2 ▸ Eule – nachtaktives Tier

3 ▸ Fledermaus – dämmerungsaktives Tier

Einer liebt es warm, der andere kalt

Die Temperatur beeinflusst nahezu alle **Lebensprozesse.** So sind z. B. Atmung, Transpiration, Entwicklung und Wachstum temperaturabhängig. Viele Lebewesen ertragen eine Temperatur zwischen einigen Minusgraden und etwa 45 °C.

Es gibt jedoch besonders hitzestabile Bakterien, die in heißen Quellen und an untermeerischen Vulkanen selbst Temperaturen von über 100 °C aushalten. In Kältestarre können verschiedene niedere Lebewesen auch Temperaturen von weniger als -100 °C überdauern, bestimmte Nadelbaumarten sibirischer Wälder halten Frost bis -70 °C aus.

Einfluss der Temperatur auf Pflanzen
Wenn man z. B. die Temperaturverhältnisse in einem Wald über einen langen Zeitraum beobachtet, stellt man jahreszeitliche Schwankungen fest. Diese periodischen Veränderungen des abiotischen Umweltfaktors Temperatur bestimmen wesentlich die **zeitliche Entwicklung** in unseren Wäldern.

Augenfällig ist der Einfluss der Temperatur auf die Keimung von Samen zahlreicher Pflanzen. Viele keimen nur bei einer bestimmten Temperatur (↗ Tab.).

Optimale Keimtemperaturen der Samen einiger Samenpflanzen	
Rettich, Lupine, Erbse, Karotte, Zwiebel	+ 20 °C
Blumenkohl, Löwenzahn, Hanf, Tabak, Tomate, Petersilie, Spargel, Bohne (Pferdebohne)	+ 20 bis 30 °C
Mais	+ 25 °C

Frühblüher, z. B. das Busch-Windröschen, überwintern mithilfe im Erdboden liegender Erneuerungsknospen, wie Knollen, Zwiebeln, Wurzelstöcke (↗ Abb. 1, 2). Bei einer bestimmten Temperatur beginnen diese auszutreiben und zu blühen.

Aufgabe

Erläutere, wie die Pflanzen der Krautschicht, z. B. das Busch-Windröschen, an die kalten winterlichen Temperaturen angepasst sind.

1 ▸ Wurzelstöcke eines Busch-Windröschens

2 ▸ Busch-Windröschen

2 ▸ Die wechselwarme Waldeidechse überwintert eingerollt in Winterstarre.

3 ▸ Siebenschläfer im Winterschlaf – der Winterschlaf dauert von Oktober bis Anfang Mai.

1 ▸ Fledermäuse halten Winterschlaf.

Einfluss der Temperatur auf Tiere

Im Wald kann man beobachten, wie die Temperatur das Verhalten vieler Waldbewohner beeinflusst.

Bei **wechselwarmen Tieren** ist die Körpertemperatur weitgehend von der Umgebungstemperatur abhängig. Viele müssen deshalb die kalte Jahreszeit in geschützten Verstecken in **Winterstarre (Kältestarre)** überdauern (↗ Abb. 2). Dabei ist ihr Stoffwechsel stark herabgesetzt und die Körpertemperatur niedrig. In diesem Zustand sind wechselwarme Tiere bewegungsunfähig. Mit steigender Umgebungstemperatur steigt auch die Körpertemperatur und damit die Aktivität der Tiere wieder.

Im Übrigen kann man auch im Sommer an kühlen Tagen oder in den Morgenstunden eine geringere Aktivität bei wechselwarmen Tieren beobachten.

Bei Säugetieren und Vögeln wird die Körpertemperatur reguliert und relativ konstant gehalten. Die Körperbedeckung (z. B. Fell, Federn) schützt diese **gleichwarmen Tiere** vor Wärmeabgabe.

Manche einheimischen Säuger passen sich der kalten Jahreszeit durch das Abhalten einer **Winterruhe** bzw. eines **Winterschlafs** an (↗ Abb. 3). Eine wesentliche Rolle spielt dabei auch das schlechte Nahrungsangebot im Winter.

Die **Winterruhe** stellt einen Schlaf von besonderer Länge und Tiefe dar. Die Körpertemperatur dieser gleichwarmen Tiere (z. B. Eichhörnchen, Dachs) bleibt dabei konstant. Sie wachen zwar häufig auf, ihre Aktivitäten sind aber eingeschränkt.

Der **Winterschlaf** dagegen ist durch eine deutliche Änderung im Stoffwechsel des Körpers und einer damit verbundenen Aktivitätseinschränkung gekennzeichnet.

Während die Körpertemperatur dieser gleichwarmen Tiere (z. B. Igel, Fledermaus, Siebenschläfer, ↗ Abb. 1 und 3) im Aktivzustand je nach Tierart zwischen 36 °C und 40 °C liegt, wird sie im Winterschlaf auf Werte um 5 °C abgesenkt. Gleichzeitig sind Herzschlag und Atmung enorm gedrosselt.

Aktivität und Verhalten von Tieren werden durch den abiotischen Umweltfaktor Temperatur beeinflusst.

Aufgaben

1. *Erläutere die Begriffe wechselwarm und gleichwarm.*

2. *Vergleiche Winterruhe und Winterschlaf miteinander. Erläutere, inwiefern beide Formen Anpassungen an die kalte Jahreszeit sind.*

1

Toleranzbereich und Zeigerpflanzen

Am besten wachsen und entwickeln sich Lebewesen, wenn für sie wichtige abiotische Faktoren **optimal** vorhanden sind, wenn diese sich im **Optimum** befinden.

Sie entwickeln sich und wachsen aber auch dann noch, wenn die Bedingungen nicht optimal sind. Lebewesen können also bei einem Mangel oder einem Überschuss an dem für sie wichtigen abiotischen Umweltfaktor (z. B. Wasser) überleben, ändern aber ihr Erscheinungsbild.

Beispielsweise bleibt die Pflanze am Leben, wenn der Boden z. B. nicht viel Wasser oder mehr Wasser enthält als eine auf dem Land wachsende Pflanze benötigt. Sie kann sich dann aber nicht mehr fortpflanzen.

Werden diese **Grenzpunkte** (man nennt sie in der Biologie **Minimum** und **Maximum**) aber überschritten, kann das Lebewesen nicht mehr überleben, es stirbt (↗ Abb. 1).

Die Fähigkeit, Schwankungen bei der Wirkung von abiotischen Faktoren sowohl in Richtung auf das Maximum als auch in Richtung auf das Minimum in bestimmten Grenzen zu ertragen, wird **Toleranz** genannt (↗ Abb. 2).

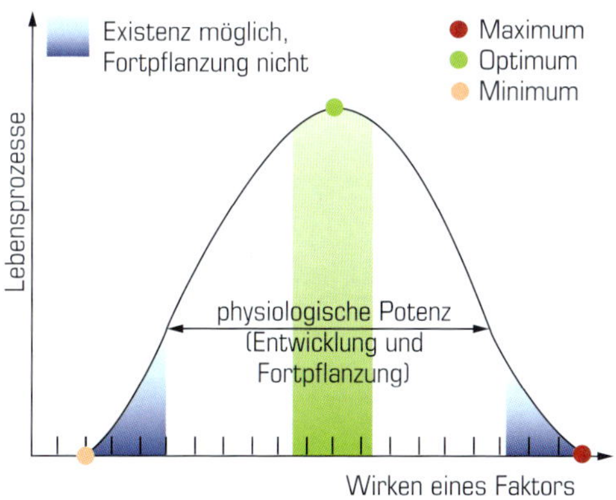

1 ▸ Optimum ist der Wirkungsbereich (die Größe eines abiotischen Faktors), in dem die Art am besten gedeiht und sich fortpflanzt.

Es gibt z. B. Pflanzen, die sehr stark abhängig von **einem** abiotischen Umweltfaktor sind (z. B. von dem Licht, der Feuchtigkeit, den Bodenverhältnissen). Sie kommen nur dort vor, wo dieser Umweltfaktor gegeben ist.

Die Heidelbeere (↗ Abb. 3) gedeiht z. B. auf **sauren Böden.** Nur auf **feuchten Böden** kommen Trollblume und Schwarz-Erle vor. Auf **stickstoffreichen Böden** findet man die Große Brennnessel, auf **trockenen Böden** die Wohlriechende Weißwurz und den Besenginster (↗ Abb. 4), auf **salzreichen Böden** den Meerkohl und den Strandflieder. Auf **kalkreichen Böden** wächst das Leberblümchen (↗ Abb. 5).

Pflanzen mit einer kleinen Toleranz gegenüber einem abiotischen Umweltfaktor nutzt man als **Zeigerarten** (Indikatorpflanzen) für diesen Umweltfaktor.

2 ▸ Toleranz vom Gemeinen Knäuelgras und dem Busch-Windröschen gegenüber dem Lichtfaktor, bezogen auf den Standort

Zeigerpflanzen, z. B. die Große Brennnessel, können als Indikatoren für die Beurteilung von Biotopen herangezogen werden.

3 ▸ Heidelbeere

4 ▸ Besenginster

5 ▸ Leberblümchen

Zusammenleben von Organismen

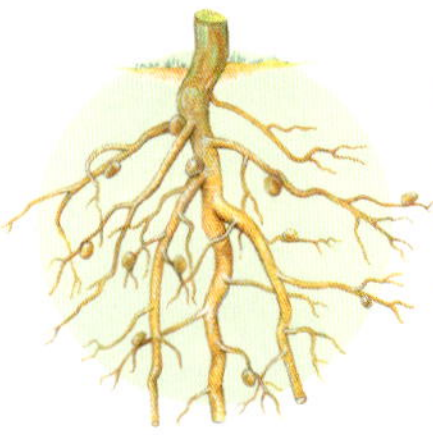

1 ▸ Symbiose zwischen Wurzeln und Knöllchenbakterien

Das Überleben eines Organismus hängt auch von den Wechselwirkungen mit anderen Organismen ab. Die **Einflüsse,** die **durch Lebewesen** der gleichen oder einer anderen Art direkt oder indirekt auf einen Organismus einwirken, können positive oder negative Auswirkungen haben und sind in vielen Fällen **wechselseitig.**

Beispiele für diese Wechselwirkungen zwischen Organismen sind Symbiose, Parasitismus, Konkurrenzkampf, Leben im Tierstaat sowie Partnersuche und Brutpflege.

Wenn Flechten in Städten verschwinden, ist das ein sicheres Zeichen für ansteigende Schwefeldioxidkonzentration in der Atmosphäre. Daher werden sie als Bioindikatoren („lebende Anzeiger") zur Kontrolle der Schwefeldioxidbelastung der Luft eingesetzt.

Symbiosen

Symbiotische Wechselbeziehungen zeigen die auf der ganzen Erde verbreiteten Flechten.

Flechten bestehen aus einem Pilzgeflecht und aus einzelligen Grünalgen oder Cyanobakterien („Blaualgen"). Wenn man den Querschnitt einer Flechte mithilfe des Mikroskops betrachtet, kann man beide Partner gut erkennen (↗ Abb. 2).

Da die Grünalgen Fotosynthese betreiben, ernähren sich Flechten autotroph. Ein Teil der fotosynthetisch gebildeten Stoffe, z. B. Glucose, wird an die Pilze abgegeben. Die Pilze bilden ein dichtes Geflecht und können große Wassermengen aufnehmen. Sie schützen ihre Symbiosepartner vor dem Austrocknen und leiten ihnen neben Wasser auch Mineralstoffe zu.

Flechten (↗ Abb. 3) besiedeln Lebensräume, die anderen Organismen keine Lebensgrundlagen bieten. Sie kommen am Nordrand der Tundren, in der Antarktis, im Hochgebirge (bis knapp unter 5 000 m Höhe), in Wüsten und Halbwüsten, in den Tropen sowie in unserer gemäßigten Klimazone vor.

Ein weiteres Beispiel für Symbiosen ist die **Schwarz-Erle.** Ihre Versorgung mit Stickstoff erfolgt hauptsächlich durch **Symbiose mit Bakterien.** Diese befinden sich in Knöllchen, die sich in den oberen Bereichen der Wurzeln der Schwarz-Erlen bilden. Deswegen werden sie auch Knöllchenbakterien genannt (↗ Abb. 1).

Die Bakterien sind in der Lage, den Luftstickstoff zu binden. Dieser steht dann den Schwarz-Erlen zur Verfügung. Die Bakterien wiederum werden durch die Schwarz-Erlen mit anderen Nährstoffen aus dem Boden und der Pflanze, sowie mit Wasser versorgt.

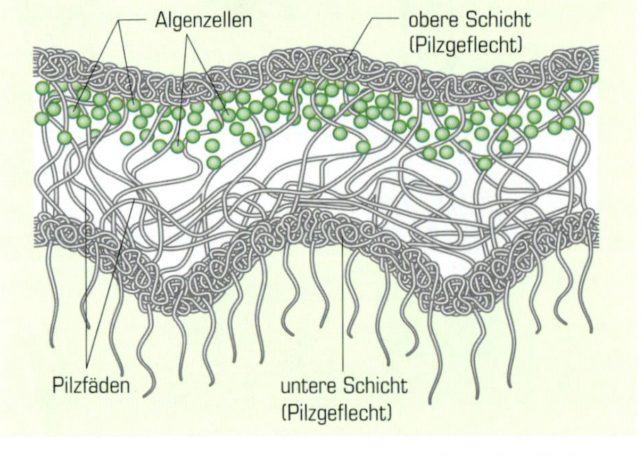

2 ▸ Im Querschnitt ist der Aufbau einer Flechte aus einzelligen Algen und Pilzfäden zu erkennen.

3 ▸ Krustenflechten liegen wie eine Kruste dicht auf der Unterlage an.

1 ▸ Seeanemonen siedeln sich auf dem Schneckenhaus von Einsiedlerkrebsen an.

2 ▸ Auch Muräne und Putzerfisch leben in Symbiose miteinander.

Auch im **Tierreich** gibt es Symbiosen. Der Einsiedlerkrebs z. B. verbirgt seinen weichen Hinterleib in einem Schneckengehäuse (↗ Abb. 1). Dieses Haus führt er immer mit sich und wechselt es, wenn er wächst.

Auf dem Gehäuse siedeln sich Seeanemonen (Korallen) an. Durch ihre Nesselkapseln in den Fangarmen ist der Krebs geschützt. Dieser wiederum trägt die Seeanemonen bei seinen Wanderungen in neue Nahrungsgebiete.

Putzsymbiosen sind beispielsweise bei Vögeln und Fischen (↗ Abb. 2) bekannt. Kleinere Fische leben mit größeren zusammen. Die kleineren entfernen u. a. Außenparasiten bei den größeren. Sie setzen sich an den größeren Fischen fest und gelangen auf diese Weise rascher in nährstoffreiche Gebiete.

M **Die Symbiose ist eine Wechselbeziehung zwischen artverschiedenen Organismen mit gegenseitiger Abhängigkeit, bei der beide Partner Nutzen aus der Vergesellschaftung ziehen.**

Im weiteren Sinne kann man auch die wechselseitige Anpassung von Blütenformen und Insekten als Symbiose, **Bestäubungssymbiose** (↗ Abb. 3), ansehen. So sind die Blüten der Lippenblütengewächse so gebaut, dass Insekten (z. B. Hummeln) einen Hebelmechanismus (↗ Abb. 4) in Gang setzen. Dieser drückt die Staubblätter mit dem Pollen auf den Rücken der Hummel. Beim Besuch der nächsten Blüten berührt die Hummel auch die Narbe, an der der Pollen von der vorhergehenden Blüte kleben bleibt.

Beide Partner haben hierbei Vorteile, die Hummel findet Nahrung und die Blüten werden bestäubt.

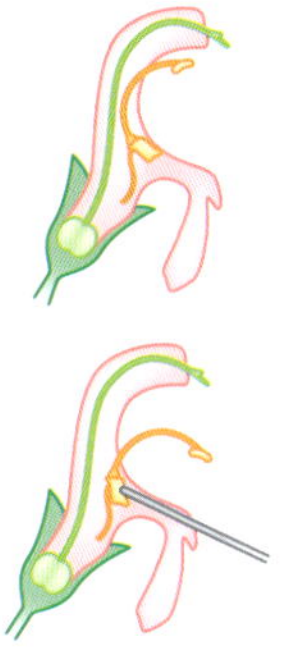

4 ▸ Hebelmechanismus

3 ▸ Die Hummel setzt beim Berühren der Staubblätter einen Hebelmechanismus in Gang.

Parasitismus

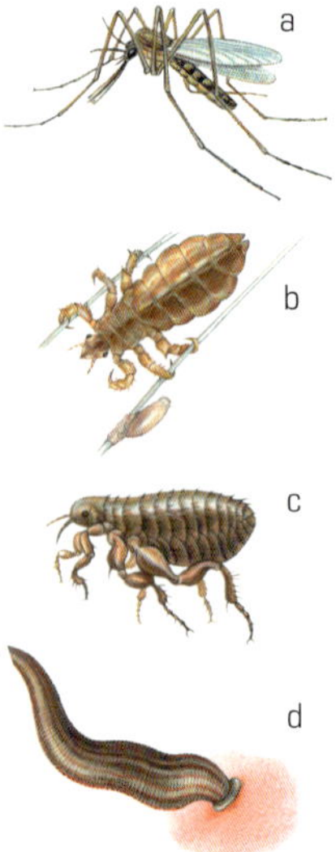

Eine sowohl im Tier- als auch im Pflanzenreich weit verbreitete Form von Wechselbeziehungen zwischen Organismen verschiedener Arten ist der **Parasitismus.** In dieser Beziehung lebt ein Organismus, der **Parasit,** auf Kosten eines anderen Organismus, des Wirts.

Parasiten werden unterteilt in

- **Außenparasiten** (Ektoparasiten, ↗ Abb. 2), die außen an anderen Lebewesen leben,
- und **Innenparasiten** (Endoparasiten, ↗ Abb. 1), die in anderen Organismen leben, sich dort fortpflanzen und sich von diesen anderen Lebewesen direkt oder indirekt ernähren.

Ein Lebewesen, das einen Parasiten beherbergt, wird als Wirt bezeichnet. Viele Parasiten schmarotzen im Verlauf ihres Lebens an verschiedenen, aber immer ganz bestimmten Wirten, sie vollziehen einen **Wirtswechsel.**

Den Wirt des erwachsenen Parasiten nennt man **Endwirt,** den des Parasiten im Jugendstadium **Zwischenwirt.** Der Endwirt beherbergt den geschlechtsreifen Parasiten, der Zwischenwirt die Larve.

Oft wird der Wirt in seinen Lebensfunktionen kaum gestört. Manche Parasiten sind aber sehr gefährlich und können ihrem Wirt gesundheitliche Schäden zufügen oder ihn sogar töten.

Viele Parasiten ernähren sich vom Blut, andere von Körperteilen ihres Opfers, z. B. Muskeln, Haaren oder Haut, sowie von dem nährstoffreichen Darminhalt des Wirts.

Die Übertragung auf die Wirte erfolgt beispielsweise durch unsaubere Nahrung, durch mit Parasiteneiern verschmutztes Wasser, infolge mangelnder Körperpflege oder durch die aktive Fortbewegung der Schmarotzer selber.

Zu den **Parasiten,** die auf der Oberfläche ihrer Wirte leben, gehören z. B. Stechmücken (a), Läuse (b), Flöhe (c), Blutegel (d) und Zecken. Sie ernähren sich von Körpersubstanzen, die sie meist stechend saugend abzapfen.

Andere Parasiten schmarotzen im Körperinnern der Wirte. Sie leben in Geweben, Körperhöhlen und im Darm. An diese parasitische Lebensweise sind Schmarotzer wie Bandwürmer (↗ Abb. 1) durch gesteigerte Vermehrungsfähigkeit, Zwittertum, Rückbildung von Bewegungs- und Sinnesorganen, Vereinfachung des Verdauungssystems oder Ausbildung von Haftorganen sehr gut angepasst.

Parasitismus ist ein Zusammenleben von Organismen verschiedener Arten mit einseitigem Nutzen für eine Art, den Parasiten.

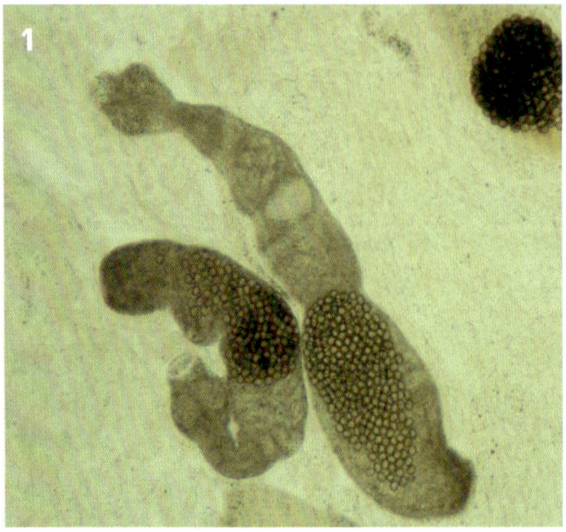

1 ▸ Fuchsbandwurm

2 ▸ Zecke

Konkurrenzkampf zwischen Organismen

Im Ökosystem Wald beispielsweise müssen sich die unterschiedlichsten Lebewesen nicht nur den **begrenzten Lebensraum teilen,** sondern auch die begrenzten Ressourcen darin: sie konkurrieren u. a. um Nährstoffe im Waldboden, um Wasser, Licht, Fortpflanzungspartner und Aufenthaltsmöglichkeiten.

Eiche, Buche und Ahorn beschatten mit ihren dichten Kronen die unteren Stockwerke des Waldes. Lichtliebende Birken und Kiefern weichen der Konkurrenz aus. Tiere sind im Wettstreit um Nahrung, Beutetiere und Brutplätze.

Der Wettbewerb ist umso größer, je ähnlicher die Ansprüche der Arten an die Umweltfaktoren sind.

M **Konkurrenz ist ein Wettbewerb zwischen Organismen um die Nutzung von begrenzt verfügbaren Faktoren im Lebensraum, z. B. um Raum, Nahrung, Fortpflanzungspartner.**

Beispielsweise kann man an **Rötelmäusen** (↗ Abb. 1) **innerartliche Konkurrenzerscheinungen** gut beobachten. Sie leben bevorzugt in lichten und feuchten Wäldern mit einer reichen Strauchschicht. Sie sind gute Kletterer. Ihre Nahrung besteht aus Kräutern, Samen und Pflanzenteilen. Bei Langzeitbeobachtungen stellte man fest, dass die Anzahl der Rötelmäuse ab dem Frühjahr sehr stark zunahm.

Im Januar des folgenden Jahres wurden nur noch wenige Tiere in ihrem Lebensraum vorgefunden. Im Lebensraum fiel ein starker Rindenfraß auf, der als Zeichen von großem Nahrungsmangel und starker Nahrungskonkurrenz gedeutet wurde. Die Wipfel der Sträucher bis nahezu vier Metern Höhe waren erklettert und benagt worden, die unteren Teile hingegen nur noch wenig.

Dies wurde als ein Zeichen dafür gedeutet, dass die Tiere sich offensichtlich nicht mehr in Ruhe ließen, sich ständig vertrieben und ins hohe Astwerk flüchteten, um ungestört fressen zu können. Weitere Fraßspuren zeigten: Die Rötelmäuse waren sogar bis zu zehn Metern über freies, keinen Schutz bietendes Gelände zu Büschen in einen Kiefernhochwald gelaufen, der sonst von ihnen gemieden wurde.

Bei Revier bildenden Arten werden Konkurrenten durch **Revierkämpfe** vertrieben (z. B. viele Singvögel, Grillen). Eine Überbesiedelung kann zum Anstieg der Sterblichkeit und auch zur Abwanderung von Teilpopulationen in neue Lebensräume führen. Bei überhöhter Individuendichte kann auch die Vernichtung der eigenen Brut eintreten.

Als Population bezeichnet man die Gesamtheit aller Individuen einer Art, die zur gleichen Zeit in einem bestimmten Lebensraum leben. Sie bilden eine Fortpflanzungsgemeinschaft.

Aufgaben

1. *Ein Baum wird meistens von mehreren Vogelarten bewohnt (z. B. Trauerfliegenschnäpper, Buchfink, Eichelhäher). Erkläre diese Erscheinung.*
2. *Begründe, warum Hunderüden häufig Harn abgeben.*

1 ▸ Rötelmäuse gehören zu den Wühlmäusen.

Leben im Tierstaat

Es gibt viele verschiedene Ameisenarten (ca. 9 600 Arten sind bekannt), die überall auf der Erde vorkommen. Einen Grund dafür sehen die Biologen darin, dass Ameisen immer in einem **Staat** zusammen leben. Zwischen 200 Individuen und 20 Millionen Ameisen bilden ein Volk. Als Einzellebewesen wären Ameisen nicht lebensfähig.

Der Ameisenhügel wird meist um einen Baumstumpf oder um ein großes Totholzstück gebaut.

Auch die **Rote Waldameise** lebt in einem Tierstaat. Die Ameisenhügel im Wald sind gut zu sehen. Dort leben drei äußerlich gut unterscheidbare Formen der Roten Waldameise, und zwar Königinnen, Arbeiterinnen und Männchen (↗ S. 51).

Nicht nur im Aussehen unterscheiden sich die drei Formen, auch ihre Aufgaben im Staat sind verschieden.

Die **Königinnen,** es können mehrere in einem Ameisenstaat leben, sorgen für Nachkommen. Vom Frühling bis zum Herbst legen sie ununterbrochen Eier. Man schätzt, dass es in ihrem 15-jährigen Leben ca. 1 Million Eier sind.

Die **Männchen** sind für die Begattung der jungen Königinnen zuständig.

Die **Arbeiterinnen** sind für alle übrigen Aufgaben verantwortlich: sie suchen Futter, bauen das Nest, versorgen Brut und Königin mit Nahrung und sie verteidigen das Nest. Dabei hat jede Arbeiterin einen speziellen Auftrag, der aber bei Bedarf wechselt. Davon hängt übrigens auch die Gestalt der Tiere ab. Nestverteidiger besitzen z. B. besonders kräftige Oberkiefer und werden auch als „Soldaten“ bezeichnet.

Das Leben in einem Tierstaat nach dem Motto „Einer für alle, alle für einen“ bringt allen Tieren Vorteile: Sie sind in der Gruppe weniger angreifbar, verteidigen sich gemeinsam gegen Fressfeinde, ziehen ihre Jungen gemeinsam auf und suchen gemeinsam Nahrung. Durch die Arbeitsteilung sind sie sehr leistungsfähig.

Damit das Leben im Ameisenstaat so gut funktionieren kann, muss die Verständigung zwischen den Tieren funktionieren. Diese **Kommunikation** erfolgt u. a. über Duftstoffe, chemische Sinne und das gegenseitige Betasten mit den Fühlern.

M

Ein Tierstaat stellt eine Form des Zusammenlebens von Tieren einer Art mit Arbeitsteilung dar.

Aufgaben

1. *Beschreibe die Anpassung der verschiedenen Ameisenformen an ihre jeweilige Aufgabe.*
2. *Nenne einen weiteren Tierstaat und verdeutliche daran den Zusammenhang zwischen Struktur und Funktion.*

1 ▸ Aufbau eines Ameisenhügels (Schema)

2 ▸ Ameisenhügel

1

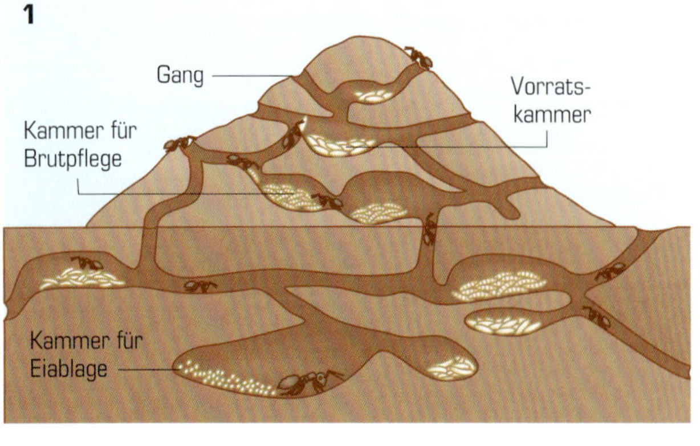

2

1

Basiskonzept

Struktur und Funktion

In einem Ameisenstaat leben bis zu 20 Millionen Ameisen. Für das Zusammenleben sind die bis zu 3 Zentimeter großen Tiere perfekt organisiert und auch entsprechend ihrer Aufgabe in dieser Gemeinschaft gebaut.

Ameisenform	Struktur	Funktion
 Königin	• 9–11 mm Körperlänge • kurzzeitig mit Flügeln • Lebensdauer bis zu 15 Jahren • gut ausgebildete Geschlechtsorgane	• legt Eier • sorgt für Nachkommen
 Männchen	• 9–11 mm Körperlänge • kurzzeitig mit Flügeln • stirbt nach der Paarung • gut ausgebildete Geschlechtsorgane	• begattet die Königin
 Arbeiterin	• 5–7 mm Körperlänge • flügellos • Lebensdauer max. 3 Jahre • verkümmerte Geschlechtsorgane	• sucht Futter • verteidigt das Nest • baut Nest • versorgt die Brut und die Königin

gewusst · gekonnt

1. Auf jedes Lebewesen wirken ständig Umweltfaktoren ein.
a) Definiere die Begriffe abiotische und biotische Umweltfaktoren.
b) Nenne abiotische und biotische Umweltfaktoren, die z. B. eine Maispflanze bzw. ein Haushuhn beeinflussen.
c) Fertige dazu eine Skizze an.

2. Manche Arten findet man nur in bestimmten Lebensräumen.
Belege diese Aussage mit Beispielen aus dem Tier- und Pflanzenreich.

3. Stelle Vermutungen darüber an, warum in Deutschland normalerweise keine Palmen wachsen.
Nutze dazu das Lehrbuch bzw. das Internet.

4. Ein wesentlicher Umweltfaktor für die Lebewesen ist das Wasser.
Erläutere die Bedeutung des Wassers für ausgewählte Lebewesen.
Nutze dazu das Internet unter www.schuelerlexikon.de.

5. Ermittle mithilfe der Abbildung 1 a auf der Lehrbuchseite 40, bei welchen Lichtverhältnissen der Wald-Ziest am besten gedeiht.
Ziehe Schlussfolgerungen, an welchem Standort die Pflanzen zu finden sein können.

6. Recherchiere, wie es möglich ist, dass Tiere und Pflanzen in Ökosystemen mit extremen Bedingungen überleben können.

7. Nenne einige Trockenluft- und einige Feuchtlufttiere, die in unserer Heimat leben. Beschreibe die Eigenschaften, die sie als Trockenluft- oder Feuchtlufttier kennzeichnen.

8. Viele Arten, sowohl Pflanzen als auch Tiere, können Trockenheit ertragen.
a) Nenne Beispiele dafür.
b) Erkläre, wie diese Arten an ihren Lebensraum angepasst sind.

9. Erkläre den Zusammenhang von Bau und Funktion am Beispiel der Laubblätter einer Feucht- und einer Trockenpflanze. Nimm auch die Abbildung zu Hilfe.

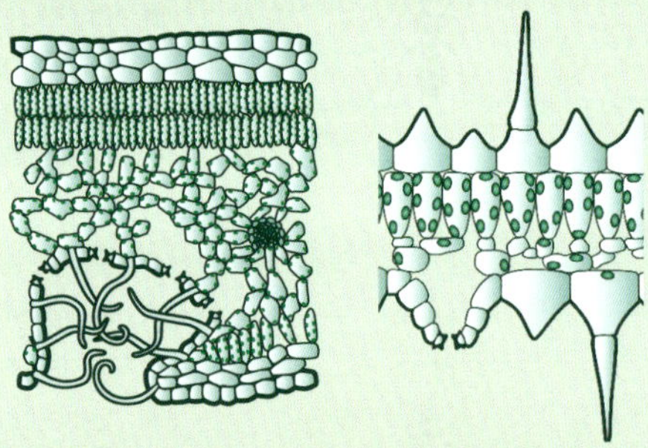

10. Ein Gärtner sät im März Rettich- und Blumenkohlsamen aus. Die Rettichsamen keimen, die Blumenkohlsamen nicht. Begründe.

11. Eine Pflanze besitzt vorgewölbte Spaltöffnungen und dünne Blätter. An welchem Standort kannst du sie finden? Begründe deine Aussage.

12. Definiere den Begriff „Zeigerarten“. Nenne Pflanzenarten, die sich den Säureanzeigern, Trockenheitsanzeigern, Nässeanzeigern, Stickstoffanzeigern zuordnen lassen.

13. Beschreibe Formen der Konkurrenz bei Lebewesen an einigen Beispielen. Suche dazu Informationen im Internet.

14. Betrachte die Abbildung 1 auf Seite 11.

a) Wähle einen anderen Lebensraum und erstelle an konkreten Beispielen die vielfältigsten Wechselbeziehungen einflussreicher Umweltfaktoren zwischen verschiedenen Organismen.

b) Ordne deine Beispiele nach der Art ihrer Beziehung. Dazu gehören z. B. Parasitismus, Symbiose und Konkurrenz um Nahrung.

c) Erläutere nun die Auswirkungen, die die jeweilige Beziehung für beide Partner hat.

15. Ordne jedem der folgenden Begriffe die richtige Aussage zu: Symbiose, Konkurrenz, Parasitismus:

a) Wechselbeziehung zwischen artverschiedenen Organismen mit einseitigem Nutzen für die eine Art

b) Wettbewerb zwischen artgleichen Organismen um die Nutzung begrenzt verfügbarer Ressourcen

c) Wechselbeziehung zwischen artverschiedenen Organismen mit gegenseitiger Abhängigkeit und Nutzungsausgleich

16. Der Schweinefinnenbandwurm ist ein Endoparasit. Begründe diese Aussage. Nimm Literatur zu Hilfe und suche auch Informationen im Schülerlexikon unter: www.schuelerlexikon.de.

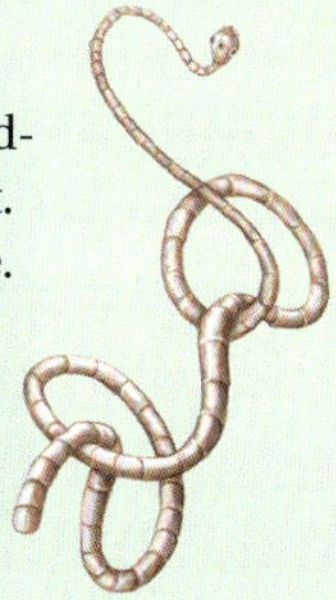

17. Finde weitere Beispiele für Symbiosen bei Pflanzen und Tieren. Erstelle eine Übersicht über die jeweiligen Partner und den Nutzen, den beide Seiten aus dieser Verbindung ziehen.

18. Flechten sind Indikatoren für eine gute Luftqualität. Was verbirgt sich hinter dem Begriff Indikator? Nenne weitere Beispiele für Indikatoren.

19. Vögel nutzen optische und akustische Signale zur Partnersuche. Nenne die Art von Signalen, die wir Menschen zur Partnersuche verwenden.

20. Nenne ein Beispiel für innerartliche Beziehungen, die sich positiv auf die jeweiligen Organismen auswirken.

21. Erkläre, warum in unseren Breiten im Herbst viele Baumarten ihre Blätter abwerfen.

22. Frühblüher sind charakteristische Pflanzen des Laubwalds.

a) Erkläre, warum man Frühblüher im Laubmischwald, aber selten im reinen Buchenwald findet.

b) Erkläre, was den Frühblühern das zeitige Blühen ermöglicht.

Das Wichtigste auf einen Blick

Beziehungen zwischen Lebewesen

In der Biozönose eines Ökosystems existieren vielfältige Wechselbeziehungen zwischen artgleichen und artverschiedenen Lebewesen. Sie können sich positiv, negativ oder gar nicht auf die beteiligten Partner auswirken:

Symbiose
Beziehung zwischen Lebewesen verschiedener Arten zum gegenseitigen Vorteil
z. B. Flechte mit Alge – Pilz, Kolibri – Blütenpflanze, Einsiedlerkrebs – Seeanemonen

Parasitismus
Beziehung zwischen Lebewesen verschiedener Arten, für einen Partner vorteilhaft, für den anderen schädigend
z. B. Stechmücke, Bandwurm, Mistel, Mutterkornpilz

Beziehungen zwischen Lebewesen

Tierstaat
Beziehungen und Abhängigkeiten zwischen Lebewesen einer Art, für beide von Vorteil
z. B. Leben in Tierstaaten (Ameisenstaat, Bienenstaat)

Konkurrenz
Wettbewerb zwischen Lebewesen einer oder verschiedener Arten um begrenzt verfügbare Ressourcen, nachteilig für beide
z. B. Revierkämpfe der Grizzlybären, Nahrungskonkurrenz bei Rötelmäusen

1

1.3 Stoffkreisläufe und Energiefluss in einem Ökosystem

Produzenten und Konsumenten ▸▸ Zwischen Produzenten und Konsumenten bestehen vielfältige Nahrungsbeziehungen. Durch den Verlust einer einzigen Pflanzenart wird durchschnittlich 10 bis 20 Tierarten die Lebensgrundlage entzogen. Dazu zählen auch Tiere, die gar keine Pflanzenfresser sind, wie z. B. der Wanderfalke. Dieser Greifvogel ist in Deutschland mit über 600 Brutpaaren vertreten.

Nahrungsketten und Nahrungsnetze ▸▸ Die Nahrungsbeziehungen zwischen Produzenten und Konsumenten in einem Ökosystem lassen sich in Nahrungsketten und Nahrungsnetzen darstellen. Bei dieser Darstellung wird immer beachtet, wer wen frisst. Die meisten der an Nahrungsketten beteiligten Organismen können unterschiedliche Nahrung aufnehmen.

Nahrungsbeziehungen im Ökosystem

Nahrungsketten und Nahrungsnetze

Die Organismenarten in einer Lebensgemeinschaft sind durch **Nahrungsbeziehungen** miteinander verbunden. Nahrungsbeziehungen lassen sich in **Nahrungsketten** (↗ Abb. 1) darstellen. Dabei wird die Frage beachtet: Wer frisst wen?

Die meisten der an Nahrungsketten beteiligten Organismen können unterschiedliche Nahrung aufnehmen. Beispielsweise verzehrt ein Star nicht nur Würmer und Insekten, sondern auch Pflanzensamen. Er kann ein Glied in mehreren Nahrungsketten sein. So verzweigen sich in einer Lebensgemeinschaft immer mehrere Nahrungsketten zu einem **Nahrungsnetz** (↗ S. 57, Abb. 1).

Werden die Nahrungsbeziehungen genauer untersucht, stellt sich heraus, dass am Anfang fast immer Organismen stehen, die **Chlorophyll** besitzen und daher meist grün sind (Algen, Moos-, Farn- und Samenpflanzen). Diese sind in der Lage, organische Stoffe, z. B. Traubenzucker, aus anorganischen Stoffen, wie Kohlenstoffdioxid und Wasser, aufzubauen. Sie geben im Prozess der Fotosynthese, der mithilfe des Chlorophylls unter Nutzung des Sonnenlichts abläuft, Sauerstoff ab. Sie werden daher **Produzenten** (Erzeuger) genannt. Lebewesen, die kein Chlorophyll besitzen, sind auf die von den Produzenten gebildeten organischen Stoffe als Nahrung angewiesen. Sie (u. a. der Mensch, viele Tiere) konsumieren diese Stoffe und werden **Konsumenten** (Verbraucher) genannt.

Auch der Sperber, der einen insektenfressenden Vogel verzehrt, gehört zur Gruppe der Konsumenten 3. Ordnung.

Zu den Konsumenten gehören die Pflanzenfresser **(Konsumenten 1. Ordnung).** Sie ernähren sich direkt von den Erzeugern, den Pflanzen. Zu den Pflanzenfressern zählen z. B. verschiedene Mäusearten, Körner fressende Vogelarten, Hasen, Eichhörnchen sowie Heuschrecken und einige Käfer.

Zur Gruppe der Konsumenten gehören auch Tiere, die sich von den Pflanzenfressern ernähren, wie Füchse, Eulenvögel, Frösche, insektenfressende Vogelarten sowie räuberisch lebende Insekten, wie Marienkäfer oder ihre Larven. Sie werden als Fleischfresser oder **Konsumenten 2. Ordnung** bezeichnet.

Tiere, die sich von den Verbrauchern 2. Ordnung ernähren, werden als **Konsumenten 3. Ordnung** bezeichnet. Eine Ringelnatter, die einen Frosch verschlingt, ist ein Verbraucher 3. Ordnung, ebenso eine Eule, die ein Mauswiesel frisst.

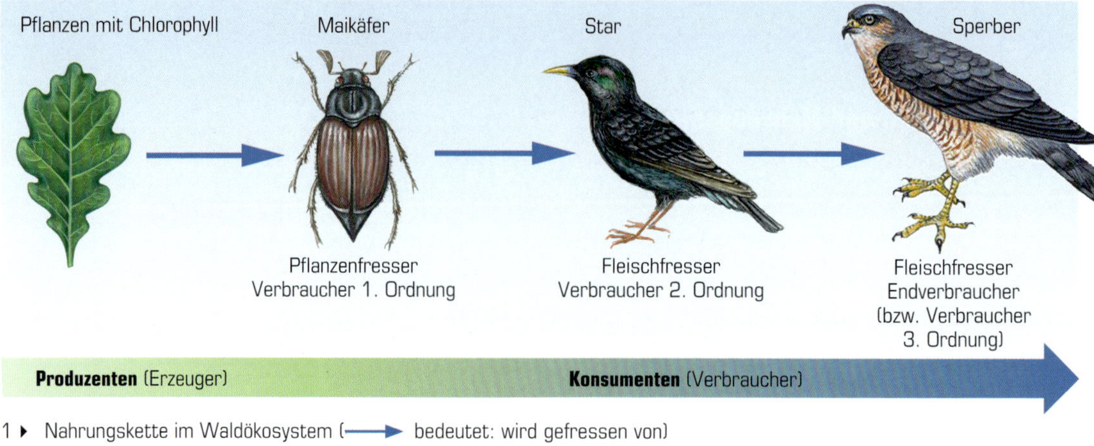

1 ▸ Nahrungskette im Waldökosystem (⟶ bedeutet: wird gefressen von)

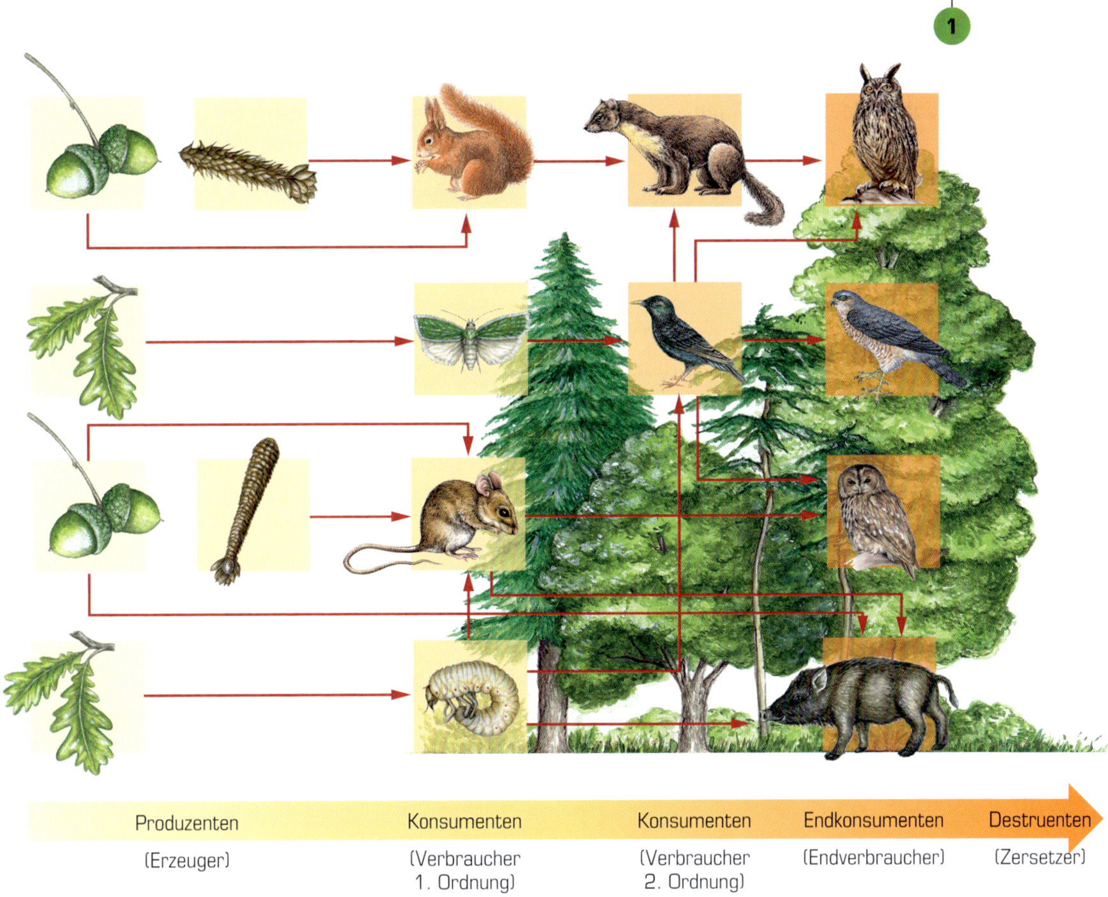

1 ▸ Ausschnitt aus einem Nahrungsnetz im Mischwald

Andere Organismen, darunter einige bodenbewohnende Tiere, Pilze und Bakterien, zersetzen im Wald organische Stoffe wieder zu anorganischen Stoffen. Sie werden deshalb **Destruenten** (Zersetzer) genannt.

Zu den Destruenten gehören zum einen Tiere wie Regenwürmer oder Asseln, die sich vor allem von Pflanzenresten ernähren, oder Aaskäfer, die vor allem Tierleichen fressen.

Zum anderen zählt man viele Pilze und Bakterien zu den Destruenten. Sie bauen die organischen Abfallstoffe teilweise bis zu den anorganischen Stoffen Kohlenstoffdioxid, Wasser und Mineralstoffen ab. Die Mineralstoffe werden im Biotop (Boden, Wasser) freigesetzt und können von den Erzeugern wieder aufgenommen und zum Aufbau körpereigener Stoffe genutzt werden.

Durch die vielfältige Lebenstätigkeit der Destruenten wird der Stoffkreislauf dann geschlossen.

M

In einer Lebensgemeinschaft sind die Organismen über vielfältige Nahrungsbeziehungen miteinander verbunden.

Aufgaben

?

1. *Beschreibe, was aus ökologischer Sicht unter Produzenten zu verstehen ist.*

2. *Erläutere die Begriffe Konsument 1. Ordnung, 2. Ordnung und 3. Ordnung sowie Destruent.*

Räuber-Beute-Beziehung

Raub beinhaltet Wechselwirkungen zwischen Organismen verschiedener Arten.

Eine wichtige Nahrungsbeziehung in einer Lebensgemeinschaft ist die **Räuber-Beute-Beziehung. Räuber** können Pflanzenfresser, z.B. Feldhase, und auch Fleischfresser, wie Mäusebussard und Specht, sein. **Beute** sind Pflanzen, Teile von Pflanzen sowie Tiere, z.B. Borkenkäfer. Räuber und Beute sind voneinander abhängig.

Diese Abhängigkeiten gelten jedoch nur, wenn der Räuber sich auf eine oder wenige Beuteorganismen spezialisiert hat und auch in Mangelzeiten auf keine andere Nahrung ausweichen kann.

In dem Lebensraum See kann man die **Räuber-Beute-Beziehung** beispielsweise zwischen Karpfen (Beute) und Hechten (Räuber) gut nachvollziehen.

Sind genügend Beutetiere da, hat dies – zeitlich meist etwas versetzt – eine Zunahme der Räuber zur Folge. Verringert sich das Beuteangebot, verringert sich infolge der weniger vorhandenen Nahrung wiederum die Anzahl der Räuber. Dadurch ergibt sich ein typisches Bild der Schwankungen von Räuber- und Beutetieren (↗ Abb. 1 bis 4).

Daher kommt es innerhalb einer Lebensgemeinschaft zu relativ ausgeglichenen Zahlenverhältnissen zwischen Räuber und Beute. Schwankungen treten zwar auf, führen aber nicht zur vollständigen Vernichtung einer Art. Die Lebensgemeinschaft befindet sich also in einem **dynamischen Gleichgewicht.**

Das Gleichgewicht kann durch äußere Faktoren, z.B. sehr kalter Winter, Eintrag von Schadstoffen oder Düngemitteln, Erkrankungen, Eingriffe des Menschen (z.B. Fischfang) gestört werden. In der Regel stellt es sich aber immer wieder ein.

Raub führt in der Regel nicht zur Vernichtung aller Beuteorganismen, weil Räuber und Beute sich gegenseitig in einem langen Entwicklungsprozess angepasst haben. Die Räuber haben zum Fangen der Beute bestimmte Strategien entwickelt, z.B. die Jagdstrategien von Greifvögeln.

Demgegenüber haben Beuteorganismen Strategien entwickelt, sich dem Zugriff der Räuber zu entziehen. Solche Entzugsstrategien sind z.B. Flucht (Wasserfrosch), Wehrhaftigkeit (Igel, Wespe) oder Verstecken (Zauneidechse).

1. Je mehr Karpfen, desto mehr Hechte

2. Je mehr Hechte, desto weniger Karpfen

3. Je weniger Karpfen, desto weniger Hechte

4. Je weniger Hechte, desto mehr Karpfen

1 – 4 ▸ Wechselbeziehungen zwischen Karpfen (Beutetier) und Hecht (Räuber)

1

Methoden

Bilden von Modellen

Modelle können Strukturen und Prozesse verdeutlichen. Dabei werden komplexe Aussagen auf wesentliche Daten, Kennzeichen oder Fakten eines Sachverhalts beschränkt. Damit wird bei der Modellbildung ein genaues, aber nur auf bestimmte Merkmale hin geschärftes Bild des Vorgangs entwickelt.

Aufgabe

Stelle die Regulierung der Populationsgröße von Borkenkäfern durch das Räuber-Beute-Verhältnis modellhaft dar.

Schritt ①

Ermitteln der Räuber und der Beutetiere

Borkenkäfer = Beute; Buntspecht = Räuber

Schritt ②

Anwenden des bekannten Theoriebezugs auf das Beispiel

Eine große Anzahl von Beutetieren bedeutet viel Nahrung für die Räuber. Dies führt zur Vergrößerung der Population der Räuber. Durch die hohe Anzahl von Räubern dezimiert sich die Beutetierpopulation. Dies führt zur Nahrungsknappheit für die Räuber und somit auch zur Verringerung der Individuenzahl der Räuber.

- *Je mehr Borkenkäfer, desto mehr Buntspechte (1)*
- *Je mehr Buntspechte, desto weniger Borkenkäfer (2)*
- *Je weniger Borkenkäfer, desto weniger Buntspechte (3)*
- *Je weniger Buntspechte, desto mehr Borkenkäfer (4)*

Schritt ③

Suchen geeigneter Darstellungen für das gefundene Modell

strukturelle Darstellung:

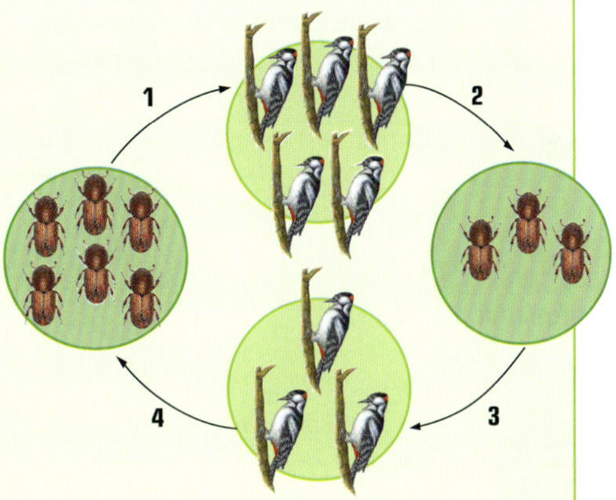

Pfeildiagramm:

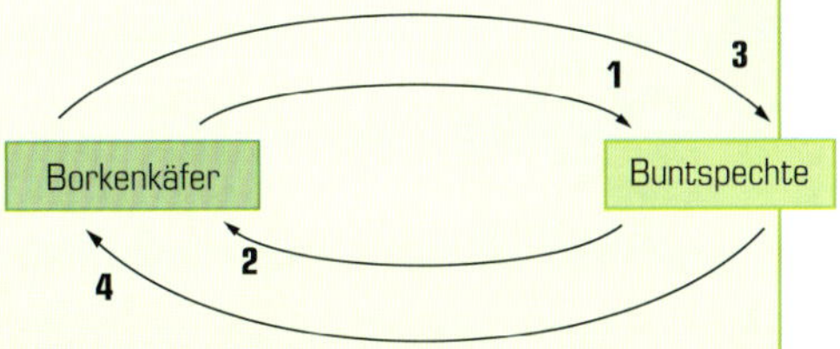

grafische Darstellung:

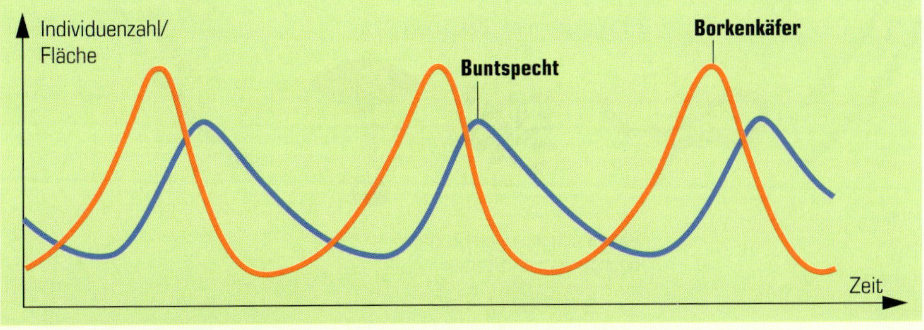

1 ▸ Räuber-Beute-Zyklus bei Borkenkäfer und Buntspecht

Stoffkreislauf im Ökosystem

Die Aufnahme körperfremder, organischer, energiereicher Stoffe bezeichnet man als heterotrophe Ernährungsweise.

Am **Stoffkreislauf im Ökosystem** sind alle Organismen eines Ökosystems beteiligt (↗ Abb. 1). Am Anfang dieses Kreislaufs stehen die Organismen, die Chlorophyll besitzen (Produzenten).

Die heterotrophen Konsumenten nehmen die von den Produzenten gebildeten organischen Stoffe auf. Die Destruenten bauen die organischen Stoffe wieder ab. So werden die von den Produzenten gebildeten organischen Stoffe über die Konsumenten bis zu den Destruenten weitergegeben.

Durch den Abbau der organischen Stoffe durch die Destruenten werden die Ausgangsstoffe, u. a. Wasser, Kohlenstoffdioxid und andere anorganische Stoffe, wieder freigesetzt und können erneut von den Produzenten genutzt werden. Der Stoffkreislauf beginnt von Neuem.

M

Durch die Beziehungen zwischen Produzenten, Konsumenten und Destruenten kommt ein Stoffkreislauf im Ökosystem zustande.

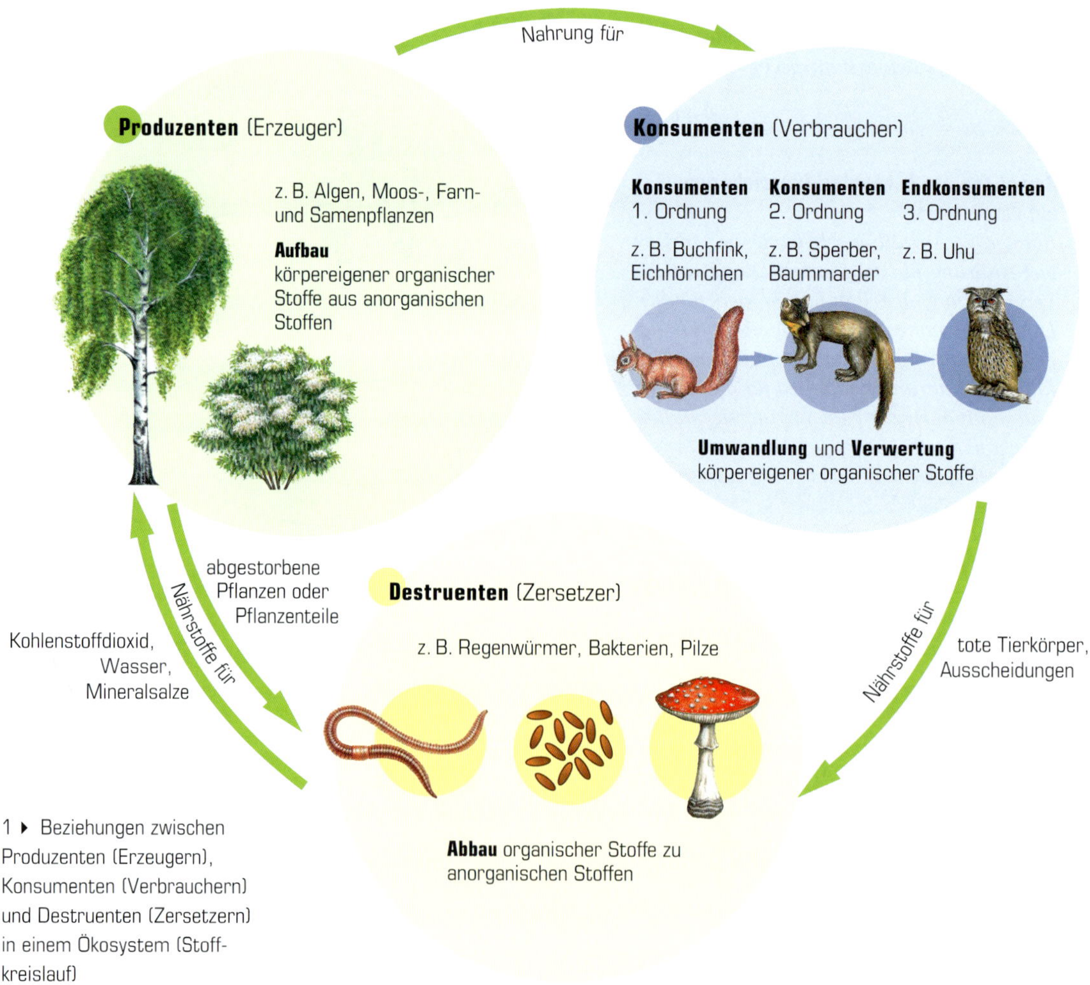

1 ▸ Beziehungen zwischen Produzenten (Erzeugern), Konsumenten (Verbrauchern) und Destruenten (Zersetzern) in einem Ökosystem (Stoffkreislauf)

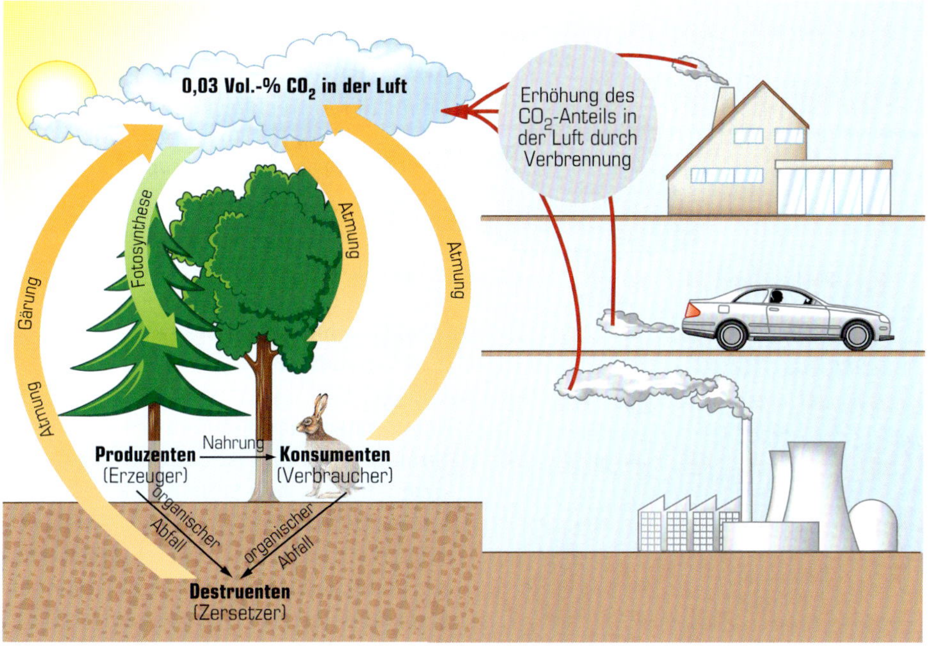

1 ▸ Der Kreislauf des Kohlenstoffs in der Natur und seine Beeinflussung durch den Menschen

Der Kohlenstoffkreislauf

Der Stoffkreislauf wird besonders deutlich, wenn der Weg des Kohlenstoffs verfolgt wird (↗ Abb. 1).

Der **Kohlenstoff** gelangt durch Fotosynthese über das in der Luft enthaltene Kohlenstoffdioxid (CO_2) in chlorophyllhaltige Organismen, die Produzenten. In der **Nahrungskette** nimmt er seinen Weg von den Produzenten in den Körper von Konsumenten, z. B. in den der Tiere und des Menschen. Bereits durch die Atmung der meisten Organismen wird ein Teil wieder als Kohlenstoffdioxid freigesetzt.

Nach dem Tod der Organismen erfolgt der Abbau der organischen Stoffe durch die Destruenten, wobei der Kohlenstoff als **Kohlenstoffdioxid** wieder frei wird und wiederum in den Kreislauf eingehen kann.

Im Verlauf der Erdgeschichte hat sich ein Gleichgewicht zwischen Kohlenstoffdioxid-Produktion und Kohlenstoffdioxid-Verbrauch durch Organismen eingestellt, sodass der Kohlenstoffdioxid-Gehalt der Luft nahezu konstant bleibt.

Dieses Gleichgewicht wurde und wird durch **menschliche Tätigkeit** erheblich gestört. So werden u. a. durch Verbrennung fossiler Stoffe (u. a. Öl, Kohle), die auf Lebensprozesse von Organismen in früheren Erdperioden zurückgehen und große Mengen an Kohlenstoff enthalten, ungeheure Mengen Kohlenstoffdioxid freigesetzt und an die Atmosphäre abgegeben. Gleichzeitig wird Sauerstoff verbraucht. Das führt zur Erhöhung des Kohlenstoffdioxid-Gehalts der Luft und bewirkt u. a. den Treibhauseffekt.

Deshalb ist es so wichtig, die **Kohlenstoffdioxid-Freisetzung** infolge menschlicher Tätigkeit, z. B. durch Verringerung der Verbrennung fossiler Energieträger, zu senken. Durch internationale Konferenzen (z. B. Kopenhagen, 2009) und Abkommen soll gesichert werden, dass dieses Ziel auch erreicht wird.

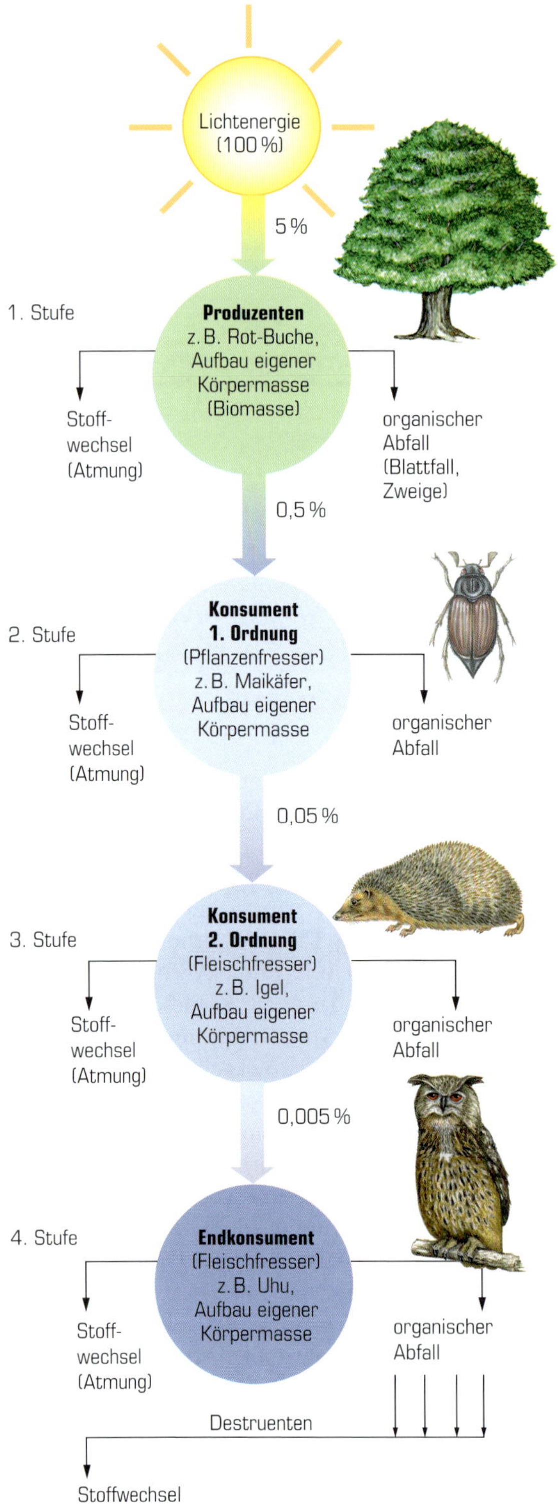

1 ▸ Energiefluss im Ökosystem Wald

Energiefluss im Ökosystem

Alle Lebewesen brauchen **Energie.** Sie ist für die Aufrechterhaltung der Lebensprozesse unerlässlich. **Sonnenenergie** ist reichlich vorhanden, doch kann sie so nicht von Organismen genutzt werden. Sie muss erst in **chemische Energie** umgewandelt werden. Dazu sind nur die Algen und Pflanzen sowie einige Bakterien, die Chlorophyll besitzen, in der Lage (↗ Fotosynthese).

Die in chemische Energie umgewandelte Strahlungsenergie ist dann in den gebildeten organischen Stoffen (z. B. Traubenzucker) enthalten. Daher sind chlorophyllhaltige Organismen **Energielieferanten** für nahezu alle anderen Organismen, für Konsumenten und Destruenten.

Mit der Aufnahme von Nahrung wird gleichzeitig die darin enthaltene Energie weitergegeben. Das Besondere ist, dass auf jeder Stufe auch Energie an die Umwelt abgegeben wird, z. B. Energie in Form von Bewegungsenergie oder Wärme.

Die Restenergie wird beim Abbau der organischen Stoffe durch Destruenten frei. Es gibt also keinen Energiekreislauf, sondern einen **Energiefluss** in der Beziehung zwischen Produzenten, Konsumenten und Destruenten.

Am Ende ist die von den Produzenten in chemische Energie umgewandelte Strahlungsenergie in **andere Energieformen** umgewandelt worden und steht den Organismen nicht mehr zur Verfügung.

Das Leben auf der Erde kann folglich nur existieren, wenn von den Algen und Pflanzen sowie einigen Bakterien fortwährend Strahlungsenergie in chemische Energie umgewandelt wird.

Es gibt keinen Energiekreislauf, sondern einen Energiefluss. Ⓜ

1

Basiskonzept

System

Energie- und Stoffumwandlung

Im Ökosystem Wald ist durch die Verknüpfung von Energie und organischer Substanz die Abnahme der Energie von einer zur nächsten Stufe mit einer Abnahme an Biomasse, der momentan vorhandenen Menge an organischer Substanz, verbunden. Bei einer fest definierten Basis ist deshalb für Mitglieder mit höherer Stufe in der Nahrungskette die verfügbare Nahrungsmenge bald nicht mehr ausreichend.

Nahrungspyramide im Ökosystem Wald

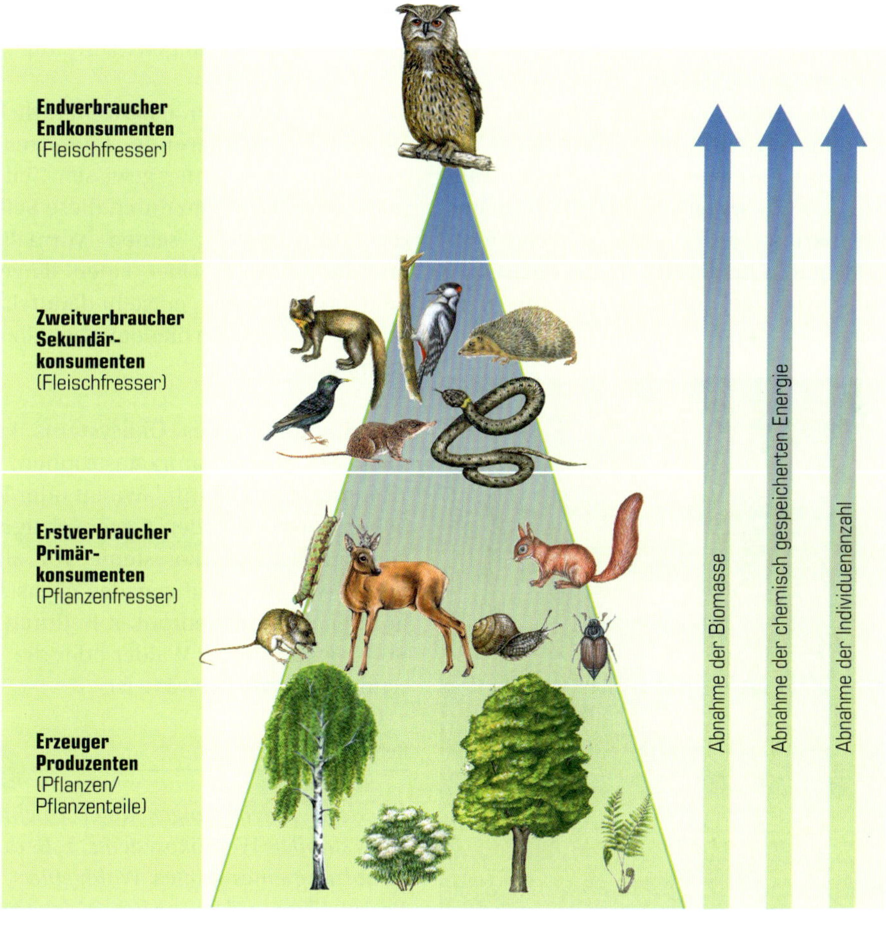

Selbstregulation im Ökosystem

Eine Nahrungspyramide ist eine grafische Darstellung der Stoffmassen, die von den Lebewesen produziert bzw. verbraucht werden. Dabei stellt jede Ernährungsstufe dieser Pyramide die Nahrung für die nächsthöhere Stufe dar (↗ S. 63).

Als Fauna wird die Gesamtheit der Tierarten und als Flora die Gesamtheit der Pflanzenarten in einem Gebiet bezeichnet.

Betrachtet man Nahrungspyramiden, erscheinen Ökosysteme als statische Gebilde. Das liegt daran, dass solche Berechnungen auf Daten eines langen Zeitraums beruhen, in Wäldern beispielsweise einige Jahrzehnte.

Doch hinter den Zahlen stecken **dynamische Prozesse,** wie Nahrungsketten oder -netze (↗ S. 57), in denen sich die Mengenverhältnisse in Räuber-Beute-Beziehungen gegenseitig regulieren.

Verfolgt man die Abläufe in der Biozönose eines Ökosystems, werden **Schwankungen,** z. B. in der Anzahl von Arten und Individuen, sichtbar. Das sieht man besonders deutlich an den Räuber-Beute-Beziehungen (↗ S. 58).

Dynamische Wechselbeziehungen, wie z. B. Konkurrenz und Räuber-Beute-Verhältnisse, bestehen zwischen Organismen in einem Ökosystem. Sie dienen der **Dichteregulierung** von Populationen und funktionieren in beide Richtungen einer Nahrungspyramide, nach unten wie nach oben.

1 ▸ Zur relativen Stabilität eines Waldes gehören auch Absterben und Jungwuchs.

In einem vielschichtigen Waldökosystem mit seinen vielen Teillebensräumen gibt es eine besondere Vielzahl solcher Kontrollen und Wechselwirkungen. Dennoch kann es immer wieder zu **Störungen** kommen. Ein starker Borkenkäferbefall führt zur Schädigung der Bäume. Alte, morsche Bäume brechen bei einem Sturm um. Ein großflächiger Windbruch (↗ Abb. 1) kann die abiotischen Umweltfaktoren völlig verändern, sodass viele Lebewesen an dieser Stelle nicht mehr leben können. Beispielsweise haben Frost, Dürre oder Überflutung das Absterben von Pflanzen und Tieren zur Folge, auf die wiederum andere Lebewesen angewiesen sind.

Störungen lösen in einem natürlichen Ökosystem **regulierende Kettenreaktionen** aus. Nach einer gewissen Zeit erreicht das Ökosystem durch diese **Selbstregulation** wieder seinen vormaligen Zustand (↗ S. 65). Über einen längeren Zeitraum betrachtet, entsteht dadurch ein stabiler Zustand, ein **ökologisches Gleichgewicht.**

Die **Stabilität eines Ökosystems** kann nicht nur durch Naturkatastrophen, wie Waldbrände, Schlammlawinen oder Erdbeben, **zerstört** werden. Gegenwärtig sind viele natürliche Ökosysteme vor allem durch die Einwirkungen des Menschen in ihrer Existenz bedroht, z. B. durch die Rodung natürlicher Wälder oder die Verschmutzung von Gewässern.

Aufgabe

Überlege, welche Folgen die Vernichtung eines stabilen Waldökosystems, z. B. durch Abholzung eines großen Waldgebiets, auf Boden, Flora und Fauna hat. Welche nachhaltigen Lösungen bieten sich in einem Wirtschaftswald an, um schwerwiegende Folgen zu vermeiden?

Basiskonzept

Entwicklung

Ökosysteme verändern und entwickeln sich

Alle Lebewesen entwickeln und verändern sich. So ist es auch in einem komplexen System wie einem **Ökosystem.** Beispielsweise siedeln sich nach einem verheerenden Waldbrand nach einer gewissen Zeit wieder bestimmte Lebewesen einer Lebensgemeinschaft an. Zunächst sind es die Lebewesen der Krautschicht. Die untere Abbildung zeigt die weitere zeitliche Abfolge der Ansiedlung von Pflanzen.
Diese zeitliche Abfolge der Ansiedlung von verschiedenen Lebensgemeinschaften bezeichnet man als **Sukzession.** Sie endet mit einem relativ stabilen Endstadium.
Die Aufeinanderfolge der unterschiedlichen Entwicklungsstadien ist das Ergebnis von Wechselwirkungen zwischen sich ändernden Umweltfaktoren (u. a. Temperatur, Licht, Feuchtigkeit) und der Zusammensetzung der Lebensgemeinschaften.

Zeitliche Entwicklung vom Kahlschlag zum Wald

Kahlschlag	bis 10 Jahre Pflanzen der Krautschicht	ca. 10–20 Jahre Pflanzen der Strauchschicht	ca. 20–100 Jahre Pflanzen des Jungwaldes	über 100 Jahre

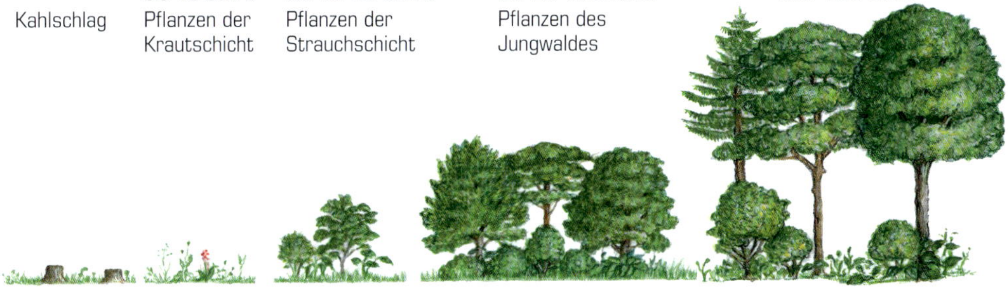

Moospflanzen, niedrige Gräser	lichtliebende Pflanzen als Pionierarten, z. B. Weidenröschen, Greiskraut, Ruhrkraut, Reitgräser	Ansamen von Sträuchern, z. B. Brombeere, Himbeere, und von Bäumen, z. B. Birke, Holunder, Espe, Weide	Wachsen von jungen Waldbäumen, z. B. Eiche, Buche, Kiefer, Fichte	alte Waldbäume

Anfangsstadium → **Sukzession** → **Endstadium**

gewusst · gekonnt

1. Stelle Nahrungsketten des Waldes auf. Verwende dazu die Namen folgender Organismen: Eichhörnchen, Mäusebussard, Sperber, Eichenwicklerraupe, Eichel, Fichten, Specht, Kohlmeise, Eichenblätter, Borkenkäfer, Baummarder.

2. Nenne Tiere, die a) für den Waldkauz und b) für den Buntspecht Beutetiere darstellen.

3. Ordne die Namen der folgenden Lebewesen in die Gruppen der Pflanzenfresser und Fleischfresser ein: Mäusebussard, Wildkaninchen, Eichhörnchen, Fuchs, Ringeltaube, Habicht.

4. Ordne die nachfolgend aufgeführten Organismen den entsprechenden Ernährungsstufen zu. Begründe die Zuordnung.
Organismen:
A: Schwebfliege
B: Hecht
C: pflanzliches Plankton
D: Frosch
Ernährungsstufen:
1. Produzenten
2. Konsumenten 1. Ordnung
3. Konsumenten 2. Ordnung
4. Konsumenten 3. Ordnung

5. Erläutere an Beispielen, dass der Wald eine Lebensgemeinschaft ist.

6. Fertige eine Tabelle an und ordne die Namen folgender Organismen den Produzenten, Konsumenten und Destruenten zu:
Busch-Windröschen, Eichhörnchen, Regenwurm, Kellerassel, Reh, Rot-Buche, Wald-Sauerklee, Schimmelpilze, Mäusebussard, Bakterien. Begründe deine Zuordnung.

7. Entwickle eine Nahrungskette, deren Ausgangspunkt abgestorbene Pflanzenteile und tote Tierkörper sind. Beschreibe und begründe die Ernährungsstufen.

8. Stelle die Räuber-Beute-Beziehung zwischen Hecht und Karpfen in einem Schema dar. Beschreibe die wechselseitigen Beziehungen. Nutze dazu Informationen aus dem Internet bzw. www.schuelerlexikon.de.

9. In Ökosystemen gibt es einen Stoffkreislauf aber keinen Energiekreislauf, sondern einen Energiefluss. Erläutere diese Tatsache am Beispiel der Abbildung 1 auf Seite 62. Suche auch im Internet.

10. Übernimm die untere Zeichnung der Nahrungspyramide in dein Arbeitsheft. Trage in die abgebildete leere Nahrungspyramide die Ernährungsstufen der Reihenfolge nach richtig ein.

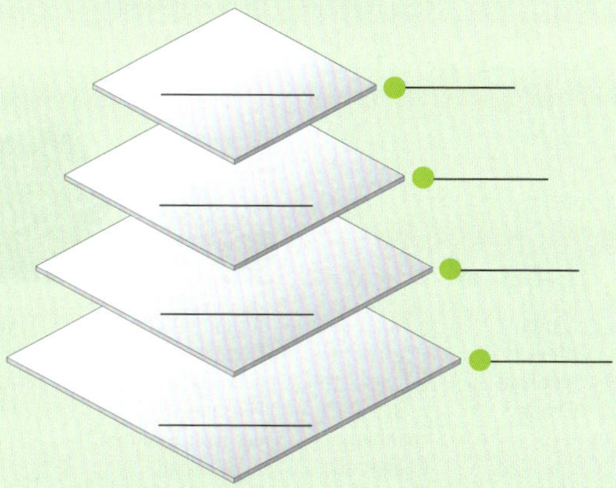

11. Ordne neben der Nahrungspyramide aus Aufgabe 10 die entsprechenden Beispiele zu.
a) 100 kg Planktontiere im Gewässer
b) 1 kg Forelle
c) 1 000 kg Planktonpflanzen im Gewässer
d) 10 kg Blaufelchen (Friedfisch)

12. Betrachte folgende Nahrungsketten:
1. Mais – Mensch
2. Mais – Rind – Mensch
3. Phytoplankton – Zooplankton – Kleinfisch – Raubfisch – Mensch

a) Benenne den Anteil der absorbierten Sonnenenergie, der sich im Mais und im Phytoplankton befindet.

b) Erkläre die Energieverluste, die von Stufe zu Stufe entstehen. Wie viel Prozent der ursprünglich vorhandenen Energie stehen in den einzelnen Nahrungsketten dem Endkonsumenten Mensch noch zur Verfügung?

c) Die durch Pflanzen an einem Tag absorbierte Sonnenenergie beträgt ca. 1 000 kJ/m^2. Ein Mensch benötigt pro Tag ca. 10 000 kJ, um seinen Energiebedarf zu decken. Berechne für jede Nahrungskette, wie viele Menschen bei 1 ha Nutzfläche ernährt werden könnten.

d) Begründe, warum eine rein vegetarische Ernährung für den Menschen nicht völlig problemlos ist.

e) Finde eine Möglichkeit, wie in langen Nahrungsketten die energetische Ausbeute für den Menschen gesteigert werden kann.

13. Stelle dar, wie der Mensch in die Nahrungspyramide eingebunden sein kann. Um wieviel teurer müsste demnach 1 kg Fleisch gegenüber 1 kg Kartoffeln sein?

14. Halte mithilfe der Abbildung auf S. 61 sowie Kenntnissen aus der Chemie einen Kurzvortrag zum Kohlenstoffkreislauf.

15. Polarfüchse ernähren sich hauptsächlich von Lemmingen und greifen nur in Notfällen auf Vögel zurück.

a) Skizziere den Bestandsverlauf von Füchsen und Lemmingen über die Zeit und erkläre die Schwankungen.

b) Erkläre, was passiert, wenn der Lemmingbestand durch fehlende Nahrung oder Krankheiten zusammenbricht.

c) Beschreibe die Auswirkungen für die Vogelwelt.

16. Beschreibe den Räuber-Beute-Zyklus in der Abb. Nutze dazu auch Abb. 1 auf Seite 59.

a) Überlege dir Einflüsse, die von außen auf dieses System einwirken können.

b) Welche Auswirkungen hätten sie auf das Verhältnis und wie würden sie sich auf die Grafik auswirken?
Skizziere das in einer neuen Abbildung.

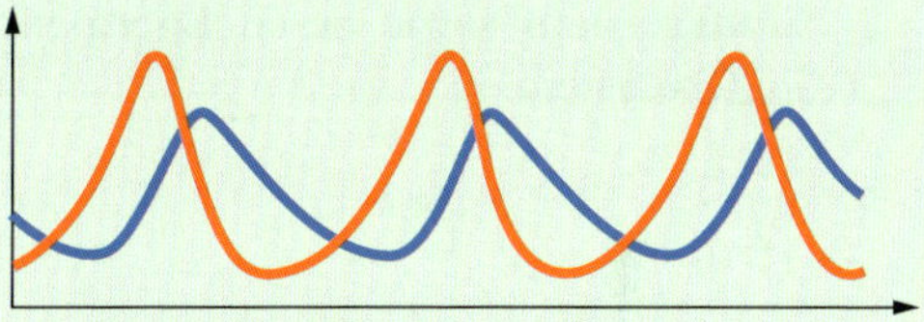

17. Der Sturm „Kyrill" hat im Januar 2007 viele große Waldgebiete in Deutschland zerstört.

a) Beschreibe die Entwicklungen in diesen Gebieten, wenn
1. keinerlei menschliche Maßnahmen stattfinden oder
2. umgeknickte Bäume entfernt werden und die Fläche mit Jungbäumen bepflanzt wird.

b) Vergleiche beide Varianten im Prozess, im Ergebnis und unter dem Aspekt der Nachhaltigkeit.

c) Wäre in diesem Fall das Eingreifen durch den Menschen gerechtfertigt und sinnvoll? Diskutiere mit deinen Mitschülern in der Klasse darüber und beziehe Stellung dazu.

Das Wichtigste auf einen Blick

Nahrungsbeziehungen im Ökosystem

Im Ökosystem bestehen zwischen den Pflanzen als **Produzenten (Erzeugern)**, den Pflanzen- und Fleischfressern als **Konsumenten (Verbrauchern)** sowie den Bakterien, Pilzen und bodenlebenden Tieren als **Destruenten (Zersetzern)** vielfältige Nahrungsbeziehungen.
Diese lassen sich in **Nahrungsketten** und **Nahrungsnetzen** modellhaft erfassen.

Stoffkreislauf und Energiefluss im Ökosystem

Nahrungsketten und Nahrungsnetze als Nahrungsbeziehungen bewirken einen **Stoffkreislauf** sowie einen **Energiefluss** im Ökosystem.

Im Ökosystem besteht ein **ökologisches Gleichgewicht** als ausgewogenes Verhältnis zwischen den Arten in einem längeren Zeitraum.

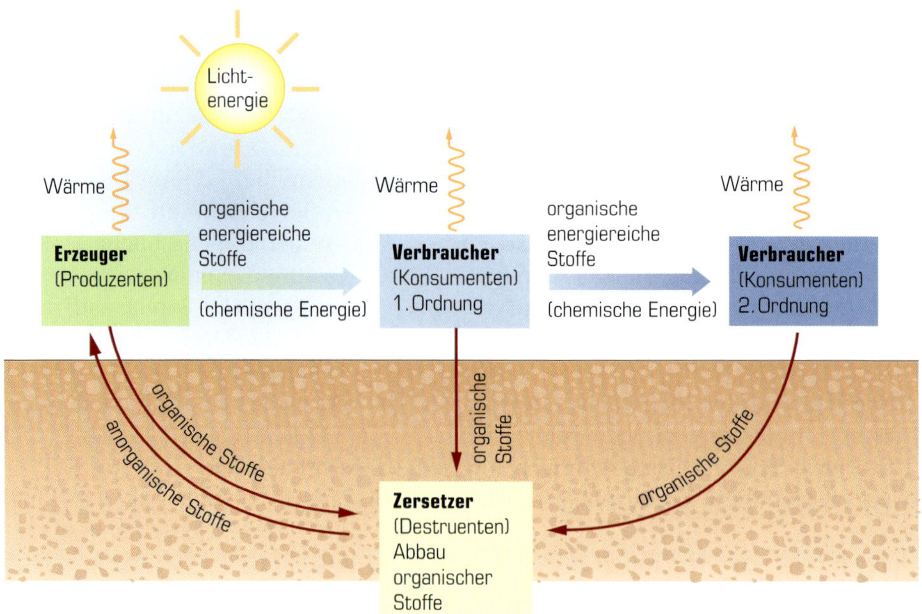

1

1.4 Erhaltung und Schutz von Ökosystemen

Die Erde – ein einmaliger Planet ▸▸ Von Astronauten wird unsere Erde als blauer Planet beschrieben. Bisher ist kein anderer Planet bekannt, der Eigenschaften wie die Erde besitzt und auf dem es Leben gibt.

Gefahren für das Leben auf der Erde ▸▸ Der Mensch wirkt ständig auf seine Umwelt ein, nutzt für sich zahlreiche Pflanzen und Tiere. Er muss dies tun, um leben zu können. Aber durch z.B. massive Verschmutzung von Gewässern und Abrodung von Wäldern ist unsere Umwelt derzeit sehr gefährdet.

Pachtvertrag für die Erde ▸▸ Die gegenwärtig lebenden Generationen haben die Erde nur zeitweilig „gepachtet". Sie haben die Verantwortung, auch für künftige Generationen Bedingungen zu erhalten, die diesen auch weiterhin ein Leben auf dem blauen Planeten ermöglichen.

Eingriffe des Menschen in die Umwelt und ihre Folgen

Man schätzt z. B., dass täglich 35 000 km^2 tropischen Regenwalds gerodet werden, um Land für den Anbau von Kulturpflanzen zu gewinnen.

Die Eingriffe in die Umwelt durch den Menschen kann man im eigenen Land beobachten: Neue Häuser und Straßen werden gebaut, weite Eisenbahn- und Autobahntrassen angelegt (↗ Abb. 1), Einkaufszentren entstehen. Dafür werden große Flächen bebaut.

So unterschiedlich die Eingriffe sind, sie berühren nicht nur die unbelebte Natur, sondern immer auch Lebewesen – die Pilze, Pflanzen und Tiere. Viele Eingriffe, die derzeit erfolgen, haben besonders weitreichende Auswirkungen, wie die folgenden Beispiele zeigen.

Zerstörung oder Umwandlung natürlicher Lebensräume

Vielen Arten werden Lebensmöglichkeiten genommen durch

- **Rodung von Wäldern:** In Deutschland hat sich dadurch der Waldanteil seit dem Mittelalter um etwa 70 % verringert. Wo heute z. B. Äcker die Landschaft prägen, war ursprünglich Wald. Das Aussterben bzw. die Gefährdung von etwa zwei Dritteln der in Deutschland und Nordamerika beheimateten Arten ist auf die Waldrodung zurückzuführen. Die Rodung tropischer Regenwälder ist derzeit die größte Bedrohung für die Artenvielfalt. Denn dort leben 90 % der heute bekannten Arten.
- **Bebauung** bzw. **Versiegelung von Flächen:** Dadurch werden den Organismen ebenfalls Lebensräume genommen. Das Wasser kann nicht vom Boden aufgenommen werden und fließt sehr schnell ab.
- **Entwässerung ganzer Landstriche:** Feuchtigkeitsliebende Arten sind dadurch ernsthaft bedroht. Dies ist der Grund dafür, dass bei uns z. B. die Lurche gefährdet sind.
- **Übernutzung von Landschaften:** Beispielsweise werden durch Überweidung viele Arten ihrer Existenzgrundlagen beraubt.
- **Rohstoffgewinnung:** Durch den Abbau von Kies und Braunkohle werden Landschaften stark verändert.

1 ▸ Breite Autobahnen durchziehen die Landschaften und vergrößern die Versiegelungsflächen.

Veränderung der natürlichen Bedingungen durch menschliche Tätigkeit

Heute werden Tausende chemischer Verbindungen produziert, z. B. für die Bekämpfung von Schädlingen, zur Herstellung von Waschmitteln und Kosmetika, die bisher in der Natur nicht vorkamen. Viele Stoffe davon gelangen in die Umwelt und belasten bzw. schädigen als Giftstoffe direkt oder indirekt Organismen (↗ Modellversuch unten).

Manche Stoffe werden nur schwer abgebaut und gelangen über die Nahrungskette bis in den Körper des Menschen und können ihn schädigen.

Belastungen der Biotope von Ökosystemen gehen auch von der Landwirtschaft und dem Gartenbau infolge der zusätzlichen Düngung aus, z. B. mit Stickstoff- und Phosphatverbindungen. Dieses hohe Angebot an Mineralstoffen begünstigt wenige, üppig wachsende Arten, durch die viele andere verdrängt werden. In Gewässern kommt es zu Algenblüten und Faulschlammbildung.

Einschleppen oder Eindringen nicht heimischer Arten

Einige Organismen, die in bestimmten Ökosystemen nicht heimisch waren, vermehren sich oft explosionsartig unter den neuen Lebensbedingungen, weil sie keine natürlichen Feinde haben. Sie verdrängen ursprünglich vorhandene Arten.

1862 wurden in Australien z. B. zwölf europäische Wildkaninchen ausgesetzt. Sie brachten es bis zur Jahrhundertwende auf einen Bestand von etwa 1 Milliarde Tiere, zerstörten die Pflanzendecke und lösten eine heftige Bodenerosion aus. Auch bei uns breitet sich eine Reihe eingewanderter Arten aus, z. B. Waschbär, Japanischer Knöterich.

1 ▸ Wildkaninchen

Züchtung von Pflanzen- und Tierarten

Die Züchtung hat zur Veränderung der Arten und Reduzierung der Vielfalt geführt. So werden z. B. auf riesigen Flächen nur wenige Kulturarten angebaut, oft dominiert nur eine Art (Monokultur). Die ursprünglichen Arten wurden verdrängt.

Untersuchungen • Beobachtungen

Weise die Wirkung von Waschmitteln auf die Oberflächenspannung des Wassers nach.

Material:
pneumatische Wanne oder Glasschüssel, Wasser, Spülmittel (nicht konzentriert), Aluminiumfolie, evtl. Schere

Durchführung:
- Fertige ein Modell des Wasserläufers aus Aluminiumfolie nach unten stehender Abbildung.
  Setze das Modell des Wasserläufers auf die Wasseroberfläche auf.
- Gib Spülmittel in das Wasser.

Beobachtung und Auswertung:
- Notiere deine Beobachtungen vor und nach der Zugabe von Spülmittel.
- Informiere dich über die Oberflächenspannung des Wassers. Beschreibe, welchen Einfluss Spülmittel hat.
- Informiere dich über die Lebensweise des Wasserläufers. Leite ab, welche Wirkung ungeklärte Abwässer für Organismen haben, die die Wasseroberfläche nutzen.

Wirtschaftlich genutzte Ökosysteme

Wo sich heute Äcker, Wiesen und Weiden ausdehnen, befanden sich nicht nur in Thüringen, sondern in ganz Mitteleuropa noch vor etwa 1500 Jahren dichte Wälder. Nachdem die Menschen sesshaft geworden waren und ihre Anzahl zunahm, begannen sie, die Wälder zu roden, das Land urbar zu machen, um durch Ackerbau und Viehzucht relativ sichere Nahrungsquellen zu haben. In Deutschland erfolgten die größten Waldrodungen im frühen Mittelalter. So entstanden vom Menschen künstlich geschaffene Flächen, die u.a. dem Anbau verschiedener Kulturpflanzen sowie der Beweidung (↗ Abb. 1) dienten. In Deutschland sind dies gegenwärtig 55 % der Landesfläche.
Die vom Menschen geschaffenen Flächen werden als **Agrarökosysteme** bezeichnet.

Agrarökosysteme sind heute weit von ihrem natürlichen Zustand entfernt und können - ähnlich wie Stadtökosysteme - nur durch hohen Aufwand (u.a. menschliche Arbeit, Energie, chemische Stoffe) erhalten werden. Ohne diesen Aufwand würden sich wieder natürliche Biotope entwickeln. Alle Maßnahmen zur Erhaltung von Agrarökosystemen, insbesondere von „Ackerökosystemen“, sind darauf gerichtet, für Kulturpflanzen günstige Entwicklungsbedingungen zu schaffen sowie Ackerwildkräuter und Kulturpflanzen schädigende Organismen in Grenzen zu halten. Dazu zählen u. a. folgende Maßnahmen:

- regelmäßige Bodenbearbeitung (z.B. Pflügen), um die Ackerkrume fruchtbar zu erhalten,
- mehrmaliges Mähen von Wiesen,
- Bewässerung von Äckern und Weiden, wenn das natürliche Wasserangebot nicht ausreicht, und Entwässerung dort, wo ein Wasserüberschuss besteht,
- zusätzliche Gabe von Nährstoffen für die Kulturpflanzen in Form mineralischer Düngemittel bzw. organischer Stoffe,
- die Bekämpfung von Organismen, die das Wachstum und die Entwicklung der Kulturpflanzen beeinträchtigen.

In Verbindung mit der Züchtung ertragreicher Sorten ist es gelungen, dem Ackerboden hohe Erträge abzuringen. Dadurch kann die Versorgung der zunehmenden Anzahl von Menschen in weiten Gebieten der Erde gesichert werden.

1 ▸ Weiden gehören zu den wirtschaftlich genutzten Ökosystemen.

1

Das Getreidefeld – ein wirtschaftlich genutztes Ökosystem

In einem Getreidefeld (↗Abb. 1) wirken ähnliche **abiotische Umweltfaktoren** wie in natürlichen Ökosystemen, z. B. dem Wald. Es gibt aber einige Besonderheiten.
Eine zentrale Stellung im Ökosystem Getreidefeld besitzt der Boden. Von den Eigenschaften des Bodens hängt der Anbau von Kulturpflanzen ab. Weizen z. B. bevorzugt lehmhaltige Böden, Roggen kann noch auf sandigen Böden gedeihen.
Das fast vollständige Abräumen der Felder durch die Ernte bewirkt einen ständigen Stoffentzug, sodass der natürliche Stoffkreislauf (↗S. 60) gestört ist. Deshalb werden zusätzlich Nährstoffe in Form von Düngung zugeführt. Das aber beeinflusst andere abiotische Umweltfaktoren, z. B. den pH-Wert.
Biozide, die zur Schädlingsbekämpfung eingesetzt werden, vernichten nicht nur Schädlinge, sondern töten oft auch Nützlinge und beeinträchtigen die Lebewesen im Boden.
Die Kulturpflanzen bedecken oft nur kurze Zeit den Boden. Niederschlagswasser kann in Zeiten ohne oder mit nur spärlicher Pflanzendecke rasch abfließen. Die Folge ist oft Bodenerosion oder auch Wassermangel. Große, „freie" Ackerflächen bieten dem Wind kaum Widerstand. Das fördert u. a. ein relativ rasches Austrocknen des Bodens.

Auch bei den **biotischen Umweltfaktoren** treten Besonderheiten auf: Getreidefelder, aber auch andere Flächen mit Kulturpflanzen, sind extrem artenarm. Oft dominiert nur eine Kulturpflanzenart (z. B. Weizen). Es handelt sich also meist um **Monokulturen.** Schädlinge der Kulturpflanzen finden in solchen Monokulturen Nahrung im Überfluss und können sich rasch ausbreiten. Monokulturen sind immer stark gefährdet.
Wildkräuter werden bewusst unterdrückt. Nur an den Feldrändern (Feldrainen) und den Feldgehölzen ist eine Vielzahl verschiedener Pflanzenarten zu finden. Diese Bereiche haben also für die Erhaltung der Artenvielfalt große Bedeutung.
Beispielsweise ist in einem Weizenfeld auch die **Tierwelt** (z. B. Feldhase, Rebhuhn, Feld-Hamster) durch die intensive Bewirtschaftung stark gefährdet. Es ist daher erforderlich, für diese Arten „Rückzugsräume" zu schaffen.

1 ▸ Getreidefelder prägen in Mecklenburg-Vorpommern das Landschaftsbild mit.

Weltweite Auswirkungen menschlicher Tätigkeit

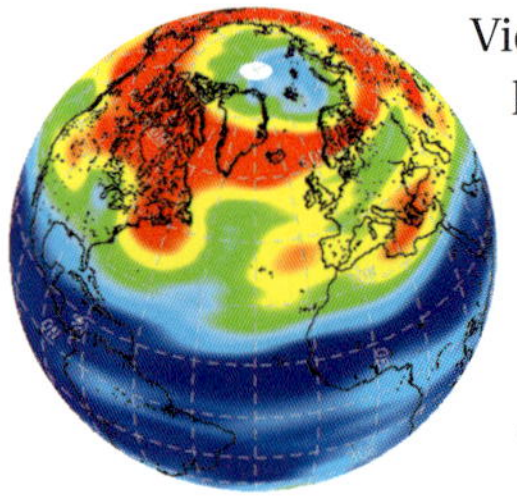

Viele Einwirkungen menschlicher Tätigkeit auf die natürlichen Lebensbedingungen erfolgen **lokal** (z.B. im Ort deiner Schule). Sie wirken sich aber zunehmend regional und **global** (weltweit) mit verheerenden Folgen für viele Arten und auch den Menschen aus.

Der Treibhauseffekt

Man rechnet damit, dass sich die Temperatur an der Erdoberfläche bis zum Jahr 2050 gegenüber 2000 um etwa 2,5 °C erhöht.

Das Sonnenlicht erwärmt unsere Erde. Die Erdoberfläche gibt einen Teil der Strahlung als Wärmestrahlung wieder ab. Wolken und Treibhausgase reflektieren diese Wärmestrahlen und diese gelangen erneut zur Erde (↗ Abb. 1). Treibhausgase wirken also ähnlich wie die Glasscheiben in einem Gewächshaus.

Durch den **natürlichen Treibhauseffekt** hat sich eine mittlere Temperatur auf der Erde von rund + 15 °C ergeben, die für ein stabiles Leben von Pflanzen, Tieren und Menschen wichtig ist. Ohne Treibhauseffekt würde auf der Erde eine mittlere Temperatur von – 18 °C herrschen.

Zu den **Treibhausgasen** gehören Wasserdampf, Kohlenstoffdioxid, Methan, Fluorchlorkohlenwasserstoffe (FCKW) u. a.

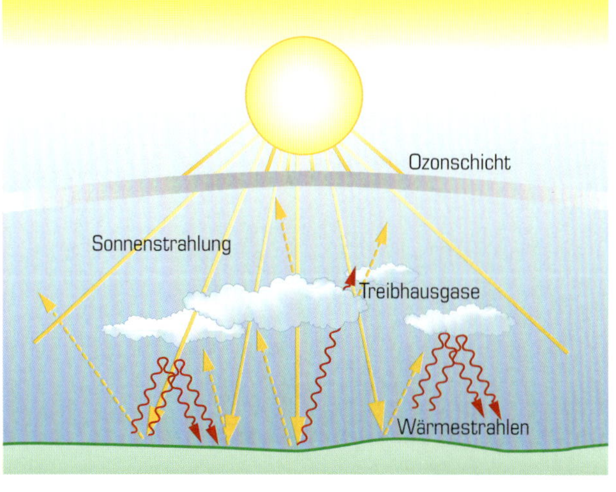

1 ▸ Entstehung des Treibhauseffekts

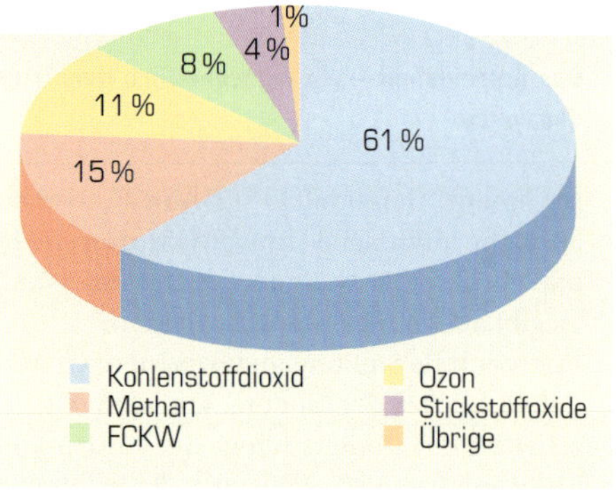

2 ▸ Anteil der Gase am anthropogenen Treibhauseffekt

Bis auf FCKW sind alle anderen Stoffe auch natürliche Bestandteile der Atmosphäre. Sie lassen die Sonnenstrahlen ungehindert durch, behindern aber die Wärmeabstrahlung von der Erde.

Durch die Verbrennung **fossiler Energieträger** gelangen zusätzliche Mengen an Kohlenstoffdioxid in die Atmosphäre. Bei vielen industriellen und landwirtschaftlichen Prozessen werden weitere Treibhausgase (z.B. Fluorchlorkohlenwasserstoffe und Methan) freigesetzt. Der Treibhauseffekt wird dadurch künstlich verstärkt (**anthropogener Treibhauseffekt,** ↗ Abb. 2). Dadurch könnte es zu einer globalen Erwärmung mit weitreichenden Folgen kommen, beispielsweise zu einer Verschiebung der Klimazonen, zur Ausdehnung der Wüstengebiete, zum Ansteigen des Meeresspiegels. Einige Messungen deuten darauf hin, dass schon heute derartige Veränderungen erfolgen. Dies alles würde zur **Vernichtung vieler Arten und ihrer Lebensräume führen.**

Saurer Regen

Er kommt durch die Reaktion von Schadstoffen mit Wasser in der Atmosphäre zustande, vor allem von Schwefeldioxid und Stickstoffoxiden, welche u. a. auch in Abgasen von Kraftfahrzeugen enthalten sind.

Durch chemische Reaktionen werden Säuren gebildet. Diese gelangen mit den Niederschlägen in den Boden, bewirken z. B. eine Veränderung des pH-Werts (↗ S. 18) und schädigen die Pflanzen.

Ausdünnung der Ozonschicht

Als natürlicher Bestandteil der Luft ist **Ozon** sowohl in den unteren als auch in den oberen Luftschichten der Atmosphäre anzutreffen.

In **Bodennähe** sind höhere Anteile unerwünscht, da Ozon bei stärkerer Konzentration z. B. die Schleimhäute angreift (Hustenreiz) und Pflanzen schädigt.

In den **oberen Luftschichten** ist Ozon dagegen lebensnotwendig. Es absorbiert UV-Strahlen. Dadurch schützt es den Menschen, die Tiere und die Pflanzen vor den schädigenden Wirkungen der UV-Strahlung.

Der Ozongehalt in etwa 20 km Höhe verringert sich von Jahr zu Jahr. An dieser Ausdünnung sind u. a. Fluorchlorkohlenwasserstoffe (FCKW) beteiligt, die z. B. aus Treibgasen und Kühlmitteln stammen und in die oberen Luftschichten gelangt sind. Die Chloratome aus diesen Verbindungen bewirken in einem komplizierten Prozess die Zerstörung der Ozonschicht.

1 ▸ Besenheide wird vom Schmetterling besucht.

In diesem Prozess werden die Chloratome wieder frei und können erneut wirksam sein. Die Folge ist eine Zunahme der schädlichen UV-Strahlung (teilweise bereits um 30 %) mit negativen Auswirkungen auf Pflanzen, Tiere und den Menschen (u. a. Zunahme von Hautkrebs).

Zerstörung von Lebensräumen

Werden z. B. in einem Feuchtgebiet durch Entwässerung die Bedingungen gravierend verändert, wird damit Algen und feuchtigkeitsliebenden Pflanzenarten die Lebensgrundlage entzogen. Sie bilden aber wiederum die Lebensgrundlage für Verbraucher (Konsumenten), was letztlich zum Rückgang z. B. der Lurche und des Storches führt. Das Ökosystem bricht zusammen.

Seit über 20 Jahren ist der Einsatz der FCKW als Kühlmittel verboten. Entwarnung kann deshalb nicht gegeben werden, weil sich FCKW u. a. in der Atmosphäre sehr lange halten.

Vernichtung einzelner Arten

Schon das Fehlen einer Art kann die Kreisläufe in einem Ökosystem erheblich stören. Von der Besenheide (↗ Abb. 1) ernähren sich z. B. rund 30 verschiedene Schmetterlingsraupen, wie die des Kleinen Nachtpfauenauges. Heideflächen mit Besenheide sind in den letzten 100 Jahren in Deutschland sowohl in Anzahl als auch in Ausdehnung reduziert worden. Dadurch sind heute auch viele früher häufige Tierarten gefährdet und dies hat Auswirkungen auf viele Ökosysteme.

Viele Daten deuten darauf hin, dass sich die Umweltsituation, insbesondere im Hinblick auf die Lebensbedingungen für Organismen, im Ergebnis menschlicher Tätigkeit sowohl lokal als auch global verschlechtert hat.

Der Mensch beeinflusst derzeit die natürlichen Kreisläufe in einer solchen Weise, dass dadurch für die Natur und ihn selbst große Gefahren erwachsen.

Aufgabe

Nenne Tätigkeiten des Menschen und ihre Auswirkungen auf die Umwelt. Führe dazu eine Pro- und Kontra-Debatte durch. Nutze die Hinweise auf den Seiten 144 bis 145.

Maßnahmen zum Schutz der Umwelt

Wenn der Mensch nicht selbst seine Existenzgrundlage unumkehrbar zerstören will, ist ein gründliches Umdenken unerlässlich. Dabei geht es darum, **die grundlegenden Bedürfnisse der gegenwärtig lebenden Menschen zu befriedigen und gleichzeitig die Lebensgrundlagen für künftige Generationen zu erhalten (nachhaltige Entwicklung).** Verschiedene Maßnahmen sollen dieses Ziel unterstützen.

Verringerung der weiteren Zerstörung von Lebensräumen und damit von Ökosystemen. So ist geplant, die Bodenfläche in Deutschland, die in Siedlungs- und Verkehrsfläche umgewandelt wird, von derzeit 120 ha bis zum Jahr 2020 auf 30 ha pro Tag zu reduzieren. Das soll durch ein „Bodengesetz" gefördert werden.

Ein typisches Problem in Mecklenburg-Vorpommern ist die nach dem 2. Weltkrieg durchgeführte Komplexmelioration von Feuchtwiesen und Mooren. Dadurch wollte man landwirtschaftliche Nutzflächen erschließen. Grasland zur Futtergewinnung entstand zwar, aber der Lebensraum vieler Pflanzen und Tiere war zerstört. Außerdem beobachtete man in trockengelegten Mooren erste Zersetzungserscheinungen des Torfs. Inzwischen hat man in Mecklenburg-Vorpommern mit der **Renaturierung** von Feuchtwiesen und Moorgebieten (↗ S. 80) begonnen.

__Biosphärenreservate__ sind großflächige Modellregionen von Natur- und Kulturlandschaften. Sie sollen beispielhafte Formen der Landnutzung unter Beachtung der natürlichen Naturausstattung bieten.

Die **Verringerung bzw. Vermeidung der Abgabe von Schadstoffen** an die Umwelt zielt darauf ab, die natürlichen Lebensbedingungen zu erhalten bzw. nicht weiter zu verschlechtern. Regelungen dazu sind u. a. im Bundes-Immissionsgesetz (Fassung von 1997) sowie in der Smog-Verordnung und den verschiedenen „Wassergesetzen" enthalten. Bedeutsam sind u. a.

- das Verbot der Verwendung von FCKW,
- die Reinigung aller Abwässer,
- der sorgsame Umgang mit Chemikalien, u. a. mit Pflanzenschutzmitteln und Insektiziden,
- die Vermeidung von Überdüngung in der Landwirtschaft und im Gartenbau.

Für den Schutz der Umwelt ist die **Einsicht durch jeden Einzelnen** Voraussetzung, beispielsweise wenn es darum geht, den persönlichen Konsum, u. a. auch die Benutzung des eigenen Autos, einzuschränken bzw. das Verbrennen von Stoffen zu kontrollieren.

Maßnahmen zur Erhaltung der Artenvielfalt sind eine unerlässliche Voraussetzung für die Stabilität von Ökosystemen und damit für die Existenz von Leben auf der Erde. Untersuchungen über das Vorkommen von Arten (Kartierung) haben ergeben, dass eine Reihe von Arten gefährdet, vom Aussterben bedroht oder sogar schon ausgestorben ist.

Solche Arten werden in einer **Roten Liste** erfasst. Viele Arten wurden durch die **Bundesartenschutzverordnung** unter besonderen Schutz gestellt. Für diese gesetzlich geschützten Arten gelten strenge Vorschriften.

Als besonders wirksam hat sich die Einrichtung von **Großschutzgebieten** erwiesen. Dazu gehören verschiedene Naturschutzkategorien, z. B. Nationalparks, Biosphärenreservate, Naturparks, Naturschutzgebiete und Landschaftsschutzgebiete (LSG).

Um auch künftigen Generationen Voraussetzungen für die Sicherung grundlegender Bedürfnisse zu erhalten, ist eine insgesamt nachhaltige Entwicklung in allen Bereichen des Lebens notwendig.

1

Dabei müssen ökologische, wirtschaftliche und soziale Aspekte als Einheit gesehen werden. Um dies zu erreichen, ist es vor allem wichtig, dass alle über ein anderes „Wohlstandsmodell“ nachdenken und wieder lernen, im Einklang mit der natürlichen Umwelt zu leben.

Zu der Aufgabe, die Lebensgrundlagen auch für künftige Generationen zu erhalten, zählt z. B. auch, den **ökologischen Landbau** zu fördern, in verstärktem Maße **nachwachsende Rohstoffe** (z. B. Raps, Chinaschilf) zu nutzen und **Renaturierungen** (↗ S. 80) dort vorzunehmen, wo das möglich ist.

Die Belastung der Umwelt macht vor Ländergrenzen nicht Halt. Deshalb ist eine **internationale Zusammenarbeit** erforderlich. Diese Zusammenarbeit äußert sich u. a. in einer Reihe von Konferenzen zum Schutz der Umwelt (z. B. der Konferenz der Vereinten Nationen für Umwelt und Entwicklung 1992 in Rio de Janeiro, in deren Ergebnis die Agenda 21 beschlossen wurde; den Klimakonferenzen 1997 in Kyoto und 2009 in Kopenhagen).

Die Zusammenarbeit äußert sich auch in internationalen Konventionen und Vereinbarungen, z. B. zur Einrichtung geschützter Feuchtgebiete in verschiedenen Staaten (Ramsar-Konvention 1971), in der Richtlinie über die Erhaltung wild lebender Vogelarten (EU-Vogelschutzrichtlinie 1979).

Auf eine nachhaltige Entwicklung ist die **Agenda 21** ausgerichtet. Damit soll der zunehmenden Zerstörung der natürlichen Lebensgrundlagen und der wachsenden Kluft zwischen Nord und Süd entgegengewirkt werden.

In der Agenda 21 werden die Kommunen aufgerufen, eine eigene lokale Agenda 21 aufzustellen, die speziell auf die Gemeinden zugeschnitten ist.

Die Betätigungsfelder können u. a. sein: Verkehr, Landschaftspflege und Naturschutz, Energie und Klimaschutz, Boden, Wasser und Abwasser, Wirtschaft und Arbeit, Tourismus und Erholung, Jugend und Bildung. Jede Kommune muss einige für sie besonders relevante Themen im Sinne von *„Global denken – lokal handeln“* in den Vordergrund stellen.

Der Blaue Engel enthält immer drei Informationen:
1. Unterscheidung ökologischer Produkte und Dienstleistungen von anderen gleichartigen,
2. Übermittlung eines konkreten Hinweises, z. B. „weil emissionsarm“,
3. das Schutzziel, z. B. „schützt das Klima“.

Aufgabe

Erkundige dich, wie sich die einzelnen Naturschutzkategorien voneinander unterscheiden.

1 ▸ Solche Landschaften müssen auch nachfolgenden Generationen erhalten bleiben.

Methoden

Zukunftswerkstatt: Nachhaltige Entwicklung der Heimatregion

Der Zukunftsforscher ROBERT JUNGK *(1913–1994) entwarf in den 1960er-Jahren die* ***Zukunftswerkstatt als Methode,*** *um Utopien und Gestaltungsvorschläge zu gesellschaftlichen Problemen (z. B. Energie-, Arbeitsmarkt-, Umweltkrise) entwickeln und sachgerecht diskutieren zu können und so zu einer Verbesserung der zukünftigen gesellschaftlichen Verhältnisse beizutragen.*

Stellt man sich vor, dass die Rohstoffe der Erde gleichermaßen für alle Menschen zur Verfügung stünden, so würden allein die Menschen der Industrieländer das Vierfache der Ressourcen verbrauchen, die ihnen zustünden. Die Natur ist jedoch die Lebensgrundlage der gesamten Menschheit.
Der Umgang mit dem Naturhaushalt sowie viele Lebensweisen, wie wir sie derzeit pflegen, können also nicht Modell stehen für eine **nachhaltige Entwicklung.** Ohne ein Umdenken unsererseits und Veränderungen im Verhalten und im Konsum wird eine nachhaltige Entwicklung nicht zu erreichen sein.

Die **Zukunftswerkstatt** eignet sich als Methode zur Entwicklung von Vorstellungen, wie das Leben zu gestalten ist und welche wichtigen Veränderungen nötig sind, um Ökologie, Ökonomie und Soziales in Einklang zu bringen.
Entsprechend dem Motto: „Global denken, lokal handeln" sollen mithilfe einer Zukunftswerkstatt Vorstellungen entwickelt werden, was man sowohl persönlich als auch regional gesellschaftlich für die nachhaltige Entwicklung der Heimatregion tun kann.
Zur Anwendung dieser Methode gehe schrittweise mithilfe folgender Hauptphasen vor:

Kritikphase
Hier geht es um eine genaue Bestandsaufnahme und umfassende Kritik des jetzigen Zustands und seiner Zukunftsaussichten. Fragen, Ängste, Probleme werden formuliert, verschiedene Kritikpunkte erst nur gesammelt, dann bewertet und nach Wichtigkeit geordnet. Ziel ist es, die vorrangigen Problembereiche herauszuarbeiten.

Fantasiephase
Hier sollen Wünsche für die Zukunft benannt werden, wobei der Fantasie freien Lauf gelassen wird. Träumen ist ausdrücklich erwünscht. Es wird keine Rücksicht auf Hindernisse, Vorschriften und Zwänge genommen. Es werden utopische Vorstellungen und ungewöhnliche Lebensmodelle ohne Einschränkungen entworfen.

Verwirklichungsphase
Die Fantasieprodukte werden mit den realen Verhältnissen in Zusammenhang gebracht. Denkbare Wege und Strategien werden gefunden, um die Wünsche und Träume umzusetzen. Dabei wird zunächst geprüft, inwieweit und unter welchen Bedingungen die utopischen Entwürfe realisierbar sind. Dann werden für die Erfolg versprechendsten oder interessantesten Entwürfe erste Schritte zur Umsetzung geplant.

1 ▸ „Nur wer die Zukunft im Vorausgriff erfindet, kann hoffen, sie wirksam zu beeinflussen." (ROBERT JUNGK)

1

Zukunftswerkstatt: Nachhaltige Entwicklung der Heimatregion		
Kritikphase	**Fantasiephase**	**Verwirklichungsphase**
Beschreibe ehrlich und selbstkritisch was du an deiner Heimatregion schätzt und was du kritisierst. Äußere auch deine Sorgen und Ängste, wenn du an die Zukunft denkst.	Lasse deiner Fantasie freien Lauf und entwirf eine ideale Zukunft. Es kommt hier nicht darauf an, was möglich ist, sondern was du dir wirklich wünschst und erträumst.	Konfrontiere deine Ziele und Träume mit der Realität. Suche nach möglichen Wegen und sinnvollen Strategien, um deine Ziele erreichen zu können.
Mögliche Fragen können sein: **Mobilität** Wie sind Straßennetz und Fahrradwege ausgebaut? Welche Rolle spielen für mich ein eigenes Motorrad bzw. Auto oder öffentliche Verkehrsmittel? **Wohnumfeld** Wird beim Bauen bewusst ökologisch gearbeitet? Wird bei der Gestaltung des Wohnumfelds auf die Nutzung einheimischer Pflanzenarten geachtet? Bleiben Biotope erhalten? **Konsumverhalten** Habe ich die Möglichkeit, beim Einkauf bewusst auf Konsum im nachhaltigen Sinne zu achten? Welche Rolle spielt für mich die Möglichkeit, Wasser und Energie zu sparen? Kann ich Energie aus regenerativer Erzeugung beziehen? **Ausbildungsmöglichkeiten** Gibt es in meiner Region Betriebe, die Lehrstellen anbieten? **Freizeitgestaltung** Welche Kommunikationsmöglichkeiten gibt es? Kann ich mich sportlich betätigen? **Soziales Engagement** Kann ich mich in einer Kirche, in einem Verein, in einer Organisation engagieren?	Kreiere deinen persönlichen Lebensstil der Zukunft in Hinblick auf – Beruf – Mobilität – Wohnen – Umgang mit der Natur – Konsumverhalten bezüglich Umgang mit Wasser und Energie, Abfall, Kleidung, Ernährung – Freizeitverhalten – soziales Engagement (Zum Beispiel: – Ich wünsche mir einen Job, in dem ich viel Geld verdiene/der mir viel Spaß macht/in dem ich anderen helfen kann. – Ich habe viel Freizeit für Hobbys/Spaß mit Freunden/für das, was mir wichtig ist. – Ich bin verheiratet und habe mehrere Kinder/ ich möchte ungebunden bleiben. – Ich teile mir mit meinem Partner/meiner Partnerin gleichberechtigt Beruf, Hausarbeit und Kindererziehung. – Ich bin engagiert in einem Verein/in einer Kirche/in einer Menschenrechts- oder Umweltschutzorganisation.)	Lass dich dabei von folgenden Fragen leiten: – Wie hängen meine Ziele zusammen? Welche widersprechen sich bzw. lassen sich in der Realität meist schlecht zusammen erreichen? – Welche meiner Ziele sind am wichtigsten, was soll Vorrang haben? – Welche Kompromisse wären für mich noch akzeptabel? – Gibt es bereits Ansätze in die richtige Richtung? – Welche Hindernisse stehen meinen Zielen im Weg? – Was kann ich heute schon dafür tun, um meinen Zukunftsvorstellungen näher zu kommen? (Zum Beispiel: – die Schule gut abschließen, – mich in einem Verein oder einer Organisation engagieren, – mich gezielt weiterbilden, – im Ausland arbeiten und Sprachen lernen.)

Nachhaltige Entwicklung erfordert eine Balance zwischen ökologischer, ökonomischer und sozialer Entwicklung in ihrer wechselseitigen Abhängigkeit herzustellen.

Partizipation, d. h. Teilhabe an der Gestaltung von Entwicklungsprozessen, ist von großer Bedeutung, denn allein durch staatliche Gesetzgebung kann eine nachhaltige Entwicklung nicht erreicht werden.

Ziel der Zukunftswerkstatt ist es nicht, das eigene Leben präzise vorzuplanen und diesen Plan dann strikt und schematisch zu verfolgen.
„Werkstatt“ meint auch, immer wieder kritisch Bilanz zu ziehen und neu über Wünsche und Ziele sowie über die notwendigen Handlungsschritte nachzudenken.

Moore müssen geschützt werden

„Schützt die Moore“ oder „Torfverfall soll gestoppt werden“ - Solche Nachrichten kann man häufig in den Tageszeitung aller Bundesländer lesen.
Warum wird Mooren so große Aufmerksamkeit geschenkt?
Um eine Antwort zu finden, muss man sich mit den Kennzeichen und der Entstehung von Mooren beschäftigen.

Bei der Trockenlegung von Mooren wird durch die Zersetzung des Torfs das Treibhausgas CO_2 freigesetzt.

Moore entstehen in Gebieten, die wasserreich sind und in denen es regelmäßig regnet. In Mulden mit festem Untergrund staut sich das Wasser und bietet Pflanzen, vor allem Moospflanzen, die an das Wasser angepasst sind, günstige Lebensbedingungen. Sie wachsen über dem Wasser, im Wasser sterben Teile ab und sinken auf den Boden. Dabei ist die Menge an lebenden Pflanzen größer als die an abgestorbenen (Besonderheit der Moore). Wasser strömt ständig nach und die Mulde füllt sich allmählich mit abgestorbenen Pflanzenteilen und Wasser. Im oberen Teil befindet sich eine Art „Schwimmdecke“ aus vorwiegend Moospflanzen, darunter die abgestorbenen Pflanzenteile im Wasserbad. **Ein Moor ist entstanden.**

Durch den ständigen Wasserüberschuss kommt es zu Sauerstoffmangel im Moor. Das Wasser ist mit Huminsäure angereichert, die verhindert, dass abgestorbene Moos- und andere Pflanzen vollständig zersetzt werden. Die auf diese Weise konservierten Pflanzenreste sinken zu Boden, verdichten sich.
Diesen kompakten, dunkelbraunen organischen Stoff mit hohem Kohlenstoffanteil bezeichnet man als **Torf.** Die gesamte Torfschicht bildet den **Torfkörper** der Moore.
Auf den abgestorbenen Pflanzen wachsen ständig neue Moos- und andere Pflanzen nach, sterben ab, werden nicht vollständig abgebaut und sinken zu Boden. Der Torfkörper wächst in die Höhe.

Die **Bedeutung** der Moore liegt darin, dass sie wie ein Schwamm eine Unmenge Wasser binden und es allmählich wieder abgeben. Dadurch tragen sie wesentlich dazu bei, dass unsere Landschaft nicht „austrocknet“. Die **Torflager** der Moore stellen außerdem gewaltige Kohlenstoffvorräte dar, bei dessen Bildung der Atmosphäre schädliche Treibhausgase entzogen werden.

Nun wird klar, dass Moore geschützt und der Torfverfall gestoppt werden müssen. Dazu gibt es z.B. in Mecklenburg-Vorpommern einige Projekte. Das jüngste ist die **Renaturierung** des Niedermoors „Martensches Bruch“ im Osten des Landes. Die Moorfläche an der deutsch-polnischen Grenze soll als Ausgleich für den Bau der Erdgaspipeline renaturiert werden.

1 ▸ Moorlandschaft bei Schönwalde, Biosphärenreservat Schaalsee

Projekt

Unsere Erde ist in Gefahr – Was können wir tun?

Es gibt tolle Filme über unsere Erde, über ihre Berg- und Höhlenwelten, Wälder und Dschungel, Steppen und Wüsten, Tiefsee und Flüsse. Die Natur- und Tierfilmer lassen uns sehen, wie einmalig schön unser Planet ist. Wir können hautnah miterleben, wie

- die jungen Eisbären mit den ersten Sonnenstrahlen aus ihren Höhlen krabbeln und den Eisberg herunterrutschen.
- ein kleiner Elefant sich einmal von Mutters Seite weg wagt und Beute für die Löwen wird.
- Mandarinentenküken sich kopfüber aus ihren Baumlöchern stürzen, weil die Mutter unten steht und ruft.

Wir sehen aber auch, wodurch einmalige Landschaften (Polargebiete, tropische Regenwälder) gefährdet sind und damit auch die dort lebenden Pflanzen und Tiere.

1. *Erforscht, wodurch die tropischen Regenwälder und auch die Polargebiete gefährdet sind. Welche Folgen hat das für die gesamte Erde?*

Die in den Filmen dargestellten Landschaften, Tiere und Pflanzen sind meist auf Erdteilen verbreitet, auf die wir nicht so schnell gelangen. Aber schöne Landschaften bewundern können wir auch im eigenen Land, z. B. das Wattenmeer, die Insel Rügen, den Kyffhäuser, die Eifel. Auch hier gibt es unzählige Pflanzen und Tiere. Auch sie sind durch menschliche Tätigkeit gefährdet.

2. *Ermittelt im Umfeld eures Wohnorts Verursacher von Umweltverschmutzungen (z. B. Schornsteine von Industrieanlagen, Betriebe, die Abwässer nicht ordnungsgemäß ableiten). Führt zum Thema Umweltverschmutzung eine Pro-und Kontra-Debatte durch.*

Hinweise zur Durchführung einer Pro- und Kontra-Debatte finden sich auf den Seiten 144 und 145.

1 ▸ Immer weniger Eisschollen gibt es im Eismeer der Arktis, dem Lebensraum des Eisbären.

Projekt

1 ▸ Eisvogel

3. *Nehmt Kontakt mit der unteren Naturschutzbehörde eures Kreises auf. Informiert euch über Umweltprobleme in eurem Kreis und über Maßnahmen, um diese Probleme zu lösen.*

Viele Tier- und Pflanzenarten sind durch menschliche Tätigkeiten gefährdet. Wandern Arten ab oder sterben aus, können die Kreisläufe in Ökosystemen gefährdet werden. **Naturschutzmaßnahmen** orientieren sich deshalb stark an gefährdeten Arten. Ein wichtiges Instrument des Artenschutzes sind die **Roten Listen.**

Rote Listen sind Verzeichnisse bzw. Bestandsaufnahmen aller bekannten ausgestorbenen, verschollenen und gefährdeten Tier- und Pflanzenarten, Pflanzengesellschaften, Biotoptypen, Biotopkomplexen und Landschaften. 2009 waren weltweit mehr als 17 290 Tier- und Pflanzenarten vom Aussterben bedroht.

2 ▸ Maiglöckchen

4. *Informiert euch in der Roten Liste eures Bundeslands über gefährdete Tier- und Pflanzenarten. Überprüft, welche der genannten Arten in eurer unmittelbaren Umgebung vorkommen.*

5. *Informiert euch über weitere internationale Natur- und Artenschutzkonventionen. Stellt diese in einer Übersicht zusammen und beschreibt, welche wichtigen Ziele sie verfolgen. Nutzt dazu Informationen aus dem Internet.*

Die Veränderung oder Zerstörung eines Lebensraums ist häufig der Hauptgrund für den Rückgang der Tier- und Pflanzenarten in diesem Gebiet. Diese Räume müssen überwacht und die Natur muss darin ihrem eigenen Rhythmus überlassen werden.

6. *Erläutert an Beispielen aus eurer Umgebung, wo Lebensräume von Pflanzen und Tieren nachhaltig zerstört wurden.*
Versucht die Auswirkungen auf das Biotop darzustellen. Nutzt dazu auch grafische Mittel.

Um Lebewesen zu erhalten, müssen ihre Lebensräume geschützt werden. Die **Ausweisung von Schutzgebieten** ist ein wichtiges Instrument des Natur- und Umweltschutzes. Es gibt verschiedene Schutzkategorien mit unterschiedlicher Aufgabenstellung.

7. a) *Informiert euch über die unterschiedlichen Schutzkategorien und deren Aufgaben.*
b) *Ordnet jeder Schutzkategorie (wenn möglich) ein Beispiel aus eurem Bundesland zu.*
c) *Fertigt ein Poster über diese Schutzgebiete in eurem Land an.*

Im Zusammenhang mit der Luftverschmutzung und der Ozonbelastung wird häufig darüber diskutiert, den Flugverkehr einzuschränken, Fahrverbote für Autos an bestimmten Tagen einzuführen.

8. *Führt dazu eine Pro- und Kontra-Debatte. Nutzt die Schrittfolge auf Seite 144 - 145.*

In der Agenda 21 werden die Kommunen aufgerufen, eine eigene *lokale Agenda 21* aufzustellen. Die lokale Agenda 21 zielt auf eine nachhaltige Entwicklung, die umweltverträglich, sozial gerecht und wirtschaftlich tragfähig ist.

9. *Fragt in eurem Wohnort nach, wie die Agenda 21 umgesetzt wird und welche Ziele sich die Gemeinde gestellt hat.*

Jeder Einzelne kann dazu beitragen, die Natur zu schützen und die Umwelt zu schonen. Geht man beispielsweise in Parks spazieren oder wandert durch Feldmark und Wälder, stößt man immer wieder auf weggeworfenen Müll. Kunststoffverpackungen und Flaschen verrotten nicht, sondern verschmutzen unsere unmittelbare Umwelt.

10. *Nehmt Kontakt zu zuständigen Behörden auf und organisiert gemeinsam Säuberungsaktionen, um z. B. Wanderwege oder einen Park in direkter Umgebung vom Abfall zu befreien.*

11. *Plant gemeinsam ein Umweltschutzprojekt in der näheren Umgebung, z. B. eine Bachpatenschaft oder die Gestaltung einer Grünanlage.*

Wer eine Baumpatenschaft übernimmt, unterstützt den Gedanken der Nachhaltigkeit.

gewusst · gekonnt

1. Die Kreisläufe in der Natur werden durch natürliche Vorgänge und derzeit vor allem durch Auswirkungen der menschlichen Tätigkeit bedrohlich belastet. Erläutere die Aussage. Nutze dazu das Internet.

2. Ökosysteme können in ihrer Entstehung sehr unterschiedlich sein.

a) Nenne Beispiele für natürliche Ökosysteme und für künstliche, die durch den Menschen geschaffen wurden.

b) Künstliche Ökosysteme sind störanfälliger als natürliche Ökosysteme. Begründe diese Tatsache.

3. Naturschutzverbände zeichnen jedes Jahr die Pflanze des Jahres und verschiedene Tiere des Jahres aus. Der Dachs ist z. B. Wildtier des Jahres 2010.

a) Erläutere die Bedeutung der Auszeichnung für den Schutz der jeweiligen Tier- oder Pflanzenart.

b) Finde weitere aktuelle Tiere und Pflanzen des Jahres. Wähle eine Art aus und erstelle einen Steckbrief. Beachte dabei auch die Gründe für die Auswahl der jeweiligen Art.

c) Die Artenvielfalt ist für das Leben auf der Erde und damit für den Menschen unerlässlich. Begründe diese Aussage.

4. Der Rückgang der Fläche des tropischen Regenwaldes hat für die betroffenen Regionen und auch für die Erde insgesamt Folgen. Begründe diese Aussage. Nutze dazu Informationen aus dem Internet bzw. unter www.schuelerlexikon.de.

5. Erläutere auch mithilfe des Internets den Begriff „nachhaltige Entwicklung". Beschreibe Konsequenzen, die sich daraus für Veränderungen unserer Lebensgewohnheiten sowie die Art und Weise der Produktion ergeben.

6. Eine ernste Bedrohung für die Ökosysteme der Erde ist der künstlich verstärkte Treibhauseffekt.

a) Beschreibe die Entstehung des Treibhauseffekts. Nutze dazu die Abbildung auf Seite 74.

b) „Ohne Treibhauseffekt wäre auf der Erde das Leben in der heute existierenden Form nicht möglich." Begründe diese Aussage.

c) Informiere dich über die neuesten Erkenntnisse zu den Ursachen und Folgen des durch den Menschen verursachten (anthropogenen) Treibhauseffekts. Interpretiere dazu das Diagramm.

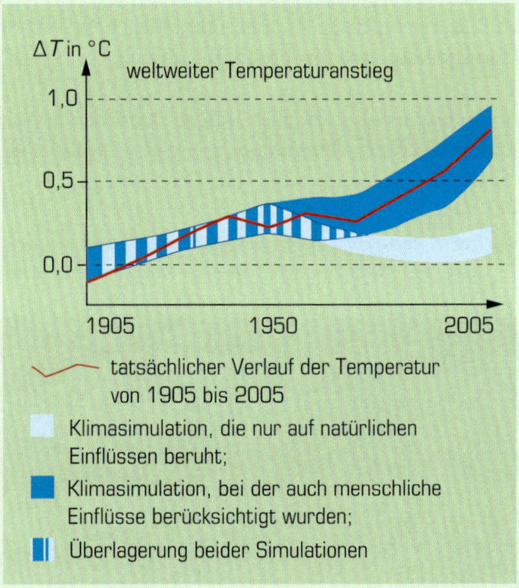

d) Erstelle eine Übersicht über die Möglichkeiten zur Reduzierung der Freisetzung von Kohlenstoffdioxid. Diskutiere, welche Maßnahmen sinnvoll und schnell realisierbar sind.

e) Bewerte die EU-Richtlinie, Glühlampen durch Energiesparlampen zu ersetzten. Inwieweit ist diese Maßnahme eine Möglichkeit, den Treibhauseffekt einzugrenzen?

1

Das Wichtigste auf einen Blick

Erhaltung und Schutz von Ökosystemen

Eingriffe des Menschen in die Umwelt

Die Eingriffe des Menschen in seine Umwelt haben heute ganz andere Ausmaße als früher. Ihre Auswirkungen beziehen sich nicht nur auf die nicht lebende Natur, sondern immer auch auf Lebewesen.

Die Eingriffe haben teilweise bedrohliche globale Folgen, z. B. die Verstärkung des Treibhauseffekts und die Verschmutzung der Gewässer.

Eingriffe des Menschen und ihre Folgen

Zerstörung bzw. Umwandlung natürlicher Lebensräume z. B. durch Waldrodung und Bebauung

Eintrag von Schadstoffen in die Umwelt und damit Veränderung der Lebensbedingungen

Einschleppen von Arten aus anderen Gebieten, die heimische Arten verdrängen

Anbau von Monokulturpflanzen, die reichhaltige Nahrungsgrundlage für Schädlinge bilden

Maßnahmen zur Erhaltung und zum Schutz von Pflanzen und Tieren

Um Pflanzen und Tiere zu erhalten und zu schützen, ist es notwendig, nachhaltig zu handeln. Die **Agenda 21** z. B. ist ein Entwicklungsprogramm für das 21. Jahrhundert. Darin werden alle Nationen der Erde aufgefordert, eine Balance zwischen ökologisch verträglichem Umgang mit der Natur, sozialer Gerechtigkeit und ökonomischem Wohlstand anzustreben.

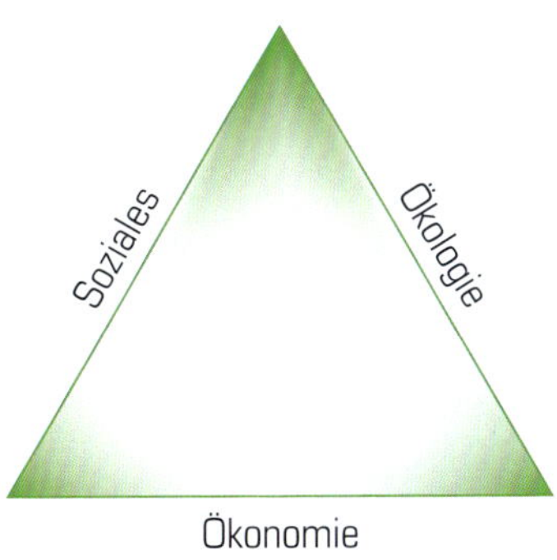

2 Grundlagen der Genetik

2

2.1 Zelluläre Grundlagen der Vererbung

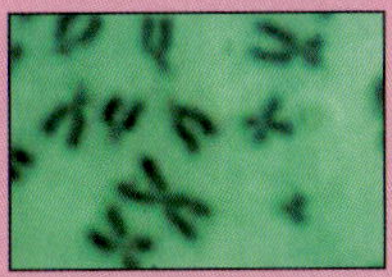

Artgleiche Nachkommen ▸▸ Aus befruchteten Eizellen von Katzen werden wieder Katzen. Innerhalb einer Art gibt es außer Gemeinsamkeiten auch Unterschiede. So ist z. B. die Farbe des Fells eines Wurfs unterschiedlich.

Kein Lebewesen gleicht dem anderen ▸▸ Organismen verändern ihr Aussehen mitunter so sehr, dass man sie kaum noch als Vertreter einer Art erkennen kann. Das Landkärtchen, ein Tagfalter, bringt eine helle Frühjahrsform und eine dunklere Sommerform hervor.

Träger der Erbanlagen ▸▸ Vor etwa 100 Jahren waren die Struktur und Funktion der Chromosomen als Träger der Erbanlagen schon ziemlich gut bekannt. Untersuchungen der chemischen Zusammensetzung ergaben, dass sie aus Eiweißkomponenten und Nucleinsäuren bestehen.

Gleiches und Unterschiedliches

Wenn du in einen Spiegel schaust, siehst du dein Gesicht. Alle Teile dieses Gesichts, Nase, Mund, Augen, Augen- und Haarfarbe, sind in einer bestimmten Art und Weise angeordnet, die es so, außer bei eineiigen Zwillingen, nicht noch einmal gibt.

Gesichter sind aus einer Vielzahl von Einzelmerkmalen zusammengesetzt, die in ihrer Gesamtheit – wie die Teile eines Puzzles (↗Abb. 1) – ein unverwechselbares Bild ergeben. Dieses Prinzip gilt für alle Körperteile. Welches Puzzleteil beim Aufbau des Körpers in eine bestimmte Stelle eingefügt wird, ist nicht zufällig, sondern in einem Bauplan festgelegt.

Dieser Bauplan ist bereits in der **befruchteten Eizelle** enthalten. Die einzelnen Informationen des Bauplans **(Erbinformationen)** werden von den Eltern zum Zeitpunkt der Befruchtung an ihre Kinder weitergegeben. Man nennt diesen Vorgang **Vererbung.**

1 ▸ Jedes Puzzleteil hat einen bestimmten Platz im gesamten Bild.

Heutzutage weiß man, dass die individuelle genetische Ausstattung **(Genotyp)** die Grundlage für das Erscheinungsbild **(Phänotyp)** eines jeden Lebewesens ist.

Historisches zur Vererbung

Die Erforschung der **Vererbung** ist eine der spannendsten Wissenschaftsgeschichten der heutigen Zeit. Dabei begann man sich erst in den letzten Jahrzehnten des 19. Jahrhunderts intensiv mit den Fragen der Vererbung auseinanderzusetzen. Das lag zum einen daran, dass erst zu diesem Zeitpunkt die notwendige Entwicklung der Mikroskopie stattgefunden hatte, zum anderen aber auch daran, dass die damaligen Vorstellungen schon alle Fragen zu beantworten schienen. Man vermutete u. a., dass jedes Lebewesen eine arttypische „Essenz" (Grundstoff) in sich trägt, von der ein Teil bei der Zeugung an die Nachkommen weitergegeben wird. Deshalb entstünde z. B. aus einer Honigbiene wieder eine Honigbiene und keine Hummel. Je nachdem, ob ausreichend Essenz übertragen wurde, glichen die Nachkommen den Eltern mehr oder weniger stark.

Mit dieser Theorie meinte man zwei wichtige Fragen der Vererbung beantworten zu können:

1. Warum entstehen artgleiche Nachkommen?
2. Warum sind die Nachkommen nicht völlig identisch mit den Eltern?

2

Speichermedien für Erbinformationen

Bei den Zellen höherer Lebewesen kann man mithilfe des Mikroskops Zellkern und Zellplasma sehr gut erkennen.

Der Zellkern (↗ Abb. 2) wird durch eine Doppelmembran vom Zellplasma abgegrenzt. Poren in der Membran dienen dem Stoffaustausch. Der Zellkern enthält Kernplasma, in dem sich das Kernkörperchen und die Erbsubstanz (das Chromatin) befinden. Damit erfüllt der Zellkern die Voraussetzung zur Speicherung des Erbmaterials.

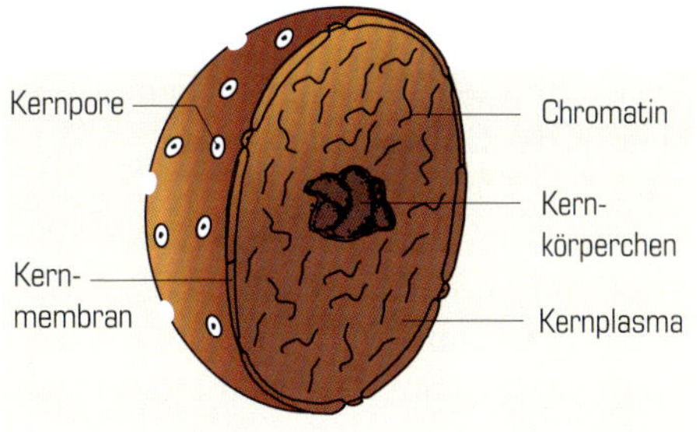

2 ▸ Bau des Zellkerns

Erst mit der Entwicklung der Mikroskopie war es auch möglich geworden, die Vererbung weiter zu erforschen. Denn man konnte nun bis in die Zellen hineinschauen.

In stark wachsenden Geweben kann man mithilfe eines Mikroskops Zellen sichtbar machen, die sich gerade in der **Zellteilung** befinden.

Während der Zellteilung erkennt man jedoch keinen abgegrenzten Zellkern. Vor einer Zellteilung löst sich die Kernmembran auf. Das Chromatin spiralisiert sich zu Beginn der Zellteilung, dadurch werden Fäden sichtbar. Diese werden als **Chromosomen** (↗ Abb. 1a) bezeichnet.

Chromosomen bestehen vor einer Zellteilung aus zwei Hälften, den **Halbchromosomen** (Chromatiden). Diese sind an einer Einschnürungsstelle (dem Centromer) fest miteinander verbunden (↗ Abb. 1b und c).

Vergleicht man ein Chromosom mit einem Buch, in dem eine große Menge an Informationen zur Speicherung der Erbinformation abgebildet ist, so wäre der **Zellkern** dann die Bibliothek, in der die Bücher aufbewahrt werden.

Anzahl, Form und Größe der Chromosomen in den Zellkernen sind arttypisch.

Art bzw. Gattung (Auswahl)	Anzahl der Chromosomen in Körperzellen
Schachtelhalm	216
Erdbeere	14
Mais	20
Alpenveilchen	48
Spulwurm	2
Goldfisch	94
Hund	78
Schimpanse	48
Mensch	46

Aufgabe

Lässt sich aus der Anzahl der Chromosomen eine Schlussfolgerung über die Entwicklungshöhe der Lebewesen ziehen? Begründe.

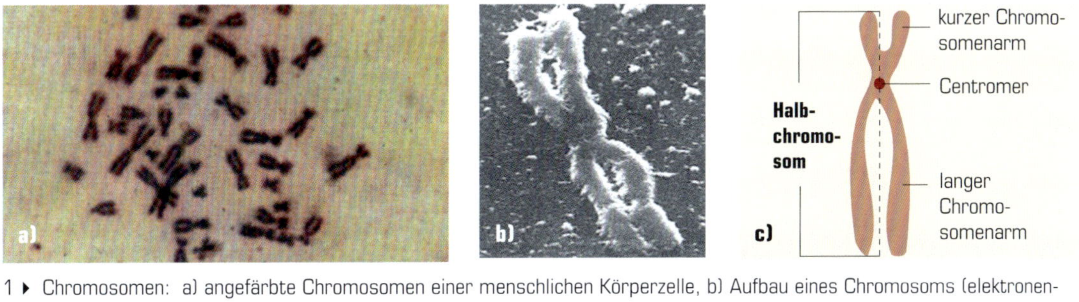

1 ▸ Chromosomen: a) angefärbte Chromosomen einer menschlichen Körperzelle, b) Aufbau eines Chromosoms (elektronenmikroskopische Aufnahme), c) Aufbau eines Chromosoms (schematisch)

Chromosomen und Chromosomensatz

Die Gesamtheit aller Chromosomen einer Zelle ist der **Chromosomensatz.**

In den Körperzellen der meisten Organismen sind die Chromosomen paarweise vorhanden. Die in Größe und Form gleich aussehenden Chromosomen eines jeden Paars nennt man **homologe Chromosomen.**

Jede menschliche Körperzelle besitzt insgesamt 46 Chromosomen, d.h. 23 **Chromosomenpaare.** Eine Körperzelle der Erdbeere besitzt z.B. 14 Chromosomen, das entspricht 7 Chromosomenpaaren. Die Körperzelle eines Pferds besitzt 64 Chromosomen, das entspricht 32 Chromosomenpaaren.

Wenn die Chromosomen paarweise vorhanden sind, spricht man von einem **doppelten (diploiden) Chromosomensatz.**

Menschliche **Körperzellen** sind diploide Zellen (↗ Abb. 1).

Jede Körperzelle eines Regenwurms besitzt 32 Chromosomen, also 16 Chromosomenpaare.

Die **Geschlechtszellen,** die Ei- und Samenzellen, besitzen nur die halbe Anzahl von Chromosomen der Körperzelle. Jedes Chromosom ist dabei in Größe und Form unterschiedlich. Man spricht dann von einem **einfachen (haploiden) Chromosomensatz.** Geschlechtszellen sind deshalb haploide Zellen (↗ Abb. 2).

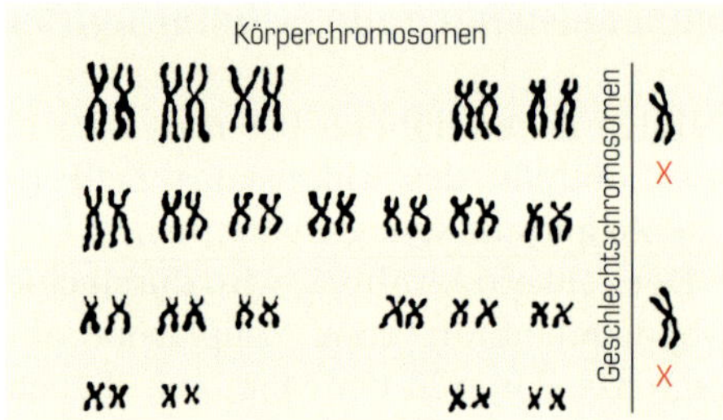

1 ▸ Doppelter Chromosomensatz einer weiblichen Körperzelle (diploide Zelle)

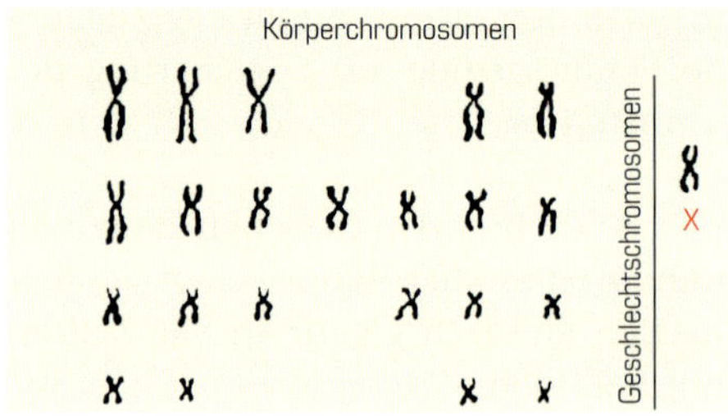

2 ▸ Einfacher Chromosomensatz einer menschlichen Eizelle (haploide Zelle)

Stellt man von den Chromosomen einer Zelle Mikrofotos oder Computerbilder her, so kann man sie nach Größe und Form ordnen. Man erhält eine **Chromosomenkarte,** die in der Fachsprache als Karyogramm bezeichnet wird (↗ Abb. 1–3).

Anfertigen eines Karyogramms des Menschen

- Entnahme einer Blutprobe
- Abtrennung weißer Blutkörperchen (speziell Lymphozyten)
- Kultivierung dieser Zellen bei 37 °C
- Anregung zur Zellteilung, Chromosomen werden sichtbar
- Chemische Unterbrechung der Teilung und Fixierung der Chromosomen
- Fotografieren dieser Präparate mithilfe hoch auflösender Mikroskope, die mit digitalen Kameras und Computern gekoppelt sind
- Digitale Bearbeitung der Chromosomenpräparate und Einordnen in eine Karyogrammvorlage

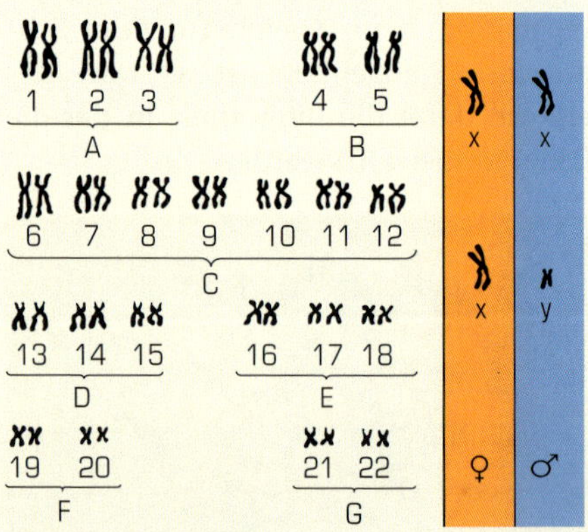

3 ▸ Chromosomenkarte (Karyogramm) des Menschen mit den Chromosomenpaaren

Die homologen Chromosomenpaare des Menschen sind von 1 bis 22 durchnummeriert und zu sieben Gruppen (Kennbuchstaben A bis G) zusammengefasst (↗ S. 90, Abb. 3). Diese 44 Chromosomen werden auch als **Körperchromosomen** bezeichnet. Sie treten normalerweise immer als homologe Paare auf.

Das 23. Chromosomenpaar trägt die Geschlechtsmerkmale. Diese **Geschlechtschromosomen** sehen beim weiblichen Geschlecht gleich aus und werden mit XX gekennzeichnet (↗ S. 90, Abb. 1 – 2). Dem ungleichen Aussehen entsprechend werden die männlichen Geschlechtschromosomen mit XY bezeichnet (↗ S. 90, Abb. 3).

Untersuchungen ergaben, dass in den Chromosomen die **Erbanlagen** (Gene) lokalisiert sind. In ihnen sind die Informationen zur Ausbildung aller Merkmale gespeichert.

In jedem Chromosom eines Paars befinden sich die Erbanlagen (Gene) für ein Merkmal immer an der gleichen Stelle. Bei den paarigen Chromosomen ist die Erbinformation also immer doppelt vorhanden.

2

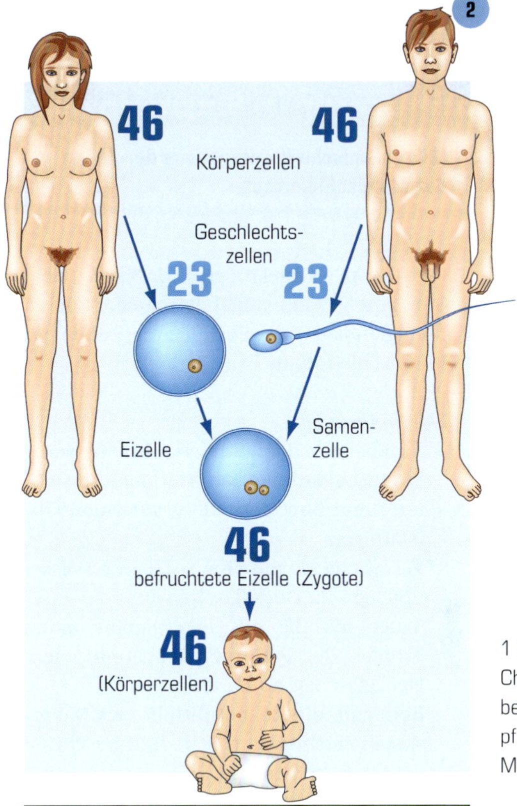

1 ▸ Anzahl der Chromosomen bei der Fortpflanzung des Menschen

M

Chromosomen sind die Träger der Erbanlagen. Die Erbanlagen (Gene) sind in linearer Reihenfolge auf den Chromosomen des Zellkerns angeordnet. Sie bestimmen jeweils die Ausbildung bestimmter Merkmale.

Die Bedeutung des Zellkerns für die Vererbung

Im Film „Jurassic Park“ wird gezeigt, wie es Forschern gelingt, lebende Dinosaurier zu rekonstruieren.
Dazu verwendeten sie die Erbinformation aus dem Saurierblut, welches sie in Fossilien fanden. Diese Erbinformation übertrugen sie in die Zellkerne von Froscheizellen.

Auch wenn es wahrscheinlich unmöglich ist, ausgestorbene Lebewesen wieder zum Leben zu erwecken, zeigt der Film doch auf sehr anschauliche Art und Weise grundlegende Vorgänge der Vererbung. So wird deutlich, dass der Zellkern eine entscheidende Rolle dabei spielt.

Untersuchungen • Experimente

Mikroskopische Untersuchung der Zellen der Mundschleimhaut

Material:
Mikroskop, Objektträger, Deckgläschen, Streichholz, 2 Pipetten, Filterpapier; Wasser, Methylenblau- oder Eosinlösung; Zellen der Mundschleimhaut

Durchführung:
- Schabe mit dem Streichholz ein wenig Mundschleimhaut ab (Hygiene beachten!) und übertrage diese auf einen Objektträger.
- Vermische sie mit einem Tropfen Wasser und lege ein Deckgläschen auf.
- Sauge mithilfe des Filterpapiers einen Tropfen der Farbstofflösung unter dem Deckgläschen hindurch.
- Betrachte die Zellen mithilfe des Mikroskops. Zeichne eine Zelle und beschrifte die erkannten Teile.

Auswertung:
Beschreibe den Aufbau des Zellkerns.

Mikroskopische Untersuchung von Riesenchromosomen

Material:
Dauerpräparate der Riesenchromosomen von der Zuckmückenlarve (*Chironomus*) und Taufliege (*Drosophila,* 2 mm lang, ↗ Abb.); Mikroskop

Durchführung:
Betrachte das jeweilige Objekt mithilfe des Mikroskops.
Fertige eine Skizze von einem Chromosomenabschnitt an.

Auswertung:
Beschreibe mithilfe des Lehrbuchs den Bau der Chromosomen.

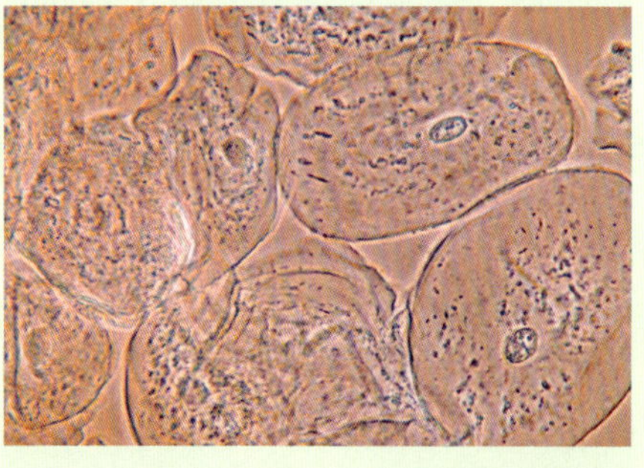

1 ▸ Mundschleimhaut (mikroskopisches Bild)

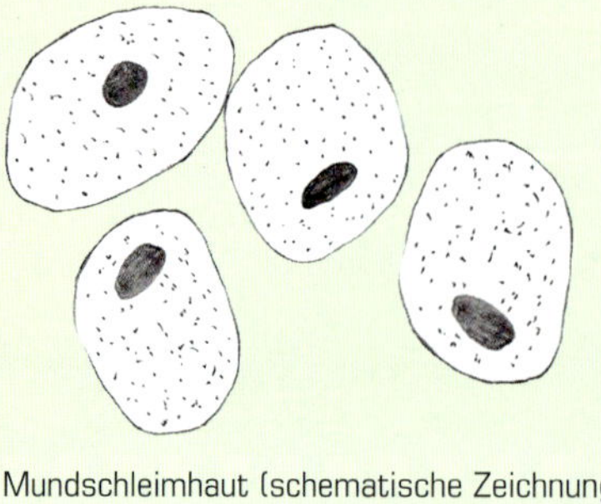

2 ▸ Mundschleimhaut (schematische Zeichnung)

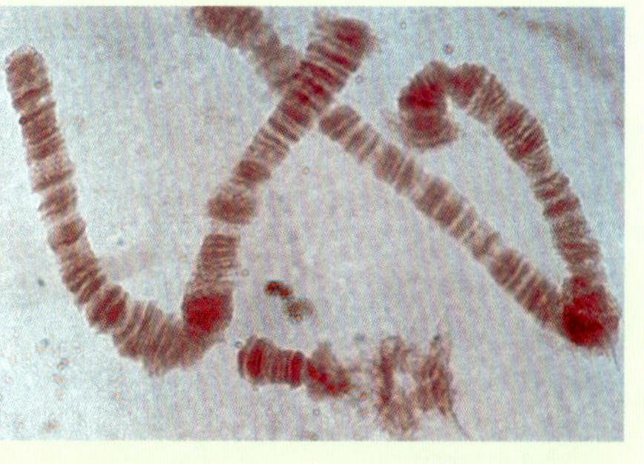

3 ▸ Riesenchromosom (mikroskopisches Bild)

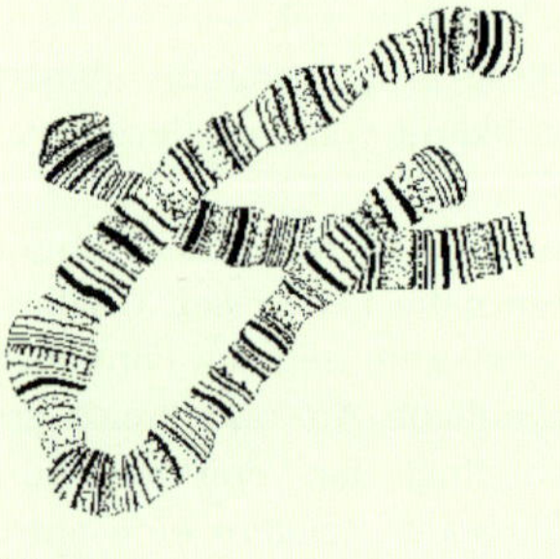

4 ▸ Riesenchromosom (schematische Zeichnung)

Basiskonzept

System

Die Teile des Systems Zelle haben spezielle Funktionen und stehen miteinander in Wechselbeziehungen.

Zelle	Zellbestandteile	Funktion
Pflanzenzelle 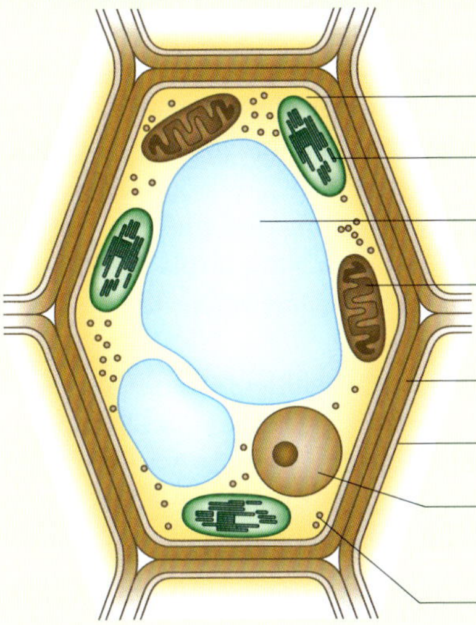	• Zellplasma	• Speicherung von Stoffen
	• Chloroplast	• Fotosynthese
	• Vakuole	• Speicherung
	• Mitochondrium	• Zellatmung, Energieversorgung
	• Zellwand	• Schutz, Festigkeit
	• Zellmembran	• Schutz
	• Zellkern	• Speicherung der Erbinformation
	• Ribosom	• Eiweißsynthese
Tierzelle 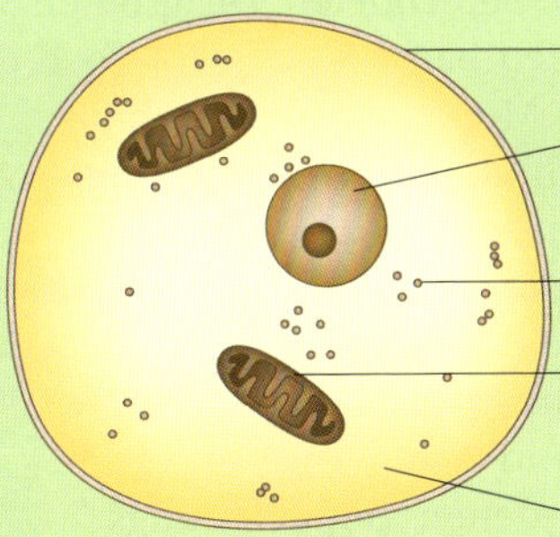	• Zellmembran	• Schutz, Abgrenzung
	• Zellkern	• Speicherung der Erbinformation
	• Ribosom	• Eiweißsynthese
	• Mitochondrium	• Zellatmung, Energieversorgung
	• Zellplasma	• Speicherung von Stoffen

Die DNA – ein natürlicher Datenspeicher

Da die Chromosomen aller Lebewesen einer Art in Form und Größe in der Regel immer gleich sind, müssen die Unterschiede zwischen den Individuen im Inneren der Chromosomen verborgen sein.

Durch intensive Forschung entdeckte man, dass **Erbinformationen tragende Strukturen** unter anderem aus einer Substanz bestehen, die chemisch in die Gruppe der Nucleinsäuren eingeordnet wird. Diese Säuren bestehen aus den Grundbausteinen Zucker, Phosphorsäurerest und stickstoffhaltigen organischen Basen. Eine Einheit, bestehend aus jeweils einem der genannten Grundbausteine, nennt man **Nucleotid** (↗ Abb. 1).

Da der Zucker als Desoxyribose identifiziert wurde, gab man der gefundenen Nucleinsäure den Namen **Desoxyribonucleinsäure** (DNS). Heute gilt die Abkürzung **DNA,** weil die englische Sprache in der Forschung weltweit eingesetzt wird (engl.: *acid* = Säure).

Für Chemiker sind Nucleinsäuren recht einfach aufgebaute Moleküle. Dennoch war diese Entdeckung eine wissenschaftliche Sensation, für die ihre Entdecker 1962 mit dem **Nobelpreis** für Physiologie oder Medizin geehrt wurden.

Die Wissenschaftler James D. Watson und Francis H. C. Crick (↗ S. 99) hatten sich entgegen der damals vorherrschenden Meinung nicht von ihrer Idee abbringen lassen, dass die in den Chromosomen gefundenen Nucleinsäuren wichtig für die **Vererbung** sind. Sie röntgten das Molekül aus verschiedenen Perspektiven und erhielten Daten, aus denen sie die Anordnung der im Molekül enthaltenen Atome berechneten. Die größten Schwierigkeiten bereitete ihnen jedoch der Bau eines Modells, welches ihren Berechnungen in allen Punkten entsprach.

Nach Monaten erfolglosen Probierens kamen sie auf den Gedanken, die Grundbausteine in Form eines spiralig gewundenen **Doppelstrangs (Doppelhelix,** ↗ Abb. 2) anzuordnen. Damit war ein Rätsel der Vererbung gelöst.

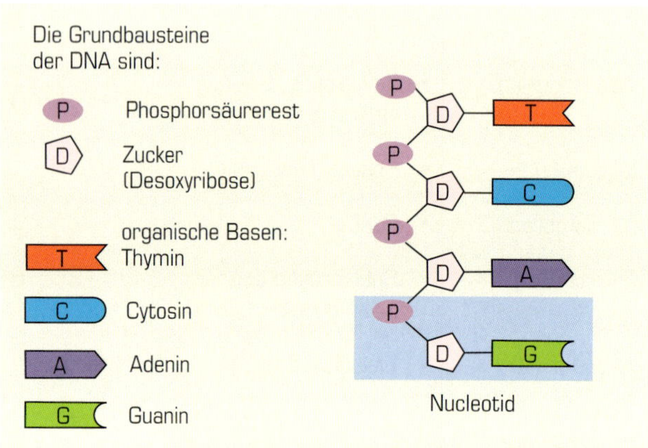

1 ▸ Die DNA besteht aus 4 verschiedenen Nucleotiden.

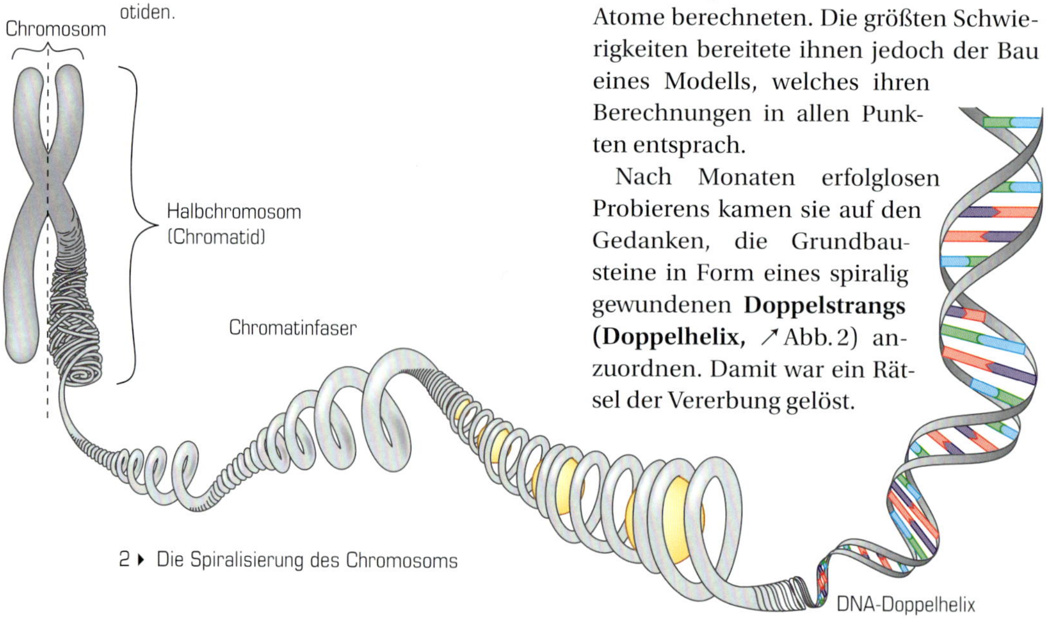

2 ▸ Die Spiralisierung des Chromosoms

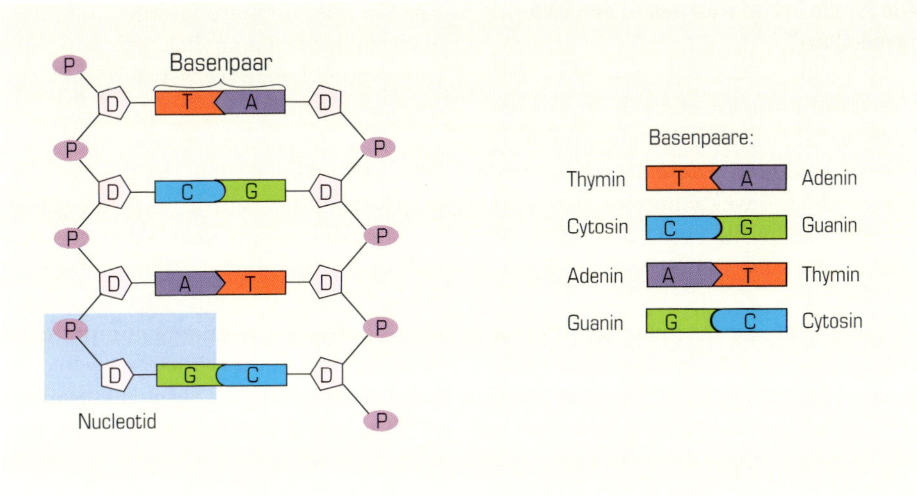

1 ▸ Der Doppelstrang der DNA entsteht durch Basenpaarung zweier Einzelstränge.

Das **DNA-Modell** ist vergleichbar mit einer spiralig gewundenen Strickleiter (↗ S. 94, Abb. 2). Die beiden „Leiterholme" bestehen aus der immer wiederkehrenden Abfolge von **Zucker und Phosphorsäureresten.** Die „Leitersprossen" bilden vier organische Basen: **Cytosin (C), Guanin (G), Thymin (T)** und **Adenin (A).**

Dabei sind immer nur Thymin und Adenin bzw. Cytosin und Guanin zu Paaren verbunden. Die Abfolge der Nucleotide in einem Teilstrang bestimmt also die Abfolge im gegenüberliegenden Strang (↗ Abb. 1). Beide Stränge, **Nucleotidstränge,** sind komplementär, d. h., sie enthalten die gleichen Informationen.

Alle DNA-Moleküle einer menschlichen Körperzelle ergeben zusammen eine Länge von ungefähr zwei Metern (↗ Abb. 2). Bedenkt man, dass der Zellkern sehr großer Zellen etwa stecknadelkopfgroß ist, hat man eine ungefähre Vorstellung davon, wie klein die Datenträger der Erbinformationen sind.

Der Informationsgehalt, der im Zellkern enthalten ist, entspricht in etwa dem von 500 Büchern mit jeweils 1 500 Seiten.

Die DNA ist Träger der Erbinformationen.

Die DNA muss als Träger der Erbinformation **zwei zentrale Funktionen** erfüllen:

- Das DNA-Molekül muss Informationen speichern können.
- Bei einer Zellteilung muss die komplette Erbinformation an die entstehenden Tochterzellen weitergegeben werden, d. h. die DNA muss kopierbar sein.

Aufgabe

Erkläre, warum die Chromosomen nicht die kleinste Einheit der Erbinformation sein können.

2 ▸ Die aus Zellen isolierte DNA sieht aus wie ein langer verknäuelter Faden.

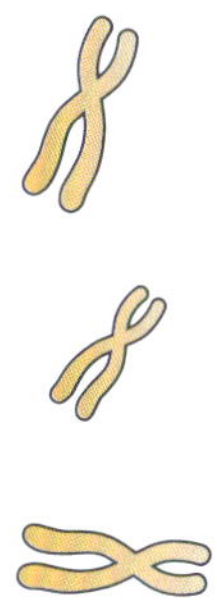

Wie ist die Erbinformation in der DNA gespeichert?

Ähnlich wie aus der veränderten Abfolge von Buchstaben unseres Alphabets andere Wörter entstehen (z. B. Rat/Art), entstehen aus veränderten Basenabfolgen andere Informationen.

Die Informationen stecken in der Abfolge der organischen Basenpaare in den DNA-Molekülen. Diese Informationen dienen dazu, Eiweiße herzustellen. Diese Eiweiße regeln alle Funktionen im Organismus und sind wichtige Baumaterialien für die Zellen.

Vereinfacht könnte man die DNA als „Bauanleitung" zur Herstellung verschiedener Körpermerkmale bezeichnen. Je nach Komplexität der zu erzeugenden Merkmale nimmt die Information zu ihrer Herstellung auf der DNA unterschiedlich viel Platz ein.

Man bezeichnet einen DNA-Abschnitt, der die Anweisungen zum Bau eines Merkmals enthält, als **Gen (Erbanlage).** An der Ausbildung eines Merkmals können ein oder mehrere Eiweiße und daher auch mehrere Gene beteiligt sein. Alle Gene eines Lebewesens werden als **Genom** bezeichnet.

Um die Rolle der Gene bei der Entwicklung von Lebewesen genauer zu verstehen, begann im Jahr 1989 in den USA eine weltweite Studie zur Bestimmung des menschlichen Genoms. Ziel der ersten Phase dieses **„Humangenomprojekts"** war es, die ungefähr 100 000 menschlichen Gene zu finden. In der zweiten Phase geht es nun darum, deren Arbeitsweise aufzuklären. Das wird die Forscher weltweit auf Jahrzehnte hinaus beschäftigen.

Aufgabe

Erkundige dich genauer über das „Humangenomprojekt". Nutze dazu das Internet.

Ribonucleinsäure (RNA) – eine weitere Nucleinsäure

Die Ribonucleinsäure (RNA) besteht aus dem Zuckermolekül Ribose (R), dem Phosphorsäurerest (P) und den organischen Basen (Adenin, Guanin, Cytosin und Uracil).
In der RNA ist also die Base Thymin durch Uracil (U) ersetzt.
Die RNA wird an der DNA im Zellkern gebildet. Sie besteht nur aus einem kurzkettigen Einzelstrang (↗ Abb.). Sie befindet sich im Zellkern, im Zellplasma und in den Ribosomen. Die RNA erfüllt wichtige Aufgaben bei der Weitergabe der Erbinformation während der Bildung der Eiweiße (↗ S. 102).

Man unterscheidet bei den Ribonucleinsäuren verschiedene funktionale Gruppen, z. B.:

- **mRNA:** Diese Abkürzung steht für messenger-RNA, zu deutsch Boten-RNA. Die mRNAs haben die Aufgabe, Informationen aus dem Zellkern an die Ribosomen im Zellplasma zu übertragen (↗ Eiweißsynthese, S. 102).
- **tRNA:** Dies ist die Abkürzung für transfer-RNA. Diese Verbindungen sind in der Lage, Aminosäuren (Bausteine der Eiweiße) zu transportieren.

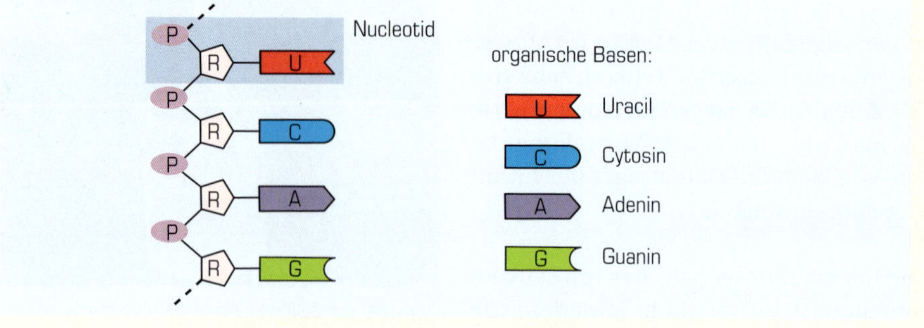

Spektakuläre Kriminalfälle mithilfe des genetischen Fingerabdrucks gelöst

In den Medien tauchen immer wieder Meldungen wie diese auf: „Mordfall nach 6 Jahren mit DNA-Test aufgeklärt."
Der Täter wurde mit einer Wahrscheinlichkeit von 99,9 % mithilfe des genetischen Fingerabdrucks überführt.

Was steckt hinter dem genetischen Fingerabdruck?

Der genetische Fingerabdruck ist einzigartig. Er basiert darauf, dass es bei allen Lebewesen individuelle Abweichungen der Basenabfolge in der DNA gibt, die in allen seinen Zellen zu finden sind. Es reichen also geringe Menge der DNA aus, beispielsweise aus Zellen des Bluts oder der Mundschleimhaut, um jemanden zu identifizieren.

Durch spezielle Verfahren kann man die Basenabfolge der DNA als „Bandenmuster" sichtbar machen und miteinander vergleichen. Stimmen die Muster überein, besteht eine 99,99 %ige Sicherheit, dass die Proben von ein und demselben Lebewesen stammen.
Dieses Verfahren kann zur Identifikation von Personen genutzt werden. Für die Aufklärung von Verbrechen ist das sehr hilfreich.

In den USA wurden deshalb die DNA-Proben von verurteilten Straftätern erfasst. Nun will das FBI aber auch die DNA-Daten, und damit die genetischen Fingerabdrücke, von Menschen speichern, die festgenommen, aber noch nicht verurteilt wurden. Es sollen auch die von illegalen Einwanderern erfasst werden. Durch diesen vergrößerten Datenpool erhofft man sich, künftig mehr Gewaltverbrechen aufklären zu können. Denn DNA-Proben haben schon jetzt dabei geholfen, Tausende von Kriminellen zu überführen und mehr als 200 unschuldig Verurteilte zu entlasten.

Die massenhafte Speicherung von DNA-Daten stößt bei Bürgerrechtlern in den USA auf heftige Kritik.

In Deutschland gehört der genetische Fingerabdruck seit 1985 zu den vor Gericht zugelassenen Beweismitteln.

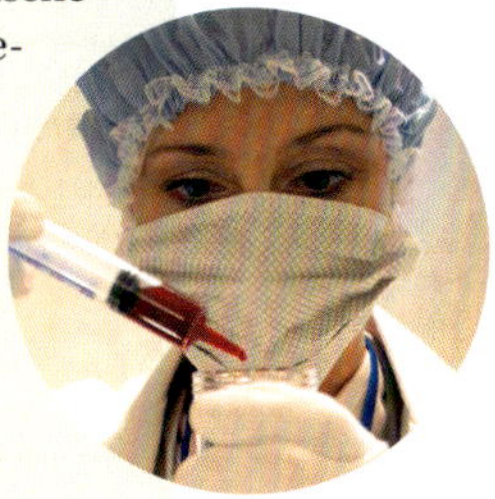

Wie läuft die Spurensicherung ab?

Alle gefundenen Spuren an einem Tatort werden sichergestellt, um einen Täter später mithilfe der DNA-Analyse zu identifizieren. Bei den Spuren kann es sich um Blut oder Sperma handeln. Aber auch anhand von Knochen, Haaren, Resten von Körpergeweben oder aus der Scheide kann eine DNA-Typisierung vorgenommen werden.

In Filmen sieht man häufig, wie Verdächtigen mithilfe von Wattestäbchen Schleimhautzellen aus dem Mund entnommen, im Labor untersucht und deren DNA mit der DNA vom Tatort verglichen werden.
Dieses Verfahren wendet man z. B. auch an, wenn nach einem Täter in einem Ort gesucht wird („Reihenuntersuchungen").

1 ▸ Der genetische Fingerabdruck ist – wie die Abdrücke der Fingerkuppen – einzigartig.

Bei eineiigen Zwillingen ist auch der Abdruck der Fingerkuppen verschieden, der genetische Fingerabdruck jedoch identisch.

Methoden

Vorbereiten und Halten eines Vortrags

Gesammelte Informationen zu einem Thema oder Ergebnisse, die in einer Gruppe erarbeitet wurden, sollen allen Mitschülern vorgestellt werden. Das kann durch einen Vortrag geschehen. Folgende **Schritte** sind hierbei hilfreich.

Schritt ①

Vorbereiten eines Vortrags

Bei der Vorbereitung des Vortrags ist es sinnvoll, folgende Hinweise zu beachten:

- Überlege dir, was alles zum Thema gehört. Nutze dazu verschiedene Informationsquellen (↗ Übersicht unten).
- Gliedere den Vortrag in Abschnitte.
- Schreibe dir Schwerpunkte in Kurzform (in Stichwörtern) auf.
- Überlege dir, was du an die Tafel oder auf Folien schreibst.
- Bereite Versuchsaufbauten vor und stelle Geräte bereit.

Schritt ②

Halten eines Vortrags

Beachte beim Halten des Vortrags folgende Tipps:

- Nenne und zeige die Gliederung (Tafel, Folie).
- Wecke am Anfang des Vortrags Interesse und Neugier und nenne das Thema. (Beginne beispielsweise mit: „Wusstet ihr überhaupt, dass ...?“ oder, „Hättet ihr gedacht, dass ...?“)
- Sprich in kurzen Sätzen.
- Leite neue Absätze deutlich ein, z. B. mit: „Ein weiterer Punkt ist ...“ oder, „Als Nächstes ...“
- Verwende nur Fachbegriffe, die du auch selbst erklären kannst.
- Bemühe dich, laut, langsam und deutlich zu sprechen. Schaue deine Zuhörer an.
- Achte auf die Zeit. Schließe den Vortrag mit einer kurzen Zusammenfassung ab.

Leistungen von Watson und Crick

1. Einleitung
   Kurzer historischer Abriss über genetische Forschungen vor der Entdeckung der DNA
2. Wissenschaftlicher Werdegang von Watson und Crick
3. Würdigung der Leistungen – Nobelpreis

James D. Watson

Francis H. C. Crick

Informationsquellen

- elektronische Medien: Film, Fernsehen, CD-ROMs
- Literatur: Lexika, Sachbücher, Zeitschriften
- Schulbücher: Lehrbücher, Tabellenwerke, Schülerlexika
- Internet: Suchmaschinen, Direktsuche, z. B. www.schuelerlexikon.de

2

Wissenschaftler, die sich mit genetischen Problemen beschäftigten

Bereits im Jahr 1910 entdeckte der amerikanische Zoologe und Genetiker **THOMAS HUNT MORGAN** (1866–1944, ↗Abb. 1) die grundlegende Strukur der Chromosomen.
Seine Kreuzungsversuche mit der Fruchtfliege *Drosophila melanogaster* offenbarten weitreichende Erkenntnisse über die Art und Weise der Speicherung von Erbinformationen. MORGAN gilt noch heute als einer der **Begründer der Chromosomentheorie der Vererbung.** Er erhielt im Jahr 1933 als erster Genetiker den Nobelpreis für Physiologie oder Medizin.

JAMES DEWEY WATSON (↗S. 98) wurde am 6. April 1928 in Chicago geboren. Er studierte Zoologie und promovierte mit 22 Jahren über den Einfluss von Röntgenstrahlen auf die Vermehrung von bestimmten Viren. WATSON arbeitete ab 1951 in Cambridge auf dem Gebiet der Röntgenkristallografie, um die räumliche Struktur der DNA aufzuklären. Dabei wird eine kristallisierte Probe Röntgenstrahlen ausgesetzt. Aus der Beugung der Strahlen an den einzelnen Atomen lassen sich Position und Abstand der Atome ermitteln.

FRANCIS HARRY COMPTON CRICK (↗S. 98) wurde am 9. Juni 1916 in Northampton geboren. Er studierte Naturwissenschaften, Physik und Biophysik und arbeitete in Cambridge im gleichen Labor wie WATSON auf dem Gebiet der Röntgenkristallografie.
CRICK starb am 29. Juli 2004 in San Diego, USA. Die gemeinsamen Untersuchungen von WATSON und CRICK führten zu einem bahnbrechenden Ergebnis. Sie formulierten 1953 anhand eines räumlichen Modells ihre Hypothese von der molekularen Struktur der DNA und stellten die DNA-Doppelhelix vor.

MAURICE HUGH FREDERIK WILKINS (geb. 15. Dezember 1916 in Pongaroa, Neuseeland, gest. am 5. Oktober 2004 in London, ↗Abb. 2) studierte Physik in Cambridge und erhielt 1940 seinen Doktortitel. Nach dem Krieg begann er mit Forschungsarbeiten am *King's College* in London auf biophysikalischem Gebiet, z. B. untersuchte er den Aufbau von Biomolekülen (Purine, Nucleinsäuren).

Gemeinsam mit **ROSALIND ELSIE FRANKLIN** (geb. am 25. Juli 1920 in London, gest. am 16. April 1958 in London), die Biochemikerin und Spezialistin für die Röntgenstrukturanalyse war, beschäftigte sich WILKINS mit der Röntgenbeugungsspektroskopie. Die Röntgenbeugungsdiagramme der DNA und deren mathematische Analyse von FRANKLIN waren die Grundlage für die Aufklärung der Doppelhelixstruktur der DNA. Die Arbeiten von WILKINS und FRANKLIN bestätigten die Hypothese von WATSON und CRICK zur Doppelhelixstruktur der DNA.

Da der Nobelpreis nur an lebende Personen verliehen wird, erhielten 1962 nur WATSON, CRICK und WILKINS für ihre außergewöhnlichen Leistungen den Nobelpreis für Physiologie oder Medizin.

1 ▸ THOMAS HUNT MORGAN (1866–1944)

2 ▸ M. H. F. WILKINS (1916–2004)

Eiweiße als Merkmalsträger

Die Nachkommen von Kartoffelpflanzen sind wieder Kartoffelpflanzen.

Das Transportprotein Hämoglobin (= roter Blutfarbstoff) versorgt alle Organe mit lebenswichtigem Sauerstoff und mit Nährstoffen.

Eiweiß = Protein

Membraneiweiße regulieren den Stofftransport durch Biomembranen.

Spricht man von Vererbung, so ist damit stets die Weitergabe bestimmter Dinge an die Folgegeneration gemeint. Im biologischen Sinne versteht man unter Vererbung die Weitergabe der Anlagen für spezielle Merkmale.

Merkmale und Eigenschaften werden von der Elterngeneration auf die Nachfolgegeneration weitergegeben.

Diese Merkmale können sehr vielfältig sein und unterscheiden sich von Art zu Art.

Wie kommt es überhaupt zu den beobachtbaren Merkmalsausprägungen?

Jeder Organismus – ob Bakterien, Pflanzen oder Tiere – besteht im Wesentlichen aus Kohlenhydraten, Fetten (Lipiden), Nucleinsäuren und **Eiweißen** (Proteinen). Dabei kommt gerade den Eiweißen eine besondere Rolle bei der Merkmalsausprägung zu. Sie haben Struktur gebende Funktion (z. B. Keratin in der Haut), mithilfe von Eiweißfasern werden Bewegungen realisiert (z. B. Muskelfasern), sie wirken als Transportmittel und Farbstoffkomponenten, tragen als Antikörper zur Immunabwehr bei und regeln als Hormone die Koordination der Körperfunktionen.

Eine für die **Merkmalsausprägung** besonders wichtige Funktion üben Eiweiße als Enzyme (Biokatalysatoren) aus, die an unzähligen Reaktionen des Organismus beteiligt sind.

Ihr Zusammenspiel entscheidet darüber, ob wir Sommersprossen haben oder nicht, welche Haar- oder Augenfarbe natürlicherweise vorliegt (↗ Abb. 1). Auch die Fähigkeit, bestimmte Substanzen schmecken oder riechen zu können oder spezielle Nahrungsbestandteile abzubauen, wird letztlich von Eiweißen verursacht.

Eiweiße sind die Funktionsträger der individuellen Merkmale.

Aufgabe

Fasse die verschiedenen Funktionen der Eiweiße mit Beispielen in einer Tabelle zusammen.

1 ▸ Die Hautfarbe, Augenfarbe und Haarbeschaffenheit unterliegen der Vererbung.

2 ▸ Unterschiedlich gefärbte Welpen – Ergebnis der Vererbung

2

Aufgrund ihrer vielfältigen Funktionen muss bei den Eiweißen (Proteinen) gewährleistet sein, dass sie immer in genau der erforderlichen Form für die entsprechende Aufgabe vorliegen.

Ein bestimmtes Membranprotein kann nur dann seine spezielle Transportfunktion erfüllen, wenn es genau an die geeignete Stelle einer Biomembran passt. Auch ein Muskelprotein wird nur dann wirksam werden können, wenn es eine bestimmte Struktur aufweist.

Allen Eiweißen gemeinsam ist der grundlegende **Aufbau aus Einzelbausteinen,** den Aminosäuren. Diese sind kettenförmig aneinandergereiht und bestimmen durch ihre Abfolge alle weiteren Eigenschaften des jeweiligen Eiweißes (↗ Abb. 2).

Insgesamt sind es lediglich 20 verschiedene **Aminosäuren,** die den Aufbau aller Eiweiße im menschlichen Körper und im Körper der meisten anderen Lebewesen realisieren. Von diesen 20 Aminosäuren können wir Menschen nur 12 selbst produzieren, die anderen 8 müssen über die Nahrung zugeführt werden. Bei der Verdauung von Fleisch, Fisch, Käse, Hülsenfrüchten und anderen eiweißhaltigen Lebensmitteln werden die Makromoleküle in ihre Grundbausteine (Aminosäuren) zerlegt. Über die Dünndarmwand erfolgt dann die Aufnahme in das Blutkreislaufsystem und so der Transport zu den einzelnen Organen und Geweben.

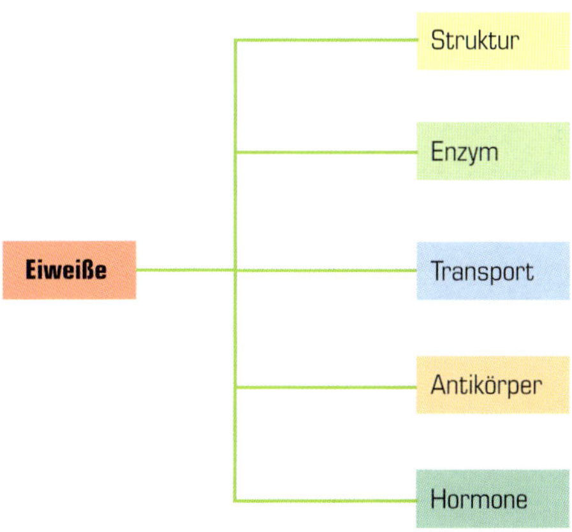

1 ▸ Eiweiße sind durch ihre hohe Funktionalität an vielen Lebensprozessen beteiligt

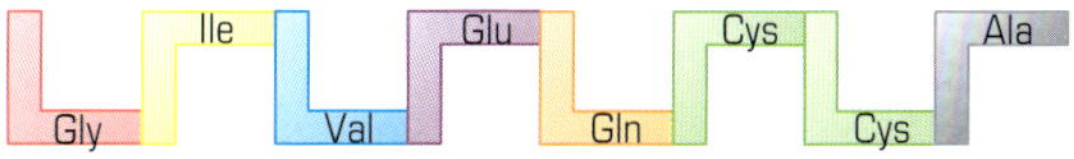

2 ▸ Ausschnitt aus der Aminosäuresequenz des Insulins (von der Bauchspeicheldrüse produziertes Hormon zur Blutzuckerregulation)

In den Zellen werden aus den verschiedenen Aminosäuren die Eiweiße hergestellt (↗ S. 102). Wie wird aber gesichert, dass alle Eiweiße ihrer Aufgabe entsprechend richtig zusammengebaut werden?

Dafür ist es notwendig, dass die Art und die Anzahl der beteiligten Aminosäuren sowie ihre **Reihenfolge** in der Kette des Makromoleküls irgendwo festgelegt sind. Diese Bauanleitung gilt dann immer für ein und dasselbe Eiweiß, das wiederum eine spezifische Funktion erfüllt. Für andere Eiweiße gibt es auch andere Bauanleitungen.

Es gibt über 250 verschiedene Aminosäuren, aber nur aus 20 von ihnen werden Eiweiße gebildet.

Neben den bisher bekannten 20 Eiweiß bildenden (proteinogenen) Aminosäuren sind inzwischen Selenocystein und Pyrrolysin entdeckt worden.

Eiweiße bestehen aus Aminosäuren. M

Name der Aminosäure	Abkürzung	Name der Aminosäure	Abkürzung
Alanin	Ala	Leucin	Leu
Arginin	Arg	Lysin	Lys
Asparagin	Asn	Methionin	Met
Asparaginsäure	Asp	Phenylalanin	Phe
Cystein	Cys	Prolin	Pro
Glutamin	Gln	Serin	Ser
Glutaminsäure	Glu	Threonin	Thr
Glycin	Gly	Tryptophan	Trp
Histidin	His	Tyrosin	Tyr
Isoleucin	Ile	Valin	Val

3 ▸ Aminosäuren sind die Grundbausteine der Eiweiße.

Eiweißsynthese (Proteinbiosynthese)

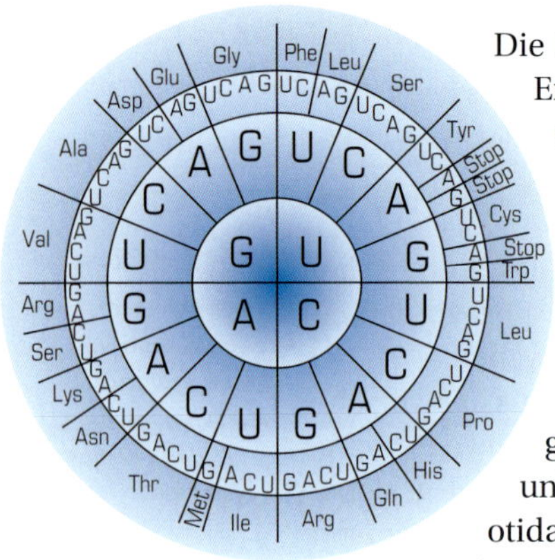

1 ▸ Die Code-„Sonne" zeigt die Verschlüsselung der 20 Aminosäuren durch die entsprechenden Nucleotid-Tripletts der mRNA. Sie muss von innen nach außen gelesen werden.

Die DNA ist der Träger der Erbinformation, denn sie enthält die verschlüsselte Bauanleitung für alle Eiweiße. Die Art der Verschlüsselung, also der sogenannte **genetische Code,** ist für alle Organismen gültig; man sagt, er ist universell. Von der Nucleotidabfolge der DNA lässt sich stets auf die Reihenfolge der Aminosäuren im Eiweiß und damit auf ihre biologische Wirksamkeit schließen.

Während die DNA im Zellkern vorliegt, befinden sich die für die Synthese erforderlichen Aminosäuren (aus der Verdauung bzw. selbst hergestellt) im Zellplasma. Die Bauanleitung muss also aus dem Zellkern in das Zellplasma gelangen (↗ Abb. 2).

Zu diesem Zweck ist eine Art Botenmolekül (engl.: *messenger* = Bote) notwendig. Dieses Molekül ist die **Ribonucleinsäure (RNA)** (↗ S. 96). Sie ist im Aufbau der DNA sehr ähnlich und übernimmt die erforderliche Botenfunktion (daher der Name messenger-RNA bzw. mRNA).

Die verschlüsselte Aminosäureabfolge lässt sich mithilfe der sogenannten **Code-„Sonne"** (↗ Abb. 1) der mRNA herausfinden. Jeweils ein Triplett (die Folge von drei Basen, ↗ S. 104) der mRNA codiert dabei eine Aminosäure. In Form der mRNA liegt also die Umschrift der genetischen Information vor.

Die Proteinbiosynthese, wie der komplette Herstellungsprozess von Eiweißen genannt wird, besteht insgesamt aus zwei Phasen. In der ersten Phase **(Transkription)** wird die Nucleotidfolge der DNA auf die Ribonucleinsäure (mRNA) umgeschrieben. Dieser Teilprozess erfolgt im Zellkern. Dabei wird der DNA-Doppelstrang kurzzeitig aufgedreht, sodass die DNA abschnittweise einsträngig vorliegt (↗ S. 103, Abb. 1a).

Aufgabe

Stelle Gemeinsamkeiten und Unterschiede zwischen den Nucleinsäuremolekülen DNA und RNA tabellarisch gegenüber.

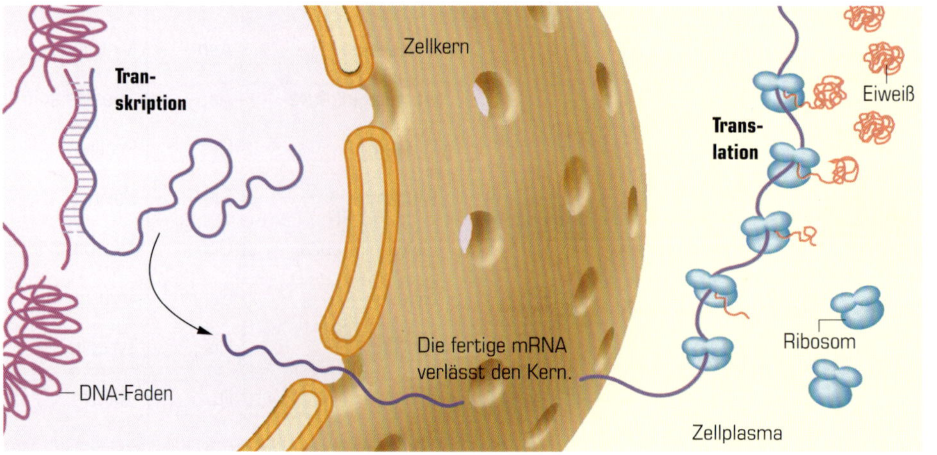

2 ▸ Phasen der Proteinbiosynthese

2

Da auch die RNA aus Nucleotiden aufgebaut ist, können sich die Basen der RNA komplementär an die Basen des DNA-Strangs anlagern. Denn beide Nucleinsäuren enthalten fast die gleichen organischen Basen. Nur Thymin ist bei der RNA durch Uracil ersetzt, das sich jedoch ebenso wie Thymin mit Adenin verbinden kann.

Auf diese Weise entsteht eine Abschrift **(Transkript)** des DNA-Abschnitts in die mRNA. Der gebildete mRNA-Einzelstrang enthält also nun die komplementäre Basenabfolge der DNA.

Liegt beispielsweise die DNA-Abfolge GGTACGTA vor, so weist das entstandene mRNA-Molekül die Folge CCAUGCAU auf. Jedes Guanin der DNA liegt nun als Cytosin der RNA vor, während jedes Adenin durch ein Uracil widergespiegelt wird.

Das neu entstandene mRNA-Molekül transportiert die genetische Information aus dem Zellkern zu speziellen Zellorganellen des Zellplasmas, den Ribosomen. Dort findet der zweite Teilprozess, der eigentliche Zusammenbau der Eiweiße, statt (↗ Abb. 2).

Hierfür wird eine weitere Ribonucleinsäureart, die Transport- oder transfer-RNA (tRNA) benötigt. Dieses kurze, schleifenförmige Molekül (↗ Abb.) hat an einem Ende die Anheftungsstelle für eine ganz bestimmte Aminosäure. Dagegen weist das andere Ende ein Basentriplett auf, das als „Anticodon" zu einem entsprechenden Triplett der mRNA (Codon) passt.

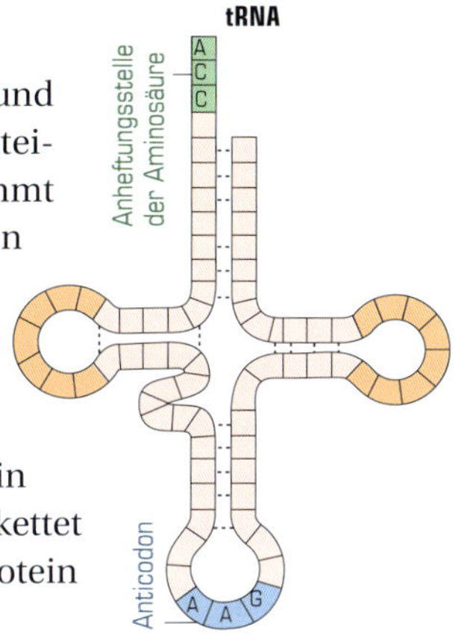

Am Ribosom werden Codon und Anticodon nun schrittweise miteinander verbunden. Dabei kommt es zur Verknüpfung der von den tRNA-Molekülen mitgebrachten Aminosäuren (↗ Abb. 2). Diese werden der genetischen Information des Organismus entsprechend in der richtigen Reihenfolge verkettet und so in das erforderliche Protein übersetzt **(Translation).**

M

Bei der Eiweißsynthese werden anhand der genetischen Information Eiweiße aufgebaut.

Aufgabe

?

Erkläre den Unterschied zwischen Translation und Transkription.

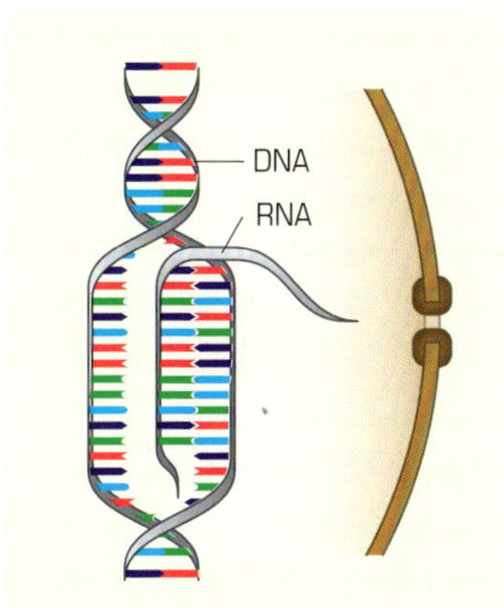

1a ▸ Umschreibung der Erbinformation im Zellkern (Transkription)

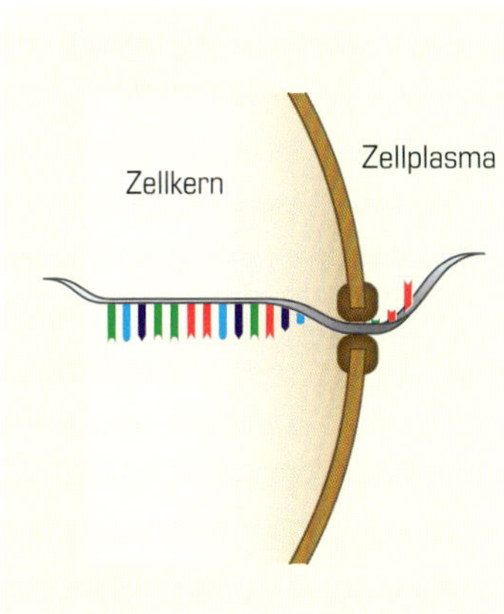

1b ▸ Wanderung der mRNA aus dem Zellkern zum Ribosom

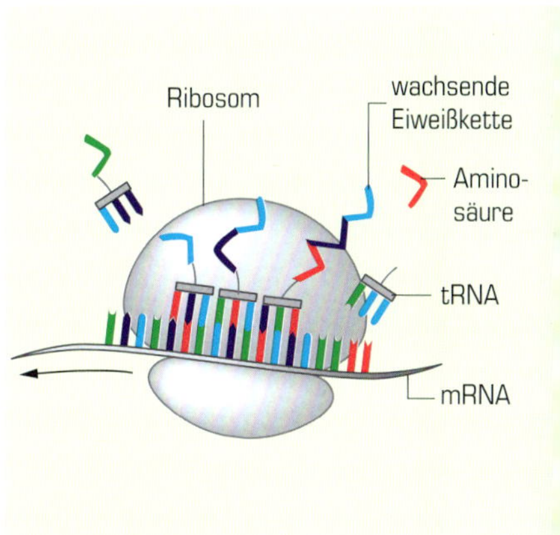

2 ▸ Übersetzung der Erbinformation am Ribosom (Translation)

Basiskonzept

Struktur und Funktion

Eiweiße als eigentliche Merkmalsbildner benötigen eine festgeschriebende Bauanleitung. Die Informationen für die Synthese jedes Eiweißes werden in der **DNA** verschlüsselt.
Die Verschlüsselung beruht auf der besonderen Struktur des DNA-Moleküls.

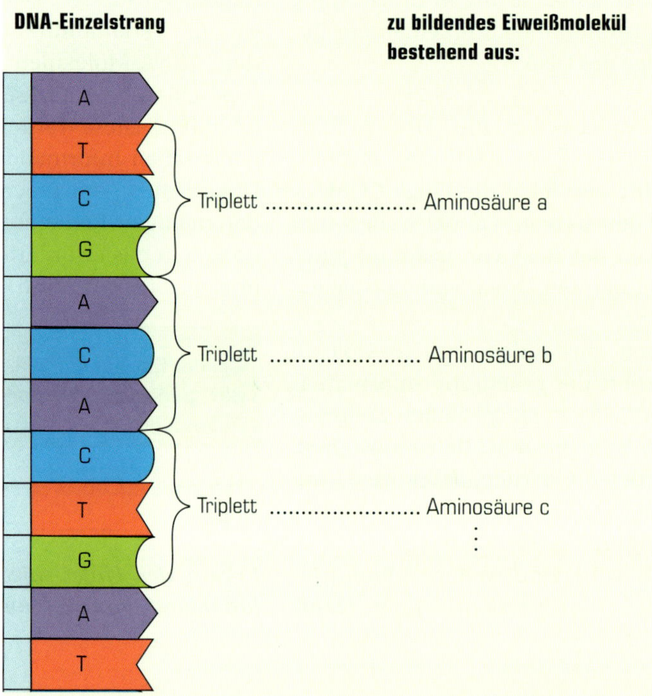

Jedes **Triplett** verschlüsselt eine bestimmte Aminosäure. Die Reihenfolge der Tripletts im DNA-Strang legt die Abfolge der Aminosäuren im Eiweißmolekül fest.

2

gewusst · gekonnt

1. a) Mikroskopiere ein Dauerpräparat von einer Pflanzenzelle und einer Tierzelle. Skizziere die Zellen und beschrifte die erkannten Teile.
   b) Nenne die Funktionen der einzelnen Bestandteile.

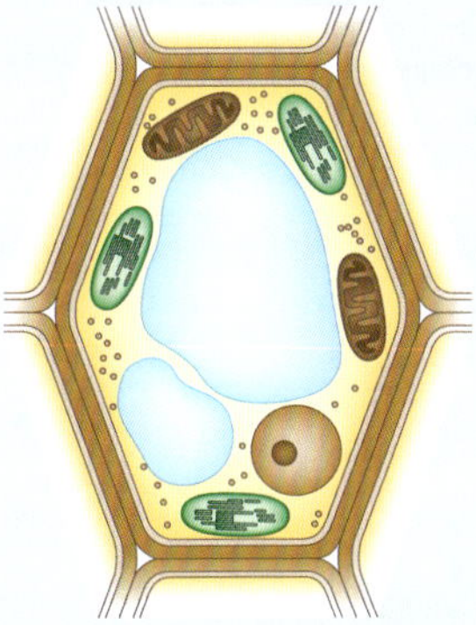

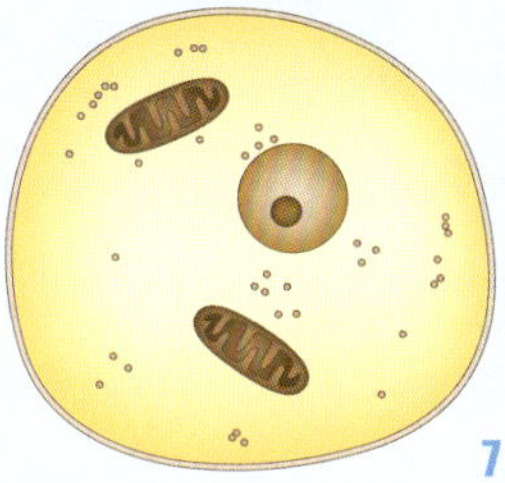

2. Beschreibe und vergleiche den Chromosomensatz einer weiblichen Körperzelle und einer Eizelle.

3. Beschreibe den Aufbau der DNA-Doppelhelix.

4. Gegeben ist ein einzelner DNA-Strang mit folgender Basenfolge: TCT TAG AGA CCC GAG.
   a) Ergänze den fehlenden DNA-Strang zum Doppelstrang.
   b) Benenne die Basen in korrekter Reihenfolge, die nach der Umschrift zur mRNA vorliegen.
   c) Stelle die drei Stränge mit ihren Nucleotiden grafisch nebeneinander dar.

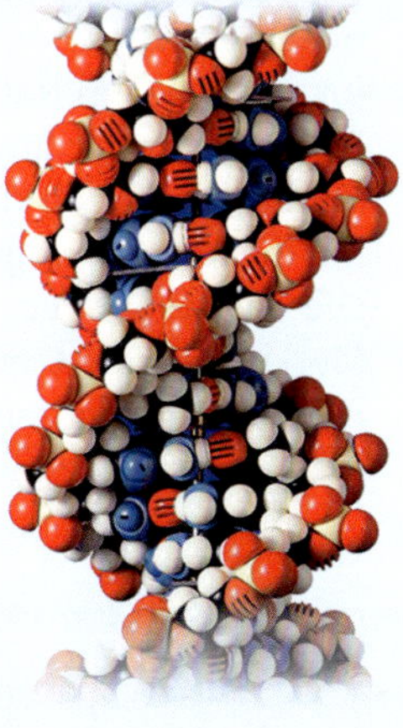

5. Informiere dich über Forscher, die sich um die Aufklärung der Struktur des genetischen Materials verdient gemacht haben. Bereite einen Vortrag dazu vor. Nutze die Schrittfolge auf Seite 98.

6. Definiere die folgenden Begriffe: Chromosomenkarte, Körperchromosomen, Geschlechtschromosomen, homologe Chromosomen, Halbchromosomen, doppelter Chromosomensatz, Gen, einfacher Chromosomensatz.
   Informiere dich auch in Fachbüchern und im Internet.

7. Vergleiche das Karyogramm von Mann und Frau.

8. Begründe die Notwendigkeit der Halbierung der Anzahl von Chromosomen bei der Geschlechtszellenbildung.

9. Eiweiße bestehen aus Aminosäureketten. Ein Ausschnitt der Aminosäurenreihenfolge mit international üblichen Abkürzungen eines Wachstumshormons wird so dargestellt: ... Gln-Gln-Glu-Met-Met-Phe-Ser-Trp ...
   a) Ermittle die Namen der abgekürzt angegebenen Aminosäuren.
   b) Gib mithilfe der Code-„Sonne“ auf Seite 102 die Nucleotidreihenfolge der mRNA und DNA an.
   c) Erkläre, weshalb es nicht immer möglich ist, von einer Aminosäure auf eine Basenfolge der mRNA zu schließen, aber umgekehrt von einer Basenfolge der mRNA auf eine Aminosäure.

10. Bei 64 Möglichkeiten der Verschlüsselung können alle proteinogenen Aminosäuren durch mehrere Basentripletts codiert werden.
    Entscheide, ob diese Aussage richtig ist.

Das Wichtigste auf einen Blick

Grundlagen der Vererbung

Der **Chromosomensatz** ist die Gesamtheit der Chromosomen einer Zelle.
Die grafische Darstellung der Chromosomen einer Zelle wird als **Chromosomenkarte** (Karyogramm) bezeichnet.

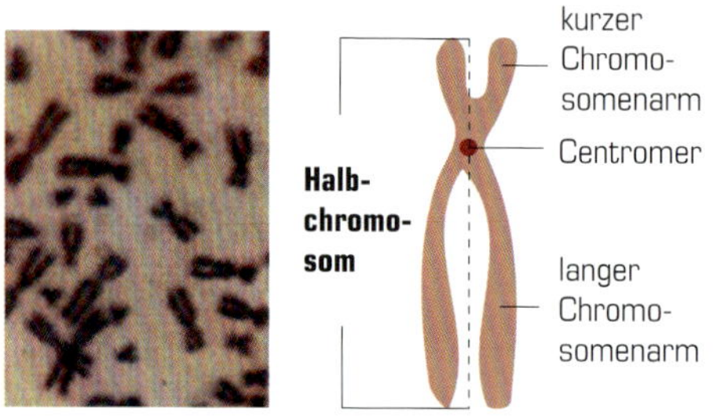

Chromosomen enthalten die Erbanlagen (Gene). Die **Gene** sind Träger der Erbinformation und bestimmen die Ausbildung spezifischer Merkmale. Die informationsspeichernde Substanz ist die DNA.

Umsetzung der genetischen Information

Im Bau der DNA ist die genetische Information verschlüsselt.
Die **DNA** tritt immer als spiralig gewundener Doppelstrang auf. Die Grundbausteine **(Nucleotide)** unterscheiden sich durch vier mögliche organische Basen (Thymin, Adenin, Guanin, Cytosin).

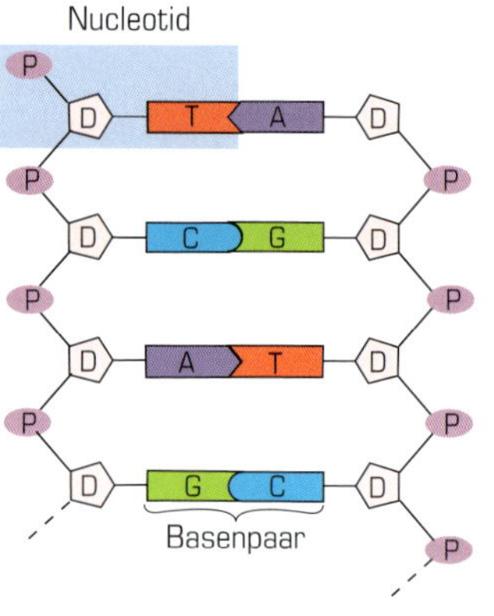

Die **Nucleotidfolge** bestimmt im Zuge der Eiweißsynthese die Reihenfolge der **Aminosäuren.** Diese legt wiederum die Struktur des Eiweißes fest.
Die Struktur der **Eiweiße** bestimmt dann die Eigenschaften des Moleküls und damit die **Ausprägung des Merkmals.**
Die Informationen zur Ausbildung von Merkmalen und Eigenschaften, die für einen Organismus typisch sind, werden von den Eltern an die Kinder weitervererbt.

2

2.2 Weitergabe der Erbinformation

Ganz der Vater – ganz die Mutter ▸▸ Schon immer beobachtete man Ähnlichkeiten zwischen Großeltern, Eltern und Kindern. Erbanlagen, die von Generation zu Generation fast unverändert weitergegeben werden, verursachen diese Ähnlichkeiten.

Weitergabe der Information ▸▸ Bevor sich Körperzellen teilen können, wird ihr Erbmaterial nahezu fehlerfrei durch den Prozess der identischen Replikation verdoppelt. Die Tochterzellen besitzen nach der Teilung jeweils den gleichen Genotyp und sind damit auch in ihren Merkmalen identisch.

MENDEL – Begründer der Genetik ▸▸ MENDEL entdeckte, dass es eine Regelhaftigkeit im Erbgeschehen gibt. Durch die wissenschaftliche Auswertung seiner Versuche und die damit gewonnenen Erkenntnisse gilt er als Begründer der Genetik.

Basiskonzept

Entwicklung

Entwicklung ist ein Kennzeichen lebender Systeme. Organismen zeigen artspezifische individuelle Entwicklungszyklen, diese sind eng mit der Form der Fortpflanzung verbunden.

ungeschlechtliche Fortpflanzung

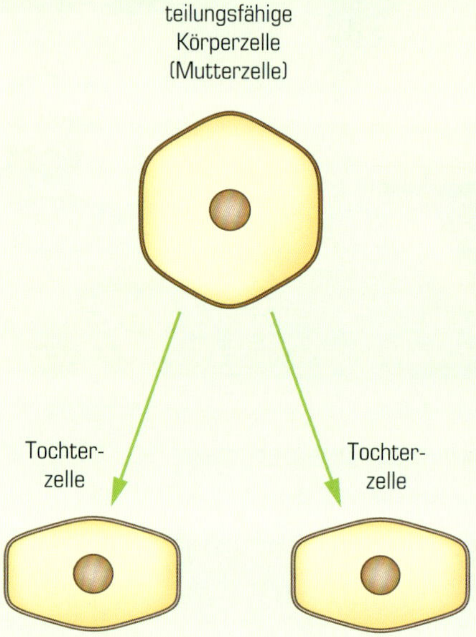

Die Zellkerne der neu entstandenen Organismen enthalten die gleiche Erbinformation wie die Mutterzelle.

Folge:

erbgleiche Nachkommen

geschlechtliche Fortpflanzung

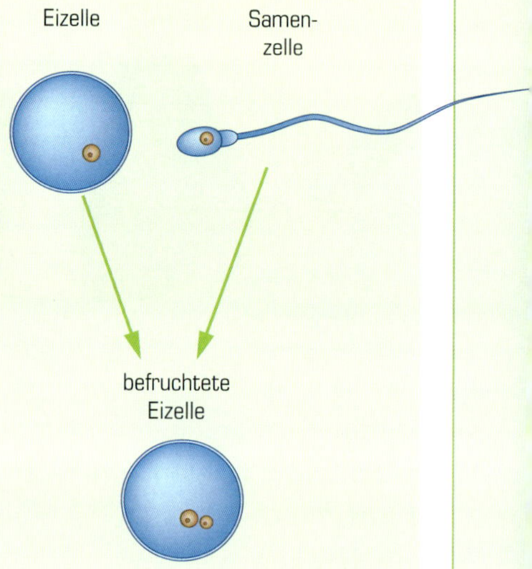

Die Zellkerne der neu entstandenen Organismen enthalten je einen Teil der Erbinformation beider Elternteile.

Folge:

Ähnlichkeit zwischen Eltern und Nachkommen ist unterschiedlich ausgeprägt.

Voraussetzung zur Weitergabe der Erbinformation

Identische Verdopplung (Replikation) der DNA

Im Körper laufen ständig Wachstums- und Regenerationsprozesse ab. Dazu müssen immer neue Zellen durch Zellteilung gebildet werden, z. B. bei einem Knochenbruch.

An der Bruchstelle beginnt der Körper mit den „Reparaturarbeiten“: Die Knochenzellen beginnen sich zu teilen. Im Normalfall teilen sie sich alle 2 Tage, jetzt innerhalb von 3 Minuten. So stehen in kurzer Zeit viele solcher Zellen zur Verfügung.

Bei den Teilungen muss gewährleistet sein, dass die **neu entstehenden Zellen** ihren Ursprungszellen in Bau und Funktion gleichen. Dies wird dadurch erreicht, dass die **Erbinformation von den Mutterzellen** während des Teilungsprozesses vollständig auf die Tochterzellen übertragen wird.

Vor der Zellteilung muss demnach die Erbinformation in den Mutterzellen verdoppelt werden. Im Zellkern entspiralisiert sich die DNA der Chromosomen. Die Bindungen der beiden Einzelstränge lösen sich voneinander. Beide Einzelstränge werden nun durch komplementäre Bausteine (Nucleotide) wieder zum Doppelstrang ergänzt. Zwei Doppelstränge entstehen.

Am Ende dieses Vorgangs, der identischen Verdopplung der DNA **(Replikation der DNA),** liegen in jedem Chromosom zwei komplette DNA-Stränge vor, die bei der anschließenden Zellteilung auf die zwei Tochterzellen verteilt werden.

Die identische Replikation der DNA läuft auch bei anderen biologischen Prozessen ab, z. B. bei der Hauterneuerung und der geschlechtlichen Fortpflanzung.

Durch die identische Verdopplung der DNA wird gewährleistet, dass die neuen Zellen ihre Aufgaben in den Geweben erfüllen können. Die neuen Knochenzellen bilden wieder neue Knochenzellen und mineralisches Knochenmaterial. Der Bruch verheilt.

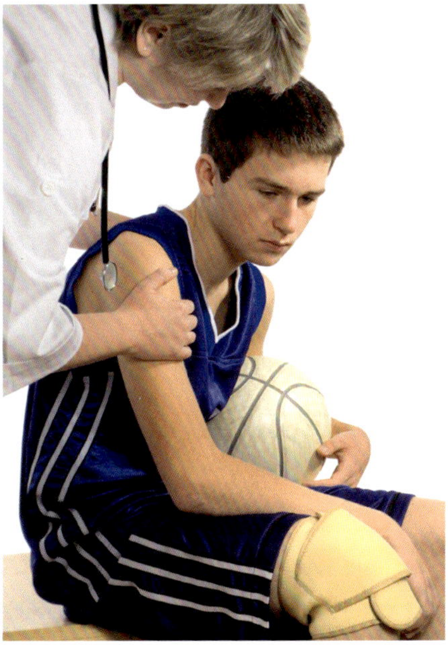

1 ▸ Der Verletzte muss Geduld haben.

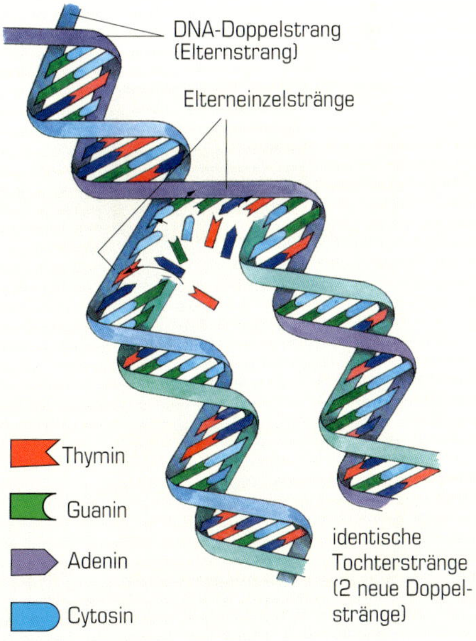

2 ▸ Identische Verdopplung der DNA

Bildung von Körperzellen (Mitose)

Bei der Kern- und anschließenden Zellteilung der Körperzellen gehen aus einer Mutterzelle zwei genetisch gleiche Tochterzellen hervor.

Die Chromosomen mit den Erbanlagen (Genen) werden durch Kern- und Zellteilungen von einer Generation an die nächste weitergegeben. Vor jeder **Zellteilung** findet in der Zelle eine **Kernteilung** statt.

Chromosomen sucht man in mikroskopischen Präparaten von normalen Zellkernen vergeblich. Nach dem Anfärben der Zellkerne ist nur ein lockeres Fadenwerk, das Chromatin, erkennbar.

Chromosomen sind ausschließlich in sich teilenden Zellen zu sehen, z. B. Zellen der Wurzelspitzen. In diesen sich in Teilung **befindlichen Körperzellen (Mutterzellen)** verkürzen sich die Chromosomen. Sie verdicken sich dann und sind gut sichtbar.

Die **Chromosomen** bestehen in dieser Form aus zwei Längshälften, zwei Halbchromosomen (auch Chromatiden genannt). Die beiden Halbchromosomen hängen am Centromer, einer Einschnürungsstelle, zusammen (↗ S. 89, Abb. 1 b–c).

Die Chromosomen wandern in die Zellmitte. Nun erfolgt die Trennung der Chromosomen in die zwei Halbchromosomen. Diese wandern zu den Polen der Zelle. Sie werden mit einer Kernmembran umgeben. Es entstehen zwei Zellkerne mit Chromosomen, die nur aus Halbchromosomen bestehen. Das Zellplasma bildet eine neue Zellwand aus (Tierzellen schnüren sich ein). Zwei identische **Tochterzellen** sind gebildet (↗ Abb. 1).

Die Tochterzellen wachsen zur Größe der Mutterzelle heran. Bevor die nächste Kern- und Zellteilung beginnen kann, müssen sich die Halbchromosomen wieder verdoppeln (Replikation der DNA, ↗ S. 109).

Die **Kernteilung** und anschließende **Zellteilung** der Körperzellen verläuft in mehreren Phasen. Durch die gleichmäßige Verteilung der Erbsubstanz auf die Tochterzellen ist gewährleistet, dass Mutter- und Tochterzellen genetisch gleich (identisch) sind und dieselben Bau- und Funktionsmerkmale besitzen.

1 ▸ Verteilung der Erbsubstanz bei der Teilung von Körperzellen auf die Tochterzellen (dargestellt an 2 Chromosomenpaaren)

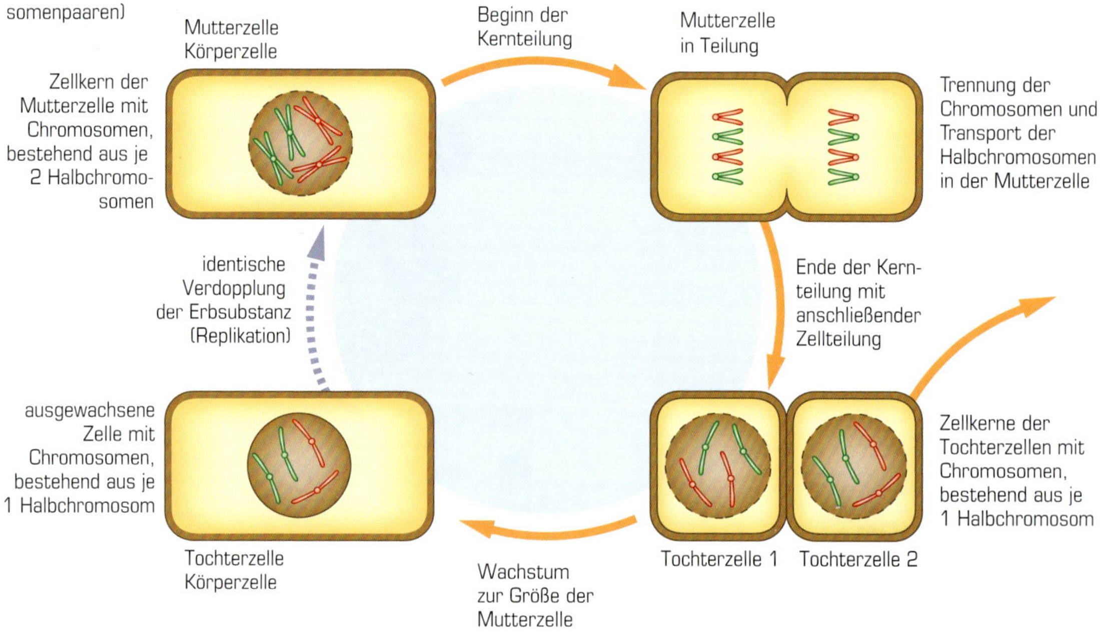

2

Bildung von Geschlechtszellen (Meiose)

Bei der **Meiose** handelt es sich um eine besondere Form der Kernteilung, die ausschließlich in den Keimdrüsen stattfindet. Ziel dieses Prozesses ist es, den diploiden Chromosomensatz auf den haploiden Chromosomensatz zu reduzieren. Die Meiose schafft damit die Voraussetzungen für die geschlechtliche Fortpflanzung.

Während der Meiose werden befruchtungsfähige weibliche und männliche **Keimzellen** (Gameten) gebildet. Ohne Reduktion der Chromosomenzahl würde sich die artspezifische Chromosomenzahl bei jedem Befruchtungsereignis verdoppeln. Damit würde z.B. beim Menschen während der ersten Befruchtung aus den 46 Chromosomen der Mutter und den 46 Chromosomen des Vaters die doppelte Anzahl bei den Nachkommen entstehen.

Das wird durch die Meiose reguliert. Im Vergleich zur Teilung von Körperzellen finden bei der Bildung der Geschlechtszellen zwei Kern- und Zellteilungen statt (↗ S. 112, Abb. 1).

Die Chromosomenzahl wird in der **ersten Teilung** vom doppelten (diploiden) auf den einfachen (haploiden) Chromosomensatz reduziert. Da sich die Anzahl der Chromosomen um die Hälfte verringert, spricht man von einer Reduktionsteilung.

Bei der **Reduktionsteilung** werden die homologen Chromosomen voneinander getrennt und auf die zwei Tochterzellen verteilt. Die beiden Tochterzellen besitzen nach der Teilung nur noch den halben Chromosomensatz der Mutterzelle.

In einer **zweiten Teilung** werden die Chromosomen in den zwei Tochterzellen in Halbchromosomen (Chromatiden) getrennt. Es findet eine zweite Zellteilung statt. Durch diese Teilung sind vier Tochterzellen (Geschlechtszellen) entstanden.

M

Bei der Bildung der Geschlechtszellen werden aus einer Mutterzelle vier Geschlechtszellen gebildet.
Diese besitzen die halbe Chromosomenzahl im Vergleich zur Mutterzelle. Dadurch bleibt der artspezifische Chromosomensatz nach der Vereinigung der Geschlechtszellen bei der Befruchtung erhalten.

Meiose von griech.: Meiono = vermindern, verkleinern

Die Halbchromosomen werden gleichmäßig auf die vier Tochterzellen verteilt.

Bei der Befruchtung verschmelzen Ei- und Samenzelle zur befruchteten Eizelle (Zygote). Dadurch wird der ursprüngliche Chromosomensatz wiederhergestellt.

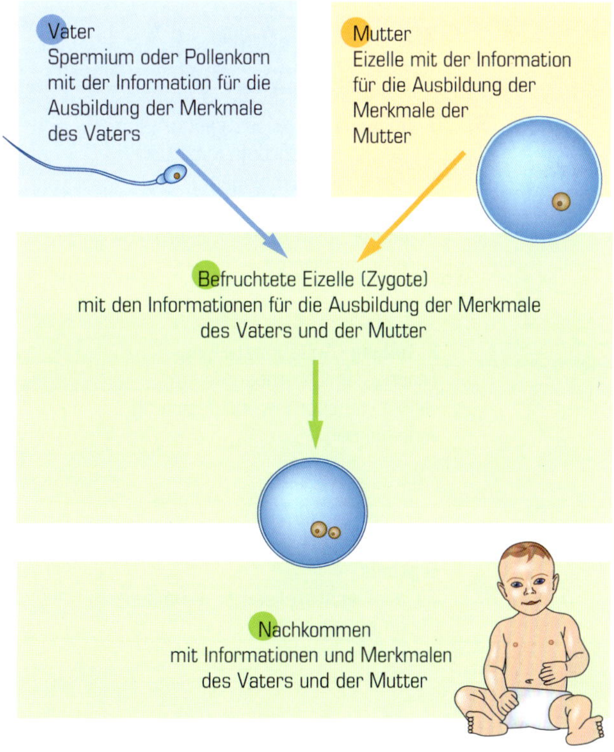

1 ▸ Die Weitergabe der Erbinformation bei der geschlechtlichen Fortpflanzung

Bei der Meiose können durch den Austausch von Chromosomenanteilen neue Genkombinationen entstehen.

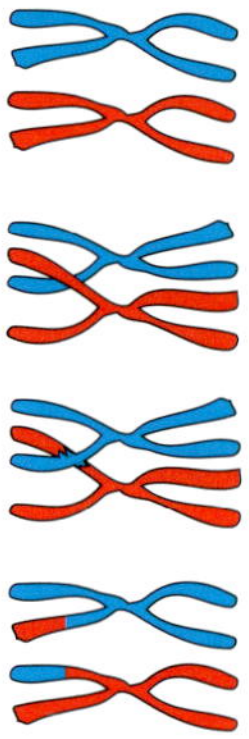

Die durch die zwei Kern- und Zellteilungen aus einer Mutterzelle entstandenen vier Tochterzellen (Geschlechtszellen) sind nicht erbgleich.

Denn bei diesen Teilungen wird väterliches und mütterliches **Erbgut neu geordnet und kombiniert.** Es ist völlig vom Zufall abhängig, welche vom Vater bzw. welche von der Mutter stammenden Chromosomen auf die vier Tochterzellen verteilt werden (↗Abb. 1). Daher ist es fast ausgeschlossen, dass zwei Samenzellen bzw. zwei Eizellen die gleiche Kombination der Chromosomen und damit der Gene und deren Erbinformation aufweisen.

Beispielsweise ergeben sich bei der Stechmücke mit nur drei Chromosomenpaaren $2^3 = 8$ Möglichkeiten der Kombination von mütterlichen und väterlichen Chromosomen.

Beim Mais mit zehn Chromosomenpaaren ergeben sich schon $2^{10} = 1\,024$ Möglichkeiten, und beim Menschen mit 23 Chromosomenpaaren kommt man dann auf $2^{23} = 8\,388\,608$ verschiedene Kombinationsmöglichkeiten.

Aufgabe

Erläutere, welche Bedeutung die Meiose für die Organismen hat.

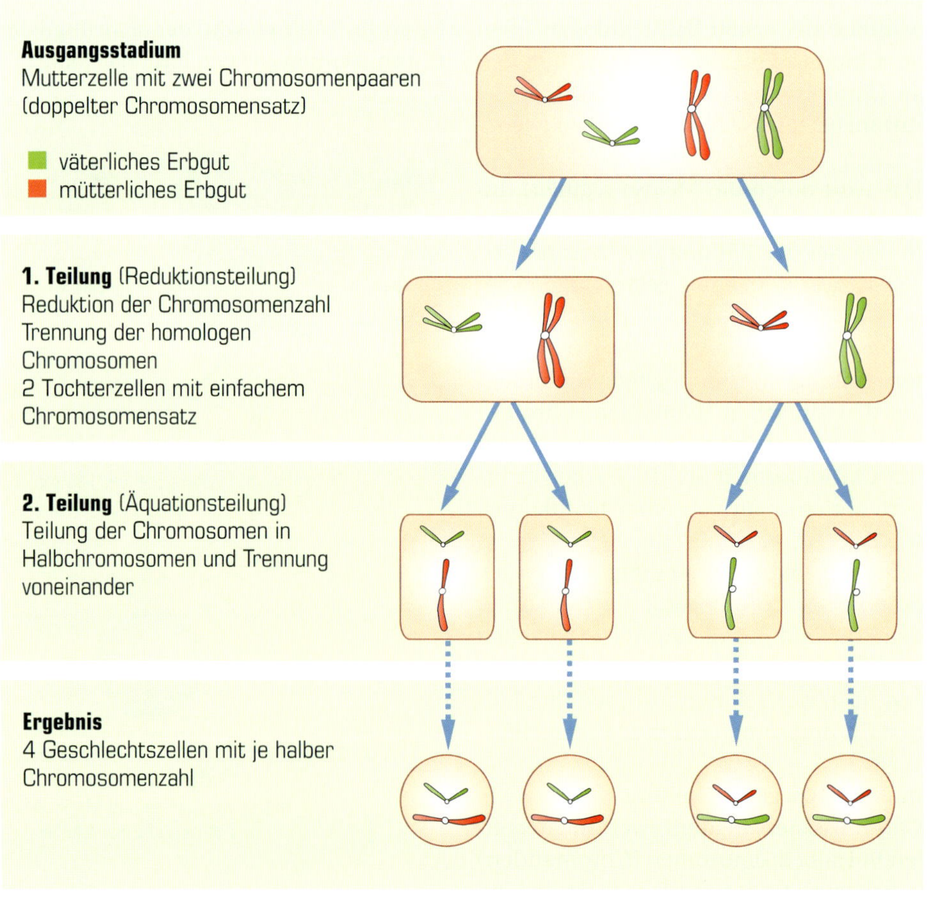

1 ▸ Eine Möglichkeit der Verteilung der Chromosomen bei der Bildung von Geschlechtszellen (dargestellt an zwei Chromosomenpaaren)

2

Untersuchungen • Experimente

Arbeiten mit Chromosomenmodellen

Baue Chromosomenmodelle und vergleiche damit Mitose- und Meiosestadien.

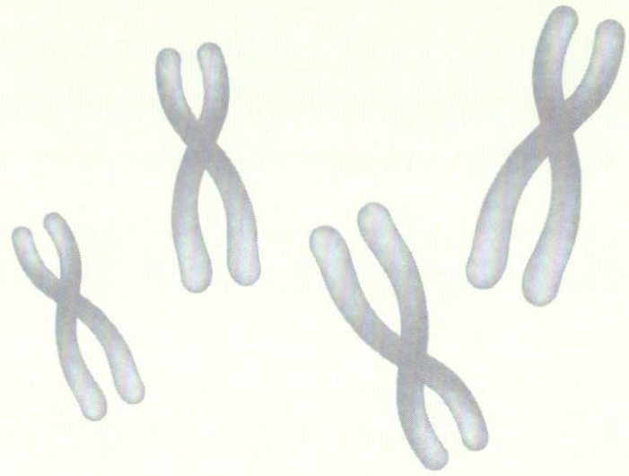

Material:
8 Pfeifenreiniger, 4 Druckknopfpaare zum Annähen, Bleistift, 1 Blatt Papier

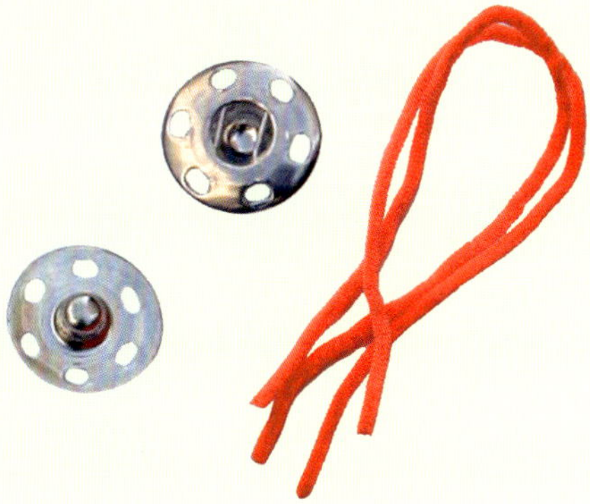

Durchführung:
1. Baue vier Chromosomen.
   Ziehe dazu für ein Chromosom zwei Pfeifenreiniger durch ein Druckknopfpaar. Dabei geht jeweils ein Pfeifenreiniger durch zwei Löcher des einen Druckknopfteils (↗ Abb. 1) und ein zweiter Pfeifenreiniger durch zwei Löcher des anderen Druckknopfteils.
   Lass die Enden paarig gleich lang stehen und wickle sie zum Spiralisieren über einen Bleistift (↗ Abb. 2).
2. Lege die Chromosomenmodelle auf ein Blatt Papier und stelle die Mitose nach.
3. Lege die Chromosomenmodelle so auf das Papier, dass die Meiose damit nachgestellt wird.

Auswertung:
1. Beschreibe die mit dem Modell nachgestellten Stadien der Mitose.
2. Vergleiche Mitose und Meiose.
   Stelle dazu Gemeinsamkeiten und Unterschiede in einer Tabelle dar.
3. Bestimme die Grenzen des Modells. Welche Stadien lassen sich nicht gut mit dem Modell erklären?
4. Überlege dir eine weitere Möglichkeit, ein Modell für Chromosomen zu entwickeln. Verwende dazu z. B. farbiges Papier.

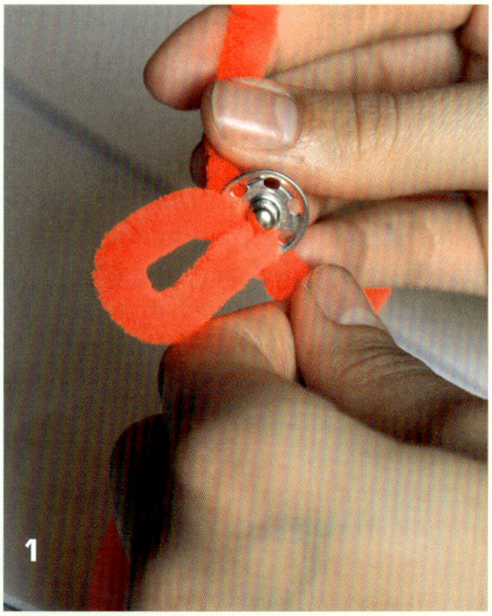
1

2

Zufall oder Regel?

Jörg hat noch zwei Geschwister. Die beiden haben volles und noch dazu lockiges Haar. Bei ihm dagegen ist es glatt und dünn. Seine Mutter hat lockiges Haar und sein Vater volles.

Ist es Zufall, dass gerade er die „schlechte Karte“ gezogen hat?

Wissenschaftler versuchten schon im 19. Jahrhundert das Rätsel der Vererbung zu lösen. 1859 schrieb DARWIN in seinem Werk *„Über die Entstehung der Arten durch natürliche Zuchtwahl“*, dass *„... die Gesetze der Vererbung vollkommen unbekannt sind“.*

In seinem Buch „Die Vererbung und die Grundprobleme der Biologie“ schrieb DELAGE, ein französischer Wissenschaftler, im Jahr 1895 gleichsam als Resümee: *„Es gibt keine Gesetze für die Ähnlichkeit zwischen dem Kind und seinen Eltern! Hier ist nichts richtig und alles möglich, angefangen damit, dass zwischen Kind und Eltern überhaupt nichts Gemeinsames besteht, über alle Zwischenstufen der Vermischung von Merkmalen und der Kombination von Ähnlichkeiten bis zu fast völliger Übereinstimmung zwischen dem Kind und einem Elternteil ...“*

1 ▸ Sie hat nicht nur die Augen eindeutig vom Papa.

Damals nutzten die Wissenschaftler fast ausnahmslos nur äußere Merkmale zur Erforschung der Erbgänge über mehrere Generationen, d. h. sie betrachteten nur das Erscheinungsbild, auch **Phänotyp** genannt.

Da Merkmale aber meist durch die komplexe Wirkung vieler Gene im Phänotyp entwickelt werden, konnten daraus keine Regeln bei den Erbgängen erkannt werden. Auch heute ist das nicht ganz einfach.

Aus heutiger Sicht, da Strukturen und Funktionen von Zellkernen, Chromosomen, DNA usw. bekannt sind, lässt sich das Problem – es gab scheinbar keine Regeln bei der Vererbung – der damaligen Wissenschaftler sehr gut erklären.

Heute ist vor allem klar, dass neben dem Erscheinungsbild auch die Gesamtheit der Gene, der **Genotyp,** beachtet werden muss.

Erst dem Augustinermönch **JOHANN GREGOR MENDEL** (↗ S. 115) gelang der Durchbruch bei der Klärung „Zufall oder Regel“. Mithilfe seiner Experimentiermethode, einschließlich der statistischen Auswertung, erkannte er die nach ihm benannten **Vererbungsregeln.** Mit seinen fundamentalen Erkenntnissen war er 1866 seiner Zeit weit voraus, deshalb stieß er auf Unglauben und geriet in Vergessenheit.

Unabhängig voneinander entdeckten um 1900 DE VRIES, CORRENS und TSCHERMAK erneut die Vererbungsregeln und erkannten, dass sie MENDEL zuzuschreiben waren.

2

Johann Gregor Mendel – Mönch, Naturforscher und Begründer der Vererbungslehre

Johann Gregor Mendel wurde am 22.7.1822 als Sohn eines fronpflichtigen Bauern geboren. Dieser hielt im Garten seines Hauses Bienen und züchtete edle Obstsorten. Durch ihn und auch durch den Pfarrer und den Lehrer seines Heimatorts wurde Mendel in seiner Liebe zur Natur bestärkt. Frühzeitig lernte er einige biologische Veredlungsmethoden kennen, z.B. das Pfropfen der Obstbäume.

Trotz großer finanzieller Schwierigkeiten studierte er am Philosophischen Institut Olmütz (Olomouc), um Geistlicher zu werden. 1843 trat er als Novize in das Augustinerkloster von Brünn (Brno) ein und erhielt den Klosternamen Gregor.
Sein Theologiestudium an der Universität Brünn begann er 1844, 1847 wurde er zum Priester geweiht. Während des Studiums besuchte er auch Vorlesungen über Landwirtschaft, Obst- und Weinanbau. Das war u.a. die Voraussetzung dafür, dass er 1848 den Versuchsgarten des Brünner Klosters übernehmen konnte. Da Mendel die Lehramtsprüfung für die Fächer Griechisch, Deutsch und Mathematik nicht bestanden hatte, studierte er in Wien Naturwissenschaft.

1855 begann Mendel mit den Kreuzungsexperimenten an Erbsen. Die daraus resultierenden drei Regeln beruhen ausschließlich auf der statistischen Auswertung der **Merkmalsverteilung** nach Erbgängen von Generation zu Generation.
Das forschungsmethodische Vorgehen von Mendel wurde durch folgende Grundsätze geprägt:

- Mendel wählte als Objekt die Saaterbse *(Pisum sativum)*. Sie bringt in kurzer Zeit viele Nachkommen hervor und kann sich selbst bestäuben und befruchten.
- Über zwei Jahre prüfte er, ob die äußeren Merkmale der Nachkommen denen der Eltern entsprachen, es also keine Merkmalsänderungen gab. Er züchtete reinerbiges Saatgut.
- Mendel verglich keine Merkmale unterschiedlicher Arten, sondern bezog sich auf individuelle Merkmale der Saaterbsenpflanzen.
- Er verglich die Nachkommen nicht als Ganzes mit ihren Eltern, sondern immer nur ein Merkmal, das in zwei verschiedenen Varianten auftritt. Insgesamt erfasste Mendel sieben solcher Merkmalspaare. Dadurch wurde das Vererbungsgeschehen überschaubar.
- Mendel erfasste eine große Zahl von Individuen und wertete die Ergebnisse statistisch aus.

Mendel übertrug bei seinen Experimenten beispielsweise Pollen aus der Blüte einer Pflanze, die aus gelben Samen hervorgegangen war, auf die Narbe einer Pflanze, die aus grünen Samen hervorgegangen war (↗ Abb. 2). Damit sich diese Blüte nicht selbst bestäubt, entfernte er vorher die Staubfäden (Kastration). Zusätzlich schützte er sie auch vor anderen Fremdbestäubungen.

Bei diesem Beispiel kreuzte Mendel gelbsamige Pflanzen (männlich) mit grünsamigen Pflanzen (weiblich). Alle sich entwickelnden Samen (Erbsen) waren dann gelb. Wenn er aus diesen Samen wieder Pflanzen zog, konnte er diese miteinander kreuzen und wiederum Merkmalsverteilungen beobachten.

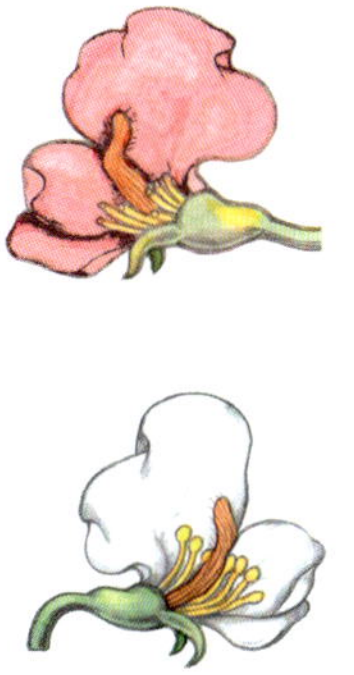

1 ▸ Rosa und weiße Erbsenblüte

2 ▸ Übertragung des Pollens

3 ▸ Kreuzungsversuch von Mendel

Mendels Vererbungsregeln

Richtige Symbole für wichtige Erkenntnisse

Allele eines Gens haben ähnliche Nucleotidsequenzen und codieren somit ein etwas anderes Eiweiß. Durch die andere Struktur des Eiweißes verändern sich meist seine Eigenschaften und seine Funktion, was wiederum zu Variationen eines Merkmals führt.

MENDEL legte seine Kreuzungsexperimente so an, dass eine statistische Auswertung möglich war. So konnte er aus der großen Zahl der Einzelergebnisse einfache Mengenverhältnisse ableiten, die ihn zu folgenden entscheidenden Schlussfolgerungen veranlassten:

- Die **Vererbung erfolgt nach festen Regeln.**
- Es werden nicht die Merkmale **vererbt,** sondern **Anlagen,** die für die Ausbildung bestimmter Merkmale verantwortlich sind.
- In der Zygote müssen jeweils **zwei Erbanlagen für jedes Merkmal** enthalten sein, eine von der Mutter und eine vom Vater.

Heute werden die Erbanlagen, die zur Ausprägung eines Merkmals (z.B. Samenfarbe) notwendig sind, **Gene** oder **Genorte** (meist ist mehr als ein Gen für ein Merkmal verantwortlich) genannt. Da ein Gen zu unterschiedlicher Merkmalsausprägung führen kann (z.B. grün und gelb), muss es verschiedene Versionen eines Gens geben. Diese sind jeweils auf den beiden Chromosomen eines homologen Chromosomenpaars zu finden und werden **Allele** genannt.

Sind die Allele gleich, spricht man von reinerbig, sind sie verschieden, von mischerbig. In **Körperzellen** (diploid) befindet sich immer ein **Allelpaar** und in **Geschlechtszellen** (haploid) nur ein **einzelnes Allel.**

Die Einheitlichkeit der Nachkommen aus der Kreuzung gelb- und grünsamiger Erbsen in der **1. Tochter- bzw. Filialgeneration (F_1-Generation)** begründet MENDEL damit, dass es **Merkmal bestimmende (dominante)** und **Merkmal unterlegene (rezessive) Erbanlagen** gibt.

Später fand der Wissenschaftler CARL ERICH CORRENS (1864–1933) bei Forschungen mit der Japanischen Wunderblume noch eine gleichwertige, gemischte Merkmalsausbildung. Sie wird als **intermediär** bezeichnet (↗ S. 117, Abb. 1 re.).

MENDEL führte eine **Buchstabensymbolik** ein, um den Erbgang eines Merkmals genauer verfolgen zu können.

Dominante Allele werden mit großen Buchstaben und rezessive Allele mit kleinen Buchstaben gekennzeichnet. Jedem Gen (Allelpaar) werden somit zwei Buchstaben zugeordnet (↗ Tab.).

Bezeichnung für die Darstellung von Erbgängen	
P	Eltern-(Parental-)generation
F_1	1. Tochter-(Filial-)generation
F_2	2. Tochter-(Filial-)generation
X	Kreuzung zweier Individuen
großer Buchstabe	dominantes Allel A
kleiner Buchstabe	rezessives Allel a
reinerbig	Allele eines Gens sind gleich
mischerbig	Allele eines Gens unterscheiden sich

1 ▸ Die Bezeichnungen sind lateinisch: *parentes* = Eltern; *filia* = Tochter; *dominare* = herrschen; *recedere* = zurücktreten

Aufgaben

1. *Begründe, warum die Zuordnung reinerbig bzw. mischerbig nicht für den gesamten Phänotyp eines Lebewesens gilt, sondern nur für ein bestimmtes Merkmal.*
2. *Erläutere die Begriffe dominant-rezessive und intermediäre Merkmalsausbildung.*

Uniformitätsregel

Mendels Beobachtungen und Ergebnisse werden in den mendelschen Regeln zusammengefasst. Ausgehend von Mendels Forschungsgrundlagen wird bei der 1. und 2. mendelschen Regel nur **ein Merkmalspaar** betrachtet.

Bei der Kreuzung wird von Individuen ausgegangen, die hinsichtlich des ausgewählten Merkmals reinerbig sind. Dies bedeutet, dass mütterliche und väterliche Allele für dieses Merkmal gleich sind.

Betrachtet man das Merkmal Farbe bei Erbsensamen, dann ist das Allel für die gelbe Farbe dominant, das Allel für die grüne Farbe rezessiv. In der Buchstabensymbolik bedeutet das:

gelb/dominant = G   grün/rezessiv = g

Bei der Kreuzung einer reinerbig gelbsamigen Pflanze (Genotyp: GG) mit einer reinerbig grünsamigen Pflanze (Genotyp: gg) führen die Kombinationsmöglichkeiten der Keimzellen zu folgenden Genotypen in der ersten Tochtergeneration (↗ Abb. 1).

Alle Nachkommen der ersten Tochtergeneration weisen hinsichtlich des betrachteten Merkmals den gleichen Phänotyp und Genotyp auf. Nach dieser Gleichheit (Uniformität) heißt die 1. mendelsche Regel **Uniformitätsregel.**

2

2 ▸ Japanische Wunderblume

Die 1. mendelsche Regel (Uniformitätsregel) lautet: Kreuzt man Eltern (P), die sich in einem Merkmal reinerbig unterscheiden, so sind alle Nachkommen (F_1) in diesem Merkmal untereinander gleich (uniform).

M

intermediär: lat.: intermedius = dazwischen liegend

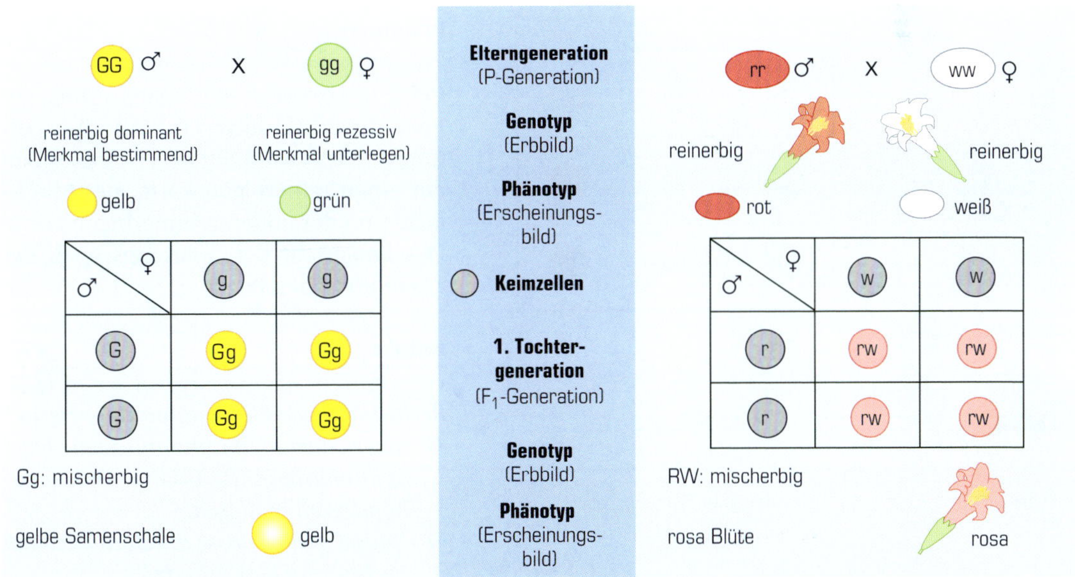

1 ▸ Kreuzungsschema zur 1. mendelschen Regel (Uniformitätsregel); links: dominant-rezessiver Erbgang, rechts: intermediärer Erbgang

Spaltungsregel

GREGOR MENDEL und später auch CARL ERICH CORRENS kreuzten die mischerbigen Nachkommen der 1. Tochtergeneration (F_1-Generation, ↗ Abb. 1) und untersuchten das Aussehen der Nachkommen in der 2. Tochtergeneration (F_2-Generation). Die festgestellten Ergebnisse konnten in der **2. mendelschen Regel** zusammengefasst werden.

Die einheitlichen Merkmale der mischerbigen 1. Tochtergeneration spalten sich in der 2. Tochtergeneration in einem bestimmten Zahlenverhältnis auf. Die Regel wurde deshalb **Spaltungsregel** genannt.

1 ▸ Kreuzungsschema zur 2. mendelschen Regel

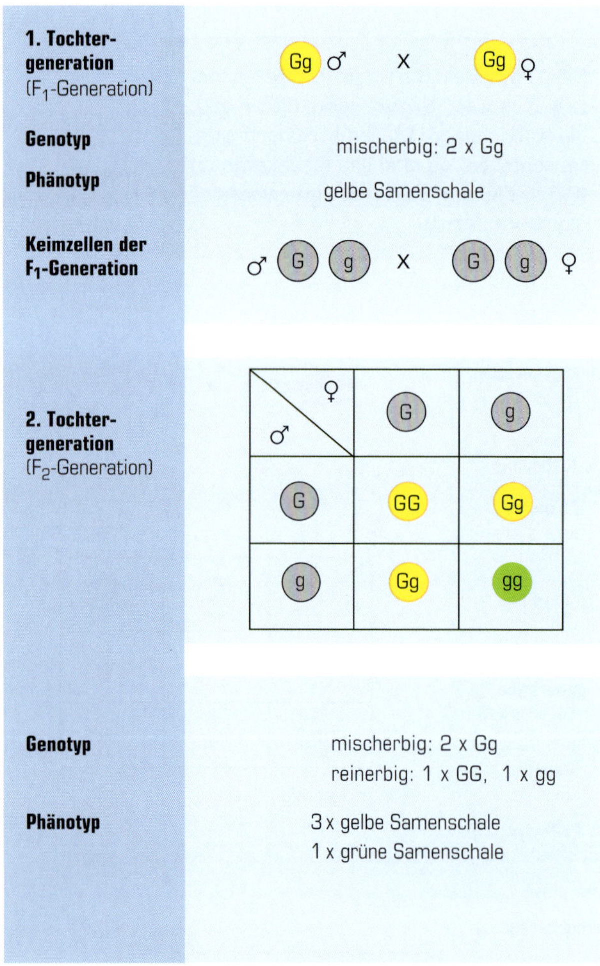

Beim **dominant-rezessiven Erbgang** erfolgt die Aufspaltung in der F_2-Generation im Verhältnis 3 : 1 des dominanten zum rezessiven Phänotypen.

Im Genotyp liegt ein Verhältnis 1 : 2 : 1 zwischen reinerbig-dominant zu mischerbig zu reinerbig-rezessiv vor (↗ Abb. 1).

Die 2. mendelsche Regel (Spaltungsregel) lautet: Kreuzt man die Individuen der F_1-Generation untereinander, so erhält man in der F_2-Generation eine Aufspaltung der Merkmale in festen Zahlenverhältnissen.

CORRENS bestätigte 1900 MENDELS Beobachtungen durch seine Experimente mit der Japanischen Wunderblume *(Mirabilis jalapa,* ↗ S. 117, Abb. 2).

Bei der hier auftretenden **intermediären Vererbung** führt die Kreuzung weiß blühender und rot blühender Pflanzen in der F_1-Generation zu einheitlich rosa blühenden Nachkommen **(Uniformitätsregel).** Das Erscheinungsbild, der Phänotyp, liegt zwischen den beiden elterlichen Phänotypen.

Beim intermediären Erbgang erfolgt im Phäno- und Genotyp (F_2) eine Aufspaltung im Zahlenverhältnis 1 : 2 : 1 zwischen der einen reinerbigen Form, der Mischform und der anderen reinerbigen Form. Das entspricht der **Spaltungsregel,** der 2. mendelschen Regel.

Aufgabe

Rechtshändigkeit wird dominant vererbt.

a) *In welchem Verhältnis müsste nach der Spaltungsregel die Rechts- und Linkshändigkeit vorliegen?*

b) *Erfasst in der Klasse die Häufigkeit der Rechts- und Linkshänder.*

c) *Wertet das Ergebnis statistisch aus und interpretiert es.*

Untersuchungen • Experimente

Modellversuche zu den mendelschen Regeln

Rote Rosen und weiße Rosen sollen bis zur F_2-Generation gekreuzt werden. Die Rosen der F_1-Generation blühen rosa. Vollzieht die Gen- und Allelverteilung in einem Modellversuch nach.

Material:
4 Bechergläser, je 40 Kugeln in zwei unterschiedlichen Farben (z. B. rot, weiß), Augenbinde

Durchführung:
1. Arbeitet in Zweiergruppen zusammen. Bedenkt vor Beginn des Versuchs, dass jeweils eine Kugel für ein Allel eines Individuums Modell steht.
2. Gebt die roten und die weißen Kugeln jeweils in ein Becherglas.
3. Fügt nun jeweils eine rote und eine weiße Kugel in ein drittes Becherglas zusammen.
4. Wiederholt dies, bis alle Kugeln beider Farben in dem einen Becherglas sind.
5. Verteilt nun die Kugeln aus diesem Becherglas gleichmäßig auf drei Bechergläser. Dabei entnimmt ein Schüler eurer Gruppe mit verbundenen Augen mit jeder Hand aus diesem Becherglas eine Kugel. Der zweite Schüler sortiert die gezogenen Kugeln nach der Farbe in drei Kategorien. In das erste Becherglas kommen die Kugeln, wenn beide rot sind, ins zweite rot und weiß und ins dritte zwei weiße.

Auswertung:
1. Nennt die entstandenen Geno- und Phänotypen. Berechnet ihr Zahlenverhältnis.
2. Vergleicht eure Ergebnisse mit denen der anderen Arbeitsgruppen. Ermittelt die Summe der Geno- und Phänotypen aller Arbeitsgruppen und berechnet daraus das Zahlenverhältnis.
3. Stellt eure Ergebnisse übersichtlich dar (↗ Abb.).
4. Interpretiert und diskutiert das Gesamtergebnis.
5. Benennt die mendelschen Regeln, die ihr modellhaft nachgestellt habt. Vergleicht die von euch errechneten Zahlenverhältnisse mit den nach den mendelschen Regeln zu erwartenden.
6. Übertragt eure Ergebnisse auf einen anderen Erbgang.
7. Benennt den Vorgang, den ihr mit Schritt 3 modelliert habt.
8. Benennt die Anzahl der Individuen, die jede Arbeitsgruppe nachgestellt hat.
9. Beschreibt die Schwächen des Modells.

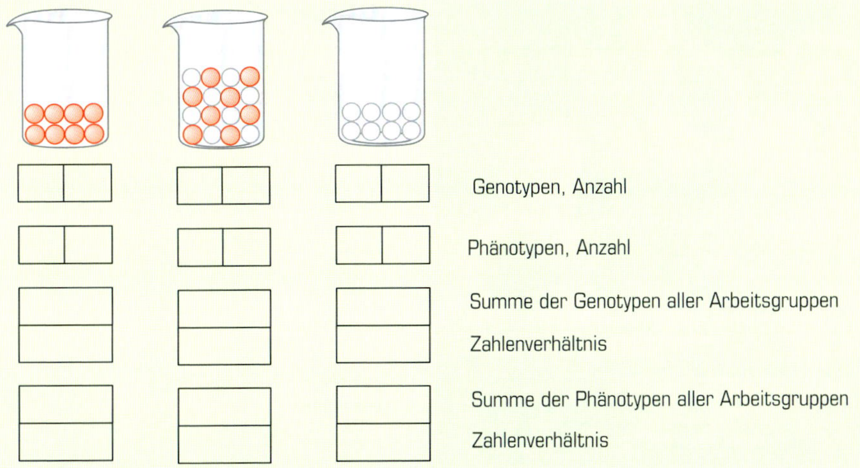

Anwendung der mendelschen Regeln auf die Vererbung beim Menschen

Vererbung des Geschlechts

Die Geschlechtsbestimmung beim Menschen erfolgt auch nach den **mendelschen Regeln.** Insgesamt befinden sich in jeder Körperzelle des Menschen 46 Chromosomen, nämlich 44 Körperchromosomen (Autosomen) und 2 Geschlechtschromosomen (Gonosomen).

Das Geschlecht eines Menschen wird durch die Geschlechtschromosomen (X bzw. Y) festgelegt. Die Entscheidung über das Geschlecht erfolgt bereits bei der Befruchtung der Eizelle (↗Abb. 2). Die Eizelle enthält immer ein X-Chromosom, die Samenzelle ein X- oder ein Y-Chromosom. Das Geschlecht des Menschen wird bei der Befruchtung der Eizelle durch die Kombination der Geschlechtschromosomen bestimmt (XX = weiblich, XY = männlich).

Man vermutet, dass Spermien mit Y-Chromosomen leichter und schneller beweglich sind und dadurch eher zur Befruchtung kommen als X-Chromosomen tragende Spermien.

Die **Vererbung des Geschlechts beim Menschen** kann schematisch dargestellt werden (↗Abb. 3). Theoretisch ist eine Geschlechtsverteilung von 1 : 1 zu erwarten. Praktisch werden aber auf 100 Mädchen 106 Jungen geboren. Die Ursache dafür ist nicht geklärt (↗Randspalte).

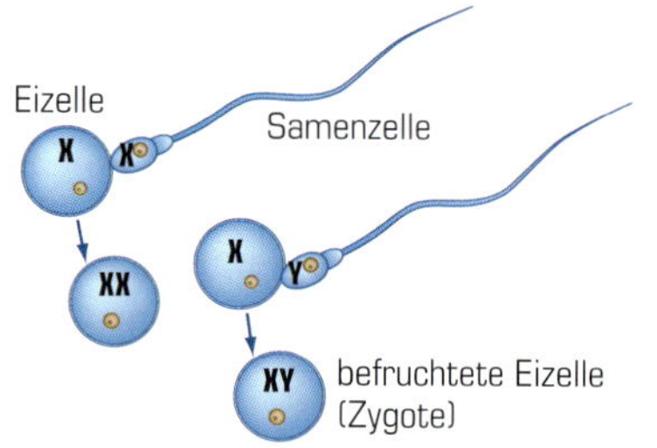

2 ▸ Festlegung des Geschlechts bei der Befruchtung der Eizelle

Die **Differenzierung des Geschlechts** beginnt etwa am 35. Tag der Embryonalentwicklung. Bis dahin entwickeln sich die Anlagen für die Keimdrüsen und für die Geschlechtsorgane geschlechtsunabhängig. Hat der Embryo ein Y-Chromosom geerbt, wird dort jetzt ein Gen aktiv, das aus den Keimdrüsenanlagen Hoden entstehen lässt. Diese produzieren das männliche Sexualhormon Testosteron.

Das Hormon aktiviert als Signalstoff dann Gene im gesamten Erbmaterial (Genom), die eine männliche Differenzierung bewirken.

Ohne dieses Gen, es ist fast die einzige Erbinformation auf dem Y-Chromosom, entstehen Eierstöcke. Dann entwickelt sich der Embryo weiblich.

1 ▸ Junge oder Mädchen? – theoretisch 1 : 1

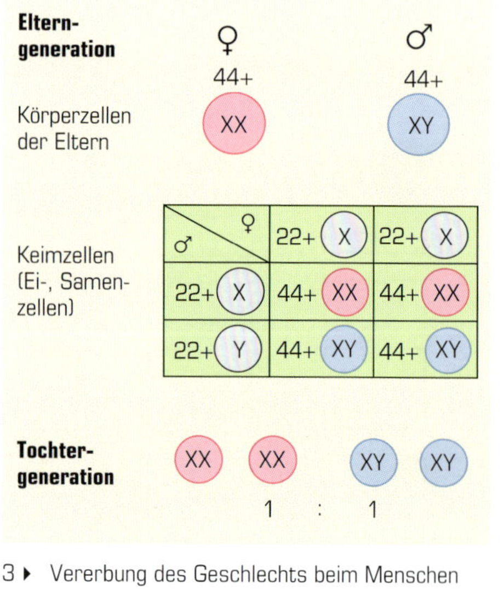

3 ▸ Vererbung des Geschlechts beim Menschen

Vererbung der Blutgruppen

Zeit seines Lebens besitzt jeder Mensch eine bestimmte charakteristische Blutgruppe. Auch **Blutgruppen und ihre Merkmale werden vererbt.**

Es werden die Blutgruppen A, B, AB und 0 (Null) unterschieden (↗ Tab.). Die Vererbung der Blutgruppenmerkmale A, B und 0 erfolgt nach den **mendelschen Regeln.** Bestimmt werden die Blutgruppenmerkmale durch drei Allele, nämlich A, B und 0. Die Allele für die Blutgruppen befinden sich auf dem homologen Chromosomenpaar Nr. 9. Je zwei der drei möglichen Allele A, B und 0 sind für eine bestimmte Blutgruppe, d. h. die Ausbildung eines bestimmten Antigens auf den roten Blutkörperchen, verantwortlich.

Das Allel 0 ist gegenüber den Allelen A und B rezessiv, während A und B gleich stark vererbt werden.

Die Allelpaare AA und A0 ergeben die Blutgruppe A, die Allelpaare BB und B0 die Blutgruppe B, das Allelpaar AB die Blutgruppe AB. Die Vererbung der Blutgruppen kann in Erbgängen dargestellt werden (↗ Abb. 1).

Die Kinder, deren Eltern die Allele AA und 00 für die Blutgruppen A und 0 haben, können theoretisch nur die Blutgruppe A erhalten. Aus den Gesetzmäßigkeiten der Blutgruppenvererbung kann man von den Eltern auf die Kinder schließen und umgekehrt.

Das macht die Zuordnung und den Ausschluss von Vätern möglich. Dabei bleiben aber immer noch Fragen offen. Heute nutzt man für Vaterschaftstests meist den genaueren „genetischen Fingerabdruck“, bei dem bestimmte DNA-Sequenzen verglichen werden (↗ S. 97).

Blutgruppe (Phänotyp)	mögliche Genotypen
A	AA, A0
B	BB, B0
AB	AB
0	00

*Antigen engl. = **Anti**body **gene**rating*

Die Antigene auf den roten Blutkörperchen sind u. a. für die Unverträglichkeit verschiedener Blutgruppen verantwortlich.

Aufgabe

Zwei Männer mit unterschiedlichen Blutgruppen (0 und AB) stehen für eine mögliche Vaterschaft zur Diskussion. Die Mutter hat die Blutgruppe 0 das Kind B. Überprüfe mithilfe eines Kreuzungsschemas, wer der Vater ist.

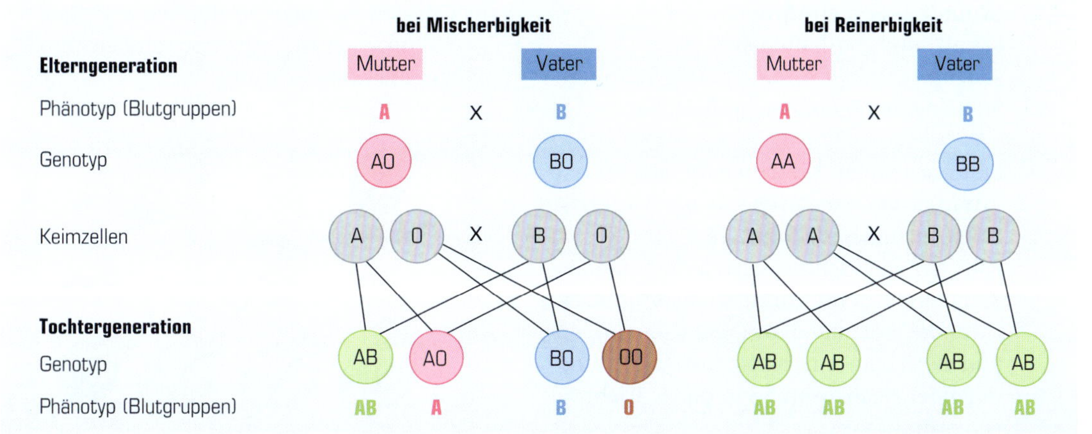

1 ▸ Die Vererbung der Blutgruppen beim Menschen

gewusst · gekonnt

1. Vergleiche in Form einer Tabelle die Kern- und Zellteilung von Körperzellen und die Bildung von Geschlechtszellen. Ziehe eine Schlussfolgerung bezüglich der Funktion von Keim- und Körperzellen.

2. Durch die Kern- und Zellteilung von Körperzellen erfolgt eine identische Weitergabe der Erbsubstanz. Begründe diese Aussage.

3. Mikroskopiere Dauerpräparate von einer Zelle (z. B. Pflanzenzelle) und einer Zelle, die sich in Teilung befindet (z. B. Wurzelzelle).

4. Chromosomen befinden sich im Zellkern. Mikroskopiert man aber Zellen, so sieht man entweder einen angefärbten Zellkern ohne Chromosomen oder angefärbte Chromosomen und keinen Zellkern. Erkläre diesen scheinbaren Widerspruch.

5. Aus dieser Zelle entwickeln sich am Ende der 2. Reifeteilung vier Keimzellen. Zeichne ausgehend von diesem Meiosestadium vier mögliche Keimzellen.

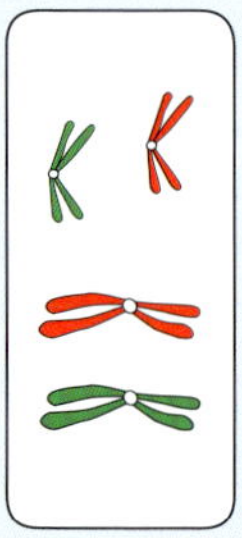

6. Ermittle äußerliche Ähnlichkeiten und Verhaltensweisen, die in deiner Familie häufig auftreten. Stelle deine Ergebnisse grafisch dar.

7. Erst nach vielen Kreuzungsversuchen hat MENDEL die Ergebnisse seiner Untersuchungen in Regeln formuliert.
Falls an der Schule vorhanden, mache dich mit dem Simulationsprogramm „Mendel" vertraut. Simuliere Kreuzungen und betrachte am Bildschirm die Merkmale der Nachkommen in der 1. Tochtergeneration.

8. Ein reinerbig blau blühendes und ein reinerbig weiß blühendes Stiefmütterchen werden miteinander gekreuzt. Die F_1-Nachkommen blühen blau.

a) Ermittle die Art der Merkmalsausbildung.
b) Gib den Eltern und den F_1-Nachkommen entsprechende Symbole.
c) Stelle die Kreuzungsschemata bis zur F_2-Generation auf.

9. a) Benenne die allgemeinen Regeln, die sich in dem Erbgang für den Blattrand der Brennnessel widerspiegeln (↗ Abb. unten).
b) Gib den Genotyp zu den dargestellten Phänotypen an. Begründe mit dem entsprechenden Erbgang.

Das Wichtigste auf einen Blick

Weitergabe der Erbinformation

Verdopplung der Erbinformation
Die DNA besitzt die Fähigkeit zur identischen Verdopplung (Replikation). Vor jeder Zellteilung werden dabei nach dem Prinzip der komplementären Basenpaarung aus den Einzelsträngen des Mutterstrangs zwei identische Doppelstränge (Tochterstränge) gebildet.

Die identische Replikation der DNA ist die Voraussetzung für die Weitergabe der Erbinformation durch Zellteilung.

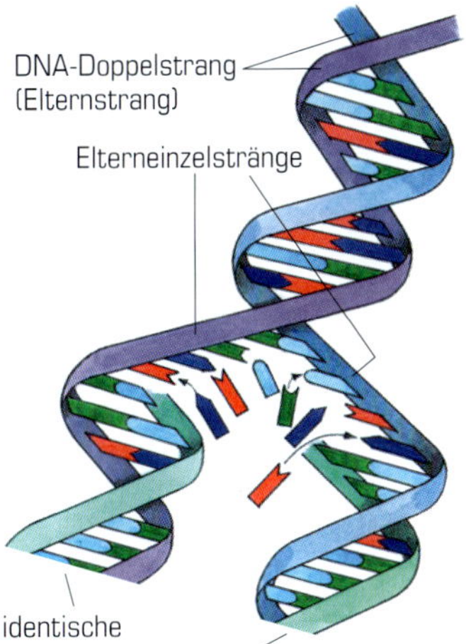

Bildung der Körperzellen (Mitose)
Aus einer Mutterzelle mit doppeltem Chromosomensatz entstehen zwei genetisch gleiche Tochterzellen mit ebenfalls doppeltem Chromosomensatz.

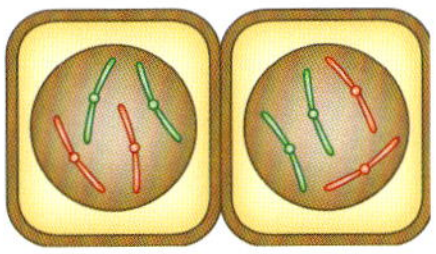

Die Mitose ist die Grundlage der ungeschlechtlichen Fortpflanzung und notwendig für Wachstum, Entwicklung und Heilung.

Bildung der Geschlechtszellen (Meiose)
Aus einer Mutterzelle mit doppeltem Chromosomensatz entstehen vier verschiedene Tochterzellen mit einfachem Chromosomensatz.

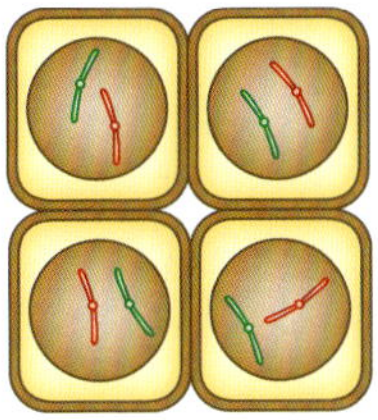

Die Meiose ist die Grundlage der geschlechtlichen Fortpflanzung.

Mendelsche Regeln

1. **Uniformitätsregel:**
   Kreuzt man reinerbige Eltern, die sich in einem Merkmal unterscheiden, sind alle Nachkommen der F_1-Generation untereinander gleich (uniform).

2. **Spaltungsregel:**
   Kreuzt man Individuen der F_1-Generation untereinander, so erhält man in der F_2-Generation eine Aufspaltung der Merkmale in festen Zahlenverhältnissen.

2.3 Vielfalt und Veränderlichkeit der Organismen

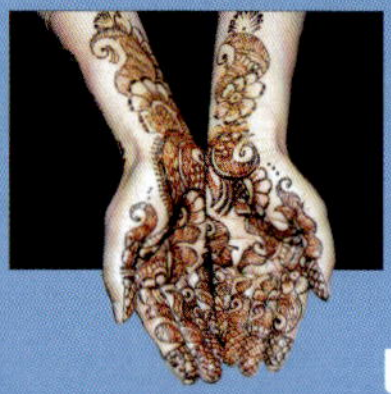

Unüberschaubare Vielfalt von Lebewesen ▸▸ Gegenwärtig werden etwa 300 000 Pflanzenarten und 1,4 Millionen Tierarten beschrieben. Groß ist auch die Vielfalt der Arten bei Bakterien (ca. 3 600) und Pilzen (ca. 100 000).

Erblich bedingte Veränderungen ▸▸ Individuen einer Art, beispielsweise Trauerweiden, Rinder, Menschen, ähneln sich in ihrem Äußeren. Beim genauen Betrachten fällt aber auf, dass sie sich auch in Merkmalen unterscheiden.

Umweltbedingte Veränderungen ▸▸ Haben Ferkel eines Wurfs nach der Geburt alle ungefähr das gleiche Gewicht, kann man nach kurzer Zeit deutliche Unterschiede feststellen: der Umweltfaktor Nahrung spielt hierbei eine große Rolle.

Vielfalt

Die Abbildungen zeigen einige der Millionen Arten von Lebewesen. Sie spiegeln nur einen Ausschnitt aus der **Vielfalt aller Lebewesen** wider. Um diese Vielfalt erfassen und beschreiben zu können, muss man Lebewesen miteinander vergleichen (↗ S. 130).

Nicht nur das äußere **Erscheinungsbild** (Phänotyp) der Lebewesen ist vielfältig. Auch innerhalb eines Lebewesens gibt es auf der Zellebene viele Unterschiede.

Im menschlichen Körper gibt es z. B. mehr als 200 verschiedene Zellvarianten. Nur dadurch gelingt es unserem Körper, die komplizierten Lebensvorgänge zu bewältigen.

Lebewesen besiedeln **verschiedene Lebensräume** und sind somit auch unterschiedlichen **Umweltfaktoren** ausgesetzt.

Diese Umweltfaktoren ändern sich ständig. Je mehr Varianten von Lebewesen einer Art auftreten, umso höher ist die Chance, dass einige Varianten mit den neuen Bedingungen zurechtkommen.

Die Vielfalt ist eine entscheidende Voraussetzung für die **Evolution** einer Art. Die an die herrschenden Umweltbedingungen angepassten Individuen können sich fortpflanzen und ihre Merkmale vererben. Unangepasste Individuen erreichen selten ein fortpflanzungsfähiges Alter und können ihre Merkmale nicht weitergeben.

Ursachen für die Vielfalt innerhalb einer Art sind Unterschiede im Erbmaterial **(Mutationen)** und die Anpassungen an Umweltbedingungen, denen die Lebewesen ständig ausgesetzt sind **(Modifikationen).**

Auch die **Neukombination** der Erbanlagen ist eine Ursache für die genetische Vielfalt einer Art.

M

Vielfalt beschreibt, dass es verschiedene Arten von Lebewesen gibt und dass sich innerhalb einer Art die Lebewesen (Individuen) auch unterscheiden.

Mutationen – erbliche Veränderungen der Organismen

Mutationen sind stoffliche Veränderungen der Erbanlagen. Zusammen mit der Neukombination der Erbanlagen bei den Zellteilungsvorgängen sind Mutationen die Grundlage für die **Vielfalt der Lebewesen**. Mutationen werden aber nur auf die Nachkommen übertragen, wenn sie das Erbgut der Geschlechtszellen betreffen.

Ursachen der Mutationen

Nitrit (NO_2^-) ist das Anion der salpetrigen Säure. Es wird als Natriumnitrit im Nitritpökelsalz zur Konservierung bei der Fleisch- und Wurstverarbeitung genutzt.

Mutationen sind in der Natur sehr selten, sodass man sich ihr Auftreten lange Zeit nicht erklären konnte. Sie können spontan, vor allem durch Fehler bei der Verdopplung der DNA auftreten. Äußere Einflüsse spielen aber auch eine Rolle.

Experimente an der Fruchtfliege *Drosophila* konnten zeigen, dass sich die Mutationsraten durch Röntgenstrahlen und chemische Substanzen erhöhen. Solche Faktoren, die mutationsauslösend sind, nennt man **Mutagene.** Man kennt physikalische und chemische Faktoren, die Mutationen auslösen können.

Neu in den Handel kommende Substanzen werden in Testlaboratorien geprüft, um Schäden zu vermeiden.

Physikalische Mutagene sind z.B. die Röntgenstrahlen und die UV-Strahlen. Die Strahlungsenergie kann zu direkten Veränderungen der Erbsubstanz führen oder Prozesse auslösen, die Mutationen zur Folge haben. Deshalb wird bei Röntgenuntersuchungen darauf geachtet, dass die Eierstöcke bzw. Hoden mit einem Bleischutz bedeckt sind. Blei adsorbiert die Strahlung. Übermäßige UV-Bestrahlung beim Sonnenbaden kann z.B. zu DNA-Veränderungen der Hautzellen führen und Hautkrebs auslösen. Radioaktive Strahlen können u.a. Missbildungen bei Neugeborenen oder bösartige Tumore bewirken.

Chemikalien wirken ebenfalls als Mutagene. Versuche mit Pflanzen und Tieren beweisen, dass zahlreiche chemische Stoffe mutagen sind. Hierzu gehören u.a. Genussmittel (z.B. Bestandteile des Tabakrauchs), Sucht- und Rauschmittel (z.B. LSD, Mescalin), Schädlings- und Unkrautbekämpfungsmittel sowie einige Zusätze von Kosmetika. Nachgewiesen ist außerdem die DNA-verändernde Wirkung von Nitrit.

In welchem Umfang chemische Verbindungen, mit denen wir im täglichen Leben zu tun haben, mutagen wirken können, ist bislang noch unvollständig untersucht.

Auch bestimmte Medikamente können Mutationen auslösen.

M

Mutationen können spontan auftreten oder durch äußere Faktoren, Mutagene, ausgelöst werden. Mutagene können chemischer oder physikalischer Natur sein.

1 ▸ Farbveränderungen beim Flusskrebs

2 ▸ Farbveränderungen bei Weintrauben

Mutationsformen

1 ▸ Hunderassen, z. B. Basset, sind Genmutationen.

Je nachdem, welche Strukturen der Erbanlagen durch Mutagene verändert wurden, unterscheidet man drei Grundformen von Mutationen: Gen-, Chromosomen- und Genommutationen.

Genmutationen sind zellulär schwer nachweisbar und erst dann zu beobachten, wenn sie sich im äußeren Erscheinungsbild zeigen.

Bei Genmutationen ändert sich die Basenabfolge in einem Gen. Dies kann durch Verlust, Einfügen oder Austausch einzelner Basen erfolgen. Damit verändert sich die Information des Gens und ein verändertes Eiweiß wird ausgebildet. Das führt wiederum zur Ausprägung eines veränderten Merkmals.

Die Mutation kann aber auch dazu führen, dass die Information zur Ausprägung des Merkmals nicht mehr lesbar ist und das Merkmal nicht mehr gebildet wird. Ein Beispiel für eine Genmutation ist die **Phenylketonurie** (PKU) beim Menschen (↗ S. 134).

Bei **Chromosomenmutationen** kann es zum Verlust von Chromosomenstücken bzw. zur Übertragung von Chromosomenabschnitten auf andere Chromosomen kommen. Ein Beispiel für diese Mutationsform ist das **Katzenschreisyndrom** beim Menschen.

Ursache dafür ist das Fehlen eines Chromosomenstücks am Chromosom Nr. 5. Betroffene stoßen katzenartige, hohe und schrille Schreie im frühen Kindesalter aus, die sich mit der Zeit verlieren. Körperliche und geistige Beeinträchtigungen kommen hinzu.

Bei **Genommutationen** ändert sich die Anzahl der Chromosomen im Chromosomensatz. Betrifft die Änderung nur einzelne Chromosomen, sind Fehler bei der Meiose die Ursache.

Ein bekanntes Beispiel ist die **Trisomie 21** beim Menschen, bei der das Chromosom 21 statt zweimal dreimal vorhanden ist (↗ S. 133).

Die Vervielfachung ganzer Chromosomensätze (Polyploidie) kann durch chemische Stoffe (z. B. Colchicin) ausgelöst werden. Bei Pflanzen führt die Polyploidie zu widerstandsfähigeren Sorten mit höheren Erträgen. Das macht man sich in der Pflanzenzüchtung zunutze.

Bei Tieren und beim Menschen führt Polyploidie hingegen zu so starken Schäden, dass der Tod eintritt bzw. eine Fehlgeburt die Folge ist.

Aufgabe

Nach dem Reaktorunglück in Tschernobyl kamen in der Region vermehrt Kinder mit Missbildungen zur Welt. Erkläre diese Erscheinung.

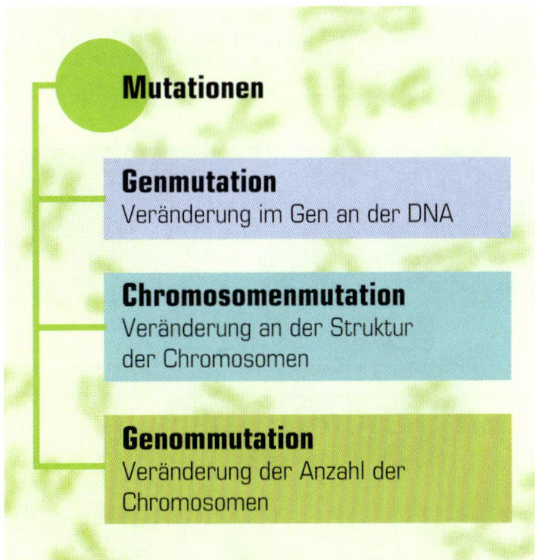

2 ▸ Formen der Mutationen

Modifikationen

Entstehung von Modifikationen

Wie sich die in den **Erbanlagen** gespeicherten **Merkmale** ausbilden, hängt auch von den jeweils herrschenden **Umweltbedingungen** ab. Werden z. B. Kartoffeln einer Pflanze (gleiche Erbanlagen) auf verschiedenen Feldern gesteckt, wachsen oft unterschiedlich große Kartoffelpflanzen mit unterschiedlich großen und vielen Knollen. Ursachen hierfür sind z. B. die Wasser- bzw. Mineralstoffversorgung oder auch Schädlinge, die eines der Felder befallen haben könnten.

Aus kleineren Knollen entwickeln sich bei optimalen Umweltbedingungen in der nächsten Generationsfolge wieder Pflanzen mit großen Knollen. Das zeigt, dass in den Erbanlagen die Merkmale nicht mit einem bestimmten Wert gespeichert sind. Es gibt eine **Reaktionsnorm** (Minimum – Maximum), innerhalb derer sich das Merkmal ausbilden kann. Die jeweiligen Ausbildungsformen bei bestimmten Umweltbedingungen nennt man **Modifikationen.** Sie sind nicht erblich, da die Erbinformationen nicht verändert sind.

M **Modifikationen sind nicht erbliche Veränderungen des Phänotyps durch Anpassung an bestehende Umweltverhältnisse.**

Art	Modifikation
Chinesische Primel 	Kronblätter rot bei Temperaturen < 30 °C Kronblätter weiß bei Temperaturen > 30 °C
Wasser-knöterich	Wasserpflanze mit kahlen Blättern, bis 3 m Landpflanze mit behaarten Blättern, 0,3 – 1 m 
weibliche Honigbienen 	Arbeiterin, unfruchtbar – Larvenfütterung mit Nektar Königin, fruchtbar – Larvenfütterung mit Weiselsaft
Hermelin 	braunes Sommerfell bei höheren Temperaturen weißes Winterfell bei niedrigen Temperaturen

Bei Siamkatzen entscheidet die Hauttemperatur über die Fellfärbung. Ist die Hauttemperatur unter 34 °Celsius wird schwarzes Fell gebildet, bei Temperaturen über 34 °C bildet sich die helle Fellfarbe (↗ Abb. 1).

Bei Mississippi-Alligatoren entscheidet die Temperatur im Bruthügel über das Geschlecht des Nachwuchses. Bei weniger als 30 °C Bruttemperatur entstehen nur weibliche, bei mehr als 36 °C nur männliche Mississippi-Alligatoren (↗ Abb. 2).

1 ▸ Siamkatze

2 ▸ Mississippi-Alligator

Durch Kenntnis der Umweltfaktoren, die bestimmte Modifikationen auslösen, kann der Mensch gezielt Einfluss auf den Phänotyp von Pflanzen und Tieren nehmen. Dies macht man sich u.a. in der Landwirtschaft zunutze, z.B. bei der Haltung von Rindern in Ställen oder im Freien. Auch im Gartenbau, z.B. bei der Entwicklung von Pflanzen im Gewächshaus unter Zusatzbelichtung und Kohlenstoffdioxidbegasung, werden diese Erfahrungen ausgenutzt.

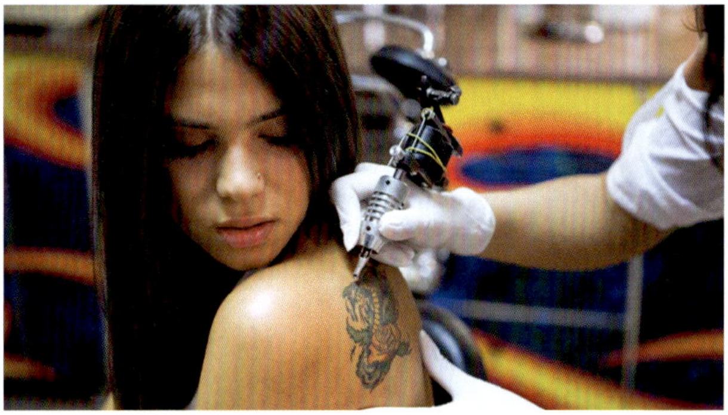

1 ▸ Einritzen eines Tattoos

Modifikationen beim Menschen

Auch wir können unseren Körper positiv „modifizieren". Regelmäßige sportliche Aktivitäten führen dazu, dass unser Körper ausdauernder und widerstandsfähiger wird. Wird z.B. mehrmals in der Woche ein gezieltes Krafttraining durchgeführt, so werden die beanspruchten Muskeln nach und nach vergrößert.

Ist allerdings das Maximum der genetisch festgelegten Reaktionsnorm erreicht, kann die Muskelmasse auch durch Erhöhung des Trainingsumfangs nicht mehr gesteigert werden. Diese natürliche Grenze sollte man auch durch Doping (z.B. anabole Steroide) nicht überschreiten. Das kann schwerwiegende gesundheitliche Folgen nach sich ziehen. Beispielsweise können innere Organe (z.B. Nieren) geschädigt und Geschlechtsmerkmale aufgrund der hormonellen Wirkung verändert werden.

Bei Menschen, die in großen Höhen leben, bildet das Blut verstärkt rote Blutzellen aus. Dies ist eine Reaktion auf das verminderte Sauerstoffangebot. Leistungssportler machen sich diesen Effekt zunutze und trainieren vor großen Meisterschaften in der Höhe. Zum Wettkampf auf Normalhöhe kann ihr Körper dann mit den zusätzlichen roten Blutzellen mehr Sauerstoff transportieren, wodurch in den Muskelzellen mehr Energie bereitsteht (↗Zellatmung, S. 233).

Auch modische Veränderungen unseres äußeren Erscheinungsbilds, z.B. Tätowierungen, Piercings, kann man zu den Modifikationen zählen (↗Abb. 1). Einige dieser Modifikationsformen dienen u.a. dazu, die Zugehörigkeit zu bestimmten Gruppen oder Stämmen zu verdeutlichen. Bei einigen afrikanischen Stämmen ist es z.B. Sitte, rituelle Narben in die Haut zu ritzen.

Modifikationen können aber auch negative Auswirkungen haben. So führen Rauchen und Trinken von Alkohol während der Schwangerschaft häufig zu einer verzögerten Entwicklung der Kinder. Sie werden oft mit Untergewicht geboren und sind krankheitsanfälliger. Bei starkem Alkoholkonsum können körperliche und geistige Schäden auftreten, da der Alkohol in die Stoffwechselvorgänge des heranwachsenden Kindes eingreift. Weiterhin können Erkrankungen oder Unfälle unser äußeres Erscheinungsbild stark verändern.

Aufgaben

1. *Begründe, warum Modifikationen nicht vererbt werden.*

2. *Erkläre, warum bei Siamkatzen das Fell an Gesicht, Ohren und Gliedmaßen dunkler gefärbt ist als am Rest des Körpers.*

Methoden

Vergleichen

Beim **Vergleichen** werden mindestens zwei oder mehrere Objekte oder Vorgänge einander gegenübergestellt, um Gemeinsamkeiten oder Unterschiede herauszufinden.

Das Ergebnis des Vergleichs wird z. B. als Text oder in Form einer Tabelle dargestellt. Ein Vergleich wird immer zu einem bestimmten Zweck durchgeführt.
Auch beim Vergleichen kannst du **schrittweise** vorgehen.

Aufgabe
Vergleiche Mutation und Modifikation.

Schritt ①

Festlegen der Objekte/Vorgänge, die verglichen werden sollen
Es soll verglichen werden, inwiefern sich Mutationen und Modifikationen als Veränderungen der Organismen unterscheiden bzw. gleichen.

Schritt ②

Auswählen geeigneter Merkmale für den Vergleich
Vergleichsmerkmale:
- Dauerhaftigkeit der Veränderung
- Ursache der Veränderung
- Häufigkeit des Auftretens

Schritt ③

Durchführen des Vergleichs
Ermitteln von Gemeinsamkeiten und Unterschieden

Gemeinsamkeiten:
- Veränderung der Erscheinungsform des Organismus

Unterschiede:
- Genotyp (Mutation)
- Phänotyp (Modifikation)

Schritt ④

Darstellen der Ergebnisse
(z. B. in einer Tabelle)

	Mutation	Modifikation
Gemeinsamkeiten	Veränderung im Erscheinungsbild (Phänotyp) des Organismus	
Unterschiede	Veränderung im Genotyp und Phänotyp	nur Veränderung im Phänotyp
	spontan oder durch Mutagene (u. a. UV-Strahlung) verursacht	verursacht durch Umwelteinflüsse (u. a. Licht, Wasser, Temperatur, Nahrung)
	verändern den Organismus lebenslang	verändern den Organismus nicht lebenslang

Schritt ⑤

Ableiten einer weiterführenden Erkenntnis (Schlussfolgerung)
Mutationen verändern den Organismus zeitlebens, da eine Veränderung im Erbgut vorliegt. Sie sind meist nicht reparabel. Modifikationen betreffen nur das Erscheinungsbild. Ändern sich die Umweltbedingungen wieder, können sich Veränderungen wieder zurückbilden.

1 ▸ Zwei Ferkel desselben Wurfs bei unterschiedlicher Fütterung

Neukombination der Erbanlagen (Gene)

Die **Neukombination** der Erbanlagen ist eine weitere Ursache für die genetische **Vielfalt** (Mannigfaltigkeit und Variabilität) der Organismen. Sie ergibt sich aus der Trennung und Verteilung der Chromosomen mit den Genen bei der Bildung der Geschlechtszellen und der Zufälligkeit der Kombination der Gene bei der Befruchtung.

Bei der **geschlechtlichen Fortpflanzung** werden die Erbanlagen neu gemischt und nach dem Zufallsprinzip verteilt; auf diese Weise entstehen neue, individuelle Erbbilder (Genotypen).

Während der Bildung der Geschlechtszellen kann es zusätzlich zu einem Stückaustausch zwischen den Chromosomen kommen. Dadurch können einige ihrer Gene ausgetauscht werden. Danach verteilen sich die Chromosomen mit den Genen nach dem Zufallsprinzip auf verschiedene Geschlechtszellen.

Jede aus einer Befruchtung hervorgehende befruchtete Eizelle (Zygote) enthält infolge der zufälligen Vereinigung einer Samen- mit einer Eizelle eine einzigartige Ansammlung von Genen. Die geschlechtliche Fortpflanzung sorgt also in jeder Generation für eine **Neukombination** alter Gene zu einer neuen genetischen Ausstattung.

Der Mensch nutzt die Neukombination der Erbanlagen in der Tier- und Pflanzenzüchtung. Auf diese Art und Weise werden z. B. unterschiedliche Kartoffelsorten (↗Abb. 1), Pflanzensorten und Tierrassen gezüchtet.

Aufgabe

Informiere dich, welche Tiere und Pflanzen mithilfe der Neukombination der Gene gezüchtet wurden.
Nutze dazu das Internet.

1 ▸ Durch Züchtung entstanden diese unterschiedlichen Kartoffelsorten.

Menschen, die anders sind

Die Behinderungen können sehr unterschiedlich ausgeprägt sein. Sie reichen von nicht sichtbaren Stoffwechselstörungen bis hin zu schweren, bettlägerigen Pflegefällen.

Jeder von uns ist ein Individuum, d.h., jeder ist einmalig. Das bezieht sich nicht nur auf unsere biologischen Merkmale. Wir betonen unsere Individualität u.a. auch durch unsere Kleidung und die Dinge, mit denen wir uns umgeben.

Zu dieser Vielfalt gehören auch Menschen mit genetisch bedingten Störungen. Sie fallen uns auf, weil sie in ihrem Verhalten bzw. Körperbau von der „Norm" abweichen, wobei man sich streiten könnte, was eigentlich normal ist.

Viele Betroffene bezeichnen sich nicht als behindert bzw. krank, da sie sich nicht so fühlen. Sie müssen zwar fast immer Hilfsbedürftigkeit und Einschränkungen hinnehmen, ihr Leben empfinden sie aber als lebenswert. Mehr zu schaffen machen ihnen die Reaktionen ihrer Mitmenschen. Diese sind oft unsicher im Umgang mit behinderten Menschen.

Das kann Ignorieren, falsch verstandene Rücksichtnahme und bewusste Ablehnung zur Folge haben.

Man fasst genetisch bedingte Störungen medizinisch als **Erbkrankheiten** zusammen. Es werden Anlagen für Erbkrankheiten (Gendefekte) unterschieden, die rezessiv oder dominant vererbt werden.

Rezessive Gendefekte führen nur dann zu einer Erkrankung, wenn auf beiden homologen Chromosomen der krank machende Gendefekt vorhanden ist. Trägt eines der beiden Chromosomen das intakte Gen, wird das krank machende Gen ausgeschaltet. Die Erkrankung wird im Phänotyp nicht sichtbar.

Mediziner gehen davon aus, dass jeder Mensch einige Anlagen für rezessive Erbkrankheiten in sich trägt. Da die Chance gering ist, dass zwei Elternteile genau dieselben Anlagendefekte besitzen, ist das Risiko ein Kind mit einer Erbkrankheit zu zeugen ungefähr 1 : 2500.

Anders ist es bei Erbstörungen, die durch **dominante Gendefekte** hervorgerufen werden, z.B. Sehstörungen. Ist hier eines der Chromosomen mit dem Gendefekt behaftet, bricht die Erkrankung aus, auch wenn ein zweites intaktes Gen auf dem homologen Chromosom vorhanden ist.

Einige Erbkrankheiten sind geschlechtsgebunden. Sie werden meist von defekten Genen verursacht, die auf dem Geschlechtschromosom X liegen (Rotgrünblindheit). Deshalb sind Männer häufiger davon betroffen, da sie kein zweites X-Chromosom haben. Das Y-Chromosom kann den Defekt nicht ausgleichen.

Beispiele für Erbkrankheiten beim Menschen

Beispiel	Merkmale Phänotyp	Merkmale Genotyp
Albinismus	Pigmentmangel bei Haut, Haaren und Augen	Mutationen im Tyrosinase-Gen des Melaninstoffwechsels
Bluterkrankheit	Blut gerinnt nicht, Gefahr des Verblutens bei Verletzungen	Veränderung eines Gens, das auf dem X-Chromosom liegt
Mukoviszidose	Drüsenzellen geben nur sehr zähflüssigen Schleim ab, Gasaustausch stark beeinträchtigt	defektes Gen auf dem Chromosom 7

Weitere Beispiele für erblich bedingte Krankheiten

Trisomie 21

Eine erblich bedingte Krankheit ist die **Trisomie 21,** auch **Down-Syndrom** genannt. Unter 1 000 Neugeborenen kommt diese Krankheit heute etwa einmal vor.

Auffällige äußere Merkmale (phänotypische Merkmale) dieser Krankheit sind eine veränderte Kopfform mit Sattelnase, niedrig sitzende Ohren, schmale Lidfalte und Kleinwuchs (↗ Abb. 2). Die Zunge ist oft stark vergrößert. Wegen der Lidfalten, die die Erkrankten mongolenhaft aussehen lassen, nannte man diese Krankheit früher auch Mongolismus. Einige innere Organe (Herz und Darm) weisen häufig Fehlbildungen und Fehlfunktionen auf.

Die Lebenserwartung der Betroffenen war dadurch früher stark reduziert. Durch die Verbesserung der medizinischen Methoden hat sich die Lebenserwartung von Europäern mit Down-Syndrom von durchschnittlich 9 Jahren (1929) auf 60 Jahre (2006) gesteigert, wenn keine organischen Fehler (Herzfehler) vorliegen.

Der Grad der geistigen Behinderung bei Menschen mit Down-Syndrom ist sehr unterschiedlich. Einige haben sogar ein Studium absolviert, bei anderen ist ein Schulbesuch möglich, weitere sind schwerste Pflegefälle. Jeder Fall ist einzigartig und die Entwicklung von Menschen mit Down-Syndrom verläuft genauso individuell wie die von Nichtbetroffenen.

Menschen mit Down-Syndrom sind meist sehr anhänglich und liebebedürftig. Sie können sehr charmant sein und hartnäckig eigene Ziele verfolgen. Sie verstellen sich nicht und bringen ihre positiven oder negativen Gefühle sehr deutlich zum Ausdruck. Ihre psychische und physische Entwicklung kann durch eine intensive und liebevolle Betreuung günstig beeinflusst werden.

Die Trisomie 21 wurde erstmals 1886 von dem englischen Kinderarzt und Neurologen JOHN LANGDON-DOWN (1828–1896) beschrieben. Im **Karyogramm** befinden sich am Platz 21 drei Chromosomen. Normalerweise sind dort nur zwei (↗ Abb. 1). Die Fehlverteilung erfolgt während der Bildung der Geschlechtszellen.

Aufgabe

Trisomie 21 ist eine erblich bedingte Krankheit. Nenne phänotypische sowie genotypische Veränderungen.

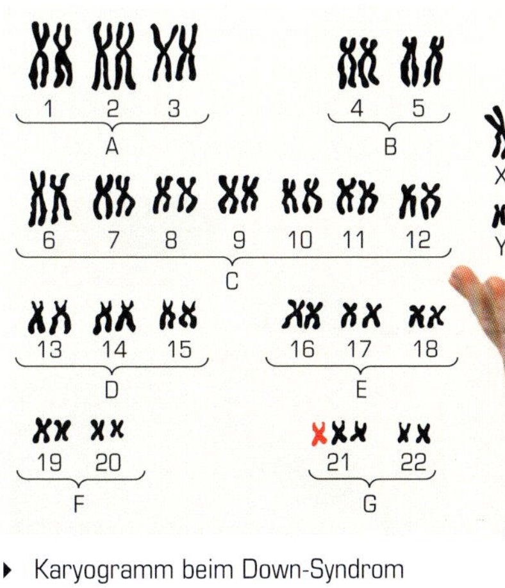

1 ▸ Karyogramm beim Down-Syndrom

2 ▸ Phänotypische Merkmale beim Down-Syndrom

Phenylketonurie

Die Wahrscheinlichkeit, an Phenylketonurie zu erkranken, liegt etwa bei 1 : 15 000. Bei 10 000 bis 15 000 Geburten leidet also ein Kind an einer Phenylketonurie.

Phenylketonurie (kurz PKU genannt) ist ebenfalls eine genetisch bedingte Krankheit. Das Besondere dieser Krankheit besteht darin, dass man die Symptome behandeln kann, obwohl die Erbsubstanz nicht reparierbar ist.

Gesunde Menschen wandeln die mit der Nahrung aufgenommene Aminosäure Phenylalanin durch ein Enzym zur Aminosäure Tyrosin um. Infolge einer Mutation am Gen dieses Enzyms wird es nicht oder funktionsunfähig gebildet. Phenylalanin häuft sich im Blut an und wird durch ein anderes Enzym zu Phenylbrenztraubensäure umgewandelt. Dieser Stoff, ein Phenylketon, wird mit dem Urin ausgeschieden, was zum Namen der Erbkrankheit führte. Beide vermehrt im Blut vorkommenden Stoffe führen während der Entwicklung von Kindern zu geistiger Behinderung.

Da die **Ursache,** das defekte Gen, noch nicht repariert werden kann, ist diese erblich bedingte Krankheit nicht heilbar. Behandelbar sind aber ihre Symptome. Die Behandlung besteht in der Verabreichung einer phenylalaninarmen Diät.

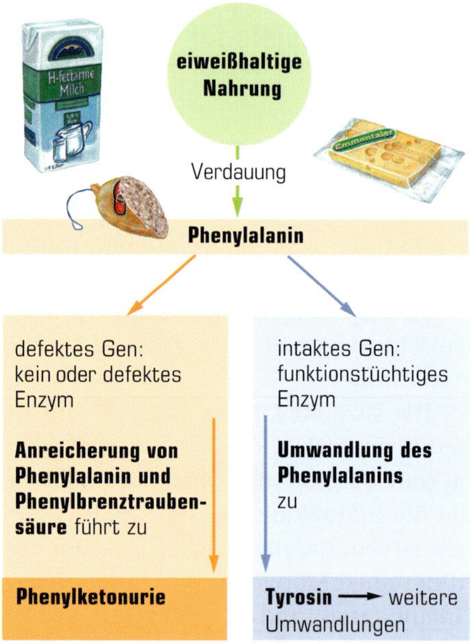

1 ▸ Entstehung der Phenylketonurie

Jedes neugeborene Kind wird auf PKU getestet. Wenn die Krankheit früh genug erkannt wird, ist durch Diät eine nahezu normale Entwicklung des Kindes möglich. Bis zur Pubertät muss die Diät durchgehalten werden, danach wirken beide Stoffe nicht mehr schädigend.

Unbehandelt führt PKU zu Schädigungen des Gehirns bis hin zur Demenz.

Der Guthrie-Test – zum Erkennen der PKU

Routinemäßig wird heute jedes Neugeborene auf die Stoffwechselkrankheit PKU getestet. Das gehört zum Neugeborenen-Screening. Dieser frühe Termin ist deshalb so wichtig, um Schäden im Gehirn zu verhindern, wenn wirklich ein Krankheitsfall vorliegt. Diese Schäden sind meist nicht mehr rückgängig zu machen, wenn erste Symptome beim Betroffenen auftreten.

Die Untersuchung wird zwischen dem 2. und 5. Lebenstag durchgeführt. Dabei wird ein Tropfen Blut aus der Ferse des Babys entnommen (↗ Abb.) und auf ein Filterpapier aufgetragen. Aus dieser Probe wird die Konzentration an Phenylalanin (Guthrie-Test) im Blut bestimmt. Ist die Konzentration höher als der Normalwert, erfolgt sofort eine genaue Diagnostik. Diese gibt dann Aufschluss über die Ausprägung der Krankheit und die Art der Erbgutveränderung.

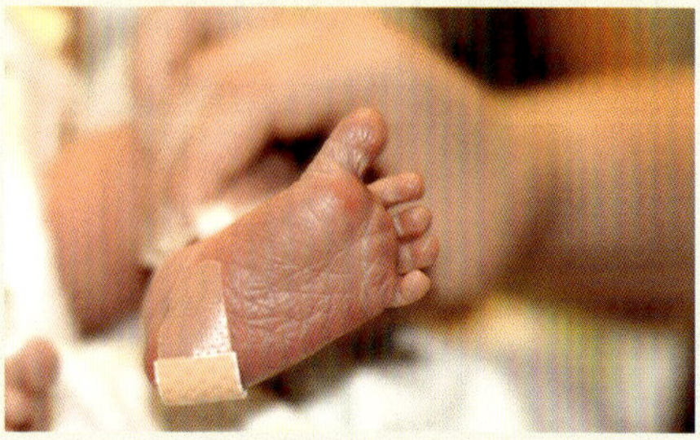

2

Mukoviszidose

Die **Mukoviszidose** (Cystische Fibrose – CF) ist die häufigste autosomal-rezessiv vererbte Krankheit in Deutschland.

Die Bezeichnung Mukoviszidose (Mucoviscidose) stammt aus dem Lateinischen und leitet sich davon ab, dass bei der Erkrankung sehr zähe Körperschleime auftreten (*mucos* = schleimig; *viscos* = leimähnlich, zähflüssig).

Ein bestimmtes Eiweiß wird entweder nicht oder in einer funktionsgestörten Form von den Zellen hergestellt. Die Folge ist, dass Drüsenzellen nur noch einen sehr zähflüssigen Schleim (Sekret) abgeben. Die **Drüsenfehlfunktionen** führen im ganzen Körper zu Problemen.

Durch den sehr zähen Schleim wird der Gasaustausch, vor allem aber der Schleim- und Schmutztransport in der Lunge stark gestört. Krankheitserreger, die sich im Schleim der Lunge ansiedeln, führen immer wieder zu schweren Atemwegserkrankungen. Im Laufe der Zeit wird die Lunge zerstört, was letztendlich zum Tod führt.

Die Abgabe von Sekreten aus der Leber, der Bauchspeicheldrüse und der Darmwand ist auch behindert. Das kann zu erheblichen Schwierigkeiten bei der Verdauung führen.

Betroffene Männer sind unfruchtbar, weil die Bildung der Samenflüssigkeit gestört ist.

Die Krankheit ist bisher unheilbar. Abhilfe könnte nur eine Gentherapie schaffen, bei der das defekte Erbgut „repariert" wird. Erste Forschungsprojekte gibt es bereits.

Heute können nur die Krankheitssymptome in der Lunge oder dem Verdauungssystem behandelt werden. Das gelingt schon so gut, dass sich die Lebenserwartung erkrankter Menschen in den letzten Jahren deutlich erhöht hat.

Bluterkrankheit

Eine weitere erblich bedingte Krankheit ist die **Bluterkrankheit (Hämophilie).** Es gibt weltweit etwa 200 000 Menschen mit dieser erblich bedingten Krankheit.
Die Bluterkrankheit wird durch eine Genmutation ausgelöst. Durch die Veränderung des Gens, das auf dem X-Chromosom liegt, wird ein Faktor, der an der Blutgerinnung beteiligt ist, nicht gebildet.

Bei gesunden Menschen gerinnt das Blut in 5 bis 9 Minuten (↗ Abb. 1). Bluter haben eine Gerinnungszeit von mehr als 15 Minuten. Leichte Prellungen führen bei ihnen bereits zu großen Blutergüssen (Hämatomen). Verletzungen, wie sie z. B. beim Ziehen eines Zahns entstehen, führen unbehandelt zu einem starken Blutverlust und können lebensbedrohlich sein.

Früher hatten Bluter deshalb keine hohe Lebenserwartung. Heute wird der fehlende Gerinnungsfaktor gentechnisch hergestellt und per Injektion verabreicht.

1 ▸ Dieser Vorgang der Blutgerinnung ist bei Bluterkranken gestört.

Humangenetische Beratung und ethische Probleme

Die genetische Familienberatung ist eine ärztliche Tätigkeit im Interesse der Gesundheit unserer Kinder.

Auch bestimmte Einflüsse während der Schwangerschaft, z. B. eine Infektion mit Rötelnviren sowie Medikamenten-, Alkohol- und Drogenmissbrauch, können zu Schäden führen.

Von 100 Neugeborenen weisen rein statistisch 4 bis 6 genetische Defekte auf. Nach heutigem Wissen sind genetische Faktoren bei weit mehr als 2 000 Krankheiten beteiligt. Deshalb gewinnt die Berücksichtigung genetischer Aspekte bei der Erkennung, Ursachenanalyse, Prophylaxe und Therapie vieler Krankheiten zunehmend Bedeutung. Häufig besteht die Möglichkeit, exakte Aussagen und Prognosen über Risiken und das Auftreten von möglichen genetischen Defekten zu machen.

Elternpaare, die befürchten ein erbkrankes Kind zu bekommen, können sich an eine **humangenetische Beratungsstelle** wenden. Anzeichen für eine solche Befürchtung können u. a. sein:

- bei einem der Partner oder in dessen Familie ist ein Erbleiden vorhanden oder der Verdacht besteht;
- bei der Mutterschaftsvorsorge bestehen Anhaltspunkte für ein genetisch bedingtes Risiko (z. B. Geburt eines vorangegangenen Kindes mit Erbkrankheit, Auffälligkeit im Ultraschall);
- zwei oder mehr Fehlgeburten sind in der Familie bekannt.

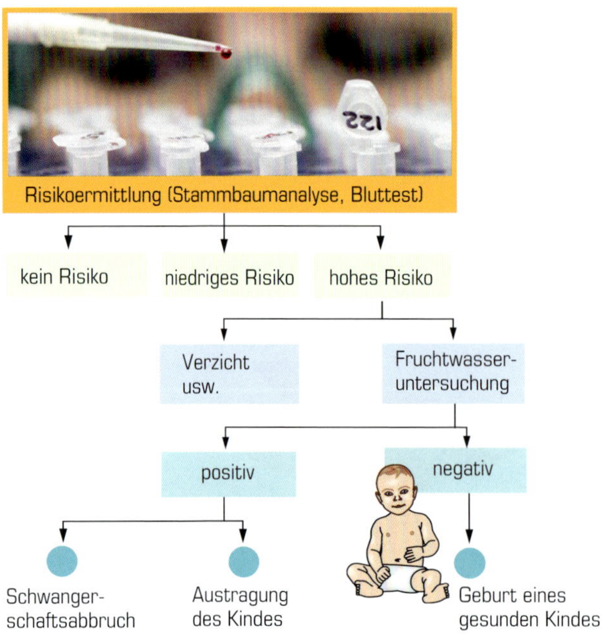

1 ▸ Möglichkeit und Konsequenzen genetischer Familienberatung

Eltern können aber eine humangenetische Beratungsstelle auch aufsuchen, wenn sie allgemeine Fragen zur Familienplanung und zu humangenetischen Untersuchungsmöglichkeiten haben.

Wie läuft eine genetische Beratung ab?

Erfolgt der Besuch einer Beratungsstelle **vor** der Schwangerschaft, klärt der Arzt durch eine Stammbaumanalyse der beiden Partner ab, ob überhaupt ein Risiko für eine genetisch bedingte Erkrankung bei dem Kind bestehen könnte.

Der **Familienstammbaum** sollte über drei Generationen, also bis zu den Großeltern reichen. Mit ihm wird die spezifische familiäre Belastung ermittelt, und zwar auf der Basis der Vererbungsregeln. Allerdings sind auch Grenzen gesetzt: Bei einigen vererbten Krankheiten kann man einen Gesunden nicht von einem Überträger unterscheiden. Sollte sich ein solches Risiko herausstellen, berät der Arzt hinsichtlich weiterer Tests und Untersuchungen.

Wird die Beratungsstelle erstmals **während** der Schwangerschaft aufgesucht, stehen dem Arzt zur Abklärung möglicher Erkrankungen weitere Analysemethoden zur Verfügung. Dazu gehören u. a. der **Bluttest** (↗ Abb. 1) zur Erkennung von mischerbigen gesunden Anlagenträgern und die **Fruchtwasseruntersuchung** (Amniozentese; ↗ S. 137, Abb. 2).

Mit dem Bluttest (Heterozygotentest) kann nun ermittelt werden, ob die betreffende Person mischerbiger Überträger einer Krankheit ist oder nicht, z. B. bei Rotgrünblindheit und Sichelzellenanämie. Dieser Test lässt sich auch an embryonalen Zellen durchführen.

2

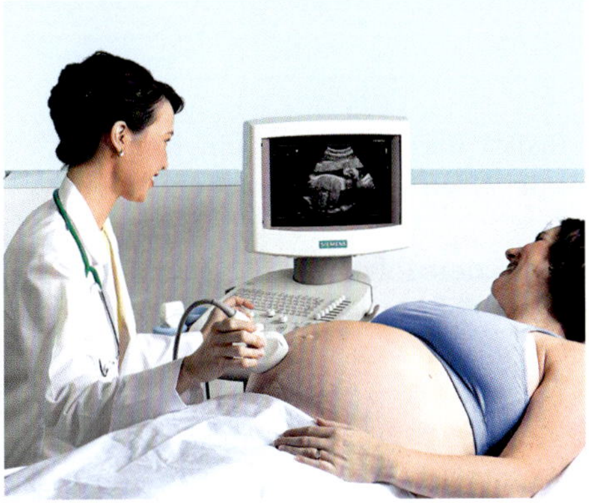

1 ▸ Mithilfe der Ultraschalluntersuchung kann man die Entwicklung des Embryos verfolgen.

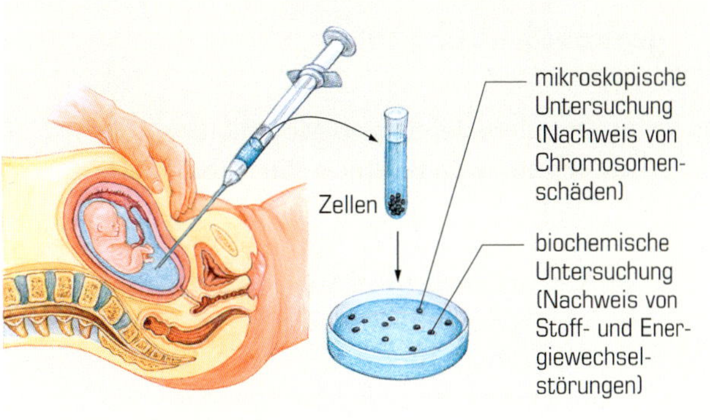

2 ▸ Fruchtwasseruntersuchung – ein Verfahren zur vorgeburtlichen Diagnostik

Des Weiteren ist die **Fruchtwasseruntersuchung** ein Verfahren, um mögliche genetische Defekte bereits beim Fetus zu erkennen (↗ Abb. 2). Sie wird zwischen der 15. und 18. Schwangerschaftswoche durchgeführt. Wegen des Risikos, eine Frühgeburt auszulösen, sollte diese vorgeburtliche Diagnostik nur in begründeten Fällen vorgenommen werden. Gründe für eine Fruchtwasseruntersuchung sind u. a.:

- Bei einem Elternteil ist eine Chromosomenanomalie bekannt.
- Es wurde bereits ein Kind mit einer Chromosomenveränderung oder mit einem Erbleiden geboren.
- Die Mutter ist über 35 Jahre alt.
- Die Mutter ist während der Schwangerschaft z. B. an Röteln erkrankt, und dadurch besteht ein Risiko für eine gestörte Embryonalentwicklung.

Die Rat suchenden Paare können selbst entscheiden, ob sie eine Fruchtwasseruntersuchung durchführen lassen. Bei positiven Testergebnissen, d. h., ein genetischer Defekt ist vorhanden, ist zu entscheiden, ob man die in § 218 geregelte Möglichkeit zum **Schwangerschaftsabbruch** nutzen oder das prognostizierte Risiko mit all seinen Konsequenzen akzeptieren will.

Um diese Situation zu bewältigen, brauchen Eltern fachliche und emotionale Hilfe. Denn sie stehen vor einer Entscheidung, die, egal wie sie getroffen wird, ihr weiteres Leben bestimmt und auch ihre Partnerschaft auf eine harte Probe stellt.

Entschließen sich die Eltern zum Schwangerschaftsabbruch, zerstören sie das, worauf sie sich am meisten gefreut haben. Entschließen sie sich, das Kind zu bekommen, werden sie ihr Leben neu ordnen und auf liebgewonnene Gewohnheiten verzichten müssen.

Für diese Entscheidung brauchen die Eltern Zeit. Sie müssen die Möglichkeit haben, in Ruhe alle Konsequenzen zu überdenken. Die genetische Familienberatung ist dabei einer der Partner, die den Eltern hilfreich zur Seite stehen.

Aufgabe

Im § 218 des Bürgerlichen Gesetzbuchs sind Voraussetzungen aufgeführt, wann ein Abbruch der Schwangerschaft möglich ist.

a) *Informiere dich über den Inhalt dieses Paragrafen.*

b) *Im Falle einer positiven Fruchtwasseranalyse (genetischer Defekt ist vorhanden) ist ein Schwangerschaftsabbruch möglich. Diskutiere, welche Auswirkungen eine Entscheidung für oder gegen den Abbruch für die betroffenen Eltern haben könnte.*

gewusst · gekonnt

1. a) Definiere den Begriff Modifikation.
   b) Nenne zwei Beispiele für Modifikationen.

2. a) Nenne Formen von Mutationen. Welche genetischen Ursachen liegen ihnen zugrunde?
   b) Beschreibe für jede Mutationsform ein Beispiel.

3. Erkläre am Beispiel der Licht- und Schattenblätter einer Rot-Buche das Zusammenwirken von Erbanlagen und Umwelt bei der Merkmalsausbildung.

4. a) Krankheiten des Menschen können verschiedene Ursachen haben. Vergleiche eine genetisch bedingte Krankheit mit einer Infektionskrankheit. Gehe dabei auf Ursachen, Verlauf, Therapien und Heilungschancen ein. Fertige dazu eine Tabelle an.
   b) Erkläre, wo die Therapie von genetisch bedingten Krankheiten ansetzen müsste, um die Erkrankung zu heilen.

5. Informiere dich in Fachbüchern oder im Internet ausführlich über Mukoviszidose und Albinismus. Bereite einen Vortrag vor.

6. Das Risiko für eine Frau, ein Kind mit Trisomie 21 zu gebären, ist nicht immer gleich.
   a) Interpretiere folgendes Diagramm.
   b) Diskutiere Gründe, die zu solch einem Anstieg des Kurvenverlaufs führen könnten.
   c) Leite eine Schlussfolgerung ab.
   d) Informiere dich über weitere Fakten zu dieser Krankheit.

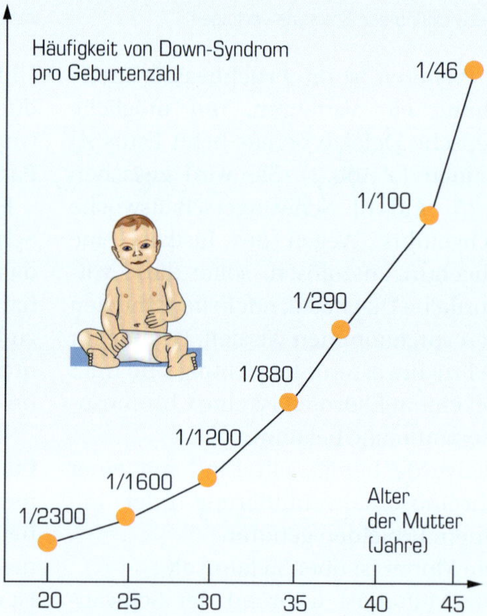

7. Der Begriff „Mongolismus“ ist vom englischen Kinderarzt John Langdon Down geprägt worden. Er bezog sich dabei auf Ähnlichkeiten im Aussehen mit mongolischen Volksstämmen. Recherchiere die Entwicklung des Begriffs und setze dich mit den Ansichten von J. L. Down auseinander und beziehe Stellung dazu.

8. Begründe, warum die Kinder nah verwandter Eltern ein höheres Risiko zur Ausbildung von Erbkrankheiten besitzen. Recherchiere auch im Internet.

Das Wichtigste auf einen Blick

Vielfalt (Veränderlichkeit) der Organismen

Modifikationen

durch Umweltbedingungen hervorgerufene Veränderungen im äußeren Erscheinungsbild (Phänotyp) eines Lebewesens

Neukombinationen der Erbanlagen (Gene)

zufällig bei der Bildung der Geschlechtszellen und der Befruchtung der Eizelle während der geschlechtlichen Fortpflanzung entstanden

Eine gewollte und gezielte Veränderlichkeit der Organismen durch die Neukombination von Genen führt der Mensch in der Tier- und Pflanzenzüchtung durch.

Mutationen

spontan oder durch Mutagene hervorgerufene Veränderungen der Erbsubstanz (im Genotyp); sie werden vererbt, wenn sie in den Geschlechtszellen vorliegen

Mutationsformen sind Chromosomenmutation, Genmutation und Genommutation. Sie sind u. a. Ursache für genetisch bedingte Krankheiten.

Genetisch bedingte Krankheiten

werden durch Veränderungen der Erbsubstanz verursacht und sind oft phänotypisch sichtbar.

Humangenetische Familienberatung

ist für Eltern sinnvoll, die sich unklar darüber sind, ob bei ihren Kindern mit dem Auftreten einer erblich bedingten Krankheit zu rechnen ist.

2.4 Anwendung genetischer Kenntnisse

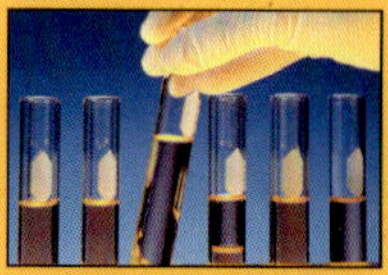

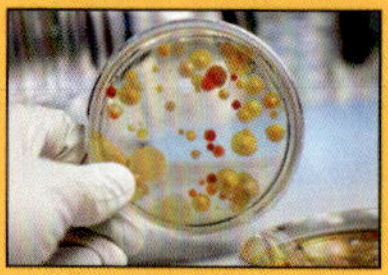

Schaf Dolly – erster Klon ▸▸ Im Februar 1997 schockierten schottische Wissenschaftler die Weltöffentlichkeit mit der Nachricht, erstmals aus Körperzellen eines erwachsenen Schafs ein genetisch identisches Lamm erzeugt zu haben. Dabei wurde der Zellkern einer Euterzelle in eine unbefruchtete Eizelle eingepflanzt. Diese wiederum wurde in die Gebärmutter einer „Leihmutter" platziert.

Gentechnik – Fluch oder Segen? ▸▸ Diese Frage beschäftigt seit Langem die Gemüter. Beim Wort Gentechnik ist noch häufig die Horrorvision des genetisch maßgeschneiderten Menschen in greifbarer Nähe. Während die Befürworter für eine Freigabe aller gentechnischen Experimente sind, sprechen sich die Gegner für ein generelles Verbot aus.

2

Die Nutzung genetischer Forschung

Züchtung

Seit der Mensch Ackerbau betreibt, werden die Kulturpflanzen und Haustiere von ihm auch „gezüchtet“ und dabei genetisch verändert. Durch die Aufklärung der Vererbungsgesetze konnte die **Tier- und Pflanzenzüchtung** jedoch optimiert werden. Insbesondere gelang es nun viel besser, gezielt verschiedene erwünschte Merkmale zu kombinieren.

M **Der Mensch nutzt die Neukombination der Erbanlagen in der Tier- und Pflanzenzüchtung.**

Ein Beispiel dafür ist die Züchtung von sogenanntem **„00-Raps“** in den 1970er- und 1980er-Jahren. Raps enthielt früher reichlich Stoffe, die ihn als Nahrungsmittel ungeeignet machten. Deshalb wurde er lange Zeit nicht für Nahrungs- und Futtermittel verwendet. „00-Raps“ ist fast frei von diesen Stoffen. Nach der Entwicklung der 00-Sorten sind der Rapsanbau und die Verwendung von Raps sehr stark angestiegen.

Ziele bei der **Pflanzenzüchtung** sind neben höheren Erträgen und größerer Widerstandsfähigkeit gegenüber Krankheiten und Schädlingen auch eine leichte maschinelle Ernte und Verarbeitung, eine gute Lagerfähigkeit und Anpassung an Kulturbedingungen sowie bestimmte konkrete Qualitätsmerkmale.

Vergleichbare Ziele gibt es auch in der **Tierzucht.** So wird bei den Tieren durch Kombinationszüchtung versucht, Anlagen für wertvolle Merkmale unterschiedlicher Tierrassen miteinander zu kombinieren und in Höchstleistungsrassen zu vereinen.

Es sind z. B. im Schwarzbunten Milchrind die Gene für hohe Milchleistung des Holstein-Friesian-Rinds, für hohen Milchfettgehalt die Gene des Dänischen Jersey-Rinds und die Gene des Schwarzbunten Rinds für gute Fleischbildung vereint (↗ Abb. 1). Das Schwarzbunte Milchrind wird zur Zucht und Vermehrung identischer Hochleistungstiere genutzt.

Nur ein außerordentlich geringer Teil der auf der Erde vorkommenden Pflanzen- und Tierarten wird gegenwärtig als Nutzpflanzen bzw. Nutztiere vom Menschen angebaut bzw. gehalten. Da die Anzahl der Menschen auf der Erde ständig wächst, kommt der Züchtung neuer Pflanzensorten und Tierrassen auch weiterhin eine große Bedeutung zu.

2 ▸ Raps

Die Züchter greifen auf Methoden von MENDEL zurück, wie Auslese von Organismen mit bestimmten Merkmalen, gezielte Kreuzung mit ausgewählten anderen Organismen und gründliche statistische Auswertung der Kreuzungsergebnisse über mehrere Generationen.

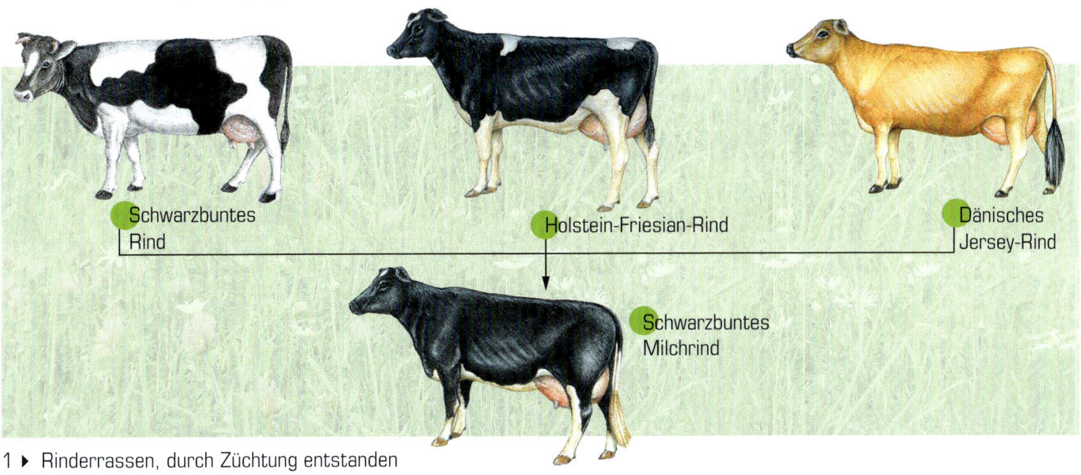

1 ▸ Rinderrassen, durch Züchtung entstanden

Der griechische Wortstamm „techne“ bedeutet soviel wie Kunstfertigkeit und umschreibt damit treffend die Entwicklung der molekulargenetischen Methodik.

Grundlagen der Gentechnik

Unter **„Gentechnik“** versteht man die gezielte Veränderung und Neukombination von Genen. Dazu gehören auch Verfahren, mit deren Hilfe fremdes Erbgut in das natürliche Erbgut eines Lebewesens eingefügt und zur Wirkung gebracht werden kann.

Der Code für die gespeicherten Erbinformationen ist für alle Lebewesen gleich (↗ S. 94). Aus diesem Grund ist es möglich, dass die Erbanlage aus dem Erbgut eines Menschen auch in einer Maus, einer Hefezelle oder sogar in einem Bakterium ihre Wirkung entfaltet. Das heißt, die Veränderung des Erbguts führt zur Bildung eines ganz bestimmten Eiweißmoleküls, welches ohne das eingefügte Erbgut nicht gebildet worden wäre.

Als Überträgerstruktur für einzelne Abschnitte von Erbinformationen hat sich beispielsweise die DNA von Bakterien bewährt. Bakterien besitzen neben ihrem langen DNA-Molekül auch kleine DNA-Ringe, sogenannte **Plasmide.** Dazu werden die DNA im Plasmid und der zu übertragene DNA-Abschnitt auf identische Weise mit Enzymen aufgeschnitten. Dadurch entstehen DNA-Stücke mit passenden Enden, die sich dann wechselweise verbinden können.

Im Jahr 1972 wurden zum ersten Mal DNA-Stücke verschiedener Organismen verknüpft. Bereits ein Jahr später konnte gezeigt werden, dass sich solche DNA über Artgrenzen hinweg in fremde Erbanlagen einfügen lässt und dort in Eiweiße „übersetzt“ wird.

Die Gentechnik war geboren. Zunächst wurde nur mit Bakterien gearbeitet. Als in den 1980er-Jahren viele neue Methoden, z. B. die künstliche Vervielfältigung von DNA mittels PCR *(Polymerase Chain Reaction*; deutsch: Polymerase-Kettenreaktion) entwickelt wurden, ging es auch mit der Gentechnik rasant weiter.

Auf diese Weise gelang es 1982, in *Colibakterien* Plasmide einzuschleusen, die die Bauanweisung für menschliches Insulin enthielten. Heute wird Insulin fast nur noch von Kulturen solcher rekombinanten Bakterien hergestellt.

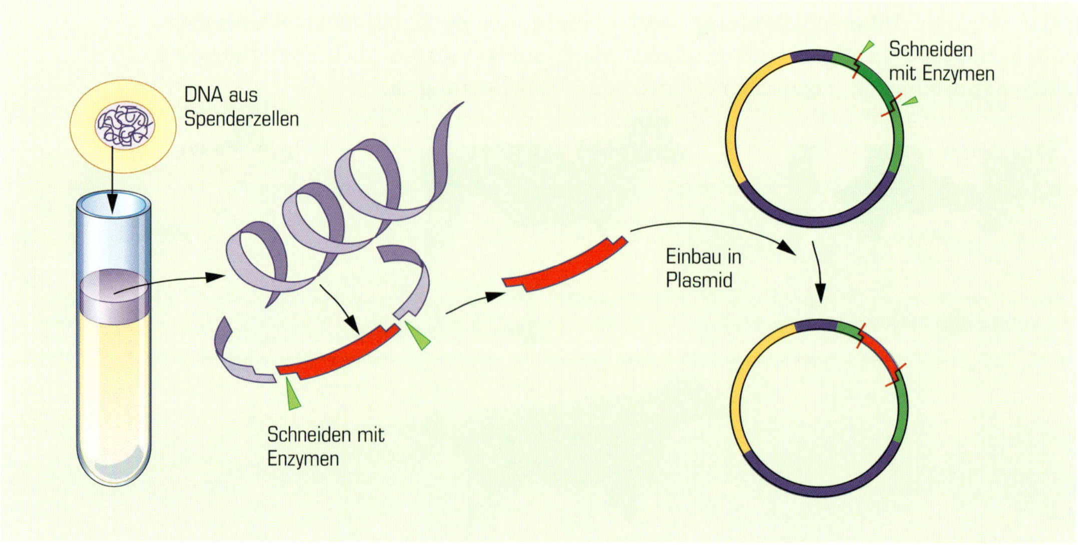

1 ▸ Übertragung von Spender-DNA auf ein Plasmid

Herstellung von Insulin

Die Krankheit Diabetes ist schon seit der Antike bekannt. Der griechische Arzt ARETÄUS VON KAPPADOKIEN beschrieb sie im Jahr 100 nach Christus in etwa so: „Fleisch und Bein fließen zusammen. Die Kranken hören niemals auf, Flüssigkeit abzugeben. Die Flut ist nicht zu stoppen, als ob eine Wasserleitung geöffnet wäre. Das Leben des Kranken ist kurz, elend und schmerzvoll."
Doch obwohl die Krankheit bereits seit der Antike bekannt war, wurde eine wirksame Behandlung erst am Ende des 19. Jahrhunderts erforscht. Bis dahin wurde nur eine strenge Diät verordnet.
Mit der Entdeckung des Insulins gelang der Durchbruch, und Betroffene konnten auf ein „normales" Leben hoffen.

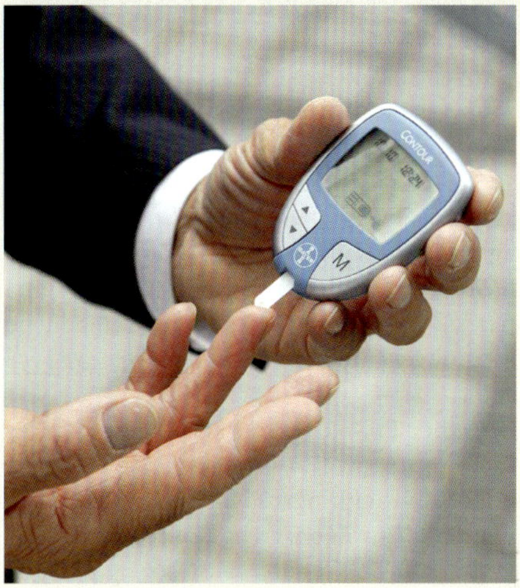

2 ▸ Messgerät zur Blutzuckerkontrolle

Einem Forscherteam aus Kanada unter der Leitung von SIR FREDERIK GRANT BANTING gelang es Anfang der 1920er-Jahre, Insulin aus Bauchspeicheldrüsen von Tieren zu isolieren und für die therapeutische Anwendung weiterzuentwickeln. BANTING erhielt bereits 1923 den Nobelpreis für seine Leistung.

Als eines der ersten Medikamente wird das Hormon Insulin schon seit 1980 im industriellen Maßstab mit gentechnisch veränderten Bakterien hergestellt. Insulin wird zur Behandlung der Zuckerkrankheit *(Diabetes mellitus)* eingesetzt und senkt den Blutzuckerspiegel. Dieses Hormon besteht aus insgesamt 51 Aminosäuren (Eiweißbausteinen), die eine A- und eine B-Kette bilden. Beide Ketten sind miteinander verbunden. In den Zellen der Bauchspeicheldrüse wird zuerst eine 110 Aminosäuren lange Vorstufe des Insulins hergestellt, die dann ihre funktionstüchtige Struktur erhält und in den Körper abgegeben wird.
Das gentechnologische Herstellungsverfahren des Insulins verläuft so ähnlich wie seine Biosynthese.
In Bakterien der Art *Escherichia coli* wurde dazu ein Plasmid, das die Bildungsvorschrift für die Insulinvorstufe beinhaltet, eingefügt (↗Abb. 3). Die Insulinherstellung verläuft in drei Stufen. Zuerst werden die Bakterien in Bioreaktoren vermehrt und die Insulinvorstufe wird gebildet. Dann wird das Protein aus den abgetöteten Bakterien isoliert. Durch Falten und Abspalten der überschüssigen Aminosäuren entsteht im dritten Schritt aus der Vorstufe das gebrauchsfertige Insulin.

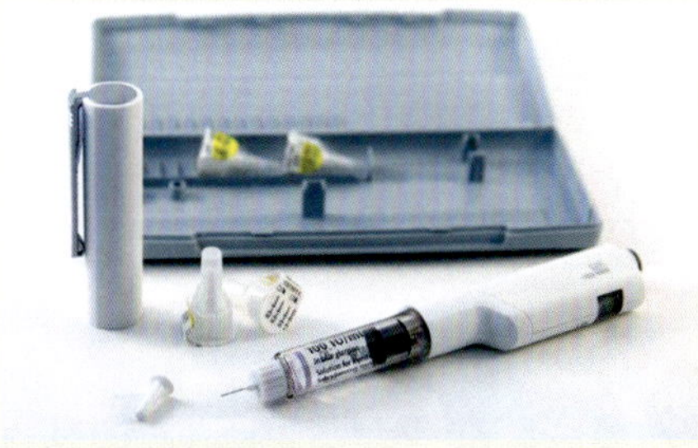

1 ▸ Insulinbesteck

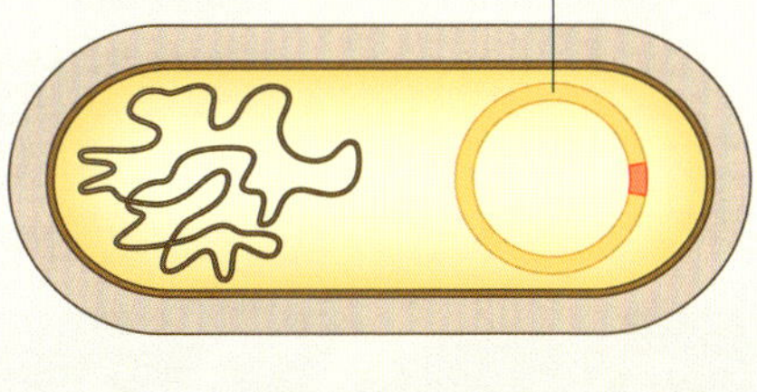

3 ▸ Transgenes Bakterium zur Insulinherstellung

Methoden

Wie führe ich eine Pro- und Kontra-Debatte?

Oftmals kommt es vor, dass du dir zu einem Sachverhalt oder zu einer ganz bestimmten Fragestellung eine eigene Meinung bilden sollst. Das kann sowohl schulische als auch gesellschaftliche und politische oder aber völlig andere Lebensbereiche betreffen. Wenn du dann mit anderen über ein solches Thema redest, werden stets auch unterschiedliche Meinungen aufeinandertreffen.

Bei einer Pro- und Kontra-Debatte geht es nun darum, zwei verschiedene Sichtweisen oder Entscheidungsmöglichkeiten gegeneinander abzuwägen. Es handelt sich um eine Diskussionsform, die relativ streng geregelt ist. Dabei steht im Vordergrund, die unterschiedlichen Positionen zu verdeutlichen und argumentativ die verschiedenartigen Meinungen zu belegen. Häufig stehen sich die Diskussionspartner auch körperlich (z. B. an Rednerpulten) gegenüber. Ein sogenannter Moderator eröffnet dabei die Debatte und führt in das Thema ein. Wichtig ist zudem die Darlegung der Regeln, an die sich beide Gesprächspartner (oder Parteien bei größeren Gruppen) zu halten haben (z. B. Redezeit, Ausredenlassen). Im Gegensatz zu einer Diskussionsrunde geht es bei einer Debatte darum, die Zuhörer von den eigenen Argumenten zu überzeugen. Im Unterschied zur Diskussion folgt nach einer Debatte in der Regel eine Abstimmung.
Das Ausüben einer solchen Debatte ist eine gute Lernmethode, wenn es um die Urteilsfindung und argumentative Begründung verschiedener Aspekte geht. Entscheidend ist dabei, ein geeignetes Pro-Kontra-Thema zu haben, sodass sowohl eine Ja- als auch eine Nein-Antwort möglich ist.

Die Rollen der Beteiligten
Führt ihr eine Debatte in größerer Runde durch, beispielsweise im Klassenverband, ist es wichtig, den einzelnen Personen eine Rolle zuzuordnen. Man unterscheidet dann die Befürworter (Pro-Gruppe) und die Gegner (Kontra-Gruppe) in Bezug auf die gegebene Fragestellung. Beide Gruppen wählen ihren Sprecher aus, der den jeweiligen Standpunkt zum Thema stellvertretend für die gesamte Gruppe argumentiert. Ein Moderator regelt den Ablauf der Debatte, führt die Abstimmungen durch und sorgt für die Einhaltung der Regeln.

2

Bei der **Vorbereitung** einer Pro- und Kontra-Debatte könnt ihr ebenfalls **schrittweise** vorgehen.

Schritt ①

Auswahl der Pro-Kontra-Fragestellung
Wählt ein aktuelles Thema aus, das möglichst viele Mitschüler interessiert und formuliert eine deutliche Pro-Kontra-Frage dazu (Ja-/Nein-Antwort muss möglich sein).

Schritt ②

Ausarbeitung der Pro-Argumente
Informiert euch über die Thematik und tragt die Daten zusammen, die die gegebene Fragestellung befürworten. Nutzt dabei verschiedene Medien.

Schritt ③

Ausarbeitung der Kontra-Argumente
Sammelt nun auch Informationen und Argumente für die gegensätzliche Position und begründet auch diese Meinung.

Diese Strukturierung dient dazu, sich mit den zahlreichen, verschiedenartigen Begründungen intensiv auseinanderzusetzen, mit denen die Standpunkte jeweils gerechtfertigt werden.

Eine **Pro- und Kontra-Debatte** hat immer einen geordneten Ablauf.

1. **Vorstellen des Themas**
Der Moderator gibt allgemeine und grundlegende Informationen zum Thema, die als Ausgangspunkt für die Diskussion dienen. Eine offenkundige Pro-Kontra-Frage wird gestellt und eröffnet die Debatte.

2. **Darlegung der Position der einen Gruppe**
Die eine der beiden Parteien (z. B. Pro-Gruppe) legt ihre Argumente dar und begründet ihre Meinung mithilfe verschiedener Urteilskriterien. Rationale aber auch emotionale Gründe, Fakten und Beispiele werden herangezogen, um die jeweilige Position zu untermauern.

3. **Erwiderung durch die andere Gruppe**
Die andere Partei (z. B. Kontra-Gruppe) bezieht sich auf die bisher genannten Argumente und Begründungen und nutzt ihrerseits verschiedene Urteilskriterien, um den entgegengesetzten Standpunkt überzeugend zu veranschaulichen.

4. **Fragerunde der Zuschauer**
Die vorhandenen Zuschauer (sonst die Gruppenmitglieder der jeweils anderen Position) haben die Möglichkeit, Fragen zu den Sichtweisen und Argumenten zu stellen. Die entsprechend andere Partei antwortet darauf.

5. **Zusammenfassen des Wesentlichen**
Der Moderator fasst noch einmal die beiden gegensätzlichen Standpunkte zu der Fragestellung zusammen.
Eine abschließende Abstimmung zeigt die Überzeugungskraft der Argumente und ihrer Vorträger auf.

Aufgabe
Führt eine Pro- und Kontra-Debatte zu folgender Fragestellung durch:
Soll vermehrt gentechnisch veränderter Mais in Deutschland angebaut werden?

Der Moderator weist bei der Eröffnung nochmals auf die Regeln hin, auf deren Einhaltung er achtet.

Durch eine Abstimmung wird geklärt, wie viele Personen welcher Gruppe zugehören.

Methoden

Bewerten

Beim **Bewerten** müssen zwei Bewertungsebenen beachtet werden, die **fachwissenschaftliche** und die **ethische (normative) Ebene.** Die naturwissenschaftliche Perspektive wird durch die ethische Bewertung im engeren Sinne ergänzt. Dadurch erreicht man multiperspektivisches Denken.

Auch beim Bewerten kannst du **schrittweise** vorgehen:

Schritt ①

Analysieren der Aufgabenstellung
Überlege, welcher Sachverhalt bewertet werden soll.

Schritt ②

Aneignen von Fachwissen
Stelle Fachwissen, das für die Bewertung notwendig ist, zusammen. Nutze dazu verschiedene Medien.

Schritt ③

Ableiten von Folgen
Leite aus dem Fachwissen Handlungsmöglichkeiten ab.

Schritt ④

Abwägen der Möglichkeiten
Überlege, welche Gründe für oder gegen die jeweiligen Handlungsmöglichkeiten sprechen.

Setze nun deine Bewertung auf der fachwissenschaftlichen Ebene mit deiner eigenen Einstellung, sowie Gesetzen, Normen und Religionen in Bezug.

Schwerpunkte ethischer Urteilsbildung sollten Themen sein, die das verantwortungsbewusste Verhalten des Menschen gegenüber sich selbst und anderen Personen sowie gegenüber der Umwelt beinhalten.

1 ▸ Der Anbau von gentechnisch verändertem Mais ist umstritten.

2

Gentechnisch verändert

Transgene Tiere

Im Prinzip funktioniert die Herstellung transgener Tiere wie die Erzeugung transgener Pflanzen. Auch hier können zum Transport von Genen z. B. Plasmide verwendet werden. Diese Plasmide werden in befruchtete Eizellen eingebracht, die zu diesem Zweck aus den Muttertieren entnommen wurden. Die transformierten Eizellen werden dann wieder in die Gebärmutter eines weiblichen Tiers („Leihmutter") eingepflanzt.

Besondere Bedeutung haben transgene Tiere, vor allem Labormäuse, in der medizinischen Forschung. Sie werden als „Tiermodelle" („Modelle" für den menschlichen Organismus) bezeichnet. Häufig verwendet man Mäuse, in denen ein Gen gezielt so verändert ist, dass es kein Eiweiß mehr codieren kann. Das Genprodukt ist also ausgeschaltet bzw. „knocked-out" (**Knockoutmäuse,** ↗ Abb. 1).
Auf diese Weise kann man die Funktion des fehlenden Eiweißes an lebenden Tieren und ihren Zellen direkt untersuchen.

Transgene Lebensmittel

Nahrungsmittel, die aus transgenen Pflanzen oder Mikroorganismen oder unter deren Beteiligung hergestellt wurden, werden auch als **transgene Lebensmittel** oder als transgene Nahrungsmittel bezeichnet.
So wird z. B. gentechnisch produziertes Lab in Käsereien verwendet. Dieses wird statt des Labferments aus Kälbermägen eingesetzt. Lab ist ein Enzymgemisch zur Gerinnung (Eiweißausfällung) der Milch.
Andere gentechnisch hergestellte Nahrungsmittelzusatzstoffe können Milch besser konservierbar, Bierschaum stabiler oder Joghurt aromatischer machen.

Seit 2004 gibt es in der EU eine Kennzeichnungspflicht für transgene Lebensmittel: enthält „genetisch veränderte Organismen". Wenn allerdings Fleisch oder Milch von „normalen" Nutztieren verarbeitet wurde, diese Tiere aber mit gentechnisch veränderten Futtermitteln gefüttert wurden, besteht für die Tierprodukte nur unter bestimmten Bedingungen eine Kennzeichnungspflicht.

Internationale Kennzeichnungen für „transgene" Lebensmittel: GB: contains genetically modified organisms, FR: contient des organismes génétiquement modifiés, NL: bevat genetisch gemodificeerde organismen, FI: muuntogeenisiä organismeja

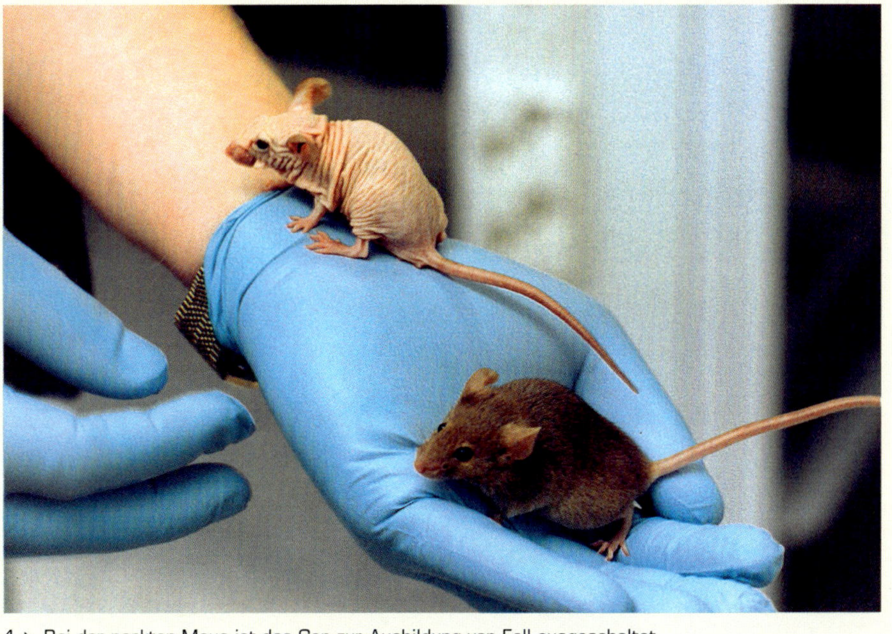

1 ▸ Bei der nackten Maus ist das Gen zur Ausbildung von Fell ausgeschaltet.

Reproduktionsbiologie und Stammzellenforschung

Reproduktives Klonen

Pflanzen verfügen über viele Möglichkeiten der ungeschlechtlichen Fortpflanzung. Sie erzeugen z. B. Ausläufer, Brutzwiebeln oder -knollen, aus denen dann wieder vollständige Pflanzen wachsen, die mit ihren Vorläufern genetisch identisch sind. Diese Methode können wir nutzen, um beispielsweise Kartoffeln, Knoblauch oder Erdbeeren (↗ Abb. 1) zu vermehren.

1 ▸ Ungeschlechtliche Fortpflanzung durch Ausläufer

Die erbgleichen Nachkommen werden **Klone** genannt.

Als **Klonierung** wird die Herstellung genetisch identischer Organismen bezeichnet. Eine Weiterentwicklung dieser Klonierung ist die **Zellkulturtechnik.** Hierbei werden Pflanzen aus isolierten, noch teilungsfähigen Einzelzellen des Bildungsgewebes aufgezogen (↗ Abb. 3).

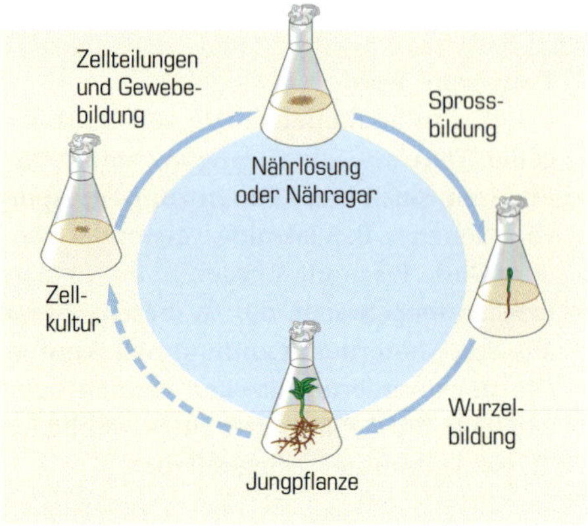

3 ▸ Aufzucht einer Pflanze auf Zellkultur

Bei **Nutztieren** werden wenigzellige Embryonen geteilt und „Ammentieren" eingepflanzt. Diese tragen dann beispielsweise Nachkommen von Hochleistungsrassen aus. Innerhalb kurzer Zeit können somit viele genetisch identische, merkmalsgleiche Nachkommen erzeugt werden (↗ Abb. 2).

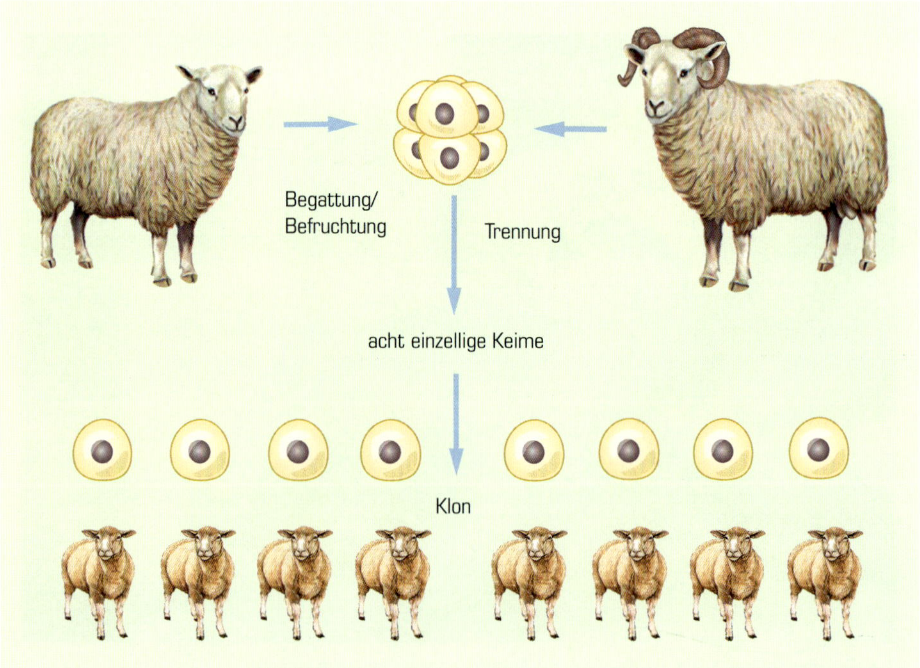

2 ▸ Klonen durch Teilen des Embryos

2

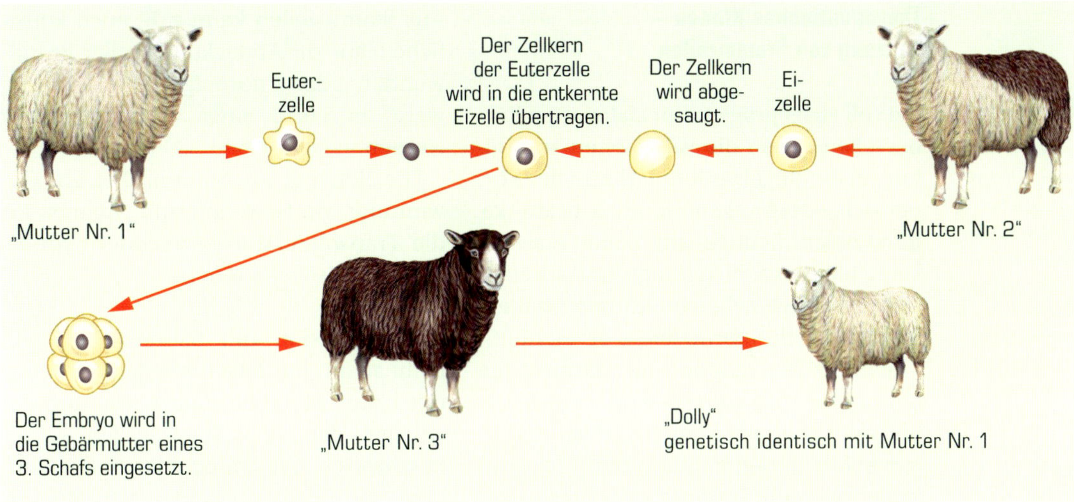

1 ▸ Klonen durch Kerntransfer

Identische Nachkommen von Hochleistungsrassen kann man aber auch erzeugen, wenn man **Zellkerne** ihrer Körperzellen in andere artgleiche Eizellen überträgt und diese einer Amme einsetzt. Die entstandenen **Klone** sind alle genetisch identisch. Dieses Verfahren gelang bei einem Säugetier erstmalig beim sogenannten **Klonschaf Dolly.**

„Hallo, Dolly“
Am 5. Juli 1996 wurde in einem Forschungsinstitut in der Nähe von Edinburgh das Schaf „Dolly“ geboren. Es sorgte weltweit für Aufregung, denn es war das erste Säugetier, das durch Klonen entstanden war. Dolly wuchs auf und bekam auf natürlichem Wege Junge (↗ Abb.). Allerdings musste sie im Februar 2003 eingeschläfert werden. Sie litt unerwartet früh unter massiven Alterserscheinungen.

Aufgabe

Formuliere verschiedene Standpunkte zu den einzelnen Artikeln unten und diskutiere sie mit deinen Mitschülern. Finde eine eigene Meinung dazu.

„Wir müssen uns gemeinsam immer wieder darauf verständigen, welche Richtung wir dem Fortschritt geben wollen und immer wieder neu entscheiden, welche Grenzen wir überschreiten und welche wir akzeptieren wollen. Wir müssen immer wieder abwägen, welche Möglichkeiten unser Leben wirklich freier machen und welche Möglichkeiten uns neuen Zwängen unterwerfen.“

Dieser Text stammt aus der „Berliner Rede“, die der damalige Bundespräsident JOHANNES RAU am 18. Mai 2001 hielt. Er benennt Probleme in Hinblick auf unsere Gegenwart und Zukunft. Eine Konkretisierung dieser eher allgemeinen Formulierungen ermöglicht die Anwendung in vielen Lebensbereichen.

Stammzellen könnten bei der Parkinson-Krankheit verloren gegangene Nervenzellen im Gehirn ersetzen. Dadurch erhofft man sich, dass die Symptome dieser Krankheit, z. B. Sprach- und Bewegungsstörungen, behoben werden.

Therapeutisches Klonen – Nutzung von Stammzellen

Bei voll ausgeprägten, spezialisierten Körperzellen gehen die Fähigkeiten zur Teilung in der Regel verloren. Damit der Körper sich jedoch regenerieren, d. h. kranke, funktionsuntüchtige, alte Zellen ersetzen kann, bleiben noch teilungs- und spezialisierungsfähige Zellen im Körper erhalten. Sie werden als **Stammzellen** bezeichnet.

Stammzellen können aus Embryonen (embryonale Stammzellen), Nabelschnurblut oder, was sehr kompliziert ist, aus Organen Erwachsener (adulte Stammzellen) isoliert werden. Im Anschluss daran werden sie in Zellkulturen vermehrt. Über viele Jahre können so Stammzelllinien erhalten bleiben.

Die Nutzung von Stammzellen wird im Moment rege erforscht. Erste Ansätze zur Behandlung von bisher unheilbaren Krankheiten wurden bereits entwickelt. Im Prinzip werden die Zellen verwendet, um zerstörte bzw. erkrankte Zellen und Gewebe des Körpers zu ersetzen.

Aus Stammzellen kann z. B. auch künstliche Haut zur Abdeckung großer Brandwunden oder Knorpelgewebe beispielsweise in Form eines Ohrs hergestellt werden.

Die Nutzung von Stammzellen zur Gewinnung von Geweben und Organen für die Transplantation bezeichnet man als **therapeutisches Klonen.**

Die Diskussion um Stammzellen reißt nicht ab. Im Juli 2008 hatte der Bundestag mit klarer Mehrheit eine Lockerung des strengen deutschen Stammzellengesetzes beschlossen. Wissenschaftler dürfen seitdem mit jüngeren embryonalen Stammzelllinien aus dem Ausland forschen. Den vielen guten Seiten der Therapie mit Stammzellen stehen aber auch Bedenken gegenüber. Die Gewinnung embryonaler Stammzellen wird als Ausbeutung ungeborenen Lebens angesehen, da sie mit der Zerstörung der Embryonen verbunden ist.

In Zukunft wird auch die Gefahr der Klonierung von Menschen als „Ersatzteilspender“ aus Stammzellen gesehen. Im **Embryonenschutzgesetz** sind gesetzliche Regelungen formuliert.

1 ▸ Therapeutisches Klonen

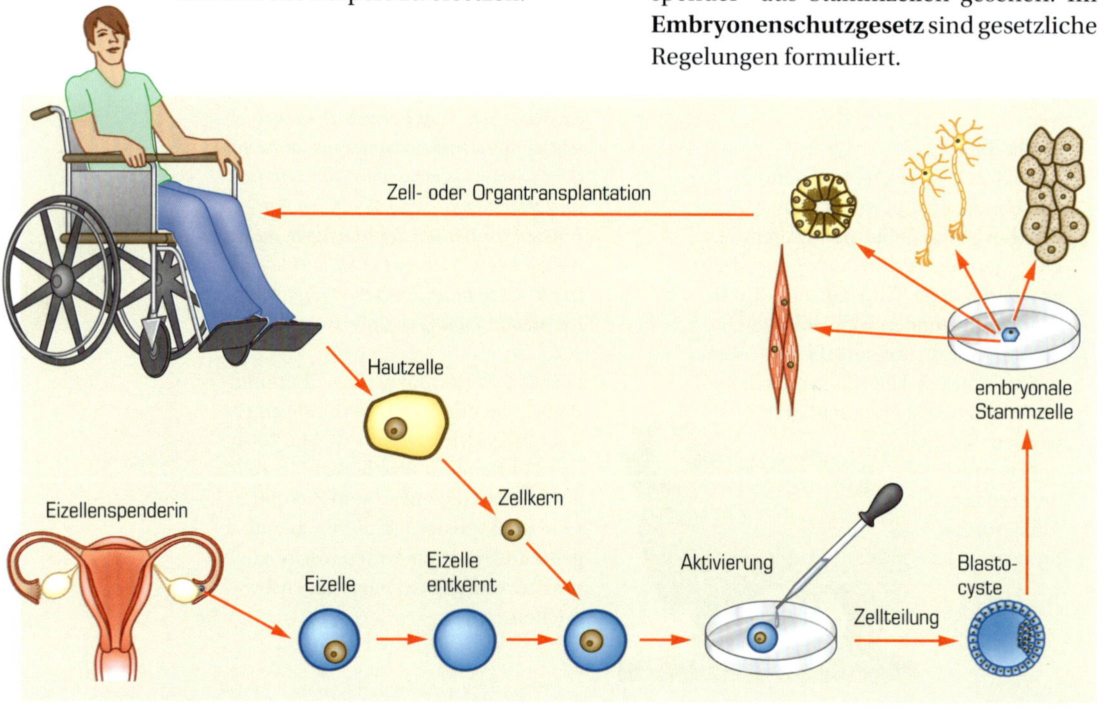

Projekt

Genetische Forschungsergebnisse – Segen oder Fluch?

Die Gentechnik sollte bei ihrer **ethischen Beurteilung** nicht pauschal behandelt werden. Die Forderung nach Freigabe aller gentechnischen Experimente auf der einen Seite und die nach einem generellen Verbot der Gentechnik auf der anderen Seite spiegeln die derzeitigen konträren Auffassungen in politischen und anderen öffentlichen Diskussionen wider.

Die Hauptbedenken gegen die Anwendung gentechnischer Methoden beruhen einerseits auf einer denkbaren Gefährdung unserer Umwelt, andererseits auf der Möglichkeit der gezielten Manipulation des genetischen Materials des Menschen. Beides sind mögliche Gefahren, die durch geeignete Gesetze eingegrenzt werden können.

1. *Stelle Pro- und Kontra-Argumente für die gentechnische Forschung an embryonalen Stammzellen in einer Tabelle gegenüber. Welchen Standpunkt vertrittst du? Begründe deine Auffassung.*

Fehler in den Erbanlagen lassen sich heute mit modernen **Gendiagnostikverfahren** identifizieren. Aus solchen Diagnosen können sich wichtige therapeutische Konsequenzen ergeben.
Denkt man an erblich bedingte Erkrankungen, so erschließt die Möglichkeit der **Frühdiagnose von Erbleiden** natürlich auch die Aussichten auf eine erfolgreiche Therapie. Für die meisten Erbkrankheiten gibt es jedoch noch keine entsprechenden Behandlungsmöglichkeiten.
Unter dem Begriff **Präimplantationsdiagnostik** (kurz PID genannt) werden gentechnische Methoden zusammengefasst, die dazu dienen, im Vorfeld einer künstlichen Befruchtung bestimmte Erbkrankheiten und Chromosomenbesonderheiten zu erkennen.

2. *Auch Themen der genetischen Diagnoseverfahren, der künstlichen Befruchtung und des Klonens bieten in unserer Gesellschaft Anlass zu Diskussionen:*
   Können diese Möglichkeiten dem Menschen helfen, oder sind sie vor allem ein Ausdruck von Forscherdrang und Gewinnstreben? Welche positiven Auswirkungen gibt es, welche Risiken und Gefahren sind mit ihnen verbunden? Welche unterschiedlichen Einstellungen und Interessen prallen dabei aufeinander?
   Stellt in Rollenspielen die möglichen Ansichten entsprechender Vertreter der verschiedenen Interessengruppen dar.

gewusst · gekonnt

1. Insulin wird heute gentechnisch hergestellt. Das war nicht immer so.
Informiere dich, wie Insulin früher hergestellt wurde. Vergleiche beide Herstellungsformen des Insulins.

2. Unsere Körperzellen vervielfältigen sich durch Klonierung.
   a) Nenne die Zellteilungsform, die der Klonierung zugrunde liegt.
   b) Definiere den Begriff Klon.
   c) Beschreibe das Verfahren Klonierung.

3. Die Agrarwirtschaft nutzt die Klonierung für die Pflanzenzüchtung.
   a) Erläutere die Vorteile dieses Verfahrens bei der Pflanzenvermehrung.
   b) Erkläre, warum in die klonierten Zuchtlinien in Abständen wieder neues Erbmaterial eingekreuzt werden muss.

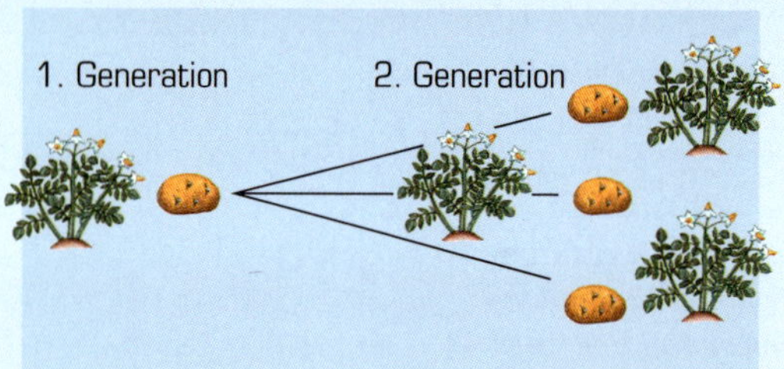

4. Die Gentechnik ermöglicht es, Erbmaterial von Lebewesen zu verändern. Man hat u. a. Erdbeerpflanzen mit eingeschleusten Fischgenen kälteunempfindlich gemacht.
   a) Erkläre, warum Pflanzenzellen in der Lage sind, tierische Erbinformationen umzusetzen.
   b) Stelle eine Vermutung an, warum diese Erdbeeren nicht nach Fisch schmecken.

5. Eineiige Zwillinge sind Klone. Setze dich mit dieser Aussage auseinander. Ist sie richtig oder falsch? Begründe.

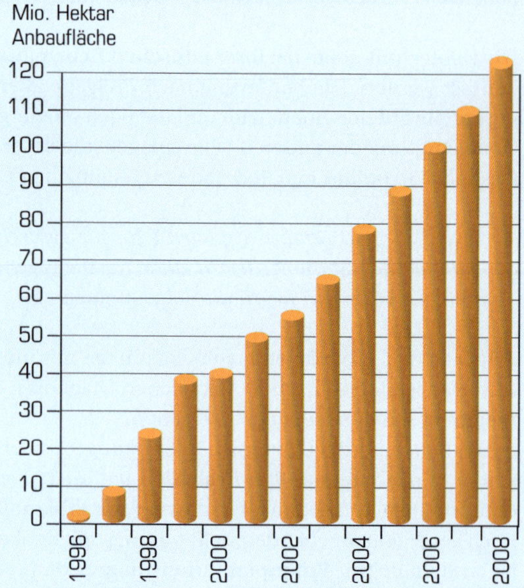

6. Interpretiere das Diagramm zum Anbau gentechnisch veränderter Nutzpflanzen (Quelle: www.transgen.de).

7. In über 20 Ländern der Erde werden gentechnisch veränderte Pflanzen angebaut. Zu den veränderten Sorten gehören insbesondere Mais, Soja, Baumwolle und Raps.
   a) Ermittle für die aufgeführten Pflanzensorten die Hauptanbaugebiete der Erde, die jährlichen Anbaumengen und den jeweiligen Anteil an gentechnisch veränderten Sorten.
   b) Finde Gründe, warum ausgerechnet diese Pflanzen gentechnisch verändert wurden.

8. Der Einsatz der Gentechnik ist vielfältig. Ständig gibt es Berichte über neue Erkenntnisse und Anwendungsmöglichkeiten.
   a) Trage in einer Mind-Map Beispiele gentechnischer Anwendungen zusammen.
   b) Wählt in der Klasse ein Teilthema aus und führt eine Pro- und Kontra-Debatte durch.

Das Wichtigste auf einen Blick

Stammzellenforschung

Stammzellen sind Zellen mit unbegrenzter Teilungs- und Entwicklungsfähigkeit.

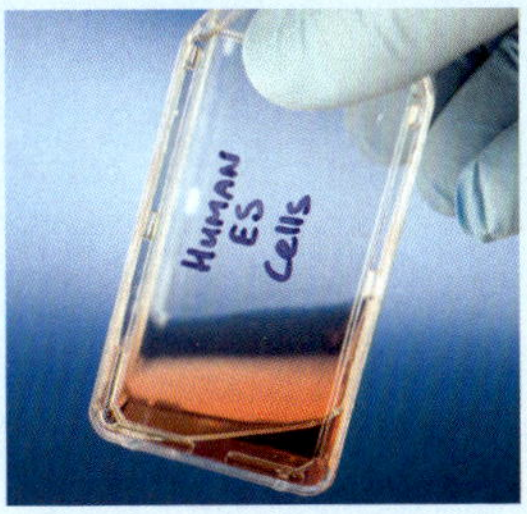

Man unterscheidet:
1. embryonale Stammzellen
2. adulte Stammzellen

Klonierung (Klonen)

Darunter versteht man die Erzeugung von genetisch identischen Nachkommen.

Klonierungsverfahren sind u. a.:
1. Reproduktives Klonen
   (Erzeugen von Lebewesen)
2. Therapeutisches Klonen
   (Erzeugen von Geweben und Organen)

Aspekte genetischer Forschung

Die **Gentechnik** umfasst alle Verfahren, bei denen das Erbgut von Lebewesen analysiert und gezielt verändert wird.

Transgene Pflanzen und Tiere

Gene verschiedener Organismen werden miteinander kombiniert.

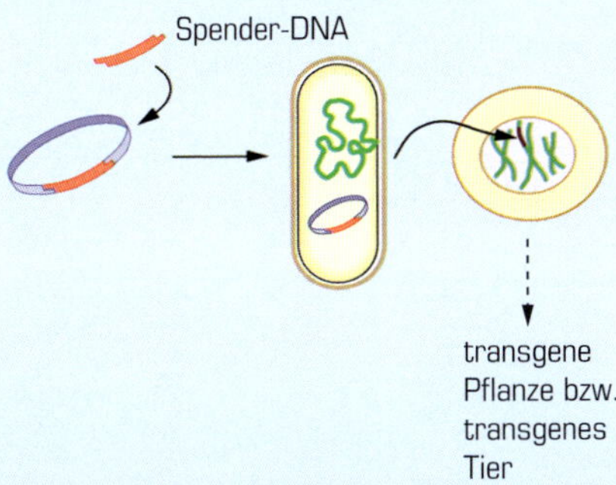

Gendiagnostik

Dabei geht es um das Untersuchen und Erkennen von genetischen Defekten vor der Befruchtung bzw. vor der Geburt.

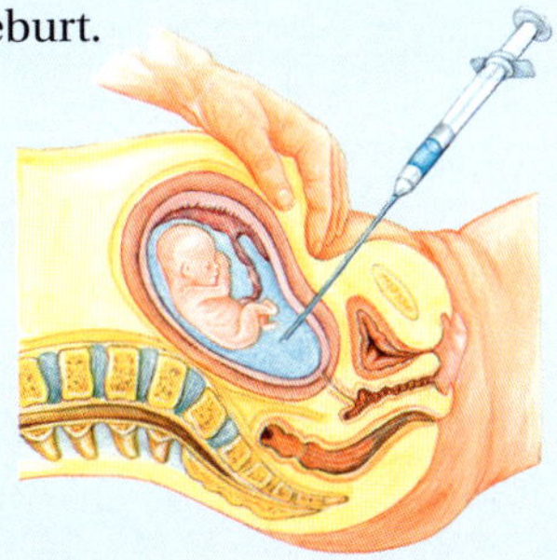

3 Evolution

3.1 Entwicklung der biologischen Vielfalt

Übergangsformen ▸▸ Organismen wie der *Archaeopteryx* tragen Merkmale von stammesgeschichtlich älteren und jüngeren verwandten biologischen Gruppen. Sie besitzen Merkmale beider Gruppen, zwischen denen sie stehen. Derzeit sind über tausend Übergangsformen bekannt.

Übergang vom Wasser zum Land ▸▸ Die Besiedlung des Festlands vor ca. 500 bis 450 Millionen Jahren war aus evolutiver Sicht ein entscheidender Schritt.

Fossilien – Spuren vergangenen Lebens ▸▸ Die Geschichte des Lebens auf dem Planeten Erde könnte nicht nachvollzogen werden, wenn die Vorfahren der heute lebenden Pflanzen und Tiere nicht ihre Spuren hinterlassen hätten.

Die Besiedlung der Erde im Zeitraffer: von Null bis heute in 24 Stunden

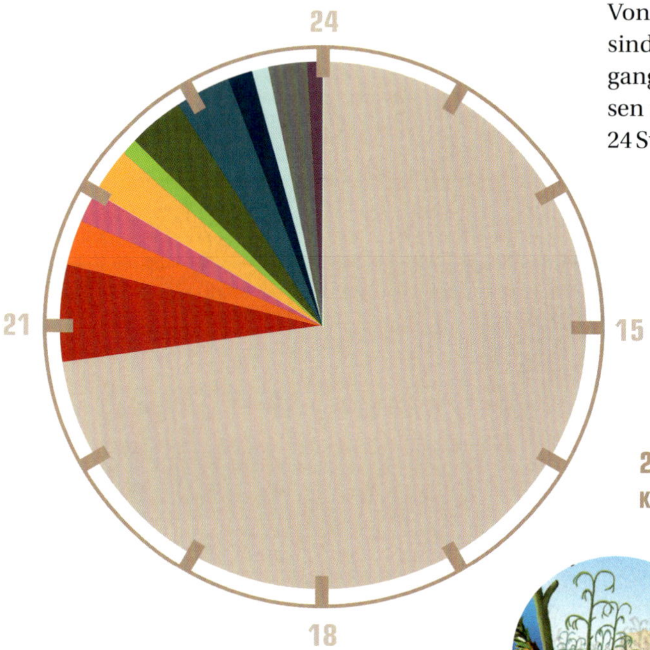

Von der Entstehung der Erde bis heute sind 4,6 Milliarden Jahre (↗ S. 247) vergangen. Es soll versucht werden, diesen unvorstellbar langen Zeitraum auf 24 Stunden zu schrumpfen.

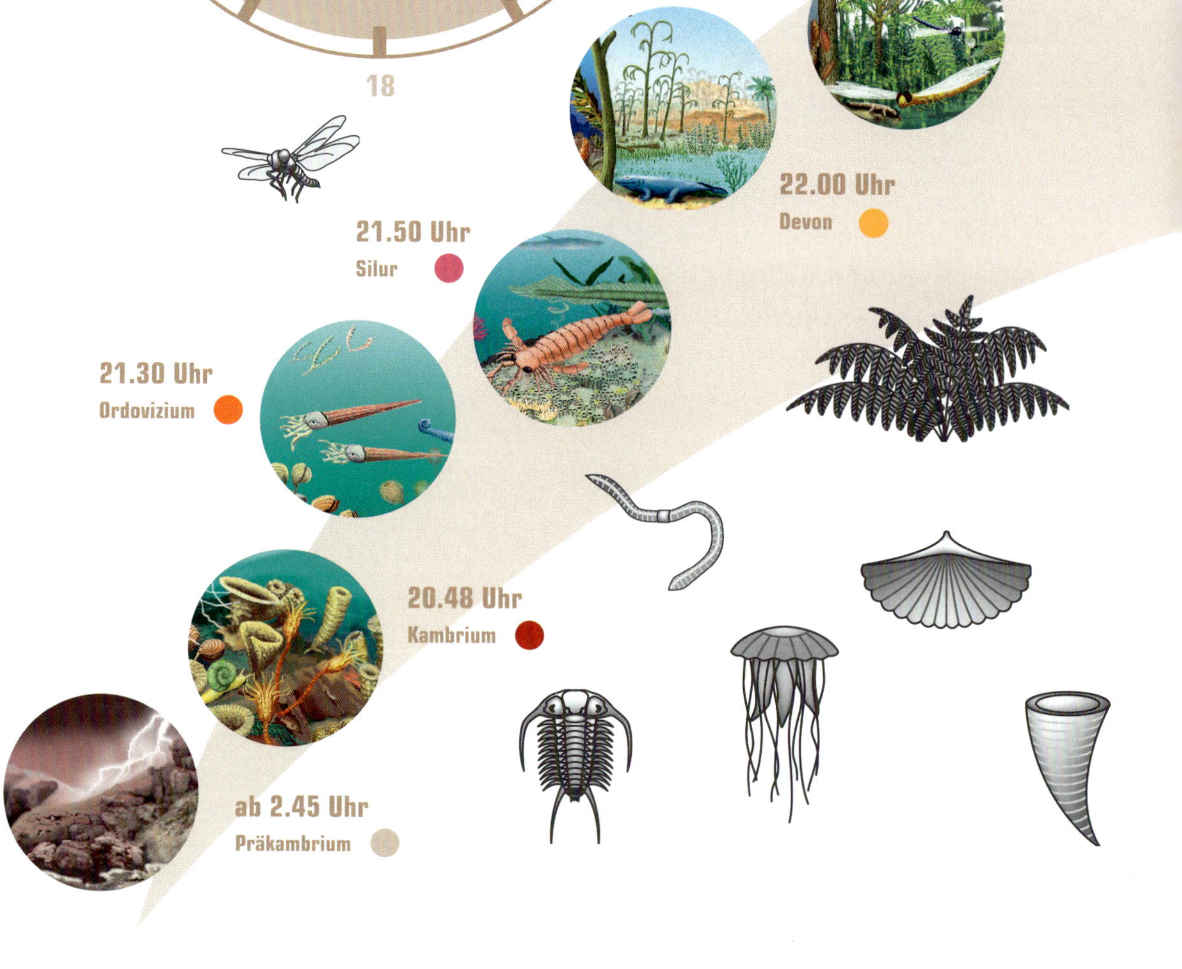

▸ 0.00 bis 2.30 Uhr
Die Erde ist ein unwirtlicher Planet ohne Leben.

▸ 2.45 Uhr
In den Meeren bilden sich große Moleküle, die Grundbausteine des Lebens.

▸ 5.00 Uhr
Leben existiert in Form primitiver Einzeller, z. B. Blaualgen, den Erfindern der Fotosynthese. Sie leben von Kohlenstoffdioxid, Wasser und Sonnenlicht. Sie setzen Sauerstoff frei.

▸ 20.10 Uhr
Gruppen von Einzellern verbinden sich zu größeren Kolonien.

▸ 20.30 Uhr
Die ersten Mehrzeller leben im Meer.

▸ 20.48 Uhr
Viele wirbellose Tiere, beispielsweise Schwämme, Hohltiere, Stachelhäuter, Gliederfüßer, besiedeln die Meere.

▸ 21.30 Uhr
An den Ufern bilden sich grüne Spuren. Pflanzen beginnen das Land zu erobern. Erste Wirbeltiere, Fische, entwickeln sich im Meer.

▸ 21.50 Uhr
Fische vermehren sich explosionsartig.

▸ 21.57 Uhr
Das erste Holz entsteht. In den Wäldern ist es totenstill.

▸ 21.59 Uhr
Die ersten Wirbeltiere gehen an Land.

▸ 22.00 Uhr
Es ist die Blütezeit der Lurche und Rieseninsekten.

▸ 22.24 Uhr
Riesenlibellen mit einer Spannweite der Flügel von 70 cm fliegen herum.

▸ 22.29 Uhr
Die Kriechtiere erobern alle Lebensräume.

▸ 22.40 Uhr
Unser Planet hat sein Aussehen stark verändert. Das Klima ändert sich radikal. Viele Tierarten sterben aus. 90 bis 95 % der Arten verschwinden innerhalb weniger Sekunden.

▸ 22.58 Uhr
Nur die Kriechtiere überleben und beherrschen den Planeten.

▸ 23.39 Uhr
Ein Meteorit aus dem All rammt die Erde. Die Erde verdunkelt sich. Es kommt zum Massensterben. Nur wenige Arten überleben, dazu gehören kleine Säugetiere.

▸ 23.40 Uhr
Die Säugetiere nehmen Besitz von der Erde. Die Artenvielfalt entwickelt sich.

▸ 23.58 Uhr
Die ersten „Zweibeiner“ erscheinen.

▸ 8 Sekunden vor Mitternacht
Das erste vernunftbegabte Lebewesen, der Mensch, tritt auf.

Entstehung der Erde und des Lebens – wie alles begann

Die Frage, was vor dem Urknall war, ist aus unserer Vorstellung nicht zu beantworten, weil Zeit und Raum erst dabei entstanden sind.

Im Gegensatz zu dem in der Bibel errechenbaren Alter der Welt liegt der Ursprung nach heutigen Erkenntnissen eine unvorstellbar lange Zeit zurück. Kosmologen und Astronomen gehen davon aus, dass dieser Beginn vor etwa 15 Milliarden Jahren lag. Wegen seines dramatischen Verlaufs ist auch die Rede vom **„Urknall“** oder vom **„Big Bang“.**

Die Kohlenstoffatome sind Bestandteil von Kohlenwasserstoffen, Kohlenhydraten, Aminosäuren und den daraus zusammengesetzten Eiweißen, Nucleinsäuren und Fetten.

Unser **Sonnensystem** ist vor etwa fünf Milliarden Jahren aus einer Materiewolke entstanden, die aus Sternenexplosionen stammte.

Das **Leben auf der Erde** ist vermutlich vor ca. vier Milliarden Jahren entstanden. Entscheidend für seine Entwicklung war das Vorhandensein relativ kompliziert gebauter Moleküle, deren Grundgerüst aus Kohlenstoffatomen bestand.

Es ist bis heute strittig, inwieweit die „chemische Evolution“, die zur Bildung von Molekülen aus Kohlenstoffverbindungen führte, schon in kosmischen Materiewolken oder erst auf der Urerde stattgefunden hat. Ebenfalls ungeklärt ist, wie es schließlich zu der entscheidenden „Kooperation“ zwischen Eiweißen und Nucleinsäuren gekommen ist, die für alles irdische Leben so charakteristisch ist.

Es könnte auch auf der Erde unter den „Urerdebedingungen“ zur anorganischen Bildung aller wichtigen Lebensmoleküle gekommen sein. Diese Hypothese ließ sich durch zahlreiche Laborexperimente erhärten. Als eines der ersten wurde das wohl bekannteste Experiment 1953 von dem US-Amerikaner STANLEY MILLER (1930 - 2007) auf Anregung seines akademischen Lehrers HAROLD UREY (1893 - 1981) durchgeführt.

Am Europäischen Kernforschungszentrum ist es im März 2010 erstmalig gelungen, den Urknall in der „Big Bang Machine“ zu simulieren.

Experimentieranordnung nach Miller

Ein besonders bekannt gewordenes Experiment zur Frage nach der Lebensentstehung wurde 1953 von STANLEY L. MILLER durchgeführt.

MILLER ging von den damals bekannten Vorstellungen von den auf der Urerde herrschenden physikalischen und chemischen Bedingungen aus. Er versuchte, diese Bedingungen in einer Experimentieranordnung nachzustellen. Dazu füllte er eine Glasapparatur mit einem Gasgemisch aus Wasserstoff, Ammoniak, Methan und Wasserdampf, das auch die **Uratmosphäre der Erde** bildete. Durch Heizung und Kühlung erreichte er einen durch Wasserverdampfung und Kondensation in Gang gesetzten Kreislauf. Auf das Gasgemisch ließ er über eingefügte Kohleelektroden elektrische Entladungen einwirken, die den Blitzen in der Uratmosphäre entsprechen sollten. Diese Anordnung ließ MILLER einige Stunden laufen. Anschließend konnte er in dem kondensierten Wasser 20 verschiedene organische Verbindungen wie Essigsäure und Harnstoff und sogar Aminosäuren, die Bausteine der Eiweiße, nachweisen. In der Folge konnten durch vielfältige Modifizierungen dieser Versuchsanordnung viele organische Moleküle produziert werden.

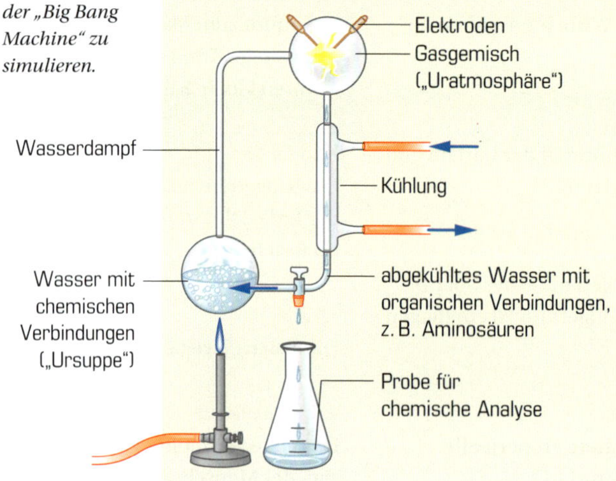

3

Die Entwicklung von Organismen

Von den Planeten unseres Sonnensystems hatte wahrscheinlich nur die Erde günstige Voraussetzungen für die Entstehung des Lebens. Sie besitzt z. B. die richtige Größe, um eine Atmosphäre halten zu können. Die Atmosphäre schützt die Lebewesen vor lebensbedrohlicher Strahlung aus dem All. Der Abstand der Erde von der Sonne gewährleistet, dass Wasser in flüssiger Form und nicht als Eis auftritt, verhindert aber auch, dass alles Wasser verdampft.

Leben (zumindest das bekannte Leben) setzt aber die Verfügbarkeit von flüssigem Wasser voraus. Viele weitere astronomische, geologische und chemische Faktoren kommen noch dazu.

Trotz des Zusammentreffens dieser günstigen Bedingungen ging die Entwicklung der Lebewesen nicht kontinuierlich vor sich. Phasen, in denen sich scheinbar keine Entwicklung vollzog, wurden von Phasen abgelöst, in denen massenhaft neue Arten der Lebewesen entstanden.

Entwicklung im Wasser

Eine „Artenexplosion" fand z. B. beim Übergang vom **Präkambrium** zum **Kambrium** statt.

Während des Präkambriums waren die Ozeane und Gewässer Millionen von Jahren von Kleinstlebewesen besiedelt. Sie ernährten sich räuberisch oder durch Fotosynthese. Diese einzelligen Lebewesen (Einzeller) bildeten die Vorstufen zur Entwicklung der Pflanzen und Tiere.

Zu Beginn des Kambriums traten in den Meeren gehäuft neue Formen von Lebewesen auf. Dabei handelte es sich nicht nur um weitere Varianten von Einzellern, sondern auch um vielfältige Formen wirbelloser Tiere.

Wie ist diese Vielfalt zu erklären?

Für die Ursachen dieser „Artenexplosion" gibt es mehrere Theorien.

Eine besagt, dass die **Sauerstoffproduktion** der einzelligen Algen so groß wurde, dass sie die Entwicklung von vielzelligen Lebewesen ermöglichte. Der Sauerstoff ist für die meisten Arten eine Grundbedingung für die Energieumwandlung (biologische Oxidation).

Die Vorsilbe „prä" bedeutet vor.

Eine andere Theorie geht davon aus, dass durch die ständigen Unwetter in der Atmosphäre verstärkt **Calcium-Ionen** der Erdkruste in die Meere gespült wurden. In diesen Konzentrationen ist Calcium jedoch ein Zellgift. Die Tiere reagierten darauf, indem sie das überschüssige Calcium ausschieden und Außenskelette daraus bildeten.

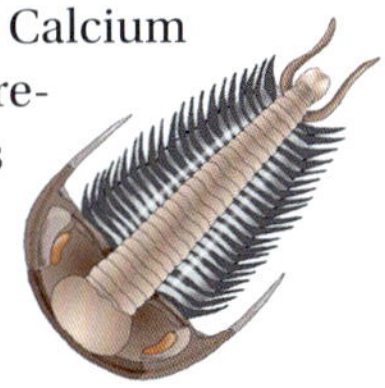

Weitere Theorien gehen davon aus, dass die Nährstoffgrundlage in den Ozeanen zu knapp wurde und der **Existenzkampf** der Lebewesen zu dieser Vielfalt führte.

1 ▸ Vielfältiges Leben in den Ozeanen im Kambrium

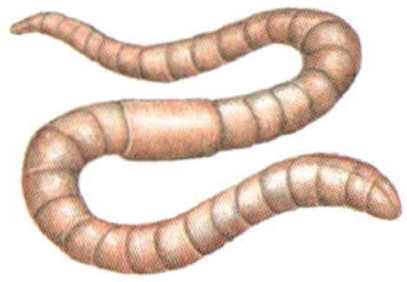

Übergang vom Wasser zum Land

Eine weitere entscheidende Etappe in der Entwicklung der Lebewesen (Evolution) war die Besiedlung der Landflächen im **Silur** und **Devon.**

Wesentlich für die Besiedlung des Landes war die Bewältigung der veränderten Umweltfaktoren. Da Wasser an Land nicht in unbegrenzten Mengen und überall zur Verfügung steht, mussten sich Formen des Verdunstungsschutzes entwickeln. Die Fortpflanzung musste sich so verändern, dass sie auch außerhalb der Gewässer möglich war. Weiterhin erschwerten u.a. der Temperaturwechsel von Tag und Nacht, die Aufnahme von Sauerstoff aus der Luft sowie die Fortbewegung unter Einwirkung der erhöhten Schwerkraft den Wechsel vom Wasser auf das Festland.

Ursprünglich gebaute Lebermoose können als Brückenpflanzen zwischen Algen und Samenpflanzen betrachtet werden.

Übergangsformen – Bindeglieder zwischen zwei Gruppen von Lebewesen

Belege für den komplizierten Wechsel der Lebensräume liefern die **Übergangsformen** (oft auch als Zwischenformen oder Brückentiere bezeichnet). Diese Lebewesen besitzen Merkmalskombinationen stammesgeschichtlich älterer und jüngerer Gruppen der Lebewesen. Damit stellen sie ein Bindeglied zwischen diesen Gruppen dar und lassen Aussagen über den Verlauf der Evolution zu.

Als **Vorfahren der Lurche** sehen Wissenschaftler eine ausgestorbene Gruppe der **Quastenflosser** (↗ Abb. 1a) an.

Ihren Namen erhielten die Quastenflosser aufgrund der Beschaffenheit ihrer Flossen. Die paarigen Flossen auf der Bauchseite waren ähnlich wie ein Quast (breiter Pinsel) gestielt. Die Flossen besaßen eine von Schuppen bedeckte Haut und waren muskulös. Ähnlich aufgebaut waren auch die zweite Rückenflosse und die Schwanzflosse.

Man nimmt an, dass diese Fische in der Lage waren, sich mithilfe der gliedmaßenähnlichen paarigen Flossen auch auf dem Meeresgrund zu bewegen. Hinzu kommt, dass bei einigen Quastenflossern die Schwimmblasen so umgebildet waren, dass diese vorübergehend Sauerstoff aufnehmen konnten. Die im **Devon** lebenden Quastenflosser besaßen also **Fisch- und einige Lurchmerkmale** und bilden somit die Verbindung zwischen den beiden Wirbeltierklassen.

Ausgestorbener Quastenflosser (Eusthenopteron; Länge ca. 60 cm)

Im Oberen Devon (Erdaltzeit; vor etwa 400 Millionen Jahren) entstanden aus Quastenflossern die frühesten Landwirbeltiere. Quastenflosser der Erdaltzeit werden als direkte Vorfahren der ersten Vierfüßer angesehen. Ihre stärkste Verbreitung hatte diese Tiergruppe im Devon.

1a ▸ Ausgewachsener fossiler Quastenflosser

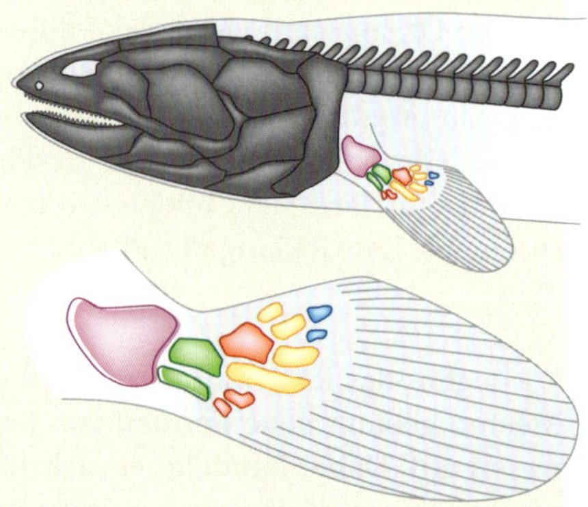

b ▸ Schädel und Flossenskelett

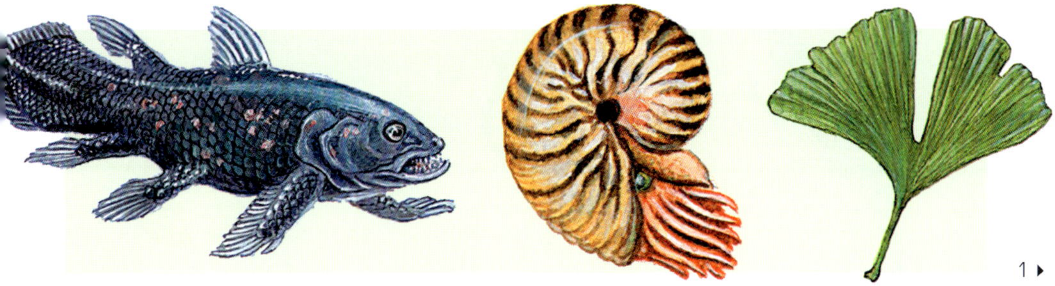

a ▸ Quastenflosser (Latimeria chalumnae) b ▸ Nautilus c ▸ Ginkgoblatt

1 ▸ Lebende Fossilien

Die in der heutigen Zeit gefangenen Quastenflosser (*Latimeria chalumnae*, ↗ Abb. 1a) sind zwar ähnlich gebaut wie ihre ausgestorbenen Verwandten, sie gehören aber zur Gruppe der Quastenflosser, die weiter im Wasser lebte und nicht das Land „eroberte". Sie blieben weiter an das Leben im Wasser angepasst.

Wegen ihrer zahlreichen ursprünglichen Merkmalskombinationen bezeichnet man sie auch als **lebende Fossilien.** Es gibt noch andere solcher lebenden Fossilien, so z. B. den Nautilus und den Ginkgobaum.

Fossilien sind Organismen, Teile oder Spuren von Organismen vergangener Erdzeitalter (↗ S. 170).

Die Evolution der Landwirbeltiere

Die **Entwicklung der Landwirbeltiere** wird überwiegend auf einen „Urtyp" zurückgeführt, den **Urlurch** (*Ichthyostega*, ↗ Abb. 2). Begründet wird dies mit den gefundenen Übereinstimmungen zwischen den Schädelmerkmalen, Zahnanlagen und Strukturen der Vordergliedmaßen beim Urlurch und den heutigen Landwirbeltieren.

Damit stellt auch dieses Tier eine Verbindung zwischen den Fischen und den Lurchen her. Im Vergleich zu den Quastenflossern war der Urlurch jedoch schon in der Lage, Sauerstoff durch einfache Lungen und die feuchte Haut aufzunehmen.

Mit der **Spezialisierung der Atmungsorgane** auf den Gasaustausch an Land war ein entscheidender Schritt zur dauerhaften Besiedlung des Festlands durch die Wirbeltiere erfolgt. Allerdings blieben die **Lurche** an eine feuchte Umgebung gebunden (Feuchtlufttiere), weil nur so ihr Gasaustausch und ihre Fortpflanzung funktionieren. Um eine größtmögliche Unabhängigkeit vom Wasser zu erlangen, waren weitere Veränderungen nötig.

Vom **Trias** bis in die **Kreide** dominierte eine neue Wirbeltierklasse die Erde, die **Kriechtiere.** Ihre Hautoberfläche wurde von trockenen Hornschuppen vor dem Austrocknen geschützt. Mehrfach gekammerte Lungen vergrößerten die Fläche für den Gasaustausch und ermöglichten eine höhere Leistungsfähigkeit im Vergleich zu den Lurchen.

Heute noch lebende Organismen bezeichnet man auch als rezente Organismen.

Im Gegensatz zu diesen konnten Kriechtiere auch in Trockengebieten leben (Trockenlufttiere), weil sich auch ihre Fortpflanzung vom Wasser löste. Kriechtiere legen Eier, die so aufgebaut sind, dass sich die Nachkommen in ihnen sehr weit entwickeln können.

Diese Veränderungen stellen einen entscheidenden Schritt (Progression) bei der Evolution der Landwirbeltiere dar.

2 ▸ Der Urlurch (Ichthyostega) lebte überwiegend auf dem Land. Er ist eine Übergangsform zu den auf dem Land lebenden Vierfüßern.

1 ▸ Skelett von Kriechtier, Urvogel und Vogel

Vogelmerkmale (rot)

Kriechtiermerkmale (blau)

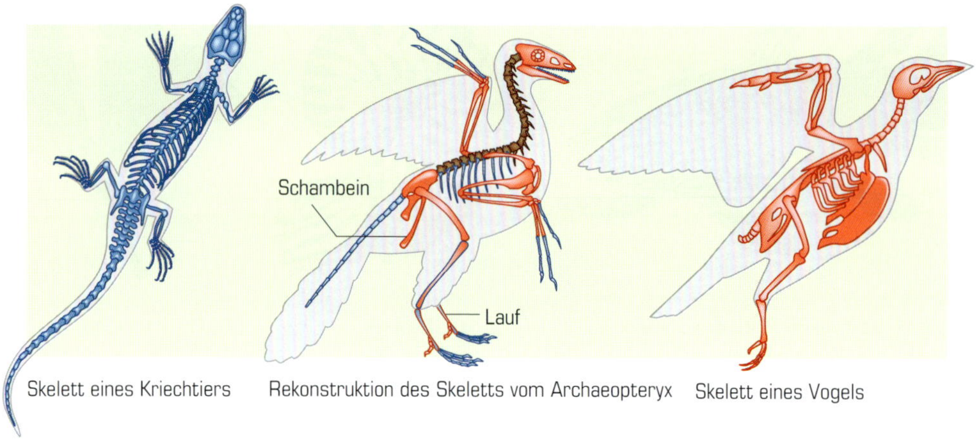

Es mussten zunächst Landpflanzen entstehen, ehe sich Tiere an Land entwickeln konnten.

Von **Progression** wird immer dann gesprochen, wenn durch eine stärkere **Differenzierung** von Körpermerkmalen oder Verhaltensweisen ein Zuwachs an Leistungsfähigkeit und Unabhängigkeit von der Umwelt erzielt wird.

Die **Dinosaurier,** eine Gruppe der Kriechtiere, beherrschten ungefähr 140 Millionen Jahre lang die Erde. Spezialisierte Formen der Dinosaurier hatten alle Lebensräume besiedelt. So eroberten Flugsaurier wie *Pteranodon* den Luftraum.

Dieses ca. 3 m lange Tier wog etwa 17 kg und hatte Flügel mit lederartigen Schwingen von bis zu 7,5 m Spannweite. Sein Körperbau und seine Verhaltensweisen waren auf das Leben in der Luft spezialisiert.

Der Flugsaurier ließ sich von Aufwinden über das offene Meer treiben und war in der Lage, eigenständig durch Flügelschlag zu fliegen. So gut er an den Luftraum angepasst war, so hilflos war er am Boden. Mit seinen kleinen Hintergliedmaßen konnte er nur langsam laufen und wurde dort eine leichte Beute für Räuber.

Die **Spezialisierung** auf den Lebensraum Luft führte zu Nachteilen in anderen Lebensräumen. Von Spezialisierung spricht man, wenn durch eine extreme Angepasstheit an ganz bestimmte Umweltbedingungen die Leistungsfähigkeit erhöht wird. Die Lebewesen sind von diesen speziellen Umweltbedingungen abhängig. Nur solange diese gegeben sind, stellt die Spezialisierung einen Vorteil dar.

Zur gleichen Zeit wie die Flugsaurier entwickelten sich in den Wäldern die ersten Vogelformen.

2 ▸ Übergang der Tiere vom Wasser auf das Land

Wirbellose	**erste Fische**	**erste Lurche/ Insekten**	**erste Kriechtiere**	**Kriechtiere**	**erste Säugetiere**	**Saurier/ erste Vögel**	**Säugetiere**		
542 Mio. Kambrium	444 Mio. Silur	416 Mio. Devon	359 Mio. Karbon	299 Mio. Perm	251 Mio. Trias	200 Mio. Jura	65 Mio. Paläogen	23 Mio. Neogen	1,6 Mio. Jahre Quartär

3

1 ▸ Urvogel (Rekonstruktion)

2 ▸ Schnabeltier

Der **Urvogel** (*Archaeopteryx lithigraphica*, ↗ Abb. 1) gilt als **Übergangsform zwischen Kriechtieren und Vögeln.**

Der Urvogel besaß sowohl Merkmale der heutigen Vögel als auch heutiger Kriechtiere.

Der ungefähr taubengroße Urvogel war kein so guter Flieger wie die Flugsaurier. Dazu fehlten ihm u. a. die kräftigen Flugmuskeln und die hohlen Knochen der heutigen Vögel. Er besaß aber ein Gefieder, das nicht so leicht zerstört wurde wie Flughäute und den Körper warm hielt. Am Boden war er nicht hilflos, sondern konnte mit angelegten Flügeln schnell laufen. Dies führte dazu, dass der Urvogel und seine Nachfahren sich gegen die Konkurrenz der Flugsaurier behaupten konnten und nicht ausstarben.

Eines der großen Rätsel der Wissenschaft ist das Verschwinden der Saurier, der bis dahin erfolgreichsten Tiergruppe, vor ungefähr 65 Millionen Jahren. Bis heute kann keine Theorie dieses Aussterben eindeutig erklären. Tatsache ist aber, dass erst das Aussterben der **Saurier** die erfolgreiche Evolution der Vögel und der Säugetiere ermöglichte.

Die Vorfahren der heutigen **Säugetiere** lebten schon vor 200 Millionen Jahren neben den Dinosauriern. Sie besetzten ökologische Nischen in den Regenwäldern, wodurch eine Konfrontation mit den Sauriern ausblieb. Die etwa rattengroßen Tiere waren zumeist nachtaktiv und ernährten sich von Insekten und Früchten. Ihre geringe Größe führte zur positiven Auslese der Arten, die ein Fell entwickelten und ihre Körpertemperatur aktiv regeln konnten (gleichwarm).

Vor ungefähr 100 Millionen Jahren wurden die Säugetiere in die heute noch vorhandenen Gruppen der Eier legenden Säugetiere, Beuteltiere und Säugetiere mit Plazenta (Mutterkuchen) aufgespalten.

Das **Schnabeltier** (↗ Abb. 2) besitzt noch einige Merkmale der ursprünglichen Säugetiere. Man kann es als **Übergangsform zwischen Kriechtieren und Säugetieren** bezeichnen. Kriechtiermerkmale sind z. B., dass es weichschalige Eier legt, mit einem Schnabel nach Nahrung sucht und einen gemeinsamen Ausgang für Darm, Harn- und Geschlechtsorgane hat (Kloake). Daneben besitzt das Schnabeltier die für Säugetiere charakteristischen Merkmale wie Milchdrüsen auf der Bauchseite, eine gleichwarme Körpertemperatur und ein Fell.

Es kam aber auch zu rückläufigen Entwicklungen (Rückbildungen). Beispielsweise war der Vorfahre des Wals eine landlebende Huftierart. Sie lebte u. a. an Küsten. Aus ihr entwickelten sich Wale mit Beinen und später die heutigen Wale.

M

Progression und Spezialisierung werden als Erscheinungen der Evolution (oder Evolutionsrichtungen) bezeichnet. Beide Vorgänge führen zur erhöhten Umweltunabhängigkeit der Organismen.

Methoden

Expertenmethode

Bestimmte Themen lassen sich besser in einer Gruppe bearbeiten. Dazu gibt es verschiedene Methoden, eine davon ist die **Expertenmethode.**

Experten sind immer Spezialisten für ein konkretes Sachgebiet. Mit diesem Thema haben sie sich ausgiebig beschäftigt und können anderen ihre Erfahrungen weitergeben. Bei der Expertenmethode wird dies ausgenutzt und so die Arbeit auf viele Schultern verteilt.

Macht euch also selbst zu Experten und helft den anderen dabei, euer Spezialgebiet zu verstehen. Lasst euch dann von anderen Experten helfen, sodass am Ende alle den gleichen Wissensstand haben. Das ist echte Teamarbeit!

Schritt 1

Vorbereiten

Findet zum vorgegebenen Hauptthema sinnvolle Teilthemen. Teilt nun die Klasse in vier bis fünf Basisgruppen.

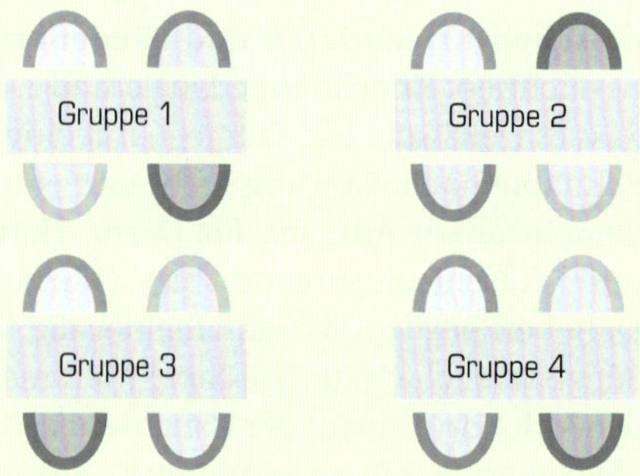

Schritt 2

Arbeiten in Basisgruppen

Erarbeitet in der Basisgruppe alle Teilthemen. Dabei ist jedes Mitglied der Gruppe für ein anderes Thema verantwortlich und wird zum Experten für dieses Thema.

Basisgruppen

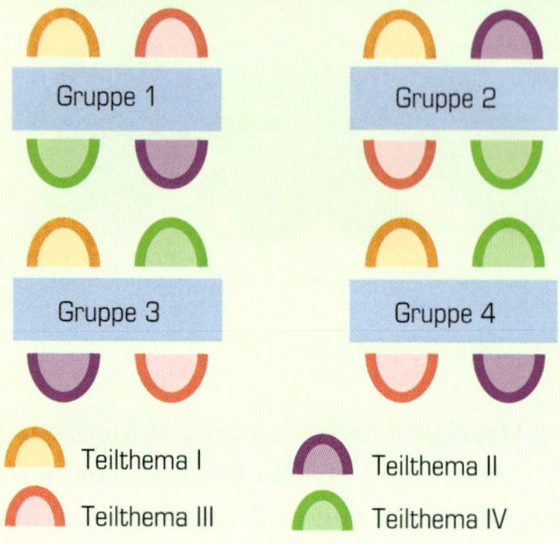

Schritt 3

Arbeiten in Expertengruppen

Bildet neue Gruppen, die sich aus den jeweiligen Experten für die gleichen Teilthemen zusammensetzen. Tauscht eure Arbeitsergebnisse aus und klärt offene Fragen. Dabei kommt jeder Experte zu Wort. Erarbeitet eine Zusammenfassung.

Expertengruppen

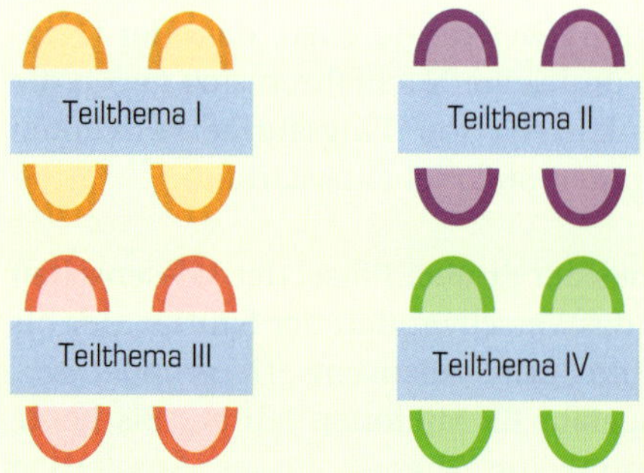

Schritt 4

Präsentieren der Lernergebnisse

Findet euch wieder mit den Mitgliedern eurer Basisgruppe zusammen. Jeder Experte stellt seine Arbeitsergebnisse zu dem Teilthema vor, für das er verantwortlich war. Im Ergebnis sind alle Mitglieder der Gruppe über alle Teilthemen informiert.

Tipp:
In einer anderen Variante der Methode bearbeiten in einer Basisgruppe alle das gleiche Thema. In den Expertengruppen erfolgt dann der Austausch über die unterschiedlichen Themen.

Methoden

Informationen erschließen

Wie lese ich biologische Texte, erfasse ihre wesentlichen Inhalte und lerne dabei?

Oft kommt es vor, dass du aus Texten Informationen entnehmen musst, z. B. wenn du ein interessantes Buch liest, im Deutschunterricht Lesetexte oder im Geschichtsunterricht Texte über wichtige Ereignisse aus längst vergangenen Zeiten durcharbeitest. Auch im Biologieunterricht wird das Lesen und Auswerten biologischer Fachtexte verlangt.
Damit du den Inhalt der Texte besser verstehst und auch längere Zeit im Gedächtnis behältst, solltest du **beim Lesen und Auswerten eines Textes schrittweise vorgehen:**

Schritt (1)

Erfassen der Leseaufgabe
Lies die Aufgabe genau durch. Hast du die Aufgabe richtig verstanden? Wenn du nicht sicher bist, frage noch einmal nach.

Schritt (2)

Erfassen des Hauptinhalts des Lesetextes
Lies den Text zunächst im Ganzen.
Kennzeichne alle Wörter, die du nicht kennst, mit einem Fragezeichen (?).

Schritt (3)

Gründliches Durcharbeiten des Textes
Lies den Text jetzt gründlich durch.
Wörter, die dir wichtig erscheinen, kennzeichne mit einem Marker.
Kläre die unbekannten Wörter mithilfe des Registers im Lehrbuch oder mithilfe eines Lexikons.

Hinweis: Gehört das Lehrbuch nicht dir, arbeite mit einer Kopie.

Schritt (4)

Erkennen einer inhaltlichen Gliederung
Versuche, für jeden Abschnitt des Textes eine inhaltliche Überschrift zu formulieren.
Schreibe diese Überschrift an den Rand des Abschnitts oder auf einen Zettel. Ergibt sich eine logische Gliederung des Textes?
Schau dir die Abbildungen zum Text an.
Gibt es Beziehungen zwischen Text und Abbildungen?

Schritt (5)

Zusammenfassen des Wesentlichen
Versuche, wesentliche Inhalte des Textes mit eigenen Worten in einer Zusammenfassung zu formulieren.
Vergleiche deine Zusammenfassung mit der Leseaufgabe. Hast du alles berücksichtigt?
Präge dir die wichtigsten Inhalte ein.

Dieses schrittweise und planvolle Vorgehen beim Lesen und Auswerten von Texten erscheint anfangs schwierig und zeitaufwendig. Wenn du diese Schrittfolge bei weiteren Leseaufgaben anwendest, wirst du feststellen, dass du die wesentlichen Inhalte eines Lesetextes besser verstehst und auch länger im Gedächtnis behältst.

Homologe Organe

Die Vordergliedmaßen verschiedener Wirbeltiere, z. B. der Flügel einer Haustaube, der Arm eines Menschen und die Vordergliedmaßen eines Delfins, sehen auf den ersten Blick sehr unähnlich aus. Betrachtet man den knöchernen Aufbau genauer, zeigen sich jedoch Gemeinsamkeiten.

Diese so unähnlichen Strukturen besitzen einen **gemeinsamen Grundbauplan,** der durch eine bestimmte Lagebeziehung der Knochen zueinander und zum Organismus als Ganzem gekennzeichnet ist. Gemeint ist, dass die Abfolge der Knochen in den Vordergliedmaßen vom Oberarm bis zu den Fingerknochen gleich ist (↗ Abb. 1). Es sind **homologe Organe.**
Unterschiedlich ist allerdings vielfach die Anzahl, Größe oder Form der Knochen. Dies ist als Abwandlung vom Grundtypus im Sinne von Spezialisierung aufzufassen.

Homologe Organe geben Hinweise auf Verwandtschaftsbeziehungen zwischen Organismen. So ist als Konsequenz gemäß den Aussagen der Evolution ein gemeinsamer Bauplan ein Indiz für einen gemeinsamen Ahnen. Je stärker die Übereinstimmung bei homologen Organen verschiedener Organismenarten ist, desto näher sind diese Arten miteinander verwandt.
Homologie liegt auch dann vor, wenn die entsprechenden Organe im Verlauf der stammesgeschichtlichen Entwicklung der Organismen unterschiedliche Funktionen übernommen haben.
So nutzt das Pferd seine Beine zum Laufen, der Maulwurf gräbt im Boden, der Vogel fliegt, und der Delfin schwimmt mithilfe der Vordergliedmaßen. Der Mensch greift nach Gegenständen und kann Präzisionsarbeiten mit seinen Händen ausführen.

2 ▸ Blattmetamorphosen bei Schmetterlingsblütengewächsen – homologe Organe

Neben dem genannten Beispiel der Wirbeltiervordergliedmaßen (↗ Abb. 1) gibt es im Tier- und Pflanzenreich weitere homologe Strukturen. Bei Pflanzen sind das beispielsweise verschiedene **Metamorphosen,** wie Blattmetamorphosen (↗ Abb. 2).

Als homologe Organe werden ursprungsgleiche Organe bezeichnet, die aber im Aussehen und in der Funktion zumeist unterschiedlich sind. Sie sind auf einen gemeinsamen Grundbauplan zurückzuführen.

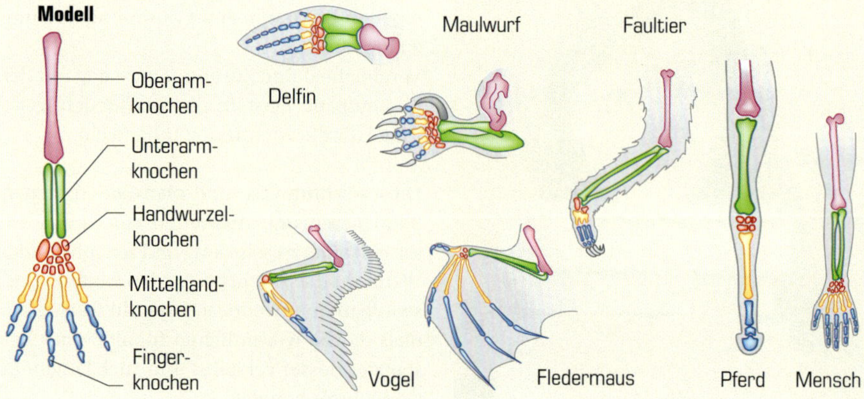

1 ▸ Vordergliedmaßen verschiedener Wirbeltiere – homologe Organe

3

Analoge Organe

1 ▸ Konvergenz in der Körperform

Betrachtet man die **Vorgergliedmaßen** der Maulwurfsgrille und des Maulwurfs, so erkennt man gewisse Ähnlichkeiten. Die Vorderbeine sind jeweils gedrungen und kräftig sowie mit einer Art Grabkelle ausgestattet (↗Abb. 2). Es liegen äußerliche Übereinstimmungen vor.

Maulwurfsgrille und Maulwurf leben im Boden, benötigen also ihre Vordergliedmaßen zum Graben (↗Abb. 2). Solche Ähnlichkeiten werden **Analogien** bzw. **analoge Organe (Strukturen)** genannt.

So sind auch die Wurzelknollen der Dahlie und die Sprossknollen der Kartoffel analoge Speicherorgane (↗Abb. 3).

Ebenso sind die Dornen der Berberitze und die Stacheln der Rosen analoge Organe zum Schutz gegen Tierfraß, der Flügel des Vogels und des Schmetterlings analoge Organe zum Fliegen oder die Vordergliedmaßen des Wals und das Schwimmbein des Gelbrandkäfers analoge Organe zur Fortbewegung.

Auch die Körperform von z. B. Hecht, Pinguin und Delfin (↗Abb. 1) ist ähnlich. Die Ähnlichkeiten in der Körperform bei sonst **verschiedenen Grundbauplänen** dieser Tiere sind auf die Angepasstheit an gleiche Umweltverhältnisse zurückzuführen. Diese Tiere leben im Wasser. Die Spindelform des Körpers zeichnet sie als gute Schwimmer aus.

Liegt eine unabhängige, aber ähnliche Entwicklung von Körpermerkmalen bei sehr weit entfernt verwandten Arten aufgrund ähnlicher Bedingungen vor, spricht man in der Biologie von konvergenter Entwicklung bzw. **Konvergenz.**

Analoge Organe sind Organe mit unterschiedlichem Ursprung. Sie haben einen unterschiedlichen Grundbauplan, sind aber im Aussehen oder in der Funktion sehr ähnlich. Analogie lässt keine Rückschlüsse auf nähere Verwandtschaft zu.

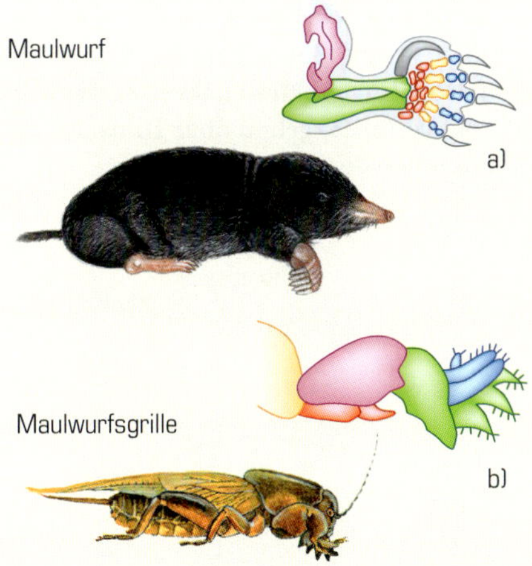

2 ▸ Vordergliedmaßen des Maulwurfs (a) und der Maulwurfsgrille (b) sind analoge Organe.

3 ▸ Sprossknollen der Kartoffel (a) und Wurzelknollen der Dahlie (b) sind analoge Organe.

Rudimentäre Organe

Bei verschiedenen Echsenarten (↗Abb. 1) ist beispielsweise eine abgestufte **Rückbildung der Gliedmaßen** zu beobachten. Die Zauneidechse (a) besitzt vier voll ausgebildete Beine, mit denen sie sich vorwärtsbewegt. Die Beine der Erzschleiche (b) sind stark verkürzt und schwach. Bei der Blindschleiche (c) sind äußerlich keine Beine zu erkennen, nur am Skelett einige Knochen.
Bei einigen Organismen sind Rückbildungen an äußeren Strukturen so weit fortgeschritten, dass sie äußerlich nicht mehr sichtbar sind. Oft ist mit der erfolgten Reduktion auch ein Funktionswechsel verbunden. Solche **rückgebildeten Strukturen** werden als **Rudimente** oder **rudimentäre Organe** bezeichnet.

Bekannte Beispiele sind die **Reste der Beckenknochen** bei Walen, die darauf hinweisen, dass die stammesgeschichtlichen Vorfahren wohl noch Hintergliedmaßen besessen haben. Jetzt dienen die rudimentären Beckenknochen nur noch als Ansatzstellen für Penis und Aftermuskeln (↗Abb. 3). Bei einigen Riesenschlangen (Gruppe Schlangen) und der heimischen Blindschleiche (Gruppe Echsen) findet man ebenfalls noch Reste von Beckenknochen.
Auch Menschen weisen Rudimente auf. Ein Beispiel ist der Wurmfortsatz *(Appendix)*, der oft als Blinddarm bezeichnet wird, aber eigentlich nur den Rest eines Blinddarms darstellt.
Eine ganz andere Form der Rückbildung tritt bei Bandwürmern auf, die als Parasiten im

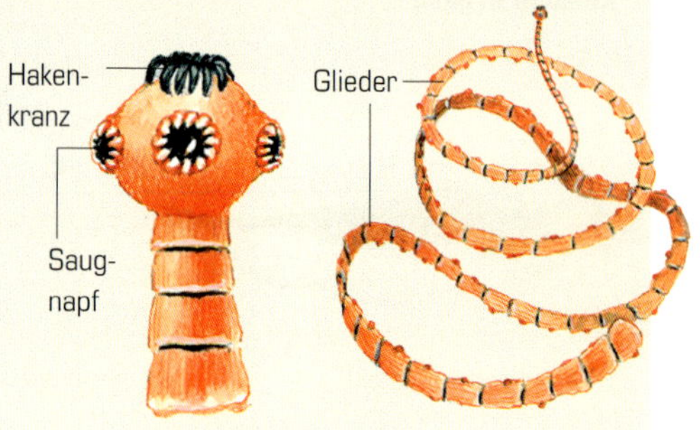

2 ▸ Schweinefinnenbandwurm als Parasit

Darm von verschiedenen Endwirten (Hund, Schwein, Mensch) leben. Sie haben keinen eigenen Darm, da sie verdaute Nahrung über die gesamte Körperoberfläche aufnehmen. Diese Tiere haben im Laufe der Evolution den Darm vollständig reduziert. Sie besitzen aber eine besondere Struktur im Kopfbereich, mit der sie sich im Darm der Endwirte verankern (↗Abb. 2). Die Bandwürmer sind also an ihre parasitische Lebensweise gut angepasst.
Auch bei Pflanzen gibt es Rückbildungen, z. B. fehlt das Chlorophyll bei einigen Orchideenarten, die als „Schmarotzer" leben.

Unter rudimentären Organen (Rudimenten) versteht man rückgebildete, vielfach äußerlich nicht mehr sichtbare Organe (Strukturen), die bei den stammesgeschichtlichen Vorfahren noch voll ausgebildet waren. Sie haben im Verlauf der Evolution ihre Funktion teilweise oder vollständig verloren, geben aber Hinweise auf den Bauplan der Vorfahren.

1 ▸ Rückbildung von Gliedmaßen

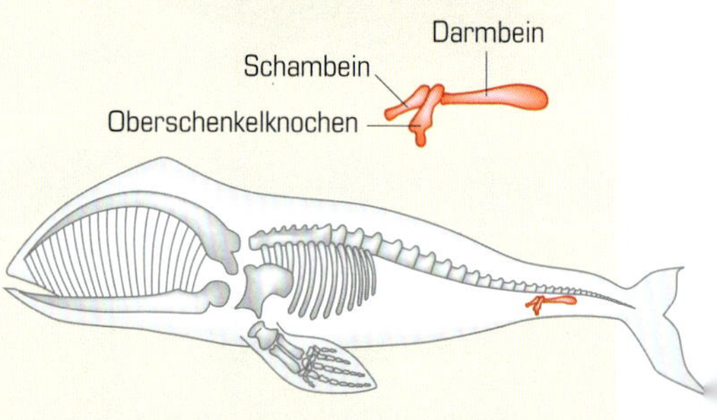

3 ▸ Rudimentäre Organe beim Wal

Basiskonzept

Struktur und Funktion

Im Verlauf der Evolution entstehen ständig neue Varianten von Lebewesen, die an die jeweils herrschenden Umweltfaktoren angepasst sind. Diese Angepasstheit wird u. a. durch Abwandlungen des Körperbaus, Veränderungen der Stoffwechselchemie oder des Verhaltens erreicht. Betrachtet man den Evolutionsprozess, so lassen sich im Verlauf der Stammesentwicklung von Lebewesen drei Evolutionserscheinungen erkennen, die diese Angepasstheit hervorbringen: **Spezialisierung** (↗ Abb.), **Rückbildung** und **Differenzierung/Zentralisierung** von Organen und Organsystemen.

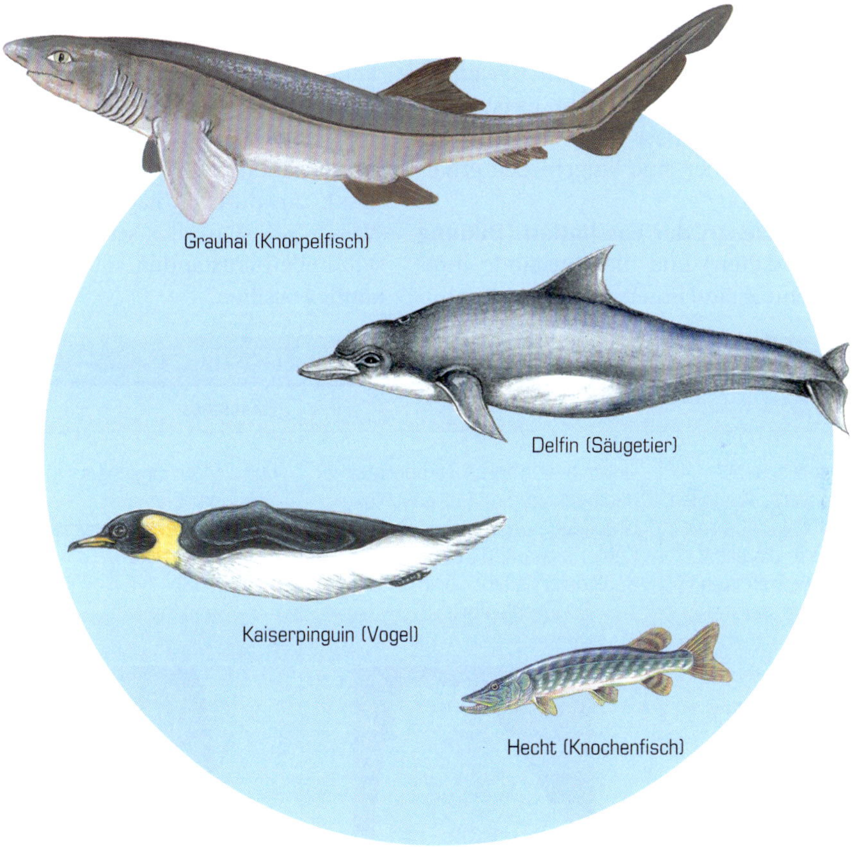

Die **Spezialisierung** führt bei Lebewesen durch Veränderungen im Bau bzw. durch Ausbildung bestimmter Verhaltensweisen zu einer besseren Angepasstheit an bestimmte Umweltfaktoren. Dabei wird die Toleranz gegenüber Änderungen dieser Umweltfaktoren verkleinert.

Entstehung und Bedeutung der Fossilien

Unter Fossilation versteht man die vielfältigen Formen der Bildung von Fossilien unter verschiedensten Entstehungsbedingungen.

Fossilien (lat. *fossilis* = ausgegraben) sind Dokumente aus der Vergangenheit. Sie geben uns Hinweise auf die Umwelt und das Leben auf der Erde vor unserer Zeit. Organismen, Teile von ihnen oder Spuren ihres Lebens, z. B. Kriechspuren oder Wohnbauten aus vergangenen erdgeschichtlichen Perioden, werden in ihrer Gesamtheit als Fossilien zusammengefasst. Fossilien findet man auch von Pflanzen, obwohl die Pflanzen in der Regel eine weniger feste Struktur haben.

Fossilfunde sind oft zufällig, z. B. werden sie bei Bauarbeiten gemacht. Es ist wichtig festzuhalten, dass nicht alle Teile der Lebewesen über eine längere Zeit erhalten bleiben.

Auch die Art der **Fossilation (Bildung von Fossilien)** und die Umstände ihrer Entstehung sind unterschiedlich (↗ Tab.). So findet man von den Wirbeltieren z. B. meist Knochen, Zähne oder Hornstrukturen. Selten oder nie werden Weichteile gefunden, sondern bestenfalls Abdrücke von ihnen.

Es gibt Gegenden, an denen gehäuft Fossilien gefunden werden. In **Deutschland** sind dies z. B. die Hunsrück-Schiefer, die Solnhofer Jurakalke, die Grube Messel bei Frankfurt und das Geiseltal bei Halle.

Diese Orte weisen in der Regel gewisse geologische Besonderheiten auf, die mit dafür verantwortlich sind, dass Funde heute gemacht werden können.

Vor allem in Sedimentations- oder Absatzgesteinen (z. B. Kalkstein, Sandstein, Löss), die durch Ablagerungen von im Wasser gelösten oder schwebenden Bestandteilen entstanden sind, finden sich häufig Fossilien.

Formen und Entstehung von Fossilien

Versteinerung	Inkohlung	Einschluss
Zersetzung der organischen Substanzen von Körpern, Ausfüllen der entstandenen Hohlräume mit Kalk oder Kieselsäure, die erhärten, z. B. versteinerte Trilobiten, Muschelschalen (echte Versteinerung)	Unter bestimmten Temperaturbedingungen und Luftabschluss Umbildung organischer Stoffe zu Kohle, langsame Zersetzung, Kohlenstoff bleibt übrig, z. B. Steinkohlenfarne	Luftdichter Einschluss in Harz, Salz oder Eis, z. B. Insekten in Bernstein, Mammut im Eis
 Versteinerung eines Trilobiten aus dem Kambrium	 Abdruck eines Farnwedels aus dem Karbon	 Einschluss eines Hundertfüßers in Bernstein aus dem Paläogen

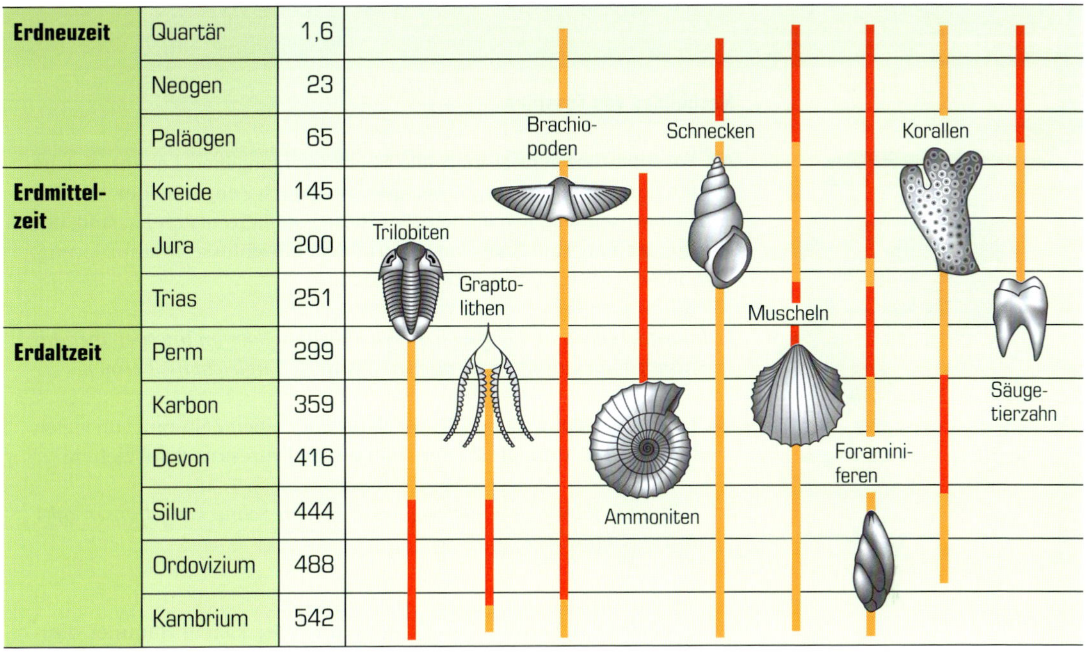

1 ▸ Vorkommen ( ) und Bedeutung als Leitfossilien ( ) in der Erdgeschichte (Auswahl)

Ein wichtiger Faktor bei der **Fossilation** ist die Schnelligkeit, in der die Organismen oder Spuren von ihnen in den Untergrund eingebettet und gegen Luftsauerstoff abgeschlossen und somit vor Verwesung geschützt wurden. Fossilien werden oft durch Gesteinsverschiebung (Verwerfung), Auswaschung durch Wasser oder Vulkanismus zerstört und gehen gänzlich verloren.

Die Datierung des Funds ist ein wesentlicher Arbeitsschritt nach der Bergung der **Fossilien.** Hierunter versteht man die zeitliche Einordnung des Funds, kurz: sein Alter.

Diese Bestimmung kann auf verschiedene Weise erfolgen, z. B. durch:

- eine **relative Altersbestimmung** (ist das Alter des Fundorts bekannt, ordnet man dem Fossil das gleiche Alter zu). Umgekehrt ist es aber auch möglich, der Gesteinsschicht ein Alter zuzuordnen, wenn man in ihr ein Fossil findet, dessen Alter schon bekannt ist. Fossilien, die für einen bestimmten Zeitabschnitt typisch sind und somit häufig in einer bestimmten Gesteinsschicht vorkommen, werden **Leitfossilien** genannt (↗ Abb. 1).
- eine **absolute Altersbestimmung,** die z. B. durch den **radioaktiven Zerfall bestimmter Atome** ermöglicht wird.

Oft sind die Fossilfunde nur mit gewissen Fehlern zeitlich einzuordnen. Fossilien sind häufig sehr unvollständig. Dann werden meist **Rekonstruktionen** angefertigt. In den Museen findet man Skelette, bei denen neben echten Bereichen auch rekonstruierte Strukturen vorliegen.

Zu den Aufgaben der Paläontologen gehört auch, die Fossilien hinsichtlich der hinter ihnen stehenden Verwandtschaftsbeziehungen einzuordnen, mögliche Evolutionsabläufe nachzuvollziehen und gegebenenfalls allgemein gültige Regeln abzuleiten.

Die Wissenschaft, die sich mit der Erforschung der Lebewesen vergangener Zeiten beschäftigt, wird als Paläontologie bezeichnet.

Aufgabe

Erläutere die Bedeutung von Fossilien.

Projekt

Nachbilden von Fossilien

1 ▸ Versteinerungen von Ammonit, Trilobit, Seeigelsteinkern

2 ▸ Abdruck des Wedelrests eines Samenfarns

Als **Fossilien** bezeichnet man alle Spuren vergangenen Lebens. Solche Spuren können körperliche Überreste, aber auch Zeugnisse der Aktivität von Lebewesen sein. Je nachdem, wie diese Fossilien entstanden sind, unterscheidet man Abdrücke, Versteinerungen, Einschlüsse, Mumifizierung, Inkohlung und Hartteile (↗ Abb. 1 und 2).

1. *Informiert euch im Lehrbuch, in Fachbüchern oder im Internet über das Entstehen dieser unterschiedlichen Fossilien. Vergleicht die Formen.*

Die Fossilienbildung erfolgte in der Natur über einen Zeitraum von vielen Tausend Jahren. Modellhaft kann man diesen Prozess nachvollziehen.

2. *Stellt nach folgender Anleitung Fossilien von Schneckengehäusen oder Muschelschalen her.*

Material:
Gussform (z. B. Karton), etwas Gips und Wasser, kleiner Hammer, dünnes Papier, Vaseline, Creme oder Öl sowie als Fossilien unterschiedliche Muschelschalen oder Schneckengehäuse

Durchführung:
- Rührt so lange Gips in Wasser ein, bis ein dicker Gipsbrei entsteht.
- Füllt eine Gussform ca. 3 cm mit Gipsbrei (↗ Abb. 3) und bedeckt ihn mit dünnem Papier (oder mit Creme, Öl bzw. Vaseline bestreichen).
- Drückt verschiedene Muschelschalen oder Schneckengehäuse (ausgehöhlte Seite oder Öffnung zeigt nach oben) in den papierbedeckten (oder mit Öl, Creme bzw. Vaseline bestrichenen) Gipsbrei und lasst den Gips etwas erhärten.
- Füllt jetzt die Muschelschalen oder Schneckengehäuse mit Gipsbrei, bedeckt diese mit Papier (oder mit Öl, Creme bzw. Vaseline bestreichen) und füllt die Gussform mit Gipsbrei auf.
- Lasst den Gips aushärten und entnehmt den Gipsblock nach dem Aushärten aus der Gussform.

3 ▸ Mit Gips, Karton und Muschelschalen oder Schneckengehäusen kann man Fossilien selber herstellen.

3

- Trennt vorsichtig (evtl. mit Hammer) den Gipsblock an den Stellen, wo sich das Papier (Öl, Creme bzw. Vaseline) befindet.
- Entfernt vorsichtig die Muschelschalen oder Schneckengehäuse sowie das Papier.
- Betrachtet die Innenflächen der beiden Gipsblockhälften. Beschreibt, was ihr festgestellt habt.
- Zerschlagt vorsichtig die Muschelschalen oder Schneckengehäuse. Beschreibt, was ihr erhalten habt.

Auswertung:
Nennt die Formen der Fossilien, die ihr hergestellt habt.
Beschreibt die Entstehung dieser Fossilienform.

1 ▸ Ammonitina-Fossilien

An der Ostseeküste kann man jede Menge Fossilien, z. B. Trilobiten, Seeigel, Donnerkeile und andere, finden (↗ Abb.). Versteinertes Holz ist im Kyffhäuser/Thüringen schon oft gefunden worden. Aber auch in vielen anderen Gebieten kann man Erfolg haben.

2 ▸ Seeigelsteinkern

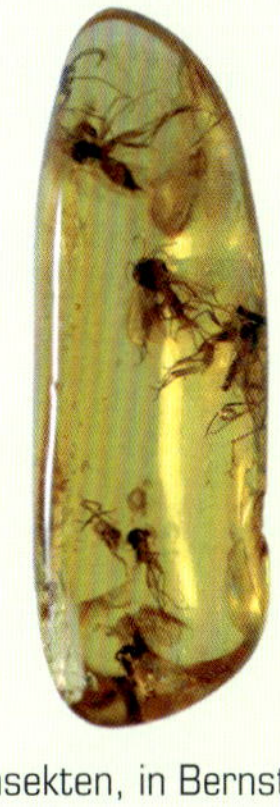

3 ▸ Insekten, in Bernstein eingeschlossen

3. *Erkundigt euch im Internet, bei eurem Geografielehrer oder im Naturkabinett über Fundstätten von Fossilien in eurer Umgebung.*
Begebt euch dann auf Fossiliensuche.
Benötigtes Material: *Zeitungspapier zum Einwickeln der Fossilien, Handschuhe, kleine Werkzeuge zum Befreien der Fossilien; Wundpflaster, falls ihr euch verletzt*

4. *Legt mit den Funden eine Fossiliensammlung an.*
Dazu werden die Fossilien mit Wasser und Bürste vorsichtig gereinigt. Anschließend wird versucht, den Namen des Fossils und den Zeitabschnitt, aus dem es stammt, herauszufinden.
Hilfe findet ihr unter folgendem Internet-Link:
http://www.fossilien.online.de/

Tipp:
Holt euch von den Geländebesitzern vor der Suche eine Genehmigung ein.

Stammbaumforschung

Die **Stammbaumforschung** bezieht sich auch auf Organismen, die nicht mehr existieren bzw. ausgestorben sind. Über Bauplanmerkmale werden wesentliche Gemeinsamkeiten gefunden, die eine nahe Verwandtschaft belegen, und auch Unterschiede, die eine Abgrenzung ermöglichen. Hierbei werden zwangsläufig auch Fehler passieren, die immer wieder zu Veränderungen in der Einschätzung der Verwandtschaftsverhältnisse führen.

Das Wesentliche an einem **Stammbaum** ist – analog zu einem Baum im botanischen Sinne – die Tatsache, dass eine Wurzel die Basis der Betrachtung ist, aus der sich Stamm und Äste abzweigen. Diese Verzweigungen erstrecken sich in zumeist unterschiedliche Richtungen. An jedem dieser Äste kann es in der Folge zu weiteren Astbildungen kommen, sodass im Laufe der Zeit eine weit verzweigte Struktur, die auf einen gemeinsamen Ursprung zurückzuführen ist, entsteht. Erste Darstellungen eines Stammbaums aus dem Tier- und Pflanzenreich haben daher auch starke Ähnlichkeit mit dem realen Vorbild, einem Baum.

Aufgrund der **Fossilfunde** und vergleichender Untersuchungen an fossilen und heute lebenden (rezenten) Wirbeltieren lässt sich der **Stammbaum der Wirbeltiere** aufstellen.

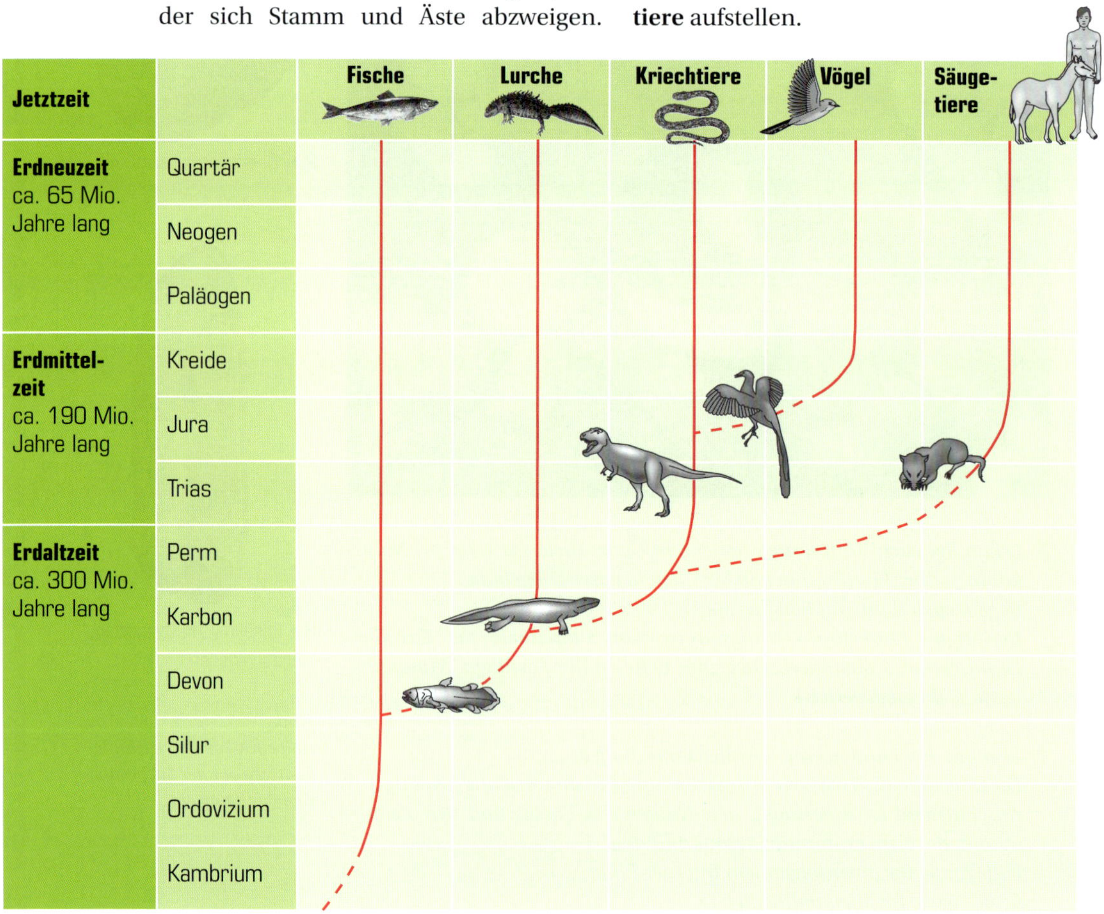

1 ▸ Vereinfachter Stammbaum der Wirbeltiere: Hauptlinien der fünf Klassen (———), Übergangsformen (- - - -)

3

Merkmale der Wirbeltierklassen

Das **Ordnungskriterium** des Stammbaums der Wirbeltiere ist die Verwandtschaft der Organismengruppen untereinander. Diese Betrachtung gibt die **„Stammesentwicklung“** (Phylogenese) der Wirbeltiere wieder.

Die **ersten Wirbeltiere** entstanden vor etwa 500 Millionen Jahren. Diese Organismen waren im Wasser lebende Tiere, die wir heute in die Gruppe ursprünglicher Fische einordnen würden.

Fische leben ständig im Wasser. Sie sind **Wassertiere.** Alle Lebenserscheinungen, wie Fortbewegung, Ernährung, Atmung, Fortpflanzung und Entwicklung, finden im Wasser statt. Fische besitzen eine schleimige, mit Schuppen besetzte, feuchte Haut. Sie atmen durch Kiemen. Nach Besamung der abgelaichten Eier und deren äußerer Befruchtung entwickeln sich aus den befruchteten Eiern Fischlarven. Diese wachsen zum Jungfisch und erwachsenen Fisch heran.

Lurche leben die meiste Zeit auf dem Land. Ihre nackte, feuchte Haut schützt sie kaum vor Austrocknung. Deshalb halten sie sich an feuchten Stellen auf dem Land auf bzw. leben im Wasser **(Feuchtlufttiere).** Ihre Fortpflanzung und Entwicklung erfolgen stets im Wasser.

Kriechtiere besitzen eine sehr trockene Haut mit Hornplatten (z. B. Schildkröten) oder Hornschuppen (z. B. Echsen, Schlangen). Die Hornschuppen und Hornplatten verhindern die Abgabe von Wasser aus dem Körper. Deshalb können Kriechtiere auch an trockenen und sehr warmen Stellen der Erde leben. Fortpflanzung und Entwicklung finden auf dem Land statt. Kriechtiere sind **Trockenlufttiere.**

Fische, Lurche und Kriechtiere gehören zu den wechselwarmen Tieren.

Vögel leben meistens auf dem Land. Sie bewegen sich mithilfe ihrer Flügel in der Luft fort. Sie besitzen eine trockene Haut mit Federn. Ihr Körper wird durch Daunen- und Deckfedern vor Wärmeverlust sowie gegen Wasser und Wind geschützt. An das Fliegen sind die Vögel durch die Ausbildung von Flügeln, einen spindelförmigen Körper, durch hohle Knochen sowie einen starken Brustbeinkamm mit Brustmuskeln angepasst. Vögel legen kalkschalige Eier, die von den Elterntieren ausgebrütet werden.

Säugetiere sind auf dem Land und im Wasser zu Hause. Sie besitzen ein Haarkleid (Fell), das die Abgabe von Wärme aus dem Körper vermindert, und eine Lunge, die aus sehr vielen Lungenbläschen aufgebaut ist. Sie bringen lebende Junge zur Welt, die vom Muttertier gesäugt werden.

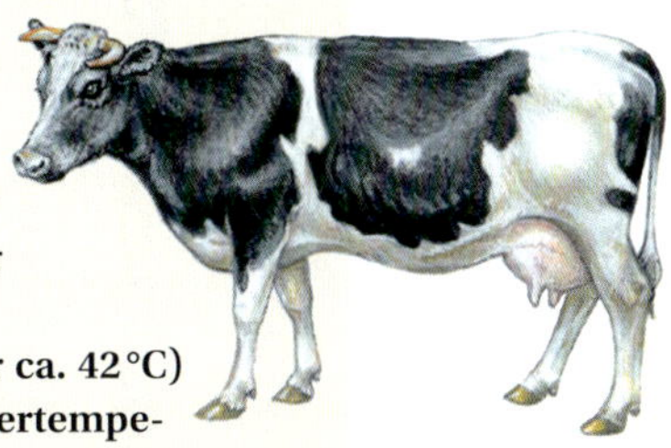

Vögel (Körpertemperatur ca. 42 °C) und Säugetiere (Körpertemperatur ca. 37 °C) gehören zu den gleichwarmen Tieren.

Jede Wirbeltiergruppe ist also durch bestimmte unterschiedliche Merkmale gekennzeichnet. Sie besitzen aber auch wesentliche gemeinsame Merkmale. Dazu gehören die Ausbildung eines Innenskeletts und zwei Paar Gliedmaßen. Das entscheidende Merkmal ist allerdings die **Wirbelsäule,** daher der Name der Gruppe.
Die Entwicklung vollzog sich vom Wasser- zum Landleben. Damit verbunden ist auch, dass die Tiere immer unabhängiger vom Lebensbereich Wasser wurden.

Basiskonzept

Entwicklung

Lebende Systeme entwickeln sich in kurzen und in langen Zeitabschnitten. In langen Zeiträumen kann es durch verschiedene Einflüsse zu starken Veränderungen einer Art kommen (Evolution). Neue Arten entstehen.

Stammbaum des Pferds

Die Evolution des Pferds lässt sich heute durch Fossilfunde fast vollständig belegen, deshalb konnte ein Stammbaum entwickelt werden.

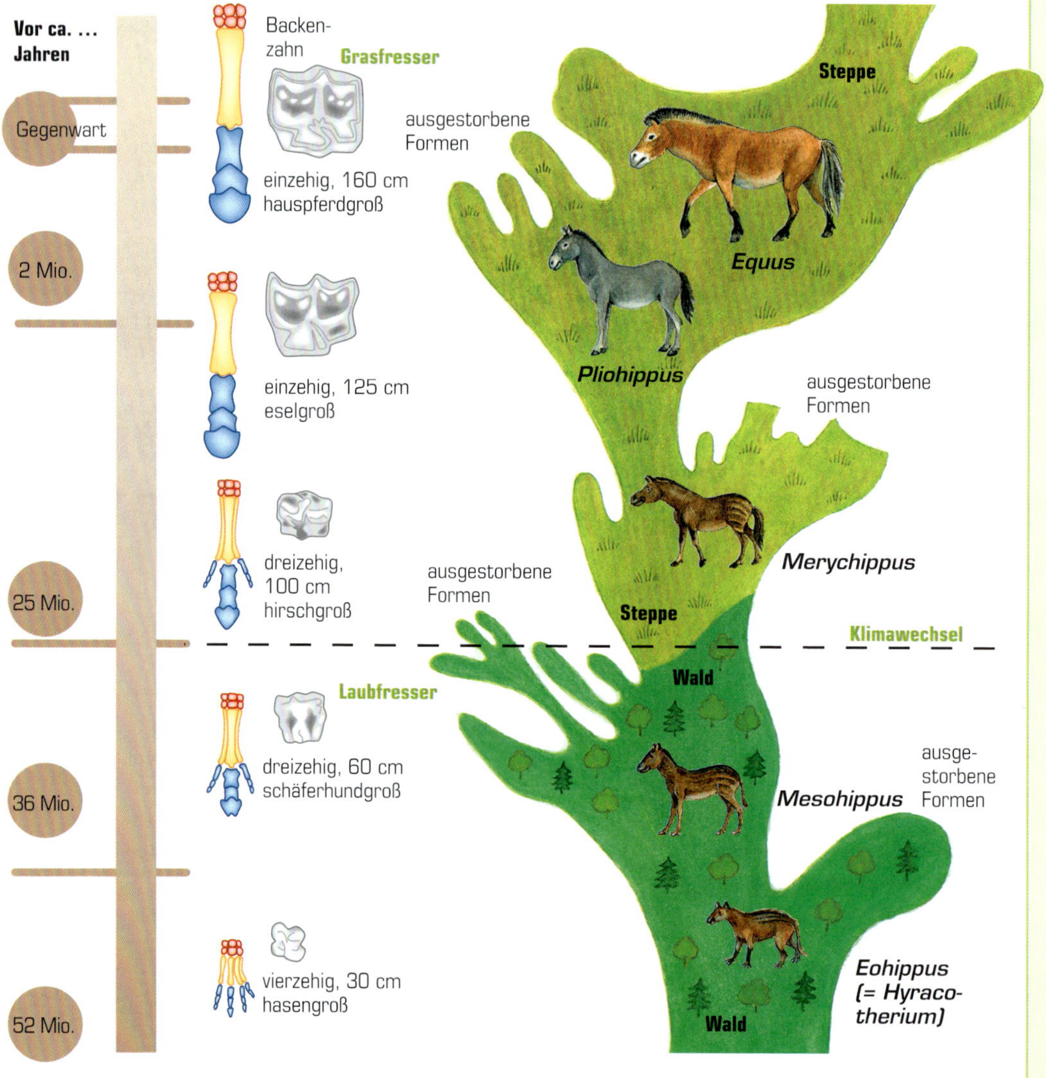

3

gewusst · gekonnt

1. Konstruiere eine Übergangsform, die im Wasser und auf dem Land leben kann.
   a) Skizziere diese Form und kennzeichne die entsprechend notwendigen Körpermerkmale.
   b) Begründe die Wahl der Körpermerkmale. Beschreibe Verhaltensweisen, die die Angepasstheit an beide Lebensräume fördern.

2. Von dem ungewöhnlichen Schnabeltier, das Eier legt, aber auch Haare hat und die Jungen säugt, sind Fossilien aus Schichten bekannt, die bis zu 170 Millionen Jahre alt sein können.
   Heute weiß man, dass das Schnabeltier nicht zu den direkten Vorfahren der Säugetiere gehört.
   a) Erläutere, inwiefern das Schnabeltier ein „lebendes Fossil" ist.
   b) Erörtere, ob das Schnabeltier Hinweise auf die Stammesentwicklung der Säugetiere geben kann.

3. Erkläre an den Vordergliedmaßen eines Vogels und Delfins, inwieweit der Bau ihrer Gliedmaßen eine Spezialisierung darstellt und inwieweit der Grundbauplan der Wirbeltiergliedmaßen abgewandelt ist.

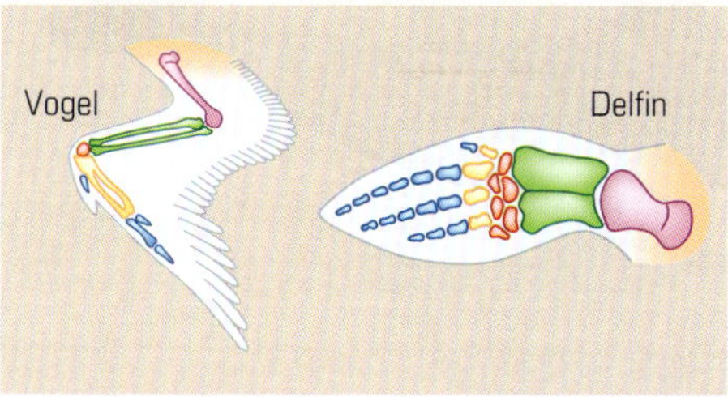

4. Beschreibe an einem Beispiel Zusammenhänge von Körperbau, Verhalten und Lebensraum.

5. Vergleiche die fünf Wirbeltierklassen. Hebe dabei die Merkmale hervor, die die Unterteilung der Tiere in die jeweilige Klasse begründen.

6. Es wurde in einem Gestein ein interessanter Fund eines Säugetiers gemacht.
   In der gleichen Schicht fand man auch viele fossile Ammoniten und einzelne Vogelskelette.
   a) Gib an, in welcher Epoche das Säugetier vermutlich gelebt hat. Begründe deine Meinung.
   b) Erläutere, woran man erkennen könnte, dass es sich um ein Säugetier gehandelt hat.

7. Moore sind nasse Lebensräume, in denen dauerhaft Sauerstoffmangel herrscht. Der weiche Torfboden, in dem Gegenstände leicht versinken können, ist außerdem sehr säurehaltig.
   In Torf sind Reste von Pflanzenstrukturen leicht erkennbar.
   Sensationelle Funde beim Torfabbau sind Moorleichen. Das sind gut erhaltene Menschenreste, die oftmals aus dem 3. und 4. Jahrhundert stammen, aber auch über 2 500 Jahre alt sein können.

   a) Erläutere, inwiefern der Erhalt der Pflanzenstrukturen und Leichen den „Regeln der Natur" zunächst widerspricht.
   b) Nenne die Bedingungen, die für die Erhaltung verantwortlich sind, und begründe sie.

Das Wichtigste auf einen Blick

Entwicklung der Organismen

Im Verlauf der Evolution entstand die heutige Vielfalt der Lebewesen, wobei in den verschiedenen Erdzeitaltern nicht immer nur neue Arten von Lebewesen entstanden, sondern auch viele Arten ausgestorben sind.

Brückentiere

Quastenflosser Latimeria (lebendes Brückentier) zeigt Merkmale der Fische und Lurche.

Brückentiere (Übergangsformen oder Zwischenformen) sind Organismen mit Merkmalen von meist zwei verschiedenen Organismengruppen. Es gibt ausgestorbene (fossile) und lebende (rezente) Brückentiere.

Fossilien

Fossilien sind erhalten gebliebene Reste und Spuren von Lebewesen aus vergangenen Zeiten. Sie geben begründete Hinweise darauf, dass eine Stammesentwicklung stattgefunden hat.

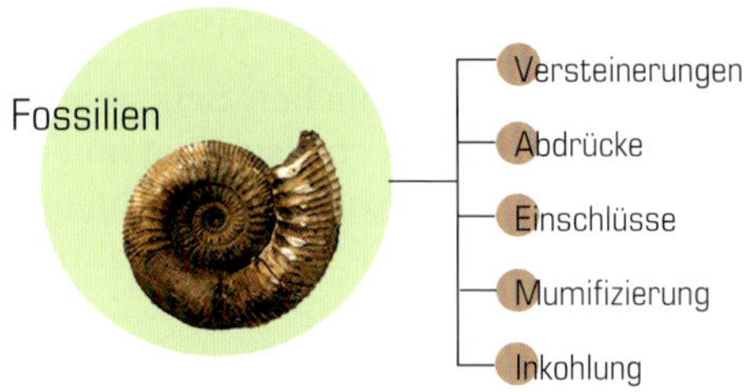

Spezialisierung

Spezialisierung im Bau bzw. in den Verhaltensweisen führt zur Konzentration der Leistungsfähigkeit auf eine oder wenige Leistungen.
Spezialisierung ermöglicht eine bessere Angepasstheit an spezifische Umweltbedingungen.

3.2 Evolutionstheorien und Evolutionsfaktoren

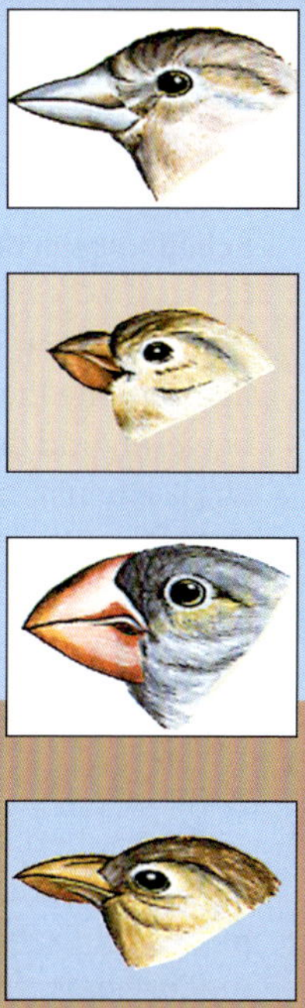

Entstehung der Vielfalt – ein Rätsel? ▸▸ Viele Wissenschaftler haben sich bemüht, die Existenz der Vielfalt der Arten aus z.T. sehr unterschiedlichen Ansätzen heraus zu erklären. Auch die in der Bibel dargestellte Schöpfungsgeschichte stellt eine Art Deutung dar. Die synthetische Evolutionstheorie versucht die Abstammung der Organismen und ihre Entwicklung als natürlichen Prozess zu erklären.

Charles Darwin – Begründer der Evolutionstheorie ▸▸ Erst vor ca. 150 Jahren wurden die theoretischen Grundlagen für diese Evolutionstheorie gelegt. In diesem Zusammenhang hört man oft von Charles Darwin und den Darwinfinken (↗ Abb.).

Theorien zur Herkunft der verschiedenen Lebewesen

Als Evolution wird die Entwicklung von Lebewesen in langen Zeiträumen bezeichnet.

Zu allen Zeiten und in allen Kulturkreisen haben sich Menschen die Frage nach ihrer eigenen Herkunft und die aller anderer Lebewesen gestellt. Sie haben auf diese Fragen sehr unterschiedliche Antworten gefunden.

Schöpfungsmythen

Als Schöpfung versteht man in vielen Religionen die Erschaffung der Welt, der Lebewesen und der unbelebten Natur durch eine eigenständige Macht, z. B. einen Gott. In allen Kulturen, die eine eigene Weltanschauung oder Religion entwickelt haben, gibt es **Schöpfungsmythen.** Alle beantworten meist sehr bildhaft die Frage nach der Herkunft der Götter, der Menschen und der Welt.

Mythos = Sage, Dichtung von Göttern, Helden, Geistern; legendäre glorifizierte Person

Ein bis heute bei vielen Menschen als absolute Wahrheit geltender Mythos ist in der biblischen **Schöpfungsgeschichte** niedergelegt. Bis ins 19. Jahrhundert hinein galt die göttliche Schöpfung auch vielen Naturwissenschaftlern als gesicherte Grundlage. Sie stimmte nämlich mit ihrer Alltagserfahrung überein, dass Eltern einer Tier- oder Pflanzenart immer wieder Nachkommen derselben Art hervorbringen. Schöpfungsmythen sind keine wissenschaftlichen Theorien.

1 ▸ Schafbaum

Die Legende vom Schafbaum entstand wohl im 14. Jahrhundert.

Theorien vor Darwin

Sehr frühe Vorstellungen über die Entwicklung von Lebewesen wurden schon in der Antike vom griechischen Naturforscher und Philosophen ARISTOTELES (384–322 v. Chr.) geäußert.

Dieser prägte die lange Zeit akzeptierte Vorstellung, dass niedere Tiere einfach aus dem Zusammenrinnen eines Urstoffs entstehen würden. Noch bis weit über das Mittelalter hinaus stellte man sich vor, dass z. B. Würmer oder Motten aus Schlamm und Unrat entstehen würden.

So verwundern auch Darstellungen nicht, bei denen nach mittelalterlicher Vorstellung die Schafe aus den Früchten des Schafbaums (↗ Abb. 1) entstehen. Als Früchte des Schafbaums wurden übrigens die Kürbisse angesehen. Diese sollten sich nach dem Ausreifen öffnen und ein Lamm mit weißer Wolle und sehr schmackhaftem Fleisch sollte zutage kommen.

Solche heute sicherlich in das Reich des Aberglaubens einzuordnenden Vorstellungen wurden erst durch die Versuche von **LOUIS PASTEUR** (1822–1895) widerlegt. Er konnte nachweisen, dass Lebewesen nicht spontan aus Schmutz oder Ähnlichem entstehen, sondern nur aus Lebewesen hervorgehen können. Seine Experimente zeigten, dass sich aus sterilen, von allen lebenden Keimen befreiten Stoffen keine Lebewesen entwickeln können.

Obwohl schon mehrere erfolgreiche Artkreuzungen vorlagen, herrschte bis zu Beginn des 19. Jahrhunderts auch in der Biologie die Lehre von der **Konstanz der Arten** vor. Aber die wachsenden Kenntnisse, vor allem über die Vielfalt der Lebewesen, bereiteten die Grundlage für die Frage, wie sich diese Vielfalt entwickeln konnte.

Die erworbenen Eigenschaften „lange Hälse“ und „lange Vorderbeine“ vererbten sich auf die Nachkommen. Sie konnten ihre Nahrung erreichen.

Die Nachkommen hatten durch häufiges Strecken nach Blättern schon etwas längere Hälse und Vorderbeine. Auch diese Nachkommen streckten sich nach dem Laub.

Urgiraffen hatten kurze Hälse und gleich lange Hinter- und Vorderbeine. Die Tiere versuchten, durch Strecken des Halses das Laub der Bäume zu erreichen.

1 ▸ LAMARCKS Theorie über die Stammesentwicklung der Giraffen

Die **Evolution** ist ein auch noch heute, insbesondere im Bereich der Religion, heftig diskutierter Themenbereich.

Bei der Entwicklung des Evolutionsgedankens leistete J. B. DE LAMARCK einen wichtigen Beitrag. Er war der Erste, der den Namen „Biologie“ verwendet hat.

JEAN BAPTISTE DE LAMARCK besaß eine große Artenkenntnis, aus der heraus er versuchte, Gedanken zur Abstammung der Lebewesen zu formulieren. So erkannte er, dass

- eine mehr oder minder große Ähnlichkeit von Organismen als ein Maß für eine abgestufte Verwandtschaft gedeutet werden kann;
- Organismen in ihrem Bau und in der Funktion ihrer Organe gut an die Umwelt angepasst sind;
- sich Organismen auch während ihres Lebens individuell an die Umwelt anpassen können.

LAMARCKS Evolutionslehre ging davon aus, dass sich Tier- und Pflanzenindividuen an ändernde Umweltbedingungen anpassen. Als Folge würden z.B. bestimmte Organe schwächer oder stärker genutzt. Durch Gebrauch oder Nichtgebrauch würden die Organe (und Strukturen) mehr oder weniger stark ausgeprägt (Beispiel Giraffe). Auf diese Weise käme es zu den beobachtbaren Veränderungen im Bauplan der Lebewesen **(Lamarckismus).**

LAMARCK glaubte, dass diese Veränderungen erblich wären, d.h., eine **Vererbung erworbener Eigenschaften auf die Nachkommen** (↗ Abb. 1) erfolgt.

Während einige von LAMARCK gewonnenen Erkenntnisse immer wieder bestätigt wurden, hat sich seine Hypothese über die **Vererbung erworbener Eigenschaften als nicht richtig** erwiesen. Modifikationen sind nicht vererbbar.

JEAN BAPTISTE DE LAMARCK (1744–1829), ein französischer Naturforscher (Studium der Medizin, Chemie, Botanik, Zoologie), prägte die Begriffe Wirbeltiere, Wirbellose und stellte ein System der Tiere auf.

GEORGES DE CUVIER (1769–1832) ist der Begründer der „Katastrophentheorie“. Sie besagt, dass Naturkatastrophen Organismen vernichten und danach neue Arten geschaffen werden.

Die Begründung der Evolutionstheorie durch Darwin

Charles Robert Darwin wurde im Jahr 1809 als fünftes Kind einer Arztfamilie in England geboren. Er gilt als der Begründer der Evolutionstheorie. Am 19. April 1882 starb Darwin an Herzschwäche.

Charles Darwin konnte nach Beendigung seines Studiums 1831, als 22-Jähriger, eine langjährige Seereise unternehmen, die er später als den „Beginn meines wirklichen Lebens" bezeichnete (↗ S. 184).

Während der ganzen Reise glaubte Darwin noch an die Konstanz der Arten. Zweifel tauchten erst bei der Aufarbeitung des mitgebrachten Materials und der Durchsicht der vielen festgehaltenen Einzelbeobachtungen auf. Am stärksten prägte Darwin der Aufenthalt der *„Beagle"* im Bereich der **Galapagosinseln.** Hier hatte er die Möglichkeit, die Geologie sowie die Tier- und Pflanzenwelt genauer zu studieren.

Im Jahr 1858 erhielt Darwin von dem Engländer **Alfred Russel Wallace** (1823 - 1913) das Manuskript der Darstellung einer Evolutionstheorie, die weitgehend mit seiner übereinstimmte.

Wallace hatte seine Vorstellungen auf weiten Forschungsreisen entwickelt. In seinen Ansichten hinsichtlich der Erblichkeit der „Variationen" war er Darwin sogar überlegen.

Daraufhin entschloss sich Darwin, seine Erkenntnisse zu veröffentlichen. Am 24. November 1859 erschien die erste Auflage von Darwins **„Entstehung der Arten durch natürliche Auslese"** (englischer Originaltitel: *On the origin of species by means of natural selection*). Dieses, sein Hauptwerk, von dem mehrere Auflagen erschienen, erweiterte und korrigierte der Naturforscher bis an sein Lebensende.

Die von Darwin gewählten Formulierungen vom „struggle for life" führten auch zu Missverständnissen in der Auslegung.

Darwin ging von Beobachtungen aus, die er auch als Taubenzüchter gewonnen hatte. Jeder, der Tiere züchtete, wusste zur damaligen Zeit, dass unter den Nachkommen von Zuchttieren immer auch solche mit besonders starker oder schwacher Herausbildung von Merkmalen vorkamen, selten sogar welche mit Neubildungen.

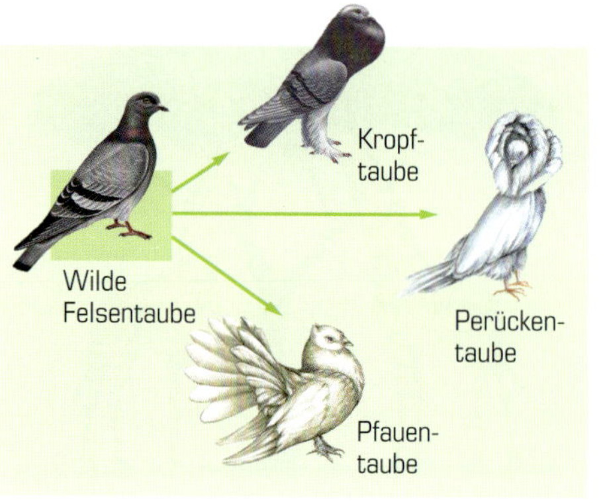

1 ▸ Verschiedene Zuchtformen der Tauben

Die Weiterzucht solcher Individuen **(künstliche Zuchtwahl)** führte im Laufe der Zeit zu Individuen, die von der Ausgangsform erheblich abwichen (↗ Abb. 1).

Darwin erkannte nun, dass in der Natur vergleichbare Vorgänge ablaufen müssten, wobei es zu klären galt, wer hier die Rolle des Züchters übernahm und welches die Kriterien der Auswahl waren. Bei der Untersuchung möglicher Ursachen, die ein Überleben begünstigen, sind solche Individuen die „besseren" Nachkommen, die sich in der Auseinandersetzung mit der Umwelt behaupten müssen. Es sind u.a. diejenigen, die widerstandsfähiger gegenüber Krankheiten oder erfolgreicher bei der Nahrungsbeschaffung sind. Darwin formulierte es so: Im *„Kampf ums Dasein"* zeichnet sich ein *„Überleben der Bestgeeigneten"* ab.

Selbstverständlich ist eine solche **„natürliche Zuchtwahl"** oder **Selektion** nur dann möglich, wenn auch Merkmalsunterschiede zwischen den Individuen einer Art bestehen.

Diese Unterschiede **(Variationen)** existieren und werden durch die natürliche Zuchtwahl innerhalb der Nachkommenschaft „sortiert".

3

Durch natürliche Auslese von Generation zu Generation überlebten nur die Giraffen mit den langen Hälsen und Vorderbeinen.

Nachkommen mit längeren Hälsen und Vorderbeinen konnten die Blätter erreichen, sie fraßen, überlebten (natürliche Auslese) und konnten die Erbanlagen für diese Merkmale weitervererben.

Urgiraffen hatten kurze, aber unterschiedlich lange Hälse und Vorderbeine infolge spontaner Variationen (Mutationen).

1 ▸ DARWINS Theorie über die Stammesentwicklung der Giraffen

DARWIN erkannte zwei Arten von Veränderungen:

- die **milieubedingten Variationen** (heute Modifikationen), z. B. den Schiefwuchs von Bäumen bei ständigem Wind,
- die **spontanen Variationen** (heute Mutationen), z. B. das Auftreten roter Blüten bei sonst weiß blühenden Pflanzen.

ERNST HAECKEL (1834–1919) verbreitete wie kein anderer die Evolutionstheorie von DARWIN in Deutschland. Deshalb wurde er auch der „deutsche DARWIN“ genannt.

DARWIN war der Erste, der die Evolution als einen dynamischen Prozess mit entgegengerichteten Kräften erkannte, wobei die Überproduktion der Nachkommen die Basis für die „aussondernde“ Auslese bietet. Ein Merkmal, das heute noch vorteilhaft ist, kann morgen in einer veränderten Umwelt schon wieder nachteilig sein. Durch die Verschiedenheit und die Auslese bleiben tierische und pflanzliche Strukturen flexibel und folgen gewissermaßen den Umweltänderungen auf dem Fuß. Das Ergebnis dieses Vorgangs nennt man **Angepasstheit.**

Zur Verdeutlichung ist es sinnvoll, das Beispiel der **Veränderung der Giraffen** aus der Sicht DARWINS zu betrachten.

DARWINS **Erkenntnisse** besagen:

- Die Lebewesen erzeugen eine Überproduktion von Nachkommen.
- Die Nachkommen sind nicht völlig gleich; es existieren Variationen.
- Durch „natürliche Zuchtwahl“ wird das Überleben der bestangepassten Nachkommen gesichert.
- Alle Arten sind veränderlich.
- Die heutigen Organismenarten haben sich im Verlauf langer Zeiträume aus anderen Formen entwickelt.
- Veränderte Umweltbedingungen verändern die Ausleserichtung.

Aufgabe

Vergleiche mithilfe der Abbildungen die Theorien von LAMARCK und DARWIN über die Stammesentwicklung der Giraffen.

Darwins Reise mit der Beagle

„Die Reise mit der Beagle ist das bei weitem bedeutendste Ereignis in meinem Leben gewesen und hat meine ganze Karriere bestimmt", sagte CHARLES ROBERT DARWIN (1809–1881) selbst am Ende seines Lebens. Schon als 22-Jähriger bekam er die Gelegenheit, als junger Naturforscher an der erdumspannenden Forschungsreise auf dem Erkundungsschiff Beagle („Spürhund") unter Kapitän FITZROY teilzunehmen. DARWIN hatte gerade ein Theologiestudium abgeschlossen, aber sein Hauptinteresse galt schon während seiner Studienzeit den Naturwissenschaften. So hatte er Vorlesungen in Botanik, Zoologie und Geologie belegt. Der Botanikprofessor JOHN STEVENS HENSLOW (1796–1861) schlug ihn für die Reise vor, da er ihn als besonders wissensdurstigen und für alle Fragen offenen Studenten kennengelernt hatte.

Die Reise begann am 27. Dezember 1831 und endete – fast fünf Jahre später – am 2. Oktober 1836.

Die vielen Beobachtungen, die DARWIN auf dieser Reise machen konnte, bewirkten, dass er schon am Ende der Reise davon überzeugt war, dass alle Lebewesen auf einen gemeinsamen Ursprung zurückgehen. Besonders wichtig für diese Überzeugung seien – so DARWIN – die völlig eigenständigen Tier- und Pflanzenarten auf abgelegenen Inseln gewesen, oder auch die Reste riesiger ausgestorbener Säugetiere, die er in Patagonien gefunden hatte.

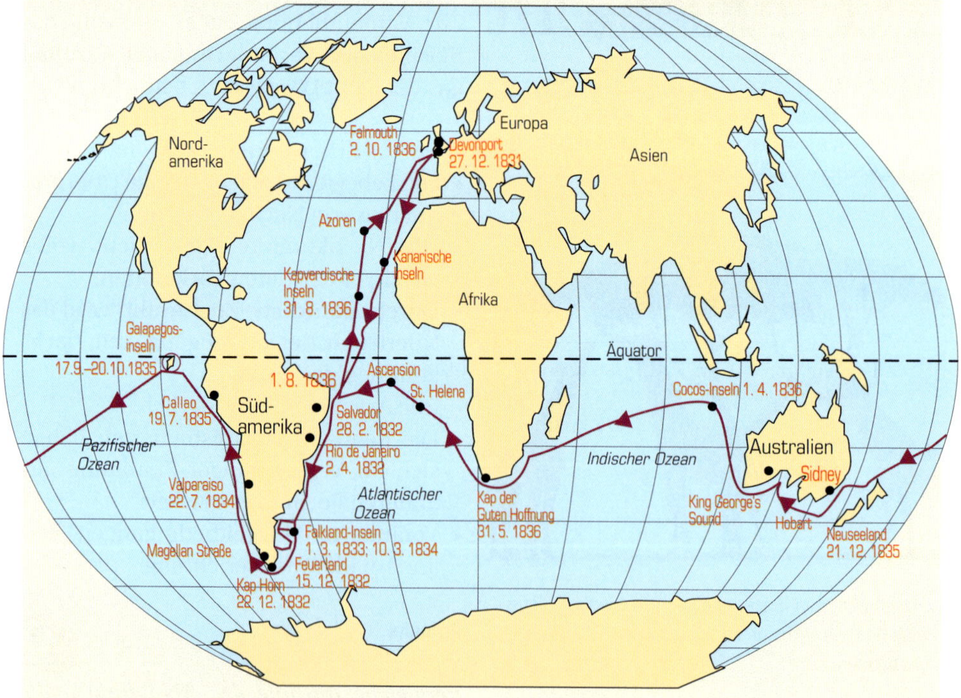

1 ▸ Reiseroute der „Beagle" (1831 bis 1836)

3

Synthetische Evolutionstheorie

Aufgrund der Erkenntnisse in der Zellforschung, Genetik und Populationsbiologie, die erst nach DARWINS Tod gewonnen wurden, wurde seine ursprüngliche Evolutionstheorie um diese Elemente erweitert. Sie ist unter dem Namen **Synthetische Evolutionstheorie** in die Wissenschaft eingegangen. Ein veralteter Begriff dafür ist auch „Neodarwinismus".

AUGUST WEISMANN (1834–1914), ein Mediziner und Zoologe, machte sich nach DARWINS Tod Gedanken zu dieser synthetischen Evolutionstheorie. Sie wurde von Evolutionsbiologen des 20. Jahrhunderts ständig weiterentwickelt. Der wissenschaftlichen Öffentlichkeit wurde sie allerdings erstmals 1942 durch ERNST MAYR (1904–2005) und JULIAN HUXLEY (1887–1975) vorgestellt.

DARWINS Evolutionstheorie

Die wichtigsten Gedanken der Evolutionstheorie von CHARLES DARWIN sind folgende:

- Die Evolution ist ein langfristiger, fortschreitender Prozess der Entwicklung von Organismen.
- Die Individuen einer Population unterscheiden sich durch erbliche Zufalls-Veränderungen.
- Durch natürliche Auslese werden diejenigen Veränderungen, die ihren Träger besser an eine gegebene Umwelt anpassen, häufiger an die nächste Generation weitergegeben.
- Alle heutigen Arten stammen von gemeinsamen Vorfahren ab.

Neue Gedanken der synthetischen Evolutionstheorie

Die **Genetik** liefert zur synthetischen Evolutionstheorie eine Reihe von Erkenntnissen. Dadurch konnten zusätzlich die molekularen Mechanismen zur Erzeugung der genetischen Variabilität aufgedeckt werden, z. B.:

- Gene bestimmen den Phänotyp.
- Mutationen sind die erblichen Zufalls-Veränderungen, die die Gene und damit auch den Phänotyp verändern. Mutanten werden der Auslese durch biotische und abiotische Umweltfaktoren, der Selektion, ausgesetzt.

Vonseiten der **Populationsbiologie,** dabei insbesondere der Populationsgenetik, kamen mathematische Modelle zur Veränderung der Allelfrequenz in einer Population hinzu. Die Entwicklung neuer Arten wird vor allem durch die Struktur und Verteilung von Populationen bestimmt. Grundvoraussetzung hierfür ist die Isolation von Arten (Individuen, die miteinander in Genaustausch stehen und fruchtbare Nachkommen produzieren, bilden eine Art).

Durch die Entwicklung in fast allen Gebieten der Biologie und anderer Wissenschaftszweige, z. B. der Geologie (Plattentektonik), sowie durch die Entwicklung neuer Beobachtungs- und Experimental-Technologien (Elektronenmikroskop, Gel-Elektrophorese, ↗ Abb. 1) werden immer neue Erkenntnisse gewonnen und damit wird die synthetische Evolutionstheorie ständig bestätigt und ausgebaut.
Die Erforschung der DNA liefert beispielsweise die molekularen Grundlagen genetischer Prozesse und damit Erkenntnisse über die Mechanismen der Evolution auf molekularer Ebene. Anzahl, Anordnung und Zusammenstellung der Gene in den Chromosomen spielen eine ebenso wichtige Rolle wie die Mutation als Motor der genetischen Variation.

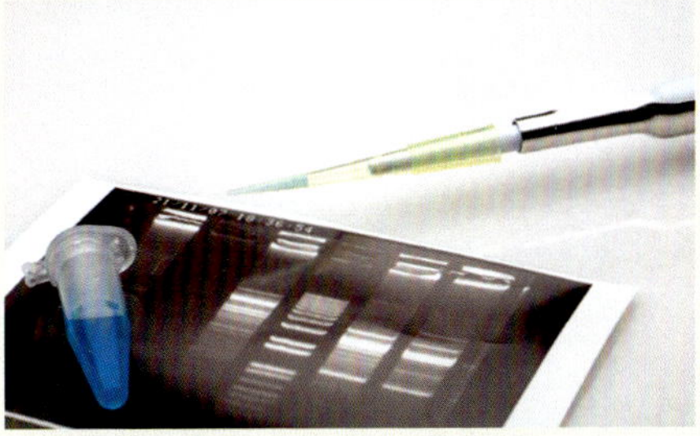

1 ▸ Vergleich verschiedener DNA-Abschnitte mittels Gel-Elektrophorese

Evolutionsfaktoren

Unter Population versteht man die Gesamtheit aller Individuen einer Art in einem bestimmten Lebensraum. Sie stellen eine Fortpflanzungsgemeinschaft dar.

Die **Evolution** ist in ihrem Verlauf nicht vorherbestimmt. Vielmehr ist dieser Verlauf abhängig von der Wechselwirkung zwischen den Umweltbedingungen und den Lebewesen. Nicht alle Umwelteinflüsse sind dabei für den Verlauf der Evolution wesentlich.

Man fasst die wirksamen Einflüsse als **Evolutionsfaktoren** zusammen. Für die Evolution bedeutsam ist dabei die Wirkung der Faktoren auf **Populationen** und nicht auf die einzelnen, oft kurzlebigen Individuen. Populationen bilden beispielsweise die Wölfe in einem bestimmten Gebiet (↗ Abb. 1) oder die Rapspflanzen eines Rapsfelds.

*Die Summe der in den Genen enthaltenen Informationen eines Organismus ist der **Genotyp** (Erbbild). Der Genotyp beeinflusst wiederum das Erscheinungsbild eines Individuums, seinen **Phänotyp**.*

Die einzelnen Individuen einer Population tragen in der Regel unterschiedliche Gene. Auch bei uns Menschen kann man feststellen, dass wir nicht alle gleich aussehen. Dies ist verständlich, wenn man sich überlegt, dass wir alle unterschiedliche Erbinformationen tragen, also einen anderen Genotyp besitzen.

Die Gesamtheit aller Genotypen der Individuen einer Population bezeichnet man als **Genpool** der Population.

Das äußere Erscheinungsbild, der **Phänotyp,** wird außer durch die Gene auch durch die verschiedenen Aktivitäten eines Individuums geprägt. Dies bedeutet z. B., dass Menschen, die viel Krafttraining machen, eine größere Muskelmasse besitzen als untrainierte. Diesen Vorgang bezeichnet man als **Modifikation.** Im Sinne von DARWIN handelt es sich um milieubedingte Variationen.

1 ▸ Die Wölfe eines Waldes bilden eine Population.

Diese Veränderungen sind nicht genetisch bedingt und bewirken deshalb keine Veränderung der Individuen im Verlauf der Evolution.

Wesentliche **Evolutionsfaktoren** sind Mutation, natürliche Auslese (Selektion) und Isolation.

Mutationen

Alle **natürlichen Mutationen** (Veränderungen im Erbgut, ↗ S. 127) erfolgen richtungslos, d. h. zufällig.

Durch Mutationen erhöht sich die Vielfalt der Genotypen in einer Population. Dadurch entstehen immer wieder veränderte oder neue Merkmale bei einzelnen Individuen. Diese zufälligen Merkmalsänderungen sind eine Voraussetzung für die Evolution. Nun kann die **Auslese (Selektion)** wirksam werden.

Natürliche Auslese (Selektion)

Ein weiterer Evolutionsfaktor ist die **natürliche Auslese** oder **Selektion.** Ihre Wirkung besteht darin, dass die Häufigkeit von weniger tauglichen Individuen einer Gruppe von Lebewesen bezogen auf die bestehenden Umweltverhältnisse verringert wird. Diejenigen Individuen, deren Gene eine günstige Anpassung an die bestehende Umwelt bewirken, können überleben und sich verstärkt fortpflanzen. Hierdurch bestimmt die natürliche Auslese die Richtung der Evolution. Sie wirkt also als richtunggebender Evolutionsfaktor.

Durch die Auslese wird die Nachkommenschaft allein der Gruppe von Lebewesen erhöht, die besser an die Umwelt angepasst ist.

3

Die **Mutationen** schaffen sozusagen das „Rohmaterial" für die dann wirkende **Auslese** (Selektion). Während die Mutation Veränderungen in den Genen und damit im Genotyp bewirkt, wirkt die Auslese über den Phänotyp, d.h. über die ausgebildeten Merkmale. Insofern ist die Evolution primär durch die **Wechselwirkung dieser beiden Faktoren** bedingt. Das Zusammenwirken von Mutation und Auslese kann man beim *Birkenspanner* (↗ S. 189) gut erkennen.

Eine **Auslese** wendet der Mensch auch bei der Züchtung von Pflanzen und Tieren an. So wurden z. B. viele Wildtiere eingefangen und gezähmt. Dann wurden bestimmte Eigenschaften herausgezüchtet.

Beispiele dieser Zucht und **Domestikation** sind unsere Rinder, Hunde, Pferde und Hausschweine (↗ Abb. 2). Auch Kulturpflanzen (z.B. Getreide) wurden aus Wildpflanzen auf diese Weise gezüchtet.

Isolation

Eine wichtige Eigenschaft von Populationen ist es, dass alle ihre Individuen miteinander fortpflanzungsfähig sind. Auf diese Art und Weise kommt es über einen längeren, viele Generationen umfassenden Zeitraum zu einem ständigen Genaustausch. Wird dieser Austausch von Erbanlagen unterbrochen, spricht man von **Isolation** (↗ Abb. 1).

2 ▸ Das Schwein: Domestikation (Züchtung) von Wildtieren zu Haustieren

Die Wirkungsweise dieses Evolutionsfaktors kann man gut am Beispiel von Inseln verdeutlichen. Wenn Inseln neu entstehen, werden sie mit der Zeit von Arten benachbarter Festländer besiedelt. Sind die Inseln weit genug vom Festland entfernt, wird es in der Zukunft nur selten zu einem Genaustausch zwischen der Ursprungsart und der Inselpopulation kommen. Aus einer Population sind zwei Teilpopulationen entstanden. Im Laufe der Jahrtausende und Jahrmillionen kommt es dann im Wechselspiel zwischen neuer Umwelt und eingewanderten Individuen zu einer starken Veränderung des gesamten Genpools der ursprünglichen Inselpopulation.

Bei der Auslese durch den Menschen werden immer die Pflanzen und Tiere für die weitere Zucht selektiert, die bestimmte Eigenschaften besitzen, die es zu erhalten oder zu verstärken gilt.

Aufgaben

1. *Definiere den Begriff Domestikation.*
2. *Nenne einige Beispiele für die Züchtung von Kulturpflanzen.*

1 ▸ Isolation als Evolutionsfaktor

Basiskonzept

Entwicklung

Entstehung einer neuen Art

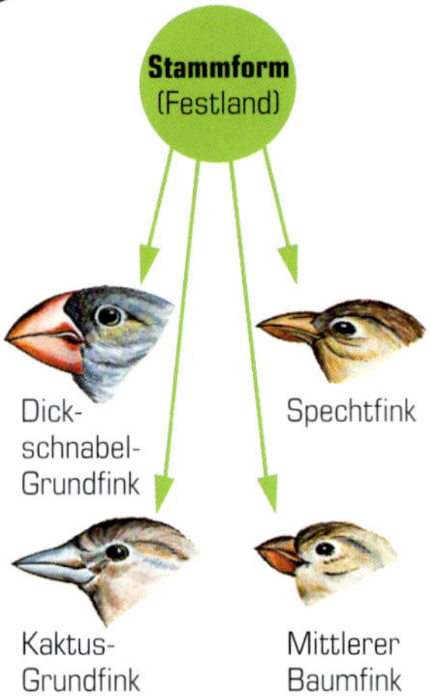

1 ▸
Auf den Galapagosinseln lebende Finkenarten

Als Paradebeispiel für Artbildung gelten die bereits von DARWIN beobachteten Grundfinken-Arten der Galapagosinseln (↗ Abb. 1). Wie man heute weiß, stammen sie alle von einer Ursprungsart des südamerikanischen Festlands ab. Die Galapagosinseln, die etwa 1 000 km vor der Küste Ecuadors im Pazifik liegen, beherbergen eine große Zahl verschiedener solcher Grundfinken. Sie konnten sich auf den Galapagosinseln entwickeln, da sie praktisch keine **Konkurrenz** hatten.
So besiedelten sie allmählich ganz unterschiedliche Lebensräume, die jeweils in bestimmter Weise auf die Teilpopulationen einwirkten. Die Umwelt wurde gewissermaßen in verschiedene Bereiche aufgeteilt, in denen die Umweltbedingungen in **Wechselwirkung** mit den Teilpopulationen zu verschiedenen **Erbanlagen** und damit auch zu verschiedenen Merkmalen führten. Die Darwinfinken – wie diese Galapagos-Grundfinken auch genannt werden – unterscheiden sich besonders deutlich in der Form ihrer Schnäbel.
Das ist eine **Angepasstheit** an ihre jeweilige Ernährungsweise.

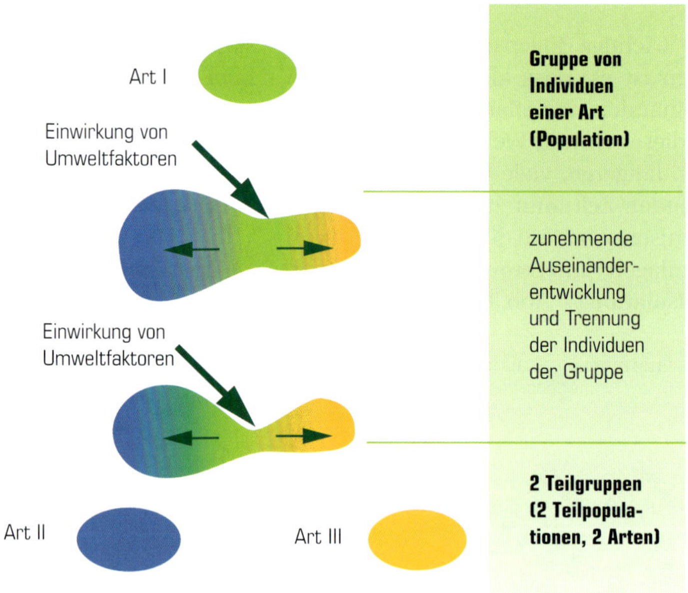

3

Vielfalt und Angepasstheit am Beispiel der Wirkung von Evolutionsfaktoren

Am Beispiel des Birkenspanners *(Biston betularia,* ↗ Abb. 1) konnte das Wirken von Evolutionsfaktoren nachgewiesen werden. Von ihm existieren zwei Formen: eine hell gefärbte und eine dunkel gefärbte Form. Beide Schmetterlingsformen sitzen häufig auf Stämmen und Ästen von Birken und anderen Laubbäumen, die durch Flechtenbewuchs in der Regel relativ hell gefärbt sind. Sie unterscheiden sich durch **Mutationen** an Genen, die für die Produktion des Farbstoffs **Melanin** zuständig sind.
Auf hellem Untergrund ist die helle Mutante schwer auszumachen, während sie auf dunklem Untergrund leicht zu erkennen ist und für Feinde eine leichte Beute darstellt (↗ Abb. 2). Je nachdem, welche Gebiete man untersuchte, wurden unterschiedlich viele der einen bzw. anderen Form gefunden.

In Gebieten mit hoher Industrialisierung und damit in der Regel stärkerer Luftverschmutzung findet man vorwiegend Bäume, die kaum oder keinen Flechtenbewuchs zeigen und darüber hinaus durch Ruß- und Staubablagerungen eher dunkel gefärbt sind. In solchen Gebieten fand man ein deutlich stärkeres Vorkommen der dunkleren und ein geringeres Auftreten der hellen Form des Birkenspanners.

Demgegenüber ist die Verteilung in gering oder unbelasteten Gebieten eher umgekehrt. Die hell gefärbten Flechten bedecken normalerweise die Baumrinde und sind ein sogenannter Bioindikator für saubere Luft.

Offensichtlich wird jeweils die Mutante durch Fressfeinde, in der Regel Vögel, reduziert, die sich deutlich vom Untergrund abhebt, während die andere durch die gute Tarnung eher übersehen wird und somit überlebt.
Die überlebenden Tiere können sich dann fortpflanzen. So kommt es dazu, dass in der nächsten Generation mehr Tiere der Form da sind, die sich besser an die Umwelt angepasst zeigt.

Aufgabe

Lies den Text gründlich durch. Beschreibe die mögliche Entstehung verschiedener Formen des Birkenspanners unter Einbeziehung des Wirkens der Evolutionsfaktoren.

1 ▸ Birkenspanner

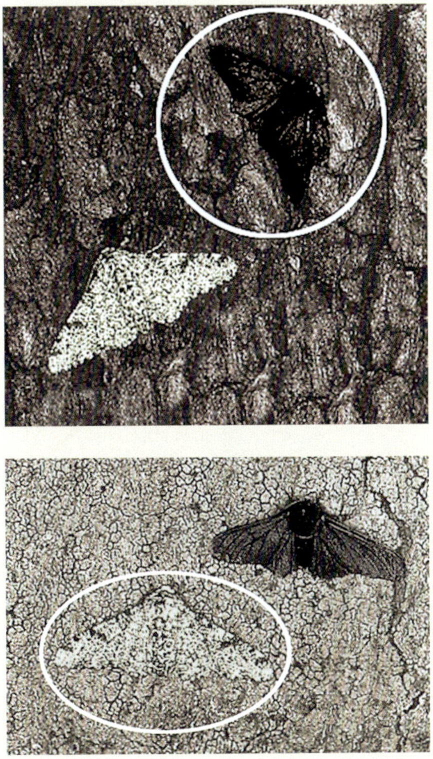

2 ▸ Helle und dunkle Form des Birkenspanners

Basiskonzept

Struktur und Funktion

Vielfalt und Angepasstheit

Mutationen und eine zufällige Verteilung der genetischen Information bei der geschlechtlichen Fortpflanzung sorgen für eine große **Vielfalt** der Nachkommen.
Erst die **Wechselwirkungen** zwischen den Lebewesen und ihrer Umwelt zeigen, ob die entsprechenden Formen die notwendige **Angepasstheit** an den Lebensraum besitzen.
Darüber können schon **Struktur und Funktion** eines einzigen Körpermerkmals oder eine Verhaltensweise entscheiden. Die vorteilhaften Formen überleben und können sich erfolgreicher fortpflanzen als die weniger angepassten (natürliche Selektion). Dadurch verändert sich die Art.

1 ▸ Die Warntracht der Schwebfliege dient zum Abschrecken von Feinden.

2 ▸ Durch die Hautbeschaffenheit sind Trockenlufttiere von der Umwelt unabhängiger (Zauneidechse).

3 ▸ Gliedmaßen von Insekten sind ihrer Fortbewegung angepasst (Großes grünes Heupferd).

4 ▸ Durch die Farbenpracht der Blüten werden Insekten angelockt (Hibiscus).

gewusst · gekonnt

1. Erkläre die Entstehung langbeiniger Schreitvögel, z. B. Reiher oder Störche, aus der Sicht der Evolutionstheorien von LAMARCK und von DARWIN.

2. Bereite einen Vortrag über den Verlauf der Reise von DARWIN auf der „Beagle" vor. Gehe dabei auch auf Erkenntnisse ein, die der Naturforscher während der Reise gewonnen hat.

3. Nenne Evolutionsfaktoren und erläutere ihr Wirken.

4. Erkläre mithilfe der Evolutionstheorie DARWINS folgende Erscheinungen: die Vielfalt, die Verwandtschaft und die Angepasstheit der Arten.

5. Erläutere, wie durch Isolation das Evolutionsgeschehen beeinflusst wird.

6. In englischen Industriegebieten fand man fast nur die dunkle Form des Birkenspanners und nur wenige Vertreter der hellen Form. Begründe diesen Sachverhalt.

7. Bei der Blutbuche (↗ Abb.) wird im Gegensatz zur Rot-Buche in den Laubblättern das Chlorophyll durch den im Zellsaft gelösten Farbstoff Anthocyan überlagert. Ist die Blutbuche ein Beispiel für eine Mutation oder eine Modifikation? Begründe deine Meinung.

8. Die Mutation ist ein wesentlicher Evolutionsfaktor. Begründe diese Aussage.

9. Definiere den Evolutionsfaktor Auslese. Worin unterscheiden sich natürliche und künstliche Auslese (z. B. bei der Züchtung von Pflanzen und Tieren)?

10. Die Besiedlung von vulkanischen Inseln (z. B. Galapagosinseln) mit Organismen wird von Wissenschaftlern besonders untersucht. Erkläre diesen Sachverhalt.

11. Auf Inseln findet man sehr häufig flügellose Arten von Organismengruppen, die sonst immer beflügelt sind (z. B. flügellose Fliegen). Erkläre diese Tatsache.

12. Darwinfinken sind verwandt mit dem Buchfink. Erkläre die Entstehung der Darwinfinken unter Verwendung
    a) der Evolutionsfaktoren,
    b) geeigneter Basiskonzepte.

Das Wichtigste auf einen Blick

Theorien zur Herkunft der verschiedenen Lebewesen

Schöpfungsgeschichte
Gott schuf die Arten; sie sind unveränderlich und entwickeln sich nicht (Konstanz der Arten).

Katastrophentheorie
Begründet von DE CUVIER; Weltkatastrophen vernichten Organismen, anschließend werden neue erschaffen.

Lamarckismus
Begründet von DE LAMARCK; bedingt durch Umweltbedingungen entwickeln sich Organe stärker oder schwächer (Vererbung erworbener Eigenschaften).

Darwinsche Evolutionstheorie
Begründet von DARWIN; Arten erzeugen zahlreiche, vielfältige Nachkommen, die der Auslese unterworfen sind. Varianten, die am besten angepasst sind, haben den größeren Fortpflanzungserfolg. Arten verändern sich in Wechselwirkung mit der Umwelt.

Synthetische Evolutionstheorie
Baut auf DARWIN auf; bestimmte Evolutionsfaktoren (z. B. Mutation) erhöhen die Vielfalt, andere Faktoren (z. B. Selektion oder Isolation) wirken richtunggebend auf die Veränderung der Arten.

Evolutionsfaktoren der darwinschen Evolutionstheorie

Mutationen
Veränderungen der Erbanlagen, Formen sind Gen-, Genom- und Chromosomenmutationen

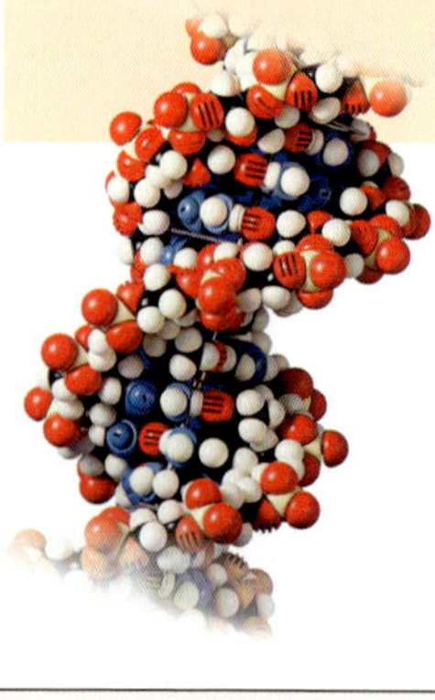

Natürliche Auslese (Selektion)
optimal angepasste Individuen bleiben erhalten und pflanzen sich fort; richtunggebende „Kraft" der Evolution

Isolation
Trennung von Organismengruppen in Teilpopulationen, teilweise oder vollständige Unterbindung der Paarung und damit des Genaustauschs, Entstehen neuer Arten

3.3 Die Evolution des Menschen

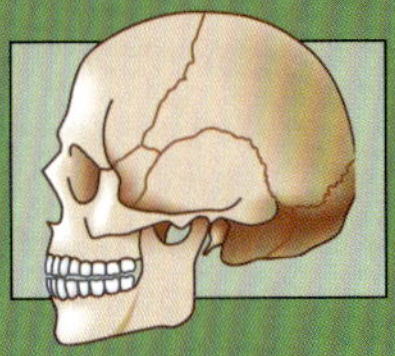

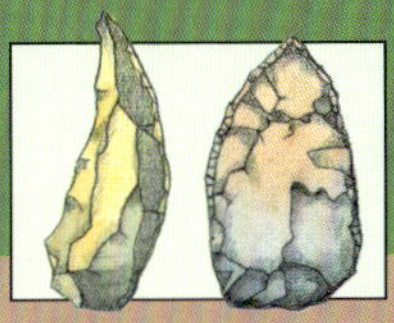

Spuren führen nach Afrika ▸▸ 1924 wurden in einem südafrikanischen Steinbruch die Überreste eines 2,5 Millionen Jahre alten Schädels freigelegt. DARWINS Theorie von der Entstehung des Menschen als Nachfahr des Affen schien belegbar. 1974 entdeckte man „Lucy" in Äthiopien; sie war 3,2 Millionen Jahre alt und wies Merkmale von Menschen und Affen auf. Im Oktober 2000 fand man in Kenia die Überreste des bisher ältesten Hominiden, des sogenannten „Millennium-Manns".

Hypothesen zum Ursprung des Menschen ▸▸ Wissenschaftler streiten sich hauptsächlich um die Frage, wann und wie der heutige moderne Mensch die Welt besiedelte. Die einen meinen, dass der *Homo sapiens* seinen Ursprung ausschließlich in Afrika hat. Die anderen behaupten, dass sein Ursprung parallel in verschiedenen Teilen der Welt liegt.

Der Mensch – ein besonderes Lebewesen?

Zwergschimpansen (Bonobo) und Schimpansen bilden gemeinsam die Gattung der Schimpansen.

Betrachtet man nur den Körperbau des Menschen, fällt eine Einordnung in das **Reich der Tiere** nicht schwer. Menschen besitzen die typischen Merkmale der Säugetiere.
Ihrem Aussehen nach gehören sie zu der Gruppe der Primaten und sind mit den Schimpansen und Zwergschimpansen (Bonobos) am engsten verwandt. Ins Auge fallen vor allem Unterschiede in der Behaarung, dem dauerhaften aufrechten Gang und dem Verhältnis von Hirn- und Gesichtsschädel.
Im Vergleich zu den vielen Gemeinsamkeiten von **Mensch** und **Menschenaffen** sind diese anatomischen Unterschiede gering.

Neuere molekulargenetische Untersuchungen lassen die Schlussfolgerung zu, dass der Mensch und der Schimpanse am engsten miteinander verwandt sind und sich erst vor ca. 7 Millionen Jahren getrennt haben.
Diese Erkenntnisse stammen aus DNA-Vergleichen von Mensch und Menschenaffen. Die DNA ist das grundlegende Molekül der Speicherung der genetischen Information. Durch den Vergleich homologer DNA-Sequenzen lassen sich verwandtschaftliche Entfernungen bestimmen (↗ Abb. 1).
Dabei werden alle Sequenzen paarweise miteinander verglichen und der DNA-Distanzwert wird berechnet (↗ Tabelle).
Es gilt: Je geringer dabei die DNA-Distanz ist, desto näher sind zwei Arten miteinander verwandt.

Sind wir also eine weitere „Schimpansenart"?

Diese Frage lässt sich nicht eindeutig und schon gar nicht nur auf der Grundlage von Körperbauvergleichen beantworten. Sicher ist, dass der Mensch eine im Tierreich einzigartige Kontrolle über seine Umwelt erlangt hat. So gestalten Menschen große Landschaften nach ihren Vorstellungen, der Grad ihrer Leistungsfähigkeit und Umweltunabhängigkeit wird von keiner anderen Art erreicht.
Tatsache ist aber auch, dass alle unsere Verhaltensweisen ihre Wurzeln im Tierreich haben.

Warum haben die Schimpansen keine ähnliche Entwicklung durchlaufen?

Auch darauf gibt es keine fertigen Antworten, sondern Hypothesen, die sich auf entsprechende Untersuchungen (genetische, anatomische, verhaltensbiologische) stützen. Der entscheidende Schritt für die Herausbildung der heutigen Leistungsfähigkeit unserer Art könnte die **Entstehung einer differenzierten Sprache** gewesen sein. Verständigung im Pflanzenreich (chemische Stoffe) und im Tierreich (Gebärden, Laute, chemische Stoffe) sind weit verbreitet. Wahrscheinlich ist es aber keiner anderen Art gelungen, eine ähnlich komplexe Verständigungsform mit einem so riesigen Wortschatz zu schaffen.

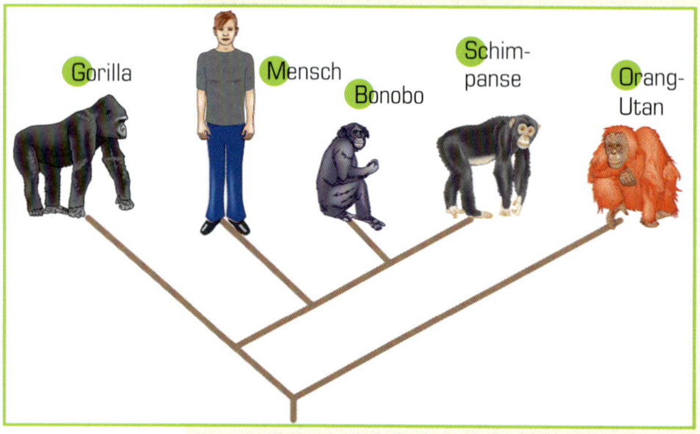

1 ▸ Stammbaum nach DNA-Distanzwerten

Einige DNA-Distanzwerte

Schimpanse	:	Mensch	1,6
Gorilla	:	Mensch	2,5
Orang-Utan	:	Mensch	3,5
Gorilla	:	Schimpanse	2,5
Orang-Utan	:	Schimpanse	3,5

1 ▸ Im Verhalten kann man deutliche Gemeinsamkeiten zwischen Schimpansen und Menschen beobachten.

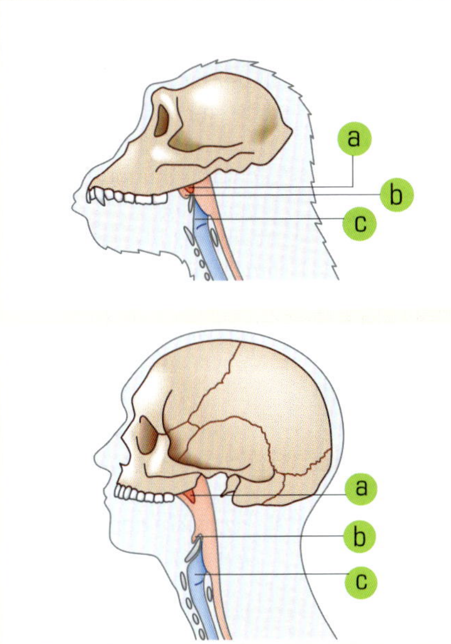

2 ▸ Lautapparate von Schimpanse (oben) und Mensch (unten) im Vergleich: a) Gaumensegel, b) Kehldeckel, c) Kehlkopf

Der **Aufbau des Lautapparats** lässt bei Schimpansen die Bildung von bestimmten Lauten nicht zu. Deshalb konnte sich bei dieser Art keine differenzierte Lautsprache entwickeln. Menschenkinder können zu Beginn ihrer Entwicklung jede Sprache erlernen, die von den Eltern gesprochen wird. Die Sprache wiederum versetzt den Menschen in die Lage, Gedanken zu formulieren, zu diskutieren und neue Lösungen zu finden.

Durch den Austausch von Erfahrungen konnten größere Gruppen gebildet und geführt werden. Das wiederum hatte Auswirkungen auf die **sozialen Beziehungen.** Menschenaffen leben in überschaubaren Gruppen von wenigen Tieren.
Menschen leben heutzutage oft in anonymen Großstädten. Je größer aber die Gruppen sind, in denen wir uns bewegen, um so **flexibler** muss auch unser **Verhalten** werden, weil die Reaktionen der Gruppenmitglieder schwerer vorausschaubar sind.

Die **Lebenserwartung des Menschen** liegt über der Lebenserwartung der meisten anderen Tierarten. Auch dies beeinflusst unser Verhalten maßgeblich. In den Partnerschaften werden stabile Beziehungen angestrebt, auch wenn diese häufig nicht halten.
Bei den Schimpansen z. B. gibt es feste sexuelle Partnerschaften nicht. Menschen investieren sehr viel Zeit und Energie in ihre Nachkommenschaft. Junge Schimpansen gehen nach der Entwöhnung auf Nahrungssuche, unsere Kinder werden jahrelang versorgt und erzogen.

Die Frage, ob der Mensch etwas „Besonderes“ ist, sollte man so nicht stellen. Jedes Lebewesen ist etwas „Besonderes“, weil es einmalig ist.
Menschen sind Lebewesen mit einer hohen Lernfähigkeit, die ihnen im Vergleich zu den Tieren viele Verhaltensvarianten zur Auswahl gibt.

Der Sprachgebrauch erhöhte die Variabilität der Verhaltensweisen. Das führte in den letzten 40 000 Jahren zu mehr kultureller Evolution beim Menschen als in den Jahrmillionen davor.

Projekt

Der Mensch im Reich der Tiere

In der biologischen Systematik wird der Mensch in die Klasse der Säugetiere eingeordnet. Ebenso wissenschaftlich belegt ist die Abstammung des Menschenaffen und Menschen von gemeinsamen Vorfahren. Das zeigen nicht nur anatomische Gemeinsamkeiten, sondern auch genetische Untersuchungen.
Aber viele unserer Verhaltensweisen sind von unserer kulturellen Entwicklung so überlagert, dass wir sie in ihrem Ursprung nicht mehr erkennen.

2 ▸ Ein Schimpanse zeigt einem anderen Mitglied der Gruppe, wie ein Stock genutzt werden kann.

1. *Beschreibt verschiedene Verhaltensweisen von Säugetieren. Sind diese auch beim Menschen zu finden?*

2. *Recherchiert Fakten zum sozialen Verhalten von Schimpansen. Präsentiert eure Ergebnisse in einer geeigneten Form euren Mitschülern.*

3. *Vergleicht das Verhalten von Mensch und Schimpanse. Nutzt dazu auch den Text auf Seite 197.*

4. *Tragt Gemeinsamkeiten und Unterschiede im Körperbau von Mensch und Schimpanse zusammen. Dazu könnt ihr eine Tabelle nutzen.*

5. *Recherchiert die anatomischen Voraussetzungen für die differenzierte Lautsprache.*
   a) *Informiert euch dazu über den Bau des Lautapparats. Nutzt auch die Abbildung 2 von Seite 195.*
   b) *Findet eine Erklärung, warum Schimpansen keine so differenzierte Lautsprache entwickeln können.*

6. *Begründet die enge Verwandtschaft zwischen Mensch und Schimpanse aus genetischer Sicht (↗ S. 194).*

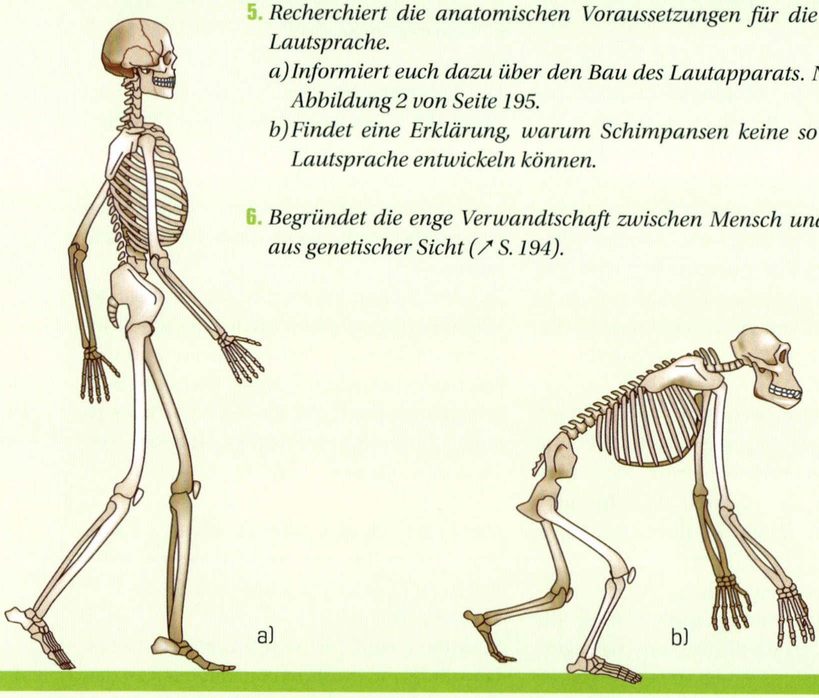

1 ▸ Das Skelett, die Becken- und die Kopfform von Mensch a) und Schimpanse b) weisen Gemeinsamkeiten und Unterschiede auf.

Verhalten von Menschenaffe und Mensch

Naturbeobachtungen ergaben, dass sich bei verschiedenen Schimpansenhorden durch Nachahmungen ganz unterschiedliche **„Traditionen“** herausgebildet hatten. Einige waren in der Lage, Termiten mittels harter Gräser oder dünner Äste zu fangen. Andere nutzten passende Steine, um damit Nüsse zu knacken. Wieder andere zerkauten Blätter zu einem schwammförmigen Gebilde, um aus Asthöhlungen Wasser aufzusaugen und dann zu trinken.
Insbesondere die **Lernfähigkeit** von Schimpansen ist beachtlich groß. Sie sind in der Lage, Naturgegenstände zielgerichtet zu verändern, Kausalbeziehungen zu erfassen, sich durch Laute und Gebärden zu verständigen – ja sogar eine **„Symbolsprache“** zu erlernen.
Einige Versuche haben auch gezeigt, dass sich Menschenaffen im Spiegel erkennen und somit über ein **„Ich-Bewusstsein“** verfügen. Aber ihr **Abstraktionsvermögen** reicht nicht aus, um hoch spezialisierte, vorausplanende Leistungen wie der Mensch zu erreichen. Trotzdem zeigen neurophysiologische und verhaltensbiologische Untersuchungen, dass Menschenaffen zu erstaunlichen Denk- und Planungsleistungen fähig sind, da dafür die Begriffssprache allein nicht Voraussetzung ist.

Auch beim Menschen kann man Formen des Verhaltens finden, die man bei Tieren beobachtet hat.
Rangordnungen z.B. spielen auch im menschlichen Zusammenleben eine große Rolle. Betrachtet man die Struktur einer Familie, kann man eine klare Verteilung der Rollen erkennen, auch wenn die Partner gleichberechtigt und liebevoll miteinander umgehen.
Das zeigt sich u.a. darin, wer die Haushaltskasse verwaltet oder wer das Babyjahr nimmt. Auch in einem Klassenverband oder in einem Betrieb kann man eine bestimmte Rangordnung beobachten: Lehrer – Schüler, Chef – Angestellte. Der Platz in einer Gruppe wird beim Menschen in der Regel durch Kompetenz erworben.

Die **Ursachen** für das **Konkurrenzverhalten** sind beim Menschen ähnlich wie bei den Tieren. Der Besitz von Werkzeugen und Waffen verändert aber die Kräfteverhältnisse und ermöglicht die Vergrößerung der Distanz zwischen den Konkurrenten. Es ist wohl ein Unterschied, ob sich hungrige Menschen um Nahrungsmittel prügeln oder ob sie sich in Distanz mit einer Waffe bedrohen oder eventuell erschießen. Oftmals führen nichtige und egoistische Gründe zu Aggressionen mit schweren körperlichen Folgen.

Im innerartlichen Verhalten der Tiere finden wir nur selten solche Auswirkungen. Während Tiere die Kommunikation nutzen, um Konkurrenten in Distanz zu vertreiben oder sich gegenseitig zu warnen, können Menschen die Sprache als **verbale Aggression** verwenden. Durch sprachliche Auseinandersetzungen vermeidet man zwar häufig den körperlichen Kampf, sie können aber auch zu schweren psychischen Verletzungen des schwächeren Konkurrenten führen.

Innerhalb einer Gruppe bildet sich eine Hierarchie heraus, die bei Tieren in der Regel durch Kämpfe entstanden ist. Durch diese Rangordnung wird die Aggressivität in der Gruppe herabgesetzt.

Formen des Konkurrenzverhaltens sind z. B. Aggressionen, Kämpfe um Ränge und Reviere.

Ausgestorbene Menschenformen

Im Jahr 1974 wurde in Äthiopien ein 3,2 Millionen Jahre altes Australopithecus-Skelett („Lucy", ↗ Abb. 2) entdeckt. Anhand von Bruchstücken des Beckens und des Schädels rekonstruierte man das Skelett.

Die **stammesgeschichtliche Entwicklung** des Menschen trennte sich vor ca. 6 bis 7 Millionen Jahren von der der Menschenaffen. Geologische Veränderungen im Ostteil Afrikas zwangen einen Teil der dort lebenden Primaten aus den Regenwäldern in die Randgebiete bzw. in die Savannen. Nur wenige Arten kamen wahrscheinlich mit den erschwerten Bedingungen zurecht und entwickelten sich zu menschenartigen Frühformen.

Eine Gruppe dieser **Vormenschen** waren die *Australopithecinen* („Affenmenschen"). Vor 3 bis 4 Millionen Jahren spaltete sich diese in weitere Gruppen auf, z. B. in *Australopithecus robustus* und *Australopithecus africanus*.

Durch Fossilfunde aus Afrika konnte belegt werden, dass diese Vormenschen aufrecht gingen und menschenähnliche Hände und Gebisse besaßen. Ihr Schädel mit der stark fliehenden Stirn hatte ein Hirnschädelvolumen von ca. 400 cm^3.

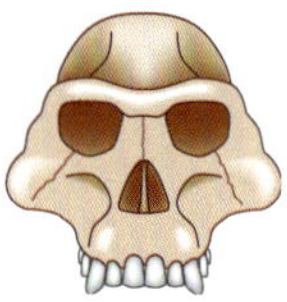

1 ▸ Ausgeprägter Kiefer mit breiten Backenzahnkronen

Sie nutzten Naturgegenstände wie z. B. Steine, Knochen und Holz. In kleinen Gruppen zogen sie durch die Savannen und stellten sich der Konkurrenz der Fleisch- und Pflanzenfresser (↗ Abb. 3).

Während von *Australopithecus robustus* keine weitere Entwicklung ausging, stellt die Form *Australopithecus africanus* nach heutigen Erkenntnissen die Wurzel der Menschen dar.

Ursache für die bessere Angepasstheit von *Australopithecus africanus* war sicher auch die abwechslungsreiche Nahrung. Neben pflanzlichem Eiweiß wurde tierisches Eiweiß aufgenommen, das von gefundenen Tierkadavern, Vogeleiern und gefangenen kleinen Tieren stammte. Tierisches Eiweiß ist u. a. eine der Voraussetzungen für das Wachstum des Gehirns.

Vor ca. 2 Millionen Jahren traten in den afrikanischen Savannen die ersten Vertreter der **Frühmenschen** auf. Sie erhielten von den Wissenschaftlern den Namen *Homo habilis* („geschickter Mensch").

Diese Formen hatten ein größeres Hirnschädelvolumen als *Australopithecus africanus* und bedienten sich verschiedenster selbst hergestellter Steinwerkzeuge. Ihr regelmäßiger Gebrauch hatte Auswirkungen auf die **Evolution des Menschen.**

Gruppen, die gutes Werkzeug herstellten, hatten erhebliche Vorteile beim Nahrungserwerb.

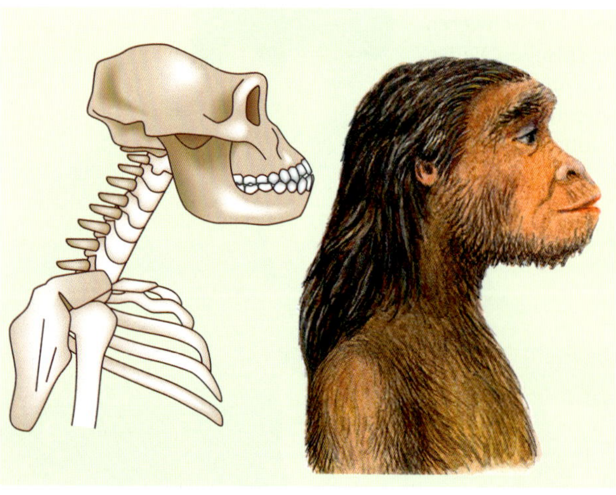

2 ▸ Rekonstruktion von „Lucy", Skelett und Erscheinungsbild

3 ▸ Lebensbild der Australopithecinen

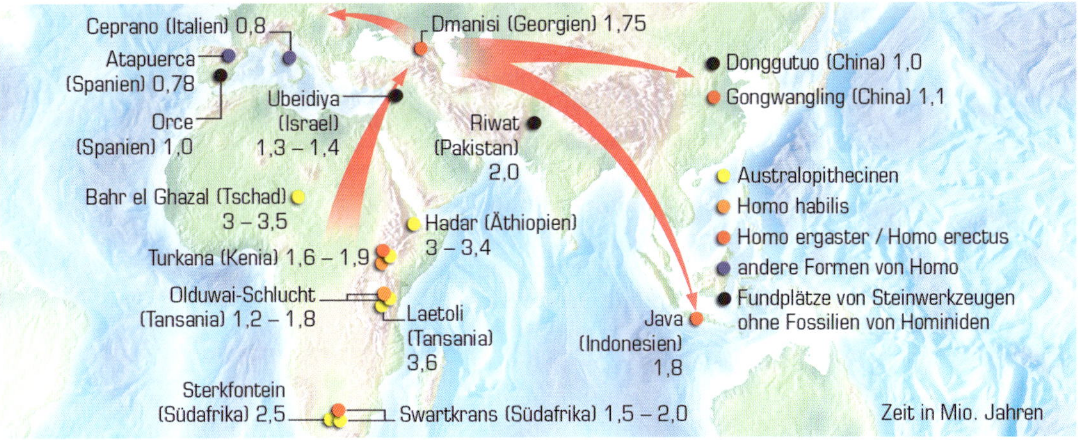

1 ▸ Fundstellen und Wanderungen von Homo erectus

Dadurch erhöhte sich ihre Fortpflanzungsrate, sie konnten ihre Gene und damit z. B. die Tendenz zur Hirnzunahme weitergeben. Vor ungefähr 1,7 Millionen Jahren haben mehrere menschliche Arten parallel gelebt.

Der *Homo erectus* („aufrechter Mensch“) entwickelte sich aus *Homo habilis*. Man geht heute davon aus, dass es mindestens drei verschiedene Formen von *Homo erectus* (↗ Abb. 2) gegeben hat. Das Hirnschädelvolumen stieg auf 940 cm^3, ihr Körperbau entsprach schon weitgehend dem unsrigen. Die *Homo-erectus*-Formen stellten Werkzeuge aus Feuersteinknollen her und bauten zeltartige Behausungen. Mit der Anfertigung von Lanzen und dem Gebrauch des Feuers verschafften sich die Gruppen von *Homo erectus* einen Vorteil gegenüber den anderen Menschenformen. Vor ungefähr 1,2 Millionen Jahren gab es nur noch *Homo erectus*, die anderen Menschenformen waren verschwunden.

Rund 200 000 Jahre später begannen Gruppen von *Homo erectus* den afrikanischen Kontinent in Richtung Asien und Europa zu verlassen. Anhand fossiler Funde kann man diesen Weg verfolgen (↗ Abb. 1). Dabei führten die veränderten Umweltbedingungen zu verschiedenen Anpassungen.

2 ▸ Lebensbild von Frühmenschen (Homo erectus), Bilzingsleben im Thüringer Becken

Aus einer Form des *Homo erectus*, die als *Homo ergaster* („Handwerker“) bezeichnet wird, entwickelten sich in den besiedelten Kontinenten verschiedene Formen des *Homo sapiens* („wissender Mensch“).

Mit einer zweiten Auswanderungswelle aus Afrika, die vor ungefähr 100 000 Jahren begann, erreichten unsere Vorfahren vor ca. 40 000 Jahren den europäischen Kontinent. Dort trafen sie auf Gruppen des *Homo neanderthalensis* („Neandertaler“), mit denen sie wahrscheinlich um die vorhandenen Ressourcen konkurrierten. Nur wenige Tausend Jahre nach dem Erscheinen unserer Vorfahren verschwand der Neandertaler aus Europa.

Schädelfunde aus dem Dorf Dmanisi (Georgien, an den Südausläufern des kleinen Kaukasus) aus den Jahren 1991 bis 2001 weisen sowohl Ähnlichkeiten mit Homo habilis als auch mit Homo erectus auf.

Jetztmenschen

1 ▸ Schädel des eiszeitlichen Jetztmenschen von Cro Magnon (Frankreich)

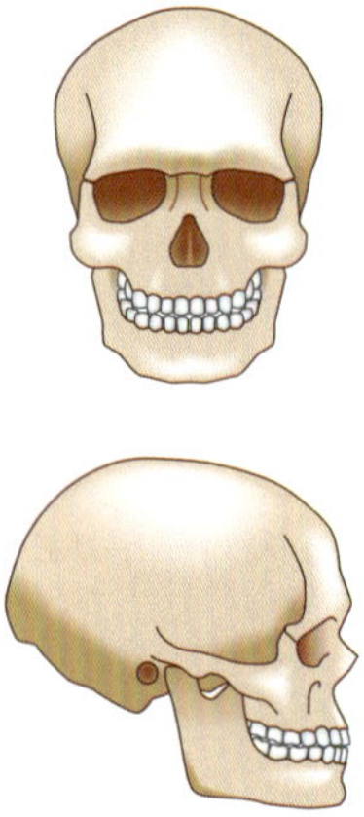

Vor 40 000 Jahren wanderte eine Teilpopulation des *Homo sapiens* nach Europa aus. Die ältesten europäischen modernen Menschen sind die *Cro-Magnon-Menschen,* die nach ihrem Fundort in Frankreich benannt wurden.

Die *Cro-Magnon-Menschen* waren nun bereits in der Lage, filigrane Steinwerkzeuge herzustellen.

Nicht nur in der Werkzeugtechnik waren die modernen Menschen ihren Vorgängern überlegen. Sie konnten z. B. die Ressourcen der Umwelt besser nutzen, ihr Skelett- und ihr Muskelbau waren weniger energieaufwendig, die Kindersterblichkeit war niedriger, sie erreichten ein höheres Alter und waren fruchtbarer. Damit gelang es ihnen, die in Europa seit Jahrtausenden lebenden *Homo neanderthalensis* zu verdrängen.

Dieser **Jetztmensch** unterschied sich anatomisch von seinen Vorgängern. Das Hirnschädelvolumen des eiszeitlichen Jetztmenschen betrug etwa 1 200 bis 1 700 cm^3 und entspricht damit sowohl dem des Neandertalers als auch dem des heute lebenden Menschen.

2 ▸ Lebensbild eines eiszeitlichen Jetztmenschen

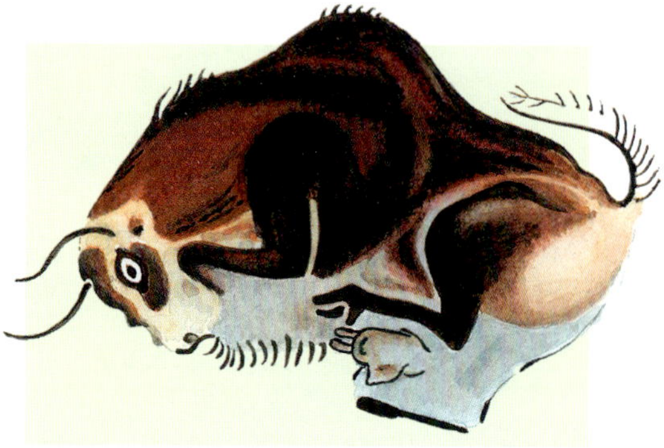

3 ▸ Das Höhlengemälde des eiszeitlichen Jetztmenschen stellt ein Rind dar.

Der Schädel (↗ Abb. 1) ist dünnwandiger als beim Neandertaler, wie insgesamt das Skelett graziler wirkt. Es fehlen die Überaugenwülste. Der kleine Gesichtsschädel wirkt wie ein Anhang an der großen und hohen Schädelkapsel. Am Unterkiefer ist ein Kinnvorsprung vorhanden.

Bei Grabungen wurde zusammen mit den fossilen Knochenfunden auch eine Vielzahl von Gerätschaften entdeckt, durch die sich recht genaue Rückschlüsse auf die Lebensweise dieser Menschen ziehen lassen (↗ Abb. 2).

Als neue Errungenschaften in kulturell-technischer Hinsicht gelten

- Fernwaffen wie Pfeil und Bogen, Wurfspeere, Harpunen und Schleudersteine (zusammengesetzte Werkzeuge),
- Behausungen aus Holz und Stein, oft mit Tierfellen bespannt,
- Schmuck aus Zähnen, Muschelschalen und Schneckengehäusen.

Beeindruckend sind auch Zeugnisse der künstlerischen Betätigung wie Höhlengemälde (↗ Abb. 3) und Plastiken. Die Vielfalt der Gerätschaften lässt auf Arbeitsteilung innerhalb der Horde schließen.

Bis vor 15 000 Jahren lebten die Menschen nur von dem, was die Natur ihnen bot – sie waren noch immer **Jäger** und **Sammler.**

3

1 ▸ Schmuck und Steinplastik des eiszeitlichen Jetztmenschen

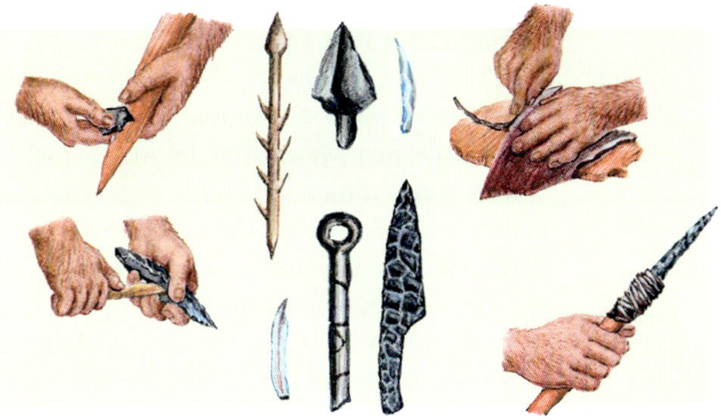

2 ▸ Geräte des eiszeitlichen Jetztmenschen und deren Verwendung

Vor etwa 10 000 Jahren gingen die Menschen dazu über, Tiere nicht mehr nur zu jagen, sondern sie auch lebendig einzufangen und zu zähmen. Auf diese Weise schufen sie sich Nahrungsreserven. Wenig später fingen die Menschen an, in einigen Gebieten der Erde den Boden zu bearbeiten und Pflanzen zu kultivieren. Damit begann die Zeit der **Ackerbauer** und **Viehzüchter.**

Aus dem eiszeitlichen (fossilen) Jetztmenschen entwickelte sich der **heute lebende Jetztmensch.** Es kam zu einer stürmischen **kulturellen Entwicklung** des Menschen. Pflanzen und Tiere wurden nicht mehr nur gehalten, sondern schrittweise durch **Züchtung** nach den Vorstellungen und Bedürfnissen des Menschen verändert.

Der Mensch lernte, Energieformen ineinander umzuwandeln und diese für technische Zwecke zu nutzen. Er hat unzählige **Erfindungen** gemacht und ist heute damit in der Lage, großflächige Landschaften nach seinen Vorstellungen zu verändern.

Der Mensch wurde zum Gestalter seiner Umwelt und seines Lebens und trägt damit eine große Verantwortung.

M

Die eiszeitlichen (fossilen) Jetztmenschen lebten in Höhlen oder Zeltbehausungen und fertigten Arbeits- und Jagdgeräte an, z. B. Fernwaffen. Sie waren noch Jäger und Sammler. Der heute lebende Jetztmensch ist sesshaft und hat eine differenzierte Arbeitsteilung.

Aufgaben

1. *Stelle in einer Übersicht die Etappen der Entwicklung des Menschen dar.*

2. *Nenne Gründe, warum einige Wissenschaftler die Australopithecinen auch als Übergangsform bezeichnen.*

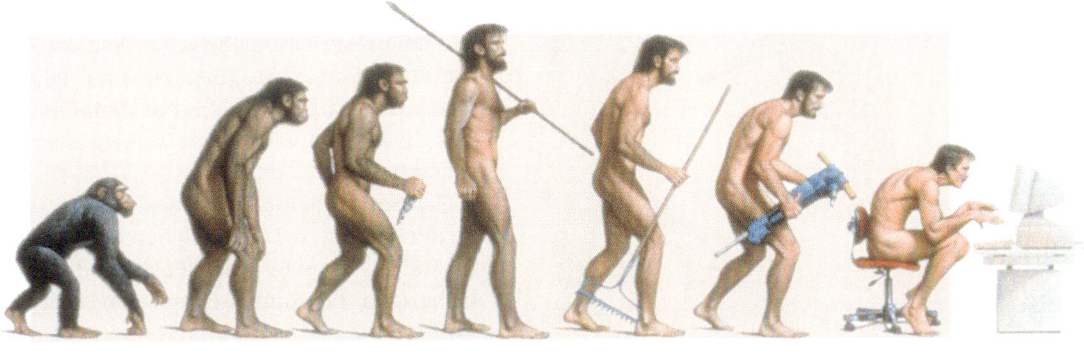

Ursprung des Menschen

1 ▸ Homo erectus

2 ▸ Homo sapiens

Schon DARWIN vermutete, dass die **Ursprünge des Menschen** in Afrika liegen müssten. Zu dieser Annahme gelangte er durch die Tatsache, dass Afrika die Heimat der Gorillas und Schimpansen ist, die unsere nächsten stammesgeschichtlichen Verwandten im Tierreich sind. Beweisen konnte er diese Vermutung nicht, dazu fehlte ihm u.a. das Wissen über die Genetik.

Nach der zurzeit vorherrschenden Theorie begannen unsere unmittelbaren Vorfahren erst vor ungefähr 100 000 bis 150 000 Jahren von Afrika aus die anderen Kontinente zu besiedeln *(Out-of-Africa-Hypothese,* ↗ S. 204). Dabei folgten sie den Spuren einer anderen Menschenart, die schon vor ca. 2 Millionen Jahren anfing, andere Kontinente als Lebensräume zu entdecken.

Gruppen des *Homo erectus* zogen über Generationen hinweg entlang den Küsten nach Europa und Asien. Bisher konnte nicht geklärt werden, ob es zu einer Vermischung zwischen den beiden Menschenformen kam oder ob *Homo sapiens* die alteingesessenen Vertreter des *Homo erectus* verdrängte.

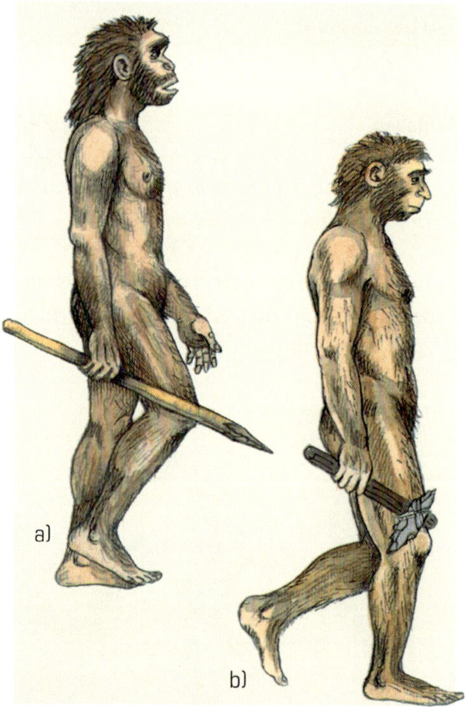

3 ▸ Homo erectus (a) lebte vor mehr als 1 Mio. Jahren in Afrika.

Der Homo neanderthalensis (b) ist einer der Nachfahren des Homo erectus.

Einige Wissenschaftler vertreten die Ansicht einer direkten Linie der Menschwerdung. Für sie stammen die heutigen Menschen linear von den *Australopithecinen* über *Homo habilis* und *Homo erectus* ab. In verschiedenen Regionen der Erde hätten sich aus Gruppen von *Homo erectus* unsere Vorfahren entwickelt *(multiregionale Hypothese)*. Nach ihrer Meinung gab es weniger fossile Menschenarten, als heute angenommen wird. Viele der als eigene Art beschriebenen fossilen Menschenformen wären demnach nichts anderes als genetische Varianten der Hauptlinie.

Man hat Spuren verschiedener Menschenformen gefunden, die ein zeitgleiches Auftreten in einigen Regionen der Erde belegen.

In Europa z. B. lebten Neandertaler, die europäischen Nachfahren des *Homo erectus,* und Jetztmenschen für mindestens 10 000 Jahre nebeneinander, vielleicht sogar miteinander.

Ein weiterer Beleg für das Nebeneinander verschiedener Menschenformen wurde 2003 auf der indonesischen Insel Flores entdeckt (↗ S. 205). Forscher fanden fossile Überreste zwergwüchsiger Nachfahren des *Homo erectus,* die erst vor 12 000 Jahren ausstarben. Zu diesem Zeitpunkt war diese Insel vom *Homo sapiens* aber schon besiedelt.

Der **Stammbaum der Menschen** wird in den nächsten Jahren sicher noch oft verändert, da jeder neue Fossilfund die bisherigen Erkenntnisse auf den Prüfstand stellt.

Erst mit der Kenntnis über die Genetik und den technischen Möglichkeiten für DNA-Analysen können Verwandtschaften zweifelsfrei nachgewiesen werden.

Der italienische Evolutionsbiologe und Genetiker LUCA CAVALLI-SFORZA veröffentlichte zusammen mit seinen Mitarbeitern 1994 den **genetischen Stammbaum** des **Jetztmenschen** (↗ Abb. 1). Er wurde auf der Basis von weltweiten DNA-Analysen erstellt. Dabei wurden jeweils bei Vertretern aus 42 Eingeborenenpopulationen die gleichen 110 Gene untersucht.

Aus dem Stammbaum wird ersichtlich, dass sich die anfangs einheitliche Linie in zwei Hauptlinien trennte. Dies bestätigt die Hypothese vom **gemeinsamen Ursprung aller Menschen.**

Dass diese Wurzeln in Afrika liegen, wird vor allem durch die zahlreichen Fossilfunde bestätigt. Es gibt keine Funde fossiler Menschen außerhalb Afrikas, die älter als 2 Millionen Jahre sind. Alle älteren Funde hat man nur auf dem afrikanischen Kontinent entdeckt.

Während die eine der beiden neuen Linien auf dem direkten Weg zu den heutigen Afrikanern führt, spaltet sich die andere Linie in zwei Gruppen auf:

- Zu der einen Gruppe gehören u. a. die Ureinwohner Südasiens, Australiens, Neuguineas und der pazifischen Inseln.
- Zu der anderen Gruppe zählen die Ureinwohner Nordasiens, die Indianer und die Europäer.

Eine Stellung zwischen den beiden Gruppen nehmen die Ureinwohner Ostasiens ein.

LUCA CAVALLI-SFORZA wurde am 25. Januar 1922 in Genua geboren.

Anhand dieser genetischen Untersuchungen lassen sich die Wanderungsbewegungen unserer Vorfahren ableiten. Der Weg aus Afrika führte eine Gruppe über Südostasien bis nach Australien. Die andere Gruppe bewegte sich über den Kaukasus nach Nordasien, von wo aus sowohl die Besiedlung Europas als auch der amerikanischen Kontinente erfolgte.

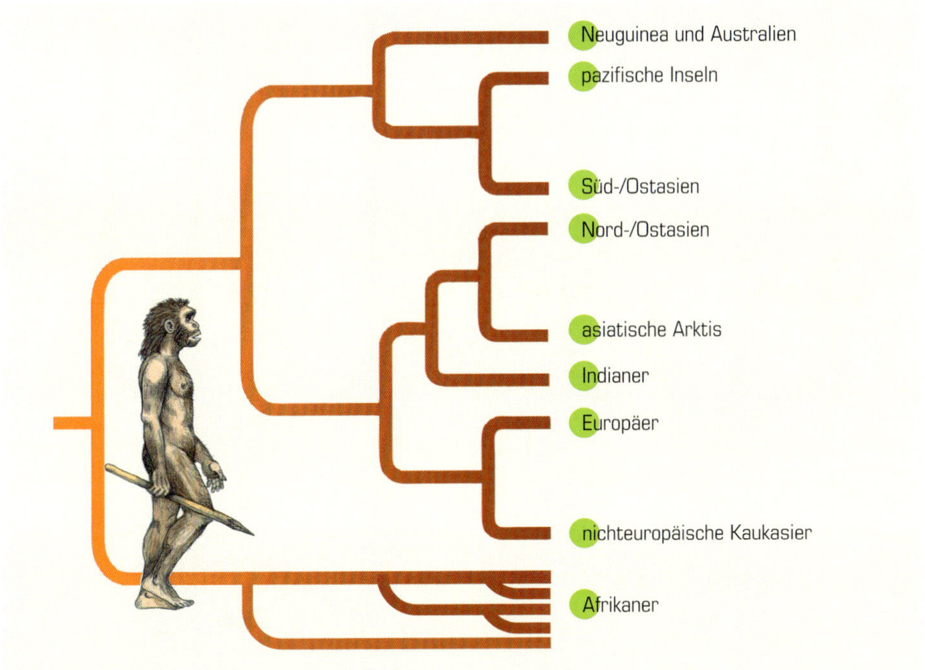

1 ▸ Genetischer Stammbaum des Menschen

Basiskonzept

Entwicklung

Lebendige Systeme verändern sich in Abhängigkeit von der Zeit. Sie sind also durch **Entwicklung** gekennzeichnet. Man unterscheidet dabei die Individualentwicklung und die evolutionäre bzw. stammesgeschichtliche Entwicklung.

Während in der ***Out-of-Africa*-Hypothese** formuliert wird, dass sich alle modernen Menschen aus den afrikanischen Nachfahren des *Homo erectus* einer zweiten großen Wanderungswelle – vor etwa 100 000 Jahren von Afrika aus – entwickelten, nehmen die Vertreter der **multiregionalen Hypothese** an, dass der moderne Mensch in den verschiedenen Regionen der Erde aus regionalen Abkömmlingen des *Homo erectus* hervorging, der sich bereits vor ein bis zwei Millionen Jahren von Afrika aus ausbreitete.

Die Entwicklung des anatomisch modernen Menschen

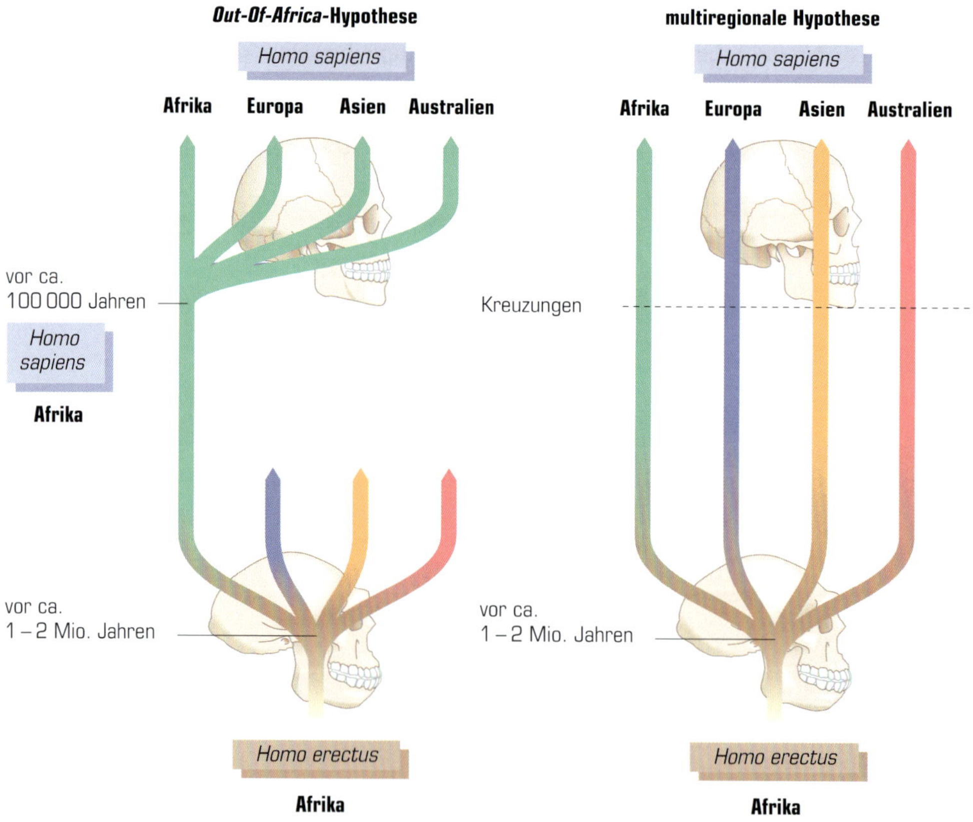

3

Die Zwergenfrau von Flores (Homo floresiensis)

Auf der indonesischen Insel Flores in der Liang-Bua-Höhle haben australische Forscher im September 2003 Überreste einer bisher unbekannten zwergwüchsigen Art der Gattung *Homo* gefunden. Die „Flores-Frau" war nur etwa 1 m groß, ihr Kopf war nicht größer als eine Pampelmuse und hatte ein Hirnvolumen von nur 380 cm^3.
Das Gehirn des *Homo erectus,* der erstmalig vor 1,8 Mio. Jahren auf der Nachbarinsel Java auftauchte, war doppelt bis viermal so groß.
Da am Fundort Überreste von sechs weiteren Zwergenmenschen gefunden wurden, wird eine einmalige Missbildung ausgeschlossen. Die Datierung der Funde ergab, dass die Flores-Frau vor etwa 18 000 Jahren lebte, für die anderen Überreste stellte man ein Alter zwischen 95 000 und 13 000 Jahren fest.
An der Ausgrabungsstätte fand man außerdem Klingen und Keile, Feuerstellen, verkohlte Knochen, Überreste eines Komodo-Warans und einen Zwergelefanten-Schädel. Deshalb gehen die Entdecker davon aus, dass der Zwergenmensch trotz seines kleinen Gehirns Werkzeuge herstellte, auf die Jagd ging und seine Beutetiere in der Höhle zerlegt und gebraten hat. Sie benannten die Art nach dem Fundort *Homo floresiensis* und vermuten, dass es sich um eine durch Isolation auf der Insel kleinwüchsig gewordene Population aus der *Homo-erectus*-Verwandtschaft handelt.

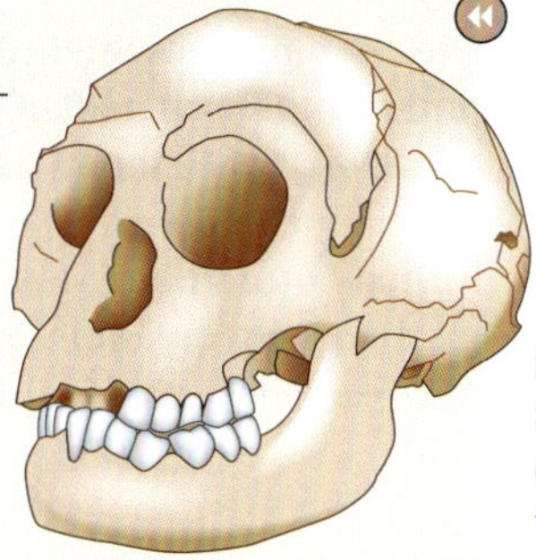

2 ▸ Fossiler Schädel des Homo floresiensis

Ein Vulkanausbruch vor 12 000 Jahren bedeutete vermutlich das Ende der Flores-Menschen. Da nachgewiesen ist, dass bereits vor 40 000 Jahren auch *Homo sapiens* in der Region lebte, wäre aber auch denkbar, dass er für das Verschwinden des Zwergenmenschen verantwortlich ist.

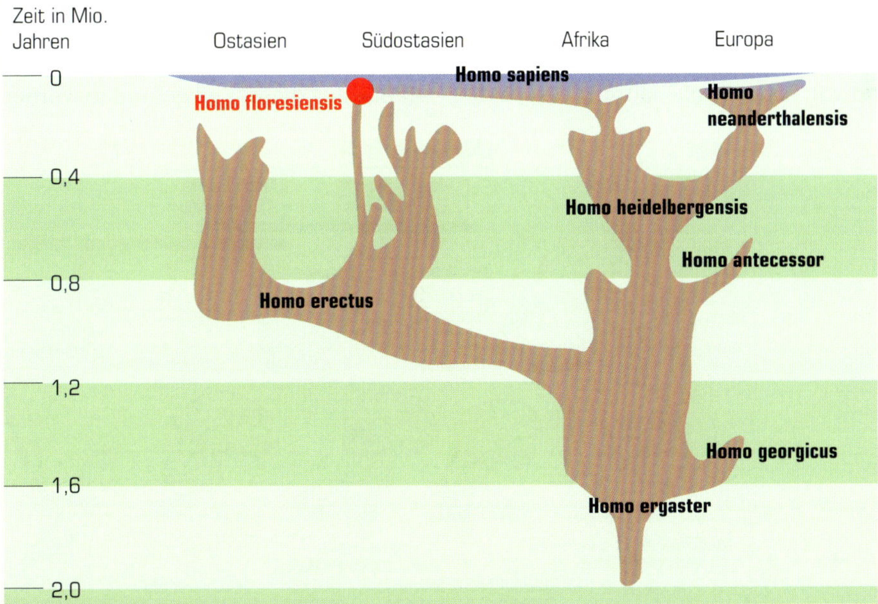

1 ▸ Zeitliche Einordnung der Zwergenfrau Homo floresiensis

Kulturelle Evolution

Der Faustkeil ist ein Beleg der handwerklichen Fertigkeiten.

Die **Stammesgeschichte des Menschen** und der Menschenaffen trennte sich vor ca. 6 bis 7 Millionen Jahren. Ungefähr 4 Millionen Jahre besiedelten dann die frühen Formen des Menschen die afrikanischen Lebensräume, ohne Werkzeuge oder künstlerische Spuren zu hinterlassen.

Erst vor ca. 2 Millionen Jahren entwickelten sich Menschenformen, die sich durch ein vergrößertes Gehirn von den bis dahin aufgetretenen Formen unterschieden.

Das vergrößerte **Hirnvolumen** war u. a. die Voraussetzung für die Entwicklung einer **Sprache.** Diese wiederum war wahrscheinlich Haupttriebkraft für die **kulturelle Entwicklung** des Menschen.

Die ältesten Spuren gezielter Handwerkskunst des **Jetztmenschen** wurden in Südafrika gefunden. Man schätzt die Knochenwerkzeuge, kunstvoll behauenen Steinspitzen und Symbolzeichnungen in Ocker auf ungefähr 70 000 Jahre. Ähnliche Funde kannte man bis dahin nur aus Europa. Diese hatten allerdings lediglich ein Alter von bis zu 32 000 Jahren.

Ältere Funde in Australien (von vor ca. 62 000 Jahre) belegen, dass schon der aus Afrika auswandernde Jetztmensch Fertigkeiten in der Werkzeug- und Waffenherstellung und auch kulturelle Fähigkeiten besaß.

Vor ungefähr 40 000 Jahren begann eine bis dahin in Umfang und Geschwindigkeit beispiellose technische und kulturelle Entwicklung der Menschen.

In Europa hat man viele modern aussehende Gegenstände eiszeitlicher Menschen gefunden. Darunter waren sehr fein gearbeitete Steinklingen und Werkzeuge aus Stein und Knochen sowie zahlreiche Skulpturen von Tieren und Menschen aus den verschiedensten Materialien.

Höhlenmalereien aus dieser Zeit belegen die künstlerischen Fertigkeiten der damaligen Menschen. Eine Ursache dieser Entwicklung sehen Wissenschaftler in der Konkurrenz zwischen unseren Vorfahren und dem Neandertaler.

Auch von den Neandertalern sind hochwertige Werkzeuge und Gebrauchsgegenstände aus dieser Zeit gefunden worden.

1 ▸ Biologische und kulturelle Evolution des Menschen

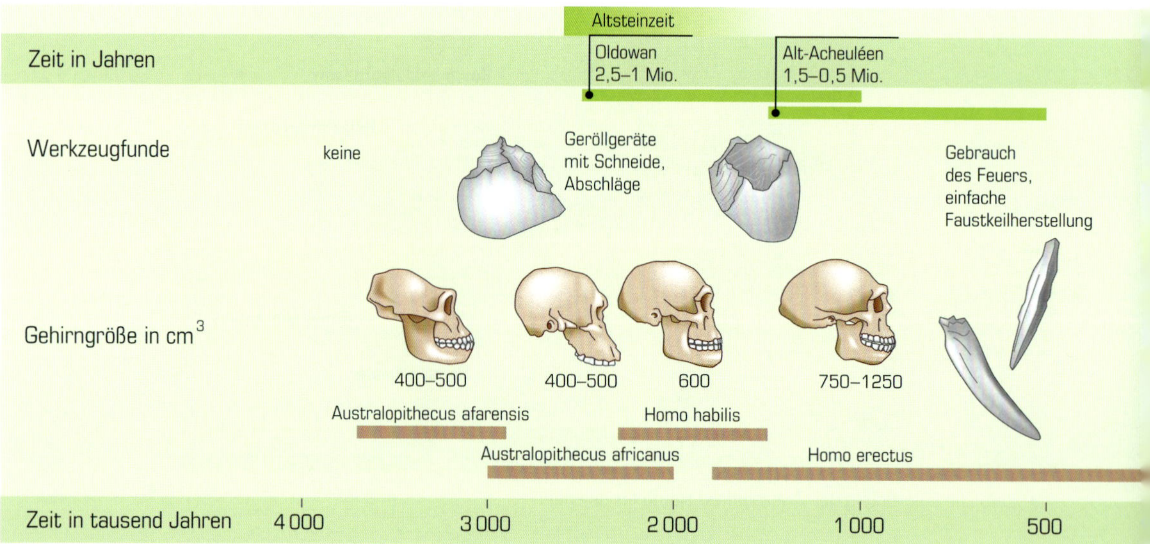

Durch die allmähliche Zunahme der Bevölkerungsdichte in Europa waren beide Menschengruppen, sowohl die alteingesessenen Neandertaler als auch die Neuankömmlinge aus Afrika, gezwungen, ihre **Arbeitstechniken** weiterzuentwickeln.

Gleichzeitig mussten die sozialen Verbindungen innerhalb der Gruppen gestärkt werden, wobei **kulturelle Rituale** und **Traditionen** einen wichtigen Beitrag leisteten. Durch den Gebrauch einer immer komplexeren **Sprache** waren unsere Vorfahren in diesem Wettbewerb wahrscheinlich im Vorteil. Sie konnten die vorhandenen Ressourcen der Umwelt besser nutzen als die Neandertaler, da sie Erfahrungen differenzierter austauschen und Verbesserungen schneller umsetzen konnten. Hinzu kamen eine geringere Säuglingssterblichkeit, die höhere Lebenserwartung und eine höhere Fruchtbarkeit im Vergleich zu den Neandertalern.

Unsere Vorfahren konnten sich daher viel stärker vermehren als die Neandertaler, die wahrscheinlich in ungünstigere Lebensräume abgedrängt wurden.

Diesem Druck waren die Neandertaler auf Dauer nicht gewachsen. Nachdem sie Zehntausende Jahre den Eiszeiten und klimatischen Verhältnissen getrotzt hatten, verschwanden die Neandertaler vor ca. 35 000 Jahren aus Europa. Ihre Lebensräume wurden vom **Jetztmenschen** übernommen. Diese folgten in kleinen Gemeinschaften als Nomaden den wandernden Tierherden und wichen dem immer wieder vordringenden Eis nach Süden aus.

Vor ca. 20 000 Jahren zwang eine Eiszeit unsere Vorfahren, sich für 5 000 Jahre in den Mittelmeerraum zurückzuziehen. Die eingeschränkten Jagdmöglichkeiten führten wahrscheinlich zu einer weiteren Verbesserung der Jagd- und Werkzeugtechniken.

Zahlreiche Funde von Schmuck- und Kunstgegenständen dieser Periode belegen, dass der Lebensstandard der Menschen für damalige Verhältnisse hoch war. Nach dem Zurückweichen des Eises erfolgte die endgültige Besiedlung Europas.

Mit dem Übergang von der Lebensweise des Jagens und Sammelns zum sesshaften Ackerbau verlangsamte sich die **biologische Evolution** des Menschen und seine **kulturelle Evolution** beschleunigte sich weiter.

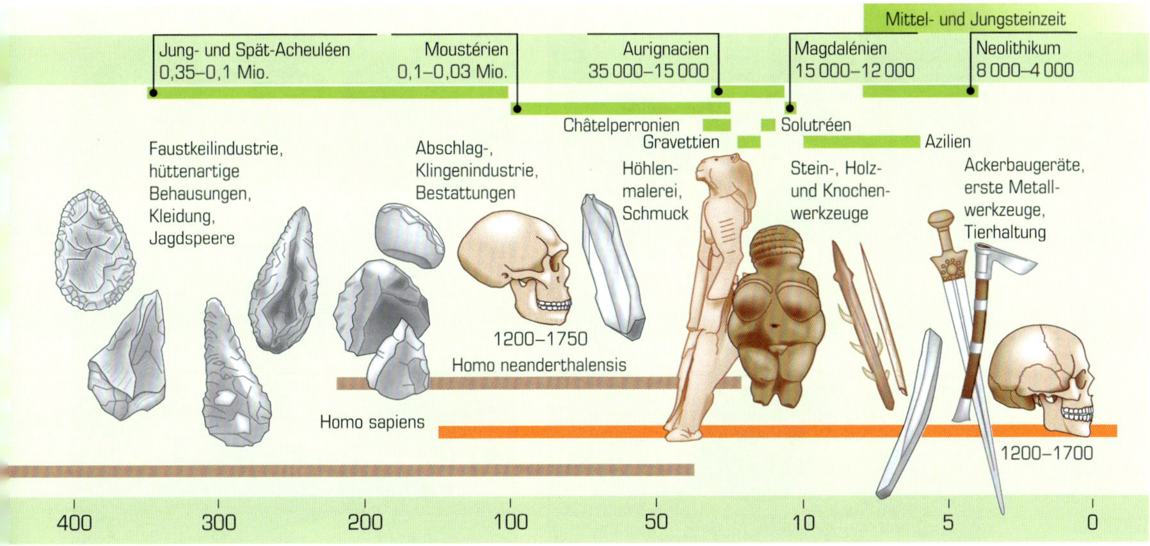

Durch die gezielte Nutzung und **Züchtung** von Pflanzen und Tieren standen größere Nahrungsmengen zur Verfügung. Nahrung war nicht länger ein Auslesefaktor, da sie ständig am selben Ort nachwuchs.

Es kam zu einem beschleunigten Bevölkerungswachstum in den Anbaugebieten, die ständig vergrößert werden mussten, was schließlich zur Herausbildung von Städten und Stadtstaaten führte.

In diesen existierte der alte Stammesverband von maximal 200 Menschen nicht mehr, sodass neue Führungsstrukturen entstanden, um im Kampf um die Ressourcen zu bestehen und die Menschen lenken zu können. Nur so konnten sich einheitliche kulturelle Vorstellungen entwickeln.

Begleitet von einem tief greifenden Wandel der ursprünglichen Lebensweise ging damit auch eine weitere Aufteilung der Menschen in Gruppen einher.

Der Besitz von materiellen und kulturellen Werten bedeutete dabei hohes Ansehen. Anstelle der sozial gleich gestellten Jäger und Sammler unterteilte sich die Bevölkerung immer mehr in Besitzende und Besitzlose.

In den Städten entwickelten sich verschiedene **Religionen** und **Kultrituale,** wobei Feste, Kunst und Handwerk die Verehrung der jeweiligen Gottheiten förderten und andererseits das Regieren ermöglichten.

Mit dem Entstehen der **Stadtstaaten** nahm die Häufigkeit und Härte der Konflikte zwischen Menschengruppen zu. Konnte man sich zur Zeit der Jäger und Sammler noch ausweichen, war dies kaum noch möglich, da die beanspruchten Gebiete immer größer wurden. Es kam zu Kriegen um Land und Vormachtstellungen.

Um die Bevölkerung auf diese Konflikte einzuschwören, war es nötig, sich vom Konkurrenten eindeutig abzugrenzen. Neben religiösen Motiven wurden dabei auch immer äußere Kennzeichen der Menschen als abgrenzende Merkmale herangezogen.

1 ▸ Religionen, Kultrituale und Verehrung von Gottheiten entwickelten sich früh in den Städten.

2 ▸ Hütten und
3 ▸ Paläste in Südafrika

3

Zusammenhänge zwischen biologischer und kultureller Evolution

Der Mensch als biologisches Wesen unterliegt ebenfalls biologischen Gesetzmäßigkeiten. Die **biologische Evolution** bildete die Voraussetzung für die kulturelle Evolution. Folgende biologische Merkmale des Menschen waren der Motor für seine kulturelle Evolution:

- Der **aufrechte Gang** war Ursache für weitere anatomische Veränderungen, u.a. für die Umwandlung der Wirbelsäule, des Beckens und des Fußes sowie das Entstehen der Greifhand. Dadurch und durch den gegenüberstehenden beweglichen Daumen war es möglich geworden, Werkzeuge herzustellen und zu gebrauchen.

- Die Ausbildung des stark entwickelten und differenzierten **Gehirns** bildete die Grundlage zur Entwicklung von **Wortsprache** und **abstraktem Denken,** für lebenslanges Lernen und die Entwicklung von Kreativität.

- Das Entstehen der **Sprache** hatte wesentliche Folgen für die weitere Entwicklung des Menschen. Nur mit ihr wurde eine differenzierte und zunehmend exaktere Weitergabe von Informationen innerhalb der Gruppe und damit von Generation zu Generation ermöglicht. Eine Voraussetzung für die Sprachentwicklung war die Ausbildung eines differenzierten Kehlkopfs.

Die biologische Entwicklung war Ausgangspunkt für die **kulturelle Evolution.** Es entwickelten sich soziale Normen und Gesetze des Zusammenlebens und unterschiedliche kulturelle Traditionen.

Man kann die kulturelle Evolution in verschiedene Stadien einteilen: **Zeit der Jäger und Sammler** der afrikanischen Savanne vor 2 Millionen Jahren. Sie stellten Werkzeuge her, organisierten gemeinschaftliche Aktivitäten und teilten die Arbeit auf.

Entwicklung der Landwirtschaft in Afrika, Eurasien und Amerika vor etwa 10 000 bis 15 000 Jahren. Dadurch kam es zu dauerhaften Ansiedlungen und die ersten Städte wurden gegründet.

Die **industrielle Revolution** begann im 18. Jahrhundert als Folge der Aufklärung. Hierbei war die Erfindung von Wärmekraftmaschinen (Dampfmaschine, ↗ Abb.) ganz entscheidend.

Vom ersten Flug der Gebrüder WRIGHT bis zur Mondlandung NEIL ARMSTRONGS verging weniger als ein Menschenalter.

Kennzeichen der kulturellen Evolution ist, dass sie sich kaum auf genetischer Ebene abgespielt hat. Die Fähigkeit, Computer zu konstruieren, ist nicht in unseren Genen verankert, sondern das angesammelte Ergebnis von vielen Generationen menschlicher Erfahrung, die durch Eltern, Lehrer und Bücher weitergegeben wurde.

Durch die Erweiterung des Gehirns wurde der Mensch zu einer Organismenart, die in der Lage ist,
- sich über ihre körperlichen Einschränkungen hinwegzusetzen,
- zielgerichtet für die Weitergabe und Erweiterung ihres Wissens zu sorgen,
- die biologische Evolution abzukürzen bzw. in ihrer Geschwindigkeit um mehrere Größenordnungen zu übertreffen,
- die Umwelt mithilfe von Technik und Medizin nach ihren Bedürfnissen zu modifizieren.

Die negativen Folgen der kulturell bedingten Veränderungen durch den Menschen sind u. a. Überbevölkerung, chemische Umweltverschmutzung und die Zerstörung von Lebensräumen.

Durch die Übernahme von Wertvorstellungen, Techniken oder Verhaltensweisen entstehen Traditionen.

Zwischen biologischer und kultureller Evolution bestehen Wechselwirkungen. (M)

Vielfalt des heutigen Menschen

Der frühe *Homo sapiens* breitete sich vor ca. 100 000 Jahren von Afrika aus in kleinen Populationen auf andere Kontinente aus. Man kann heute einige voneinander getrennte Gebiete unterscheiden, in die der Mensch einwandern konnte und wo sich die **Teilpopulationen isoliert voneinander weiterentwickelten.**

Dazu gehören westliches Europa und Mittelmeer, Schwarzes Meer, Nordafrika, Kongobecken, Indien, Südostasien mit Indonesien und Ostchina. Die Fossilien dieser Gebiete belegen, dass in sich geschlossene, durch gemeinsame Eigenschaften verbundene Gruppen entstanden waren. Man spricht heute von **geografischen Menschengruppen** bzw. **typologischen Kategorien.**

Die heute lebenden Menschen stammen vom eiszeitlichen Jetztmenschen ab und **stimmen in wesentlichen Merkmalen überein.**

Sie weisen eine prinzipielle Gleichartigkeit in Bau und Funktion des Skeletts, der Muskulatur, des Gehirns und des gesamten Stoffwechsels auf. Sie sind zu gleichen körperlichen und geistigen Leistungen befähigt. Übereinstimmend sind auch die Schwangerschaftsdauer, zahlreiche wesentliche Blut- und Serumeigenschaften sowie Anzahl und Bau der Chromosomen.

1 ▸ Menschen unterschiedlicher geografischer Herkunft

Das entscheidende Kriterium für die Zuordnung aller auf der Erde lebenden Menschen ist, dass die Vertreter der unterschiedlichen Menschengruppen untereinander **fruchtbare Nachkommen** zeugen können und sehr geringe genetische Unterschiede aufweisen. Sie gehören demzufolge **alle zu einer Art,** zu den *Homo sapiens.*

Äußerliche Unterscheidungsmerkmale der verschiedenen Gruppen sind z.B. Hautfarbe, Haarfarbe und Haarform, Form von Schädel, Nase, Lippen und Augenlidern, Körpergestalt. Dabei gilt die Hautfarbe als ein erbliches und von der Umwelt unabhängiges Merkmal.

Man teilt die Menschen aufgrund dieser Merkmale in drei Gruppen ein: **Europide, Mongolide** und **Negride.**

Dabei sind äußerliche Unterschiede dieser Gruppen allerdings fließend. So kommt z.B. die dunkle Hautfarbe – wichtiges Merkmal der Zentral- und Westafrikaner – auch bei manchen Südindern vor, die zu den Europiden gehören.

Die heutigen geografischen Menschengruppen entstanden aufgrund von Isolation (geografisch, sozial, kulturell) aus dem eiszeitlichen Jetztmenschen.

Gegenwärtig und auch zukünftig zeigt sich ein der Merkmalsdifferenzierung entgegengesetzter Prozess, eine **zunehmende Vermischung von Menschen** verschiedener geografischer Bereiche und Kulturen.

Parallel zur biologischen Entwicklung verlief auch die **kulturelle Entwicklung** der modernen Menschen getrennt. Ausgehend von unterschiedlichen Verhaltensmustern sprechen auch hier die Verhaltenswissenschaftler von unterschiedlichen Kulturkreisen.

3

Die **räumliche Isolation** führte nicht nur zum Entstehen verschiedener Sprachen. In Abhängigkeit von den jeweiligen Umwelteinflüssen entwickelten die Menschen auch voneinander abweichende Vorstellungen von Regeln des Zusammenlebens, die oftmals zu Lehren (Religionen) erhoben wurden. Somit bildeten sich verschiedene Traditionen und gesellschaftliche Strukturen heraus. Aufgrund völlig anderer Erfahrungen ist es für Mitglieder unterschiedlicher Kulturkreise mitunter problematisch, andersgeartete Verhaltensweisen oder Verhaltensregeln zu verstehen.

Früher bezeichnete man die unterschiedlichen Menschengruppen als Rassen. Dieser Begriff ist mit einer Reihe negativer Faktoren belastet und aus genetischer Sicht nicht haltbar. Daher wird dieser Begriff in diesem Zusammenhang nicht mehr verwendet.

Die vorhandenen physischen und psychischen Unterschiede zwischen Vertretern verschiedener geografischer Gruppen (Populationen) berechtigen in keiner Weise zu einer Bewertung. Unterschiede, die derzeit noch in der „Zivilisationshöhe" und im Wohlstand in Erscheinung treten, haben keine biologischen, sondern gesellschaftliche Ursachen.

Oft wurde in der Vergangenheit versucht, eine Ungleichwertigkeit der „Rassen" zu begründen. Selbst in der Gegenwart begegnen wir noch derartigen unwissenschaftlichen und antihumanen Deutungen.

Rassenideologie mit ihren antihumanen Folgen entbehrt aller biologischer Grundlagen und ist deshalb scharf zu verurteilen!

Aufgabe

Im nebenstehenden Diagramm wurde die genetische Distanz beim Menschen zwischen zwei Individuen einer Population (A) und zwischen zwei Individuen verschiedener geografischer Gruppen (B) dargestellt. Interpretiere das Diagramm. Nenne mögliche Ursachen für die genetischen Unterschiede und leite eine prinzipielle Schlussfolgerung zur Verwandtschaft der Menschen untereinander ab.

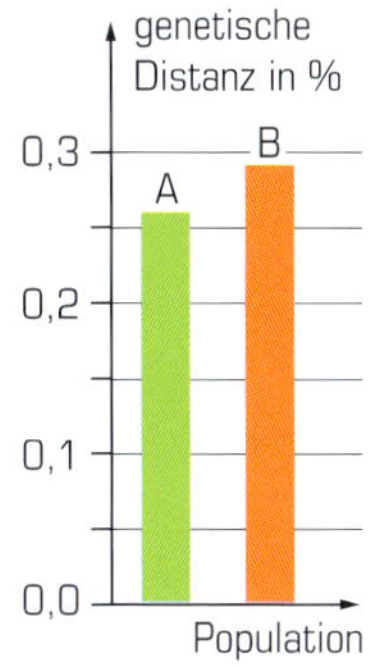

1 ▸ Harmonisches Zusammenleben von Menschen verschiedener Kulturkreise

In der Werbung werden genau diese Schlüsselreize zur Überbringung einer Botschaft genutzt, z. B. durchtrainierter muskulöser Mann, der Getränke bringt.

Schlüsselreize, z. B. Körperrundungen bei Frauen, unterliegen aber auch dem Zeitgeist.

1 ▸ Haut, Haare und Körperproportionen sowie Geruch bilden Schlüsselreize.

Klimatische Auslese

Sichtbare Unterschiede zwischen den Menschen sind die Folge der Evolution in unterschiedlichen **klimatischen Regionen.**
In den kalten asiatischen Steppen z. B. bildeten sich kompakte, abgerundete Körper, die der Kälte und dem eisigen Wind wenig Angriffsfläche bieten. Im **Verhältnis zum Volumen** wird die **Körperoberfläche** verringert. Dadurch treten weniger Wärmeverluste auf. Kleine Nasen und schmale Atemwege verhindern Erfrierungen der Atemwege.

Anders sehen die Verhältnisse im tropischen Regenwald aus. Bei einer Luftfeuchtigkeit von 100 % und Temperaturen von 20 bis 30 °C kann der Schweiß kaum noch für Abkühlung sorgen, da zu wenig verdunstet.
Dort leben die kleinwüchsigen Pygmäen. Bei kleinen Körpern steigt das Verhältnis von Oberfläche zu Volumen zugunsten der Oberfläche. Über die größere Körperoberfläche kann mehr Wärme an die Umgebung abgegeben werden.

Klimatische Auslese kann auch zu anderen Veränderungen führen. Beispielsweise verändert sich die Anzahl der roten Blutkörperchen in Abhängigkeit von der Höhenlage des Lebensraums.

Sexuelle Auslese

Bei der Wahl unserer Partner lassen wir uns sehr stark vom Aussehen leiten. Wir reagieren unbewusst auf **Schlüsselreize,** die uns Informationen über den potenziellen Partner liefern. Insbesondere Haar, Haut und Körperproportionen werden bewertet, da deren Aussehen über den gesundheitlichen Zustand (indirekt auch über den Genbestand) Auskunft gibt.

Unsere Vorstellungen darüber, wie unser „Wunschpartner" aussehen soll, werden sehr stark von den Menschen geprägt, die uns in der Kindheit umgeben. Deshalb wählt man meist Partner aus einer bestimmten Population (z. B. Hautfarbe, Gesichtszüge).

Die **sexuelle Auslese** führt dazu, dass einzelne Merkmale bei der Wahl des Fortpflanzungspartners besonders beachtet werden und deren Träger einen höheren Fortpflanzungserfolg haben. Dadurch können diese Merkmale in der nächsten Generation verstärkt auftreten.

Die klimatische und sexuelle Auslese sind eine weitere Ursache für die Entstehung der verschiedenen Menschengruppen, wie wir sie heute kennen.

3

Wohin führt die Entwicklung?

Während die Menschheit Hunderttausende von Jahren benötigte, um etwa im Jahr 1500 n. Chr. ein Anwachsen der Erdbevölkerung auf eine halbe Milliarde Menschen zu erreichen, dauerte es bis zur ersten Milliarde um 1800 nur noch 300 Jahre, für die zweite Milliarde 123 Jahre und für die weiteren 4 Milliarden bis zum heutigen Zeitpunkt sogar nur noch ca. 70 Jahre.

Im Augenblick nimmt die Erdbevölkerung pro Jahr um rund 80 Millionen Menschen zu. Setzt sich dieser Trend fort, steigt die Zahl bis zum Ende dieses Jahrhunderts auf ca. 11 Milliarden Menschen.

Da die höchste Bevölkerungszunahme in den strukturell wenig entwickelten Ländern Afrikas, Lateinamerikas und Asiens zu beobachten ist, kann man davon ausgehen, dass eine bessere Ausbildung sowie eine Verbesserung der Gesundheits- und Sozialsysteme sowie der Einkommensverhältnisse in diesen Ländern zu einer Stabilisierung der Zahl der Weltbevölkerung beitragen könnten.

Für die **nachhaltige Entwicklung** ist eine solche Stabilisierung auf nicht zu hohem Niveau unbedingt erforderlich. Die Tragfähigkeit der Erde wird u.a. durch die Menge an verfügbarer Nahrung, nutzbaren Energieressourcen und die Möglichkeiten der Schadstoffbeseitigung begrenzt.

Entscheidend für die Menge an Menschen, die die Erde besiedeln können, ist deren **Pro-Kopf-Ressourcenverbrauch.** Zurzeit gibt es hinsichtlich der Nutzung verfügbarer Ressourcen ein starkes Nord-Süd-Gefälle. Etwa 20 % der Weltbevölkerung leben in wirtschaftlich entwickelten Ländern und verbrauchen 80 % aller verfügbaren Ressourcen. Mit deutschen Pro-Kopf-Verbrauchsraten, die gut 15-mal so hoch sind wie die indischen, ist die gesamte Umweltbelastung von 80 Millionen Deutschen höher als die von über einer Milliarde Indern.

Nachhaltige Entwicklung bedeutet eine Einheit von Ökologie, Ökonomie und Sozialem herzustellen.

In Zukunft werden die Ressourcen auf der Erde immer knapper. Deshalb ist eine nachhaltige Lebensweise der Menschen in allen Ländern der Welt erforderlich.

Nachhaltige Entwicklung erfordert eine Organisation des Lebens und Produzierens, die nicht auf Kosten der Natur, anderer Menschen, anderer Regionen und anderer Generationen erfolgt.

Insbesondere muss sich bei den Menschen in den industriell entwickelten Ländern die Erkenntnis durchsetzen, dass die Probleme (soziale, ökologische, ökonomische, politische) der Entwicklungsländer globale Probleme sind. Diese müssen durch internationale Hilfen und Unterstützung bewältigt werden.

Gelingt die Lösung dieser Probleme nicht, werden sich die bis dahin regionalen Konflikte in den Krisenregionen ausweiten.

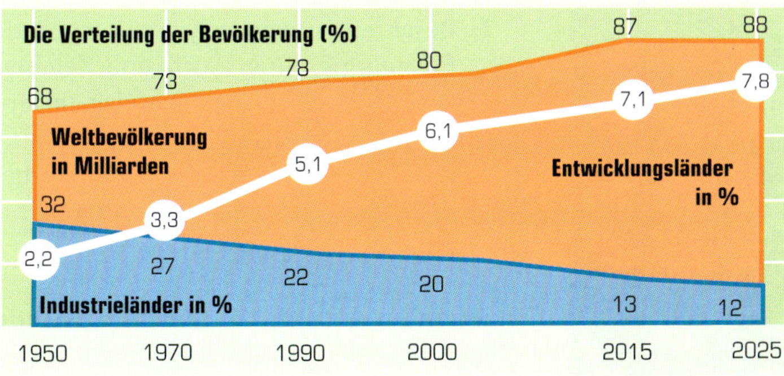

1 ▸ Entwicklung der Weltbevölkerung

gewusst · gekonnt

1. Vergleiche Skeletteile beim aufgerichteten Gorilla und beim stehenden Menschen miteinander. Berücksichtige besonders die Form der Wirbelsäule, des Beckens und die Lage des Oberschenkels.

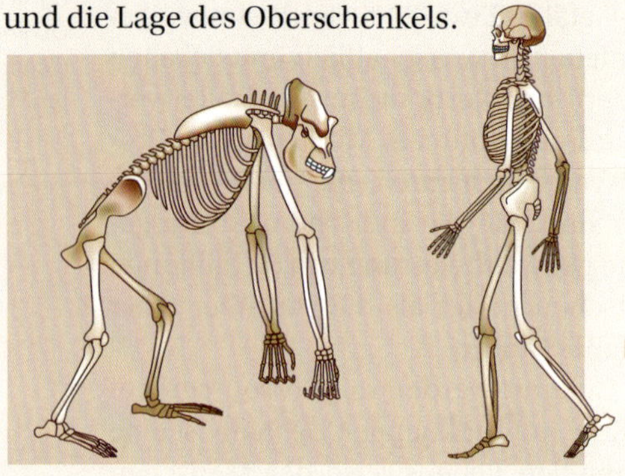

2. Leite aus der Abbildung 2 auf Seite 199 einige Aussagen über das Leben des Frühmenschen ab.

3. Stelle Merkmale wie Größe, aufrechter Gang, Hirnvolumen, Ernährung, Werkzeuggebrauch, Feuergebrauch und Grad der Kulturentwicklung der *Australopithecinen*, des *Homo habilis*, des *Homo erectus*, des *Homo neanderthalensis* und des *Homo sapiens* in einer Tabelle gegenüber.

4. Beschreibe, wie unter den damaligen Bedingungen die Jagd der Frühmenschen auf Großwild erfolgt sein mag. Betrachte dazu die Abbildung.

5. a) Informiere dich über die klimatischen und geografischen Veränderungen in Ostafrika, die vor ca. 6 bis 7 Millionen Jahren stattfanden.
   b) Nenne Bedingungen, mit denen die an die Ränder der Regenwälder verdrängten Vormenschen in den Savannen zurechtkommen mussten.
   c) Erläutere, wodurch es den Vor- und Frühmenschen gelang, sich in den Savannen zu behaupten.

6. Nenne die Vorteile des aufrechten Gangs gegenüber dem Gang auf vier Gliedmaßen.

7. Beschreibe die kulturellen Veränderungen, die zur Unabhängigkeit der Menschen von der Umwelt führten.

8. Erläutere die Bedeutung der Sprachentwicklung bei der Evolution des Menschen.

9. Die Neandertaler *(Homo neanderthalensis)* und unsere Vorfahren *(Homo sapiens)* lebten für viele Jahrtausende zusammen in Europa. Dann starben die Neandertaler vor ungefähr 35 000 Jahren aus.
   a) Vergleiche Neandertaler und eiszeitliche Jetztmenschen hinsichtlich ihres Körperbaus und ihrer Lebensweise miteinander.
   b) Beschreibe, welche Auswirkungen die Entstehung einer Wort- und Zeichensprache auf die Lebensweise unserer Vorfahren hatte.
   c) Nenne Gründe, die zum Aussterben der Neandertaler geführt haben könnten.

10. Erläutere die Gründe für das Zustandekommen des unterschiedlichen Aussehens verschiedener Menschengruppen.

3

Das Wichtigste auf einen Blick

Evolution des Menschen

Menschenaffe und Jetztmensch weisen viele ähnliche oder übereinstimmende Merkmale auf. Dies lässt auf eine enge Verwandtschaft schließen und deutet auf gemeinsame Vorfahren hin.

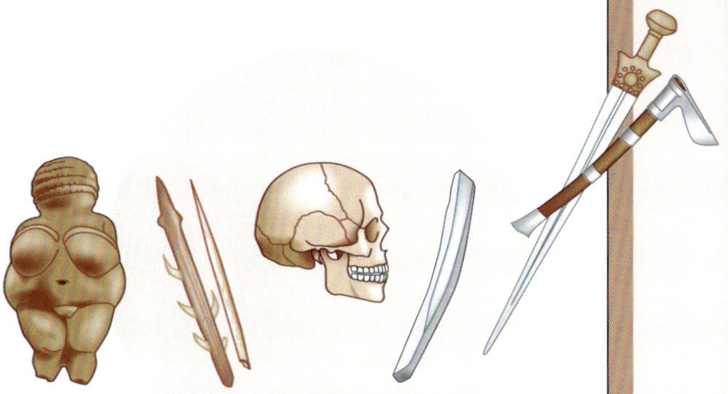

Während der stammesgeschichtlichen Entwicklung des Menschen gab es enge Wechselbeziehungen zwischen der biologischen und der kulturellen Evolution.

Komponenten der biologischen Evolution

- aufrechter Gang und aufrechte Körperhaltung
- Vergrößerung und Differenzierung des Gehirns
- Entwicklung eines Sprachapparats (Stimmbänder)

Komponenten der kulturellen Evolution

- planvolle Herstellung von Werkzeugen und deren Gebrauch
- Erzeugung des Feuers und sein Gebrauch
- Entwicklung der Sprache, der Schrift und der Kunst

Variabilität der Menschen in unterschiedlichen Kulturkreisen der Erde

Alle heute auf der Erde lebenden Menschen gehören zur gleichen Art *Homo sapiens*. Die Gruppen unterscheiden sich genetisch nur geringfügig. Die äußerlich auffälligen Merkmale (z. B. Hautfarbe) entwickelten sich in Anpassung an bestimmte Umwelt- und Klimabedingungen.

1 ▸ Europide

2 ▸ Mongolide

3 ▸ Negride

4 Basiskonzepte als Systematisierungshilfe

4

Wiederholung und Systematisierung

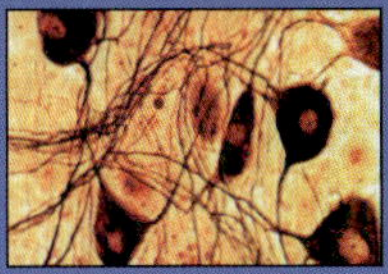

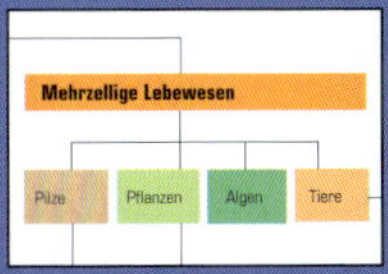

Vergessen und Behalten ▸▸ Die Menge an Informationen, die wir täglich aus unserer Umwelt mithilfe der Sinnesorgane aufnehmen, ist gewaltig. Würden wir alle Informationen im Gehirn speichern, wäre es restlos überfordert. Deshalb behalten wir nur einige Informationen, andere vergessen wir. Um Informationen zu behalten hilft es, sie zu wiederholen.

Systematisieren und Zusammenhänge erkennen ▸▸ In der Biologie werden verschiedene Ebenen des Lebens betrachtet. Ökosysteme, Organismen und Zellen sind solche Ebenen. Die Baumerkmale der jeweiligen Organisationsebene und die darin ablaufenden Prozesse lassen sich den Basiskonzepten „System“, „Struktur und Funktion“ und „Entwicklung“ zuordnen.

Arbeiten mit Basiskonzepten

Basiskonzepte – was ist denn das?!

Das biologische Fachwissen ist breit gefächert. Bei so vielen Fachgebieten und interessanten Themen kann leicht der Überblick verloren gehen.
Wenn man einen Überblick über eine Stadt gewinnen will, ist es ähnlich. Da nützt es wenig, einzelne Straßen der Stadt zu kennen. Ein Blick aus großer Höhe vermittelt jedoch einen Gesamteindruck.
So ein Wechsel des Blickwinkels hilft dir auch bei der Einordnung des erworbenen Detailwissens. Hilfe bei diesem „Blick von oben“ bieten dir die Basiskonzepte. Sie sind hilfreich, um sich auf das Wesentliche des Fachs Biologie zu beschränken und grundlegende Gesetzmäßigkeiten zu erkennen.

Basiskonzepte

System

Systeme bestehen immer aus mehreren Teilen. Die Teile haben spezifische Eigenschaften und stehen miteinander in Wechselbeziehungen.

Struktur und Funktion

Erfassen, Ordnen und Wiedergeben charakteristischer Baumerkmale kennzeichnet die Struktur von Lebewesen. Durch das Vorhandensein bestimmter Baumerkmale sind spezielle Aufgaben (Funktionen) erfüllbar. Struktur und Funktion bilden eine Einheit.

Entwicklung

Veränderungen lebender Systeme in kurzen und in langen Zeiträumen kennzeichnen die Entwicklung.

Alle Basiskonzepte sind in sich vernetzt. Man kann bei seiner Betrachtungsweise den Schwerpunkt auf ein Basiskonzept legen oder auch mehrere betrachten.

Basiskonzepte

System

- Zu den lebenden Systemen gehören Zelle, Organismus, Ökosystem und Biosphäre.
- Diese Systeme sind unterschiedlich groß und gehören verschiedenen Systemebenen an.
- Lebende Systeme sind durch Lebensvorgänge, z. B. Stoffwechsel und Fortpflanzung, gekennzeichnet.
- Lebende Systeme stehen untereinander in Beziehung und werden auch durch nicht lebende Elemente beeinflusst.

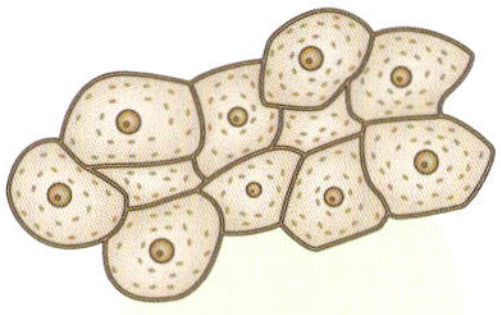

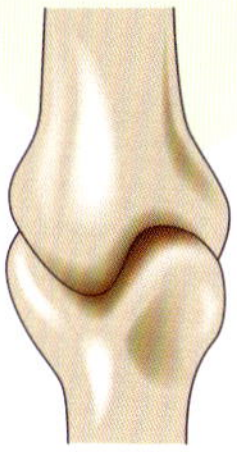

Struktur und Funktion

- Zellen sind strukturelle und funktionelle Grundbaueinheiten.
- Vergleicht man Lebewesen, erkennt man Gemeinsamkeiten und Unterschiede.
- Gleiche Baumerkmale bedingen gleiche Funktionen, z. B. Oberflächenvergrößerung, Stoff- und Energiewechsel, Informationsverarbeitung usw.
- Lebewesen sind in Struktur und Funktion an ihre Umwelt angepasst.

Entwicklung

- Alle Lebewesen pflanzen sich fort und sichern ihren Fortbestand.
- Lebewesen zeigen eine artspezifische Individualentwicklung.
- Ökosysteme und die Biosphäre verändern sich in längeren Zeiträumen und durch verschiedene Einflüsse.
- In langen Zeiträumen kann es zu starken Veränderungen kommen, neue Arten entstehen.

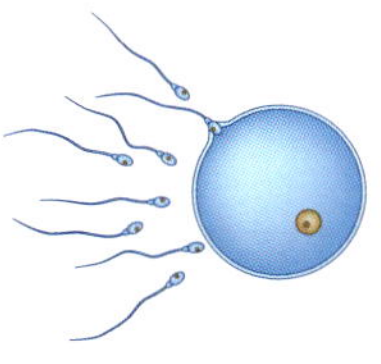

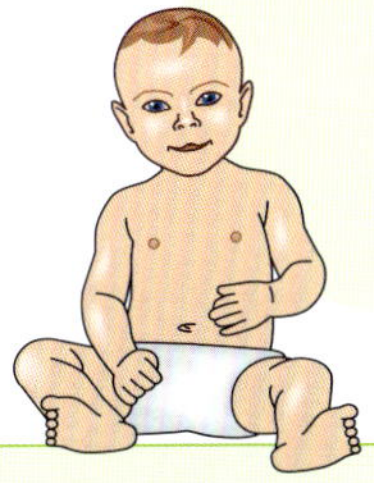

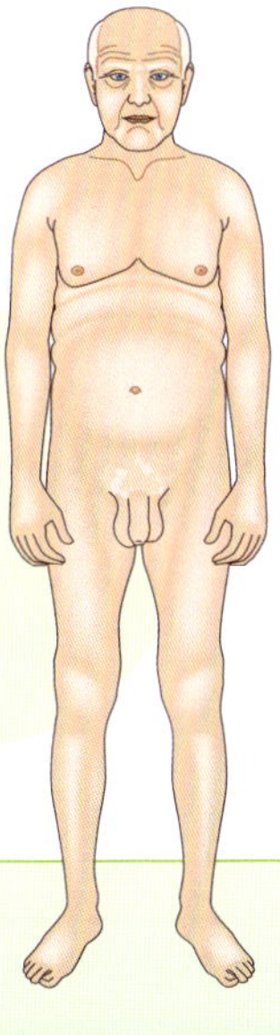

Basiskonzept

System

Ein Gebilde, dessen wesentliche Teile so aufeinander bezogen sind, dass sie eine größere Einheit bilden, wird System genannt. Systeme gibt es auf verschiedenen Ebenen (**Organisationsebenen**). Jedes **Teil** des Systems hat seine spezifischen Eigenschaften und Merkmale. Die einzelnen Teile stehen in **Wechselbeziehung** miteinander.

Charakteristische **Merkmale** bilden oft die Grundlage für das systematische Ordnen der einzelnen Teile und ermöglichen damit einen Überblick über das gesamte System.

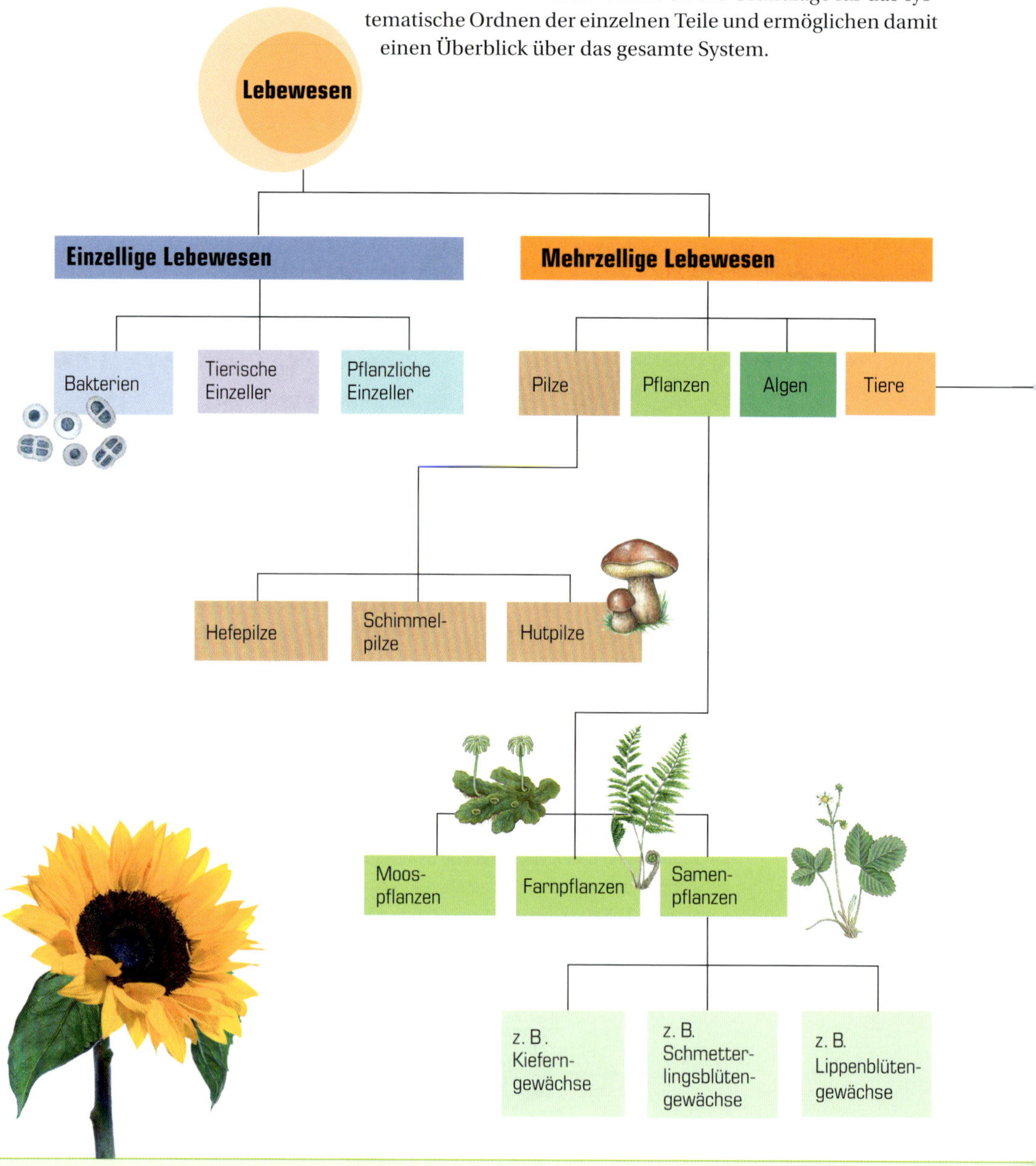

Überblick über die Organismen

Die ersten Lebewesen sind vor etwa 3 Milliarden Jahren auf der Erde entstanden. Sie bevölkern heute in großer Anzahl (ca. 2,4 Mio. Arten sind bekannt) und Vielgestaltigkeit alle Lebensräume.
Mithilfe wesentlicher Bau- und anderer Merkmale werden sie in verschiedene Kategorien eingeteilt: Arten (kleinste Einheiten), meist mehrere Arten zu Gattungen, meist mehrere Gattungen zu Familien, meist mehrere Familien zu Ordnungen und meist mehrere Ordnungen zu Klassen usw. So kommt eine **Einteilung** zustande, die auch die verwandtschaftlichen Beziehungen widerspiegelt.

1 ▸
Art: Rotfuchs
Gattung: Echte Füchse
Familie: Hunde
Ordnung: Raubtiere
Klasse: Säugetiere

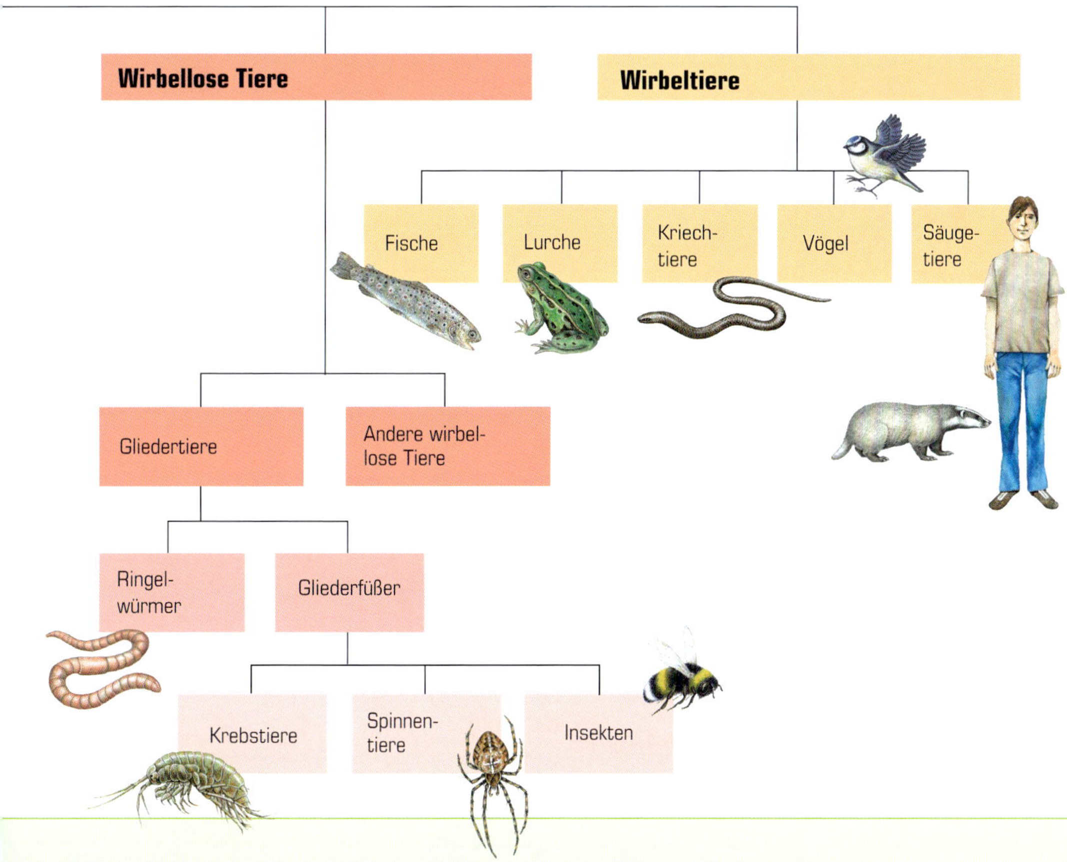

Basiskonzept

Systemebene Zelle

Kleinstes lebendes System

Zellen sind die Grundbausteine aller Lebewesen. In ihrem Grundaufbau stimmen sie weitgehend überein. Die Zelle funktioniert nur durch das Zusammenwirken aller Zellbestandteile.
Die Zellen als kleinste Organisationsebene lebender Systeme weisen alle Merkmale des Lebens auf: Ernährung, Atmung, Reizbarkeit, Vermehrung und Wachstum, sowie Bewegung.

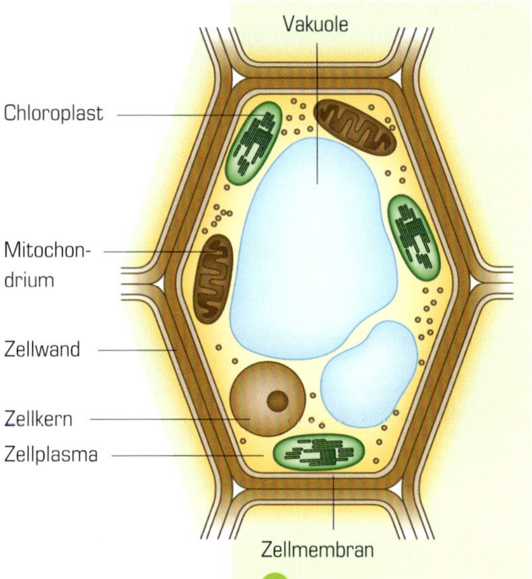

Pflanzenzelle

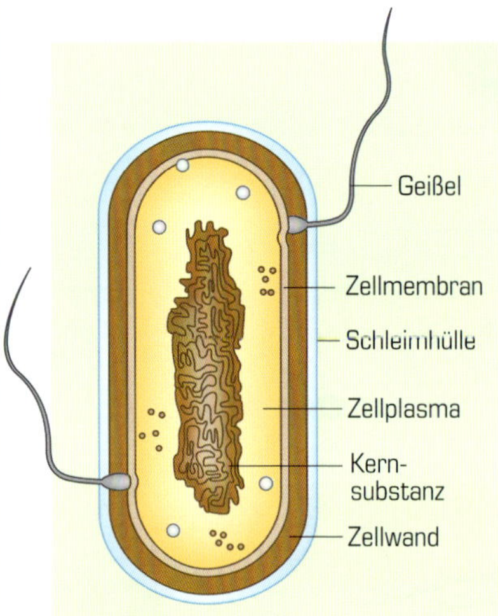

Bakterienzelle

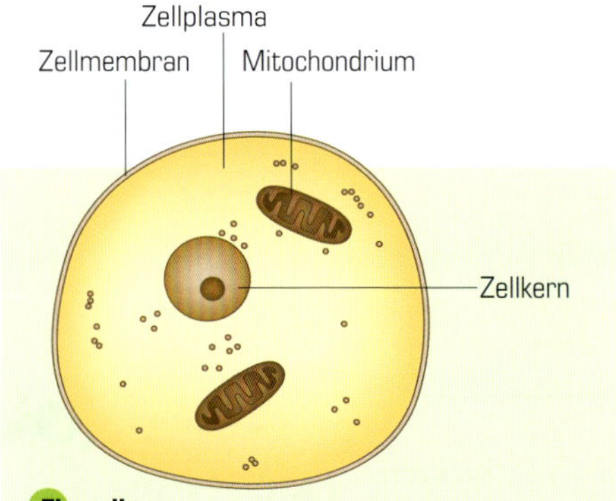

Tierzelle

4

Basiskonzept

Stoff- und Energieumwandlung in der Zelle

Entsprechend ihrer spezifischen Aufgabe unterscheiden sich Zellen in Form, Größe und ihren Bestandteilen. Das Vorhandensein von Chlorophyll in den Zellen bestimmt die Ernährungsweise. Der Stoff- und Energiewechsel einer Zelle ist abhängig von der Ernährungsweise.

Autotrophe Ernährung

Zellen mit Chlorophyll (die meisten Pflanzenzellen wie Zellen von Laubblättern, einige Bakterien)

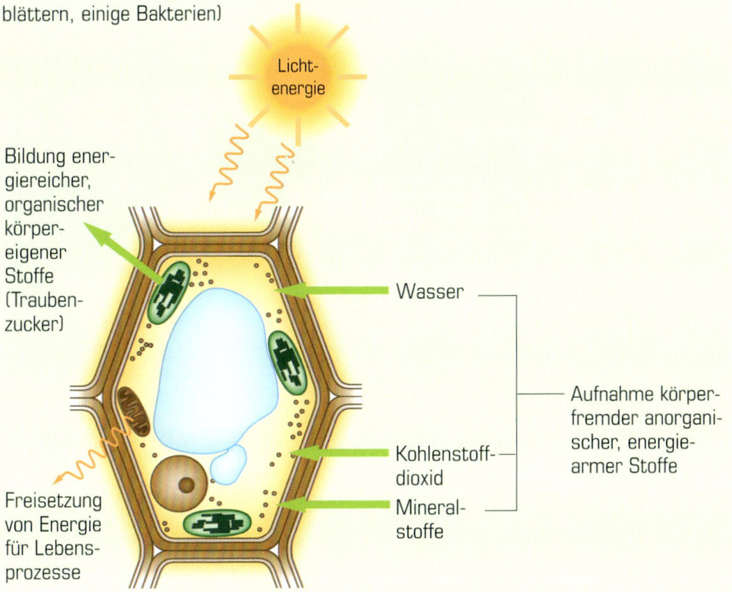

Heterotrophe Ernährung

Zellen ohne Chlorophyll (Zellen von Tieren, Menschen, Pilzen, Bakterien)

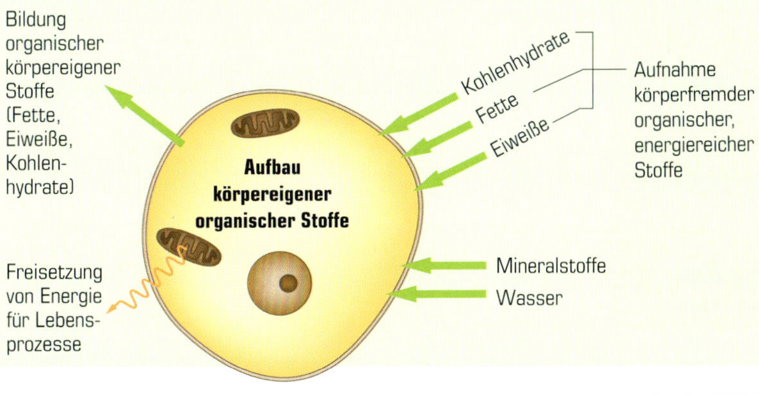

Basiskonzept

Organismen sind Systeme

Pflanzen, Tiere und Menschen werden der Systemebene Organismus zugeordnet. Sie bestehen jeweils aus verschiedenen Organen bzw. Organsystemen und sind nur lebensfähig, wenn jedes Organ bzw. Organsystem im Organismus seine Funktion erfüllt.

Die Pflanze – Beispiel für ein lebendes System

Pflanzen kommen in den verschiedensten Ökosystemen vor. Jede Pflanze selbst ist ein Organismus.

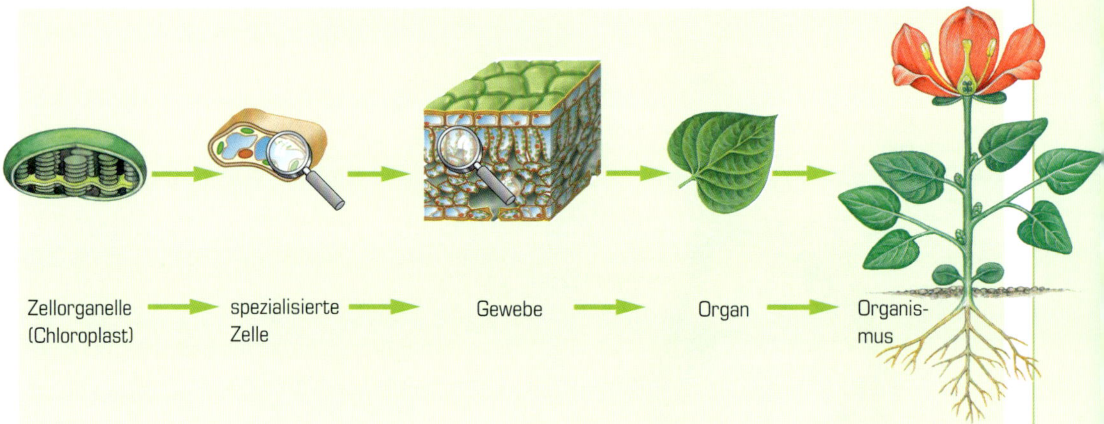

Organisations-ebene	Beispiel Pflanze
Zellorganelle	In allen Zellen sind viele verschiedene Bestandteile (Zellorganellen) zu finden. Einige Organellen sind mit dem Lichtmikroskop nicht mehr erkennbar, z. B. Mitochondrien.
Zelle	Zellen weisen eine starke Einteilung in voneinander getrennte Räume auf, d. h., sie bestehen aus verschiedenen Zellbestandteilen, die spezielle Aufgaben erfüllen. So läuft in den Chloroplasten der Pflanzenzelle die Fotosynthese ab, in den Mitochondrien die Zellatmung.
Gewebe	Gleichartig gebaute Zellen mit gleicher Funktion (z. B. Zellen des Palisadengewebes) bilden einen Zellverband, der Gewebe genannt wird.
Organe	Ein Organ (z. B. Blatt) ist aus verschiedenen Geweben (z. B. Epidermis mit Spaltöffnungen, Palisadengewebe und Schwammgewebe) aufgebaut.
Organismus (Lebewesen)	Durch das Zusammenwirken ihrer Organe ist die Pflanze lebensfähig.

Basiskonzept

Stoff- und Energieumwandlung bei Organismen

Voraussetzung für den Stoffwechsel der Lebewesen ist der ständige Stoffaustausch mit der Umgebung. Die aus der Umwelt aufgenommenen Stoffe werden in den Zellen zu energiereichen körpereigenen Stoffen umgewandelt. Diese dienen zum Aufbau körpereigener Strukturen bzw. zur Bereitstellung von Energie. Diese Energie ist für die Aufrechterhaltung aller Lebensprozesse (z. B. Bewegung, Aufrechterhaltung der Körperwärme, Realisierung chemischer Reaktionen) notwendig.

Stoff- und Energieumwandlung

Aufbau körpereigener organischer Substanz unter Energieaufnahme

Abbau organischer Substanzen zur Energiefreisetzung

autotroph
Aufbau aus anorganischen Stoffen; Fotosynthese: Nutzung der Energie des Sonnenlichts (grüne Pflanzen, viele Mikroorganismen)

heterotroph
Aufbau aus organischen Stoffen; Nutzung der chemischen Energie der Stoffe (Tiere, Pilze, die meisten Bakterien)

Atmung
Abbau zu anorganischen Stoffen unter Sauerstoffaufnahme (aerob)

Gärung
Abbau zu organischen Stoffen ohne Sauerstoffaufnahme (anaerob, z. B. Milchsäuregärung)

andere Prozesse
Abbau zu anorganischen oder organischen Stoffen unter Sauerstoffaufnahme (aerob, z. B. Essigsäurebildung, Verwesung)

Basiskonzept

Systemebene Ökosystem

Größtes lebendes System

Ökosysteme sind Beziehungsgefüge zwischen Lebensgemeinschaften (Biozönosen) und ihren Lebensräumen (Biotopen).
Zwischen den einzelnen Teilen eines Ökosystems bestehen vielfältige Wechselbeziehungen, beispielsweise Nahrungsbeziehungen. Ökosysteme bilden die höchste Organisationsebene lebender Systeme.

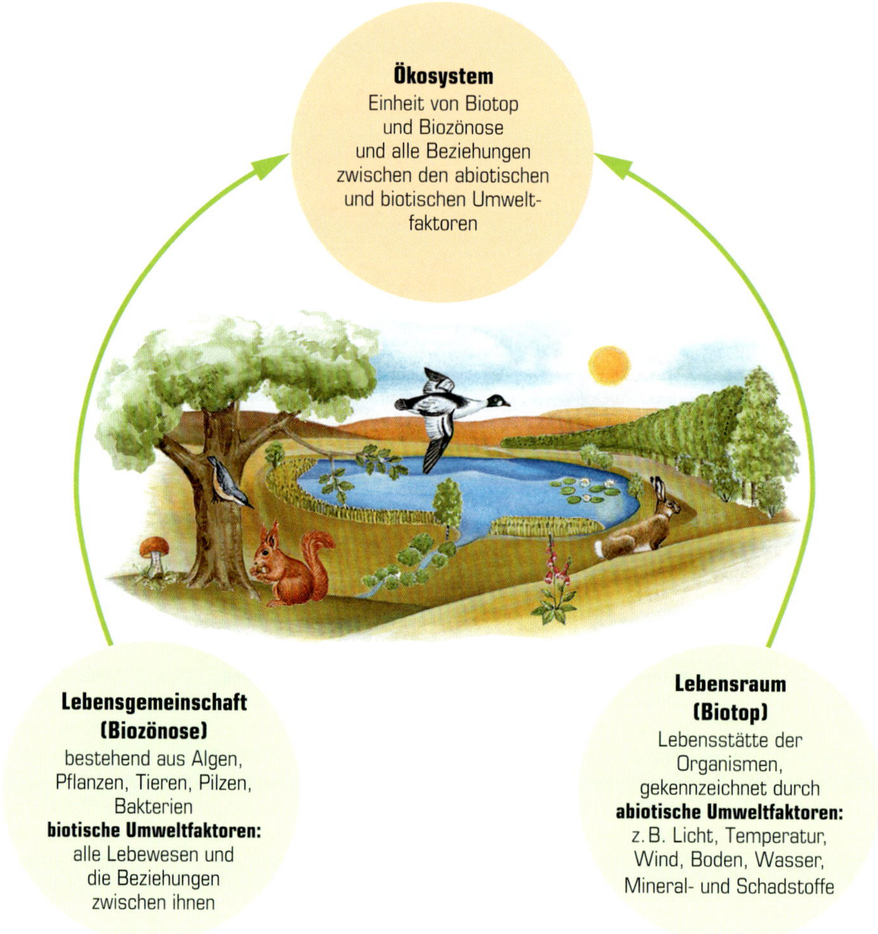

Basiskonzept

Stoffkreislauf und Energiefluss im Ökosystem

Im Ökosystem entwickeln sich ausgewogene **Stoffkreisläufe** zwischen Produzenten, Konsumenten und Destruenten. Im Gegensatz dazu bildet der **Energiefluss** im Ökosystem keinen Kreislauf.
Stoffkreisläufe und Energiefluss sind Kennzeichen der Nahrungsbeziehungen eines Ökosystems. Anhand der vorhandenen Nahrungsketten und Nahrungsnetze lassen sich demzufolge Aussagen zur Qualität des biologischen Gleichgewichts im Ökosystem treffen.

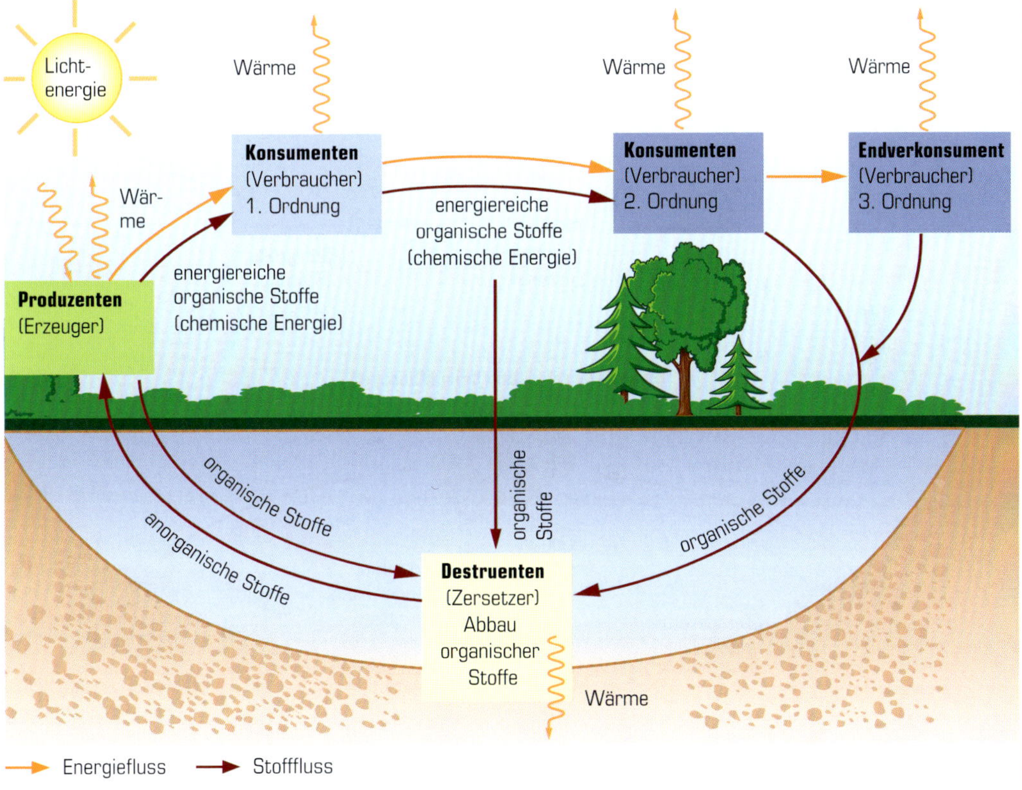

Basiskonzept

Regulation von Systemen

Zum Schutz von Systemen vor übermäßigen äußeren Einflüssen werden viele Zustände und Vorgänge konstant, d. h. stabil gehalten. Dies gelingt nur durch Regulation (= Konstanthaltung) dieser Zustände und Vorgänge.

Regelkreis

In Regelkreisen werden die aktuellen Bedingungen (Istwert) regelmäßig mit den erforderlichen Sollzuständen (Sollwert) verglichen und bei Abweichungen entsprechend korrigiert.

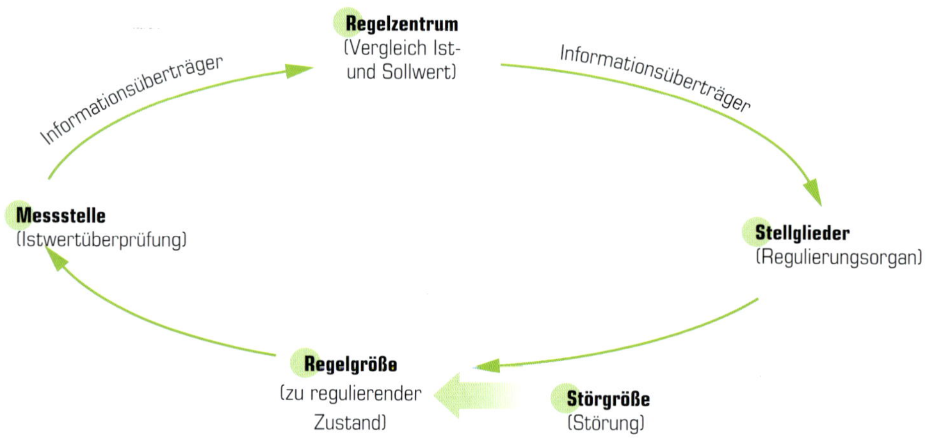

Temperaturregulation beim Menschen

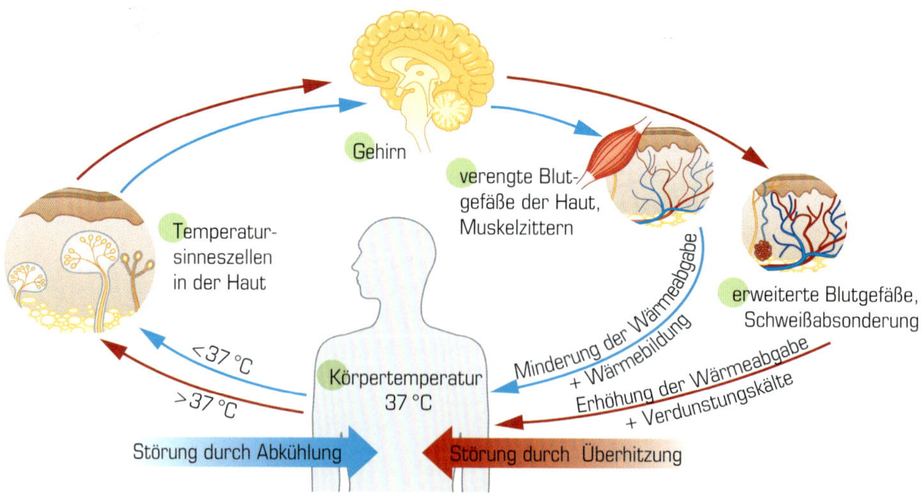

Regulation des Blutzuckerspiegels beim Menschen

Die relative Konstanthaltung des Blutzuckerspiegels erfolgt durch das Zusammenwirken von Hormonen und Nerven.

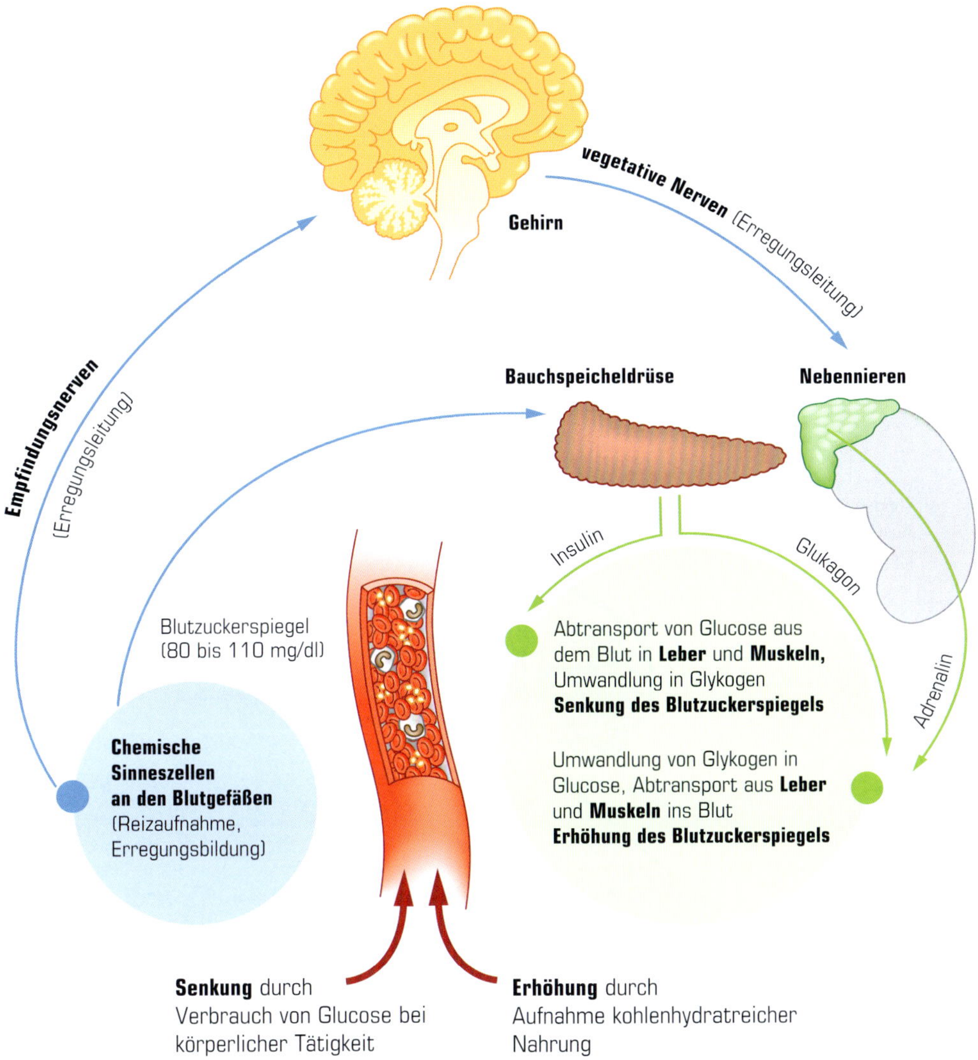

Basiskonzept

Struktur und Funktion

Lebewesen sind durch Lebensvorgänge gekennzeichnet. Sie bewegen sich und pflanzen sich fort. Sie wachsen und entwickeln sich. Pflanzen und Tiere atmen. Alle Lebewesen nehmen **Informationen** auf, verarbeiten sie und reagieren.

Dazu müssen alle **Teile des Körpers** funktionieren. Es ist verblüffend, wie gut z. B. Organe ihre Funktion erfüllen. Das wird durch einen speziellen Bau ermöglicht. Es besteht immer ein Zusammenhang zwischen **Bau** (Wie?) und **Funktion** (Wozu?).

Struktur und Funktion der Lunge des Menschen

Struktur | **Funktion**

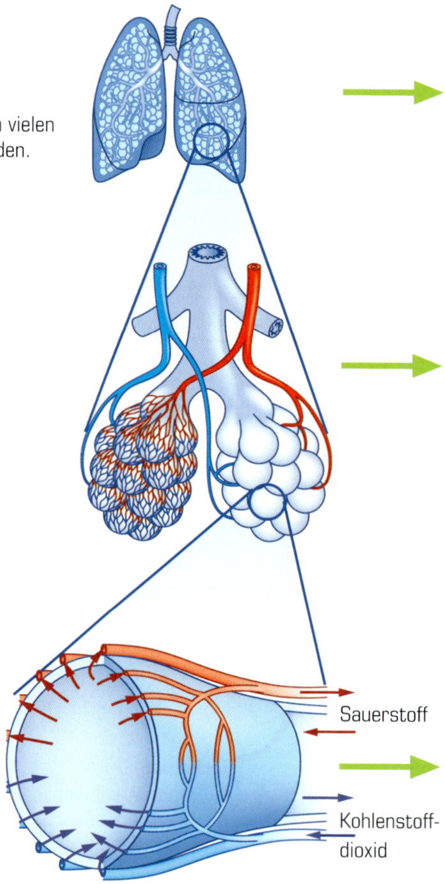

Die Lunge ist ein Organ mit starken Verzweigungen, die in vielen Lungenbläschen münden. → In der Lunge erfolgt der Gasaustausch.

Lungenbläschen sind Ausstülpungen der Lungenwand. → Durch die Lungenbläschen wird eine Vergrößerung der Oberfläche erreicht. Der Gasaustausch erfolgt über die dünne Wand der Lungenbläschen und der Kapillaren.

Ein Netz von feinen Blutgefäßen (Kapillaren) umhüllt die Lungenbläschen. → Sauerstoff wird in das Blut aufgenommen und weitertransportiert. Kohlenstoffdioxid wird vom Blut abgegeben und letztendlich ausgeatmet.

Je größer die Oberfläche, desto mehr Sauerstoff- und Kohlenstoffdioxidteilchen können ausgetauscht werden (Prinzip der Oberflächenvergrößerung).

Basiskonzept

Prinzip der Oberflächenvergrößerung

Die Oberflächenvergrößerung ist ein Beispiel für den Struktur-Funktions-Zusammenhang.

Oberflächenvergrößerung im Dünndarm

Auch bei Verdauungsprozessen spielen große Oberflächen eine wichtige Rolle.

	Bau	**Relative Zunahme der Oberfläche (Zylinder = 1)**	**Gesamt-oberfläche (m^2)**
Darm als Zylinder	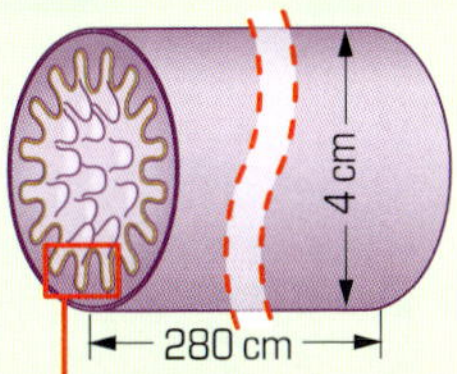	1	0,33
Falten	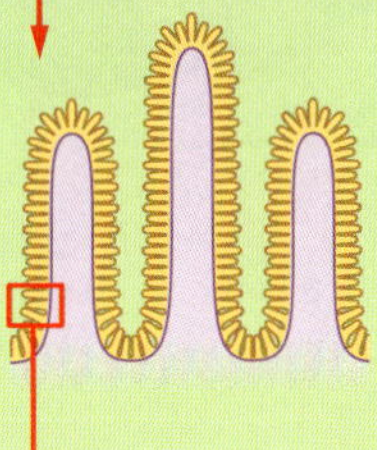	3	1
Zotten	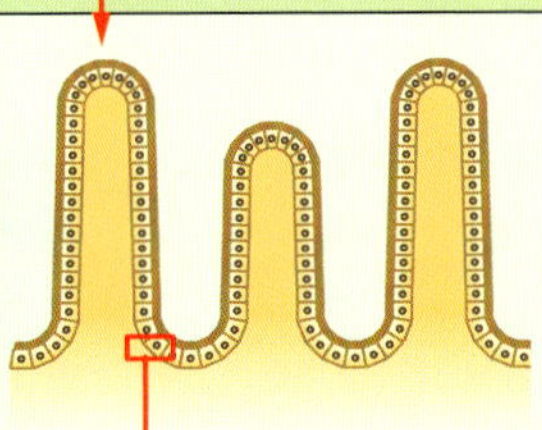	30	10
Zelle	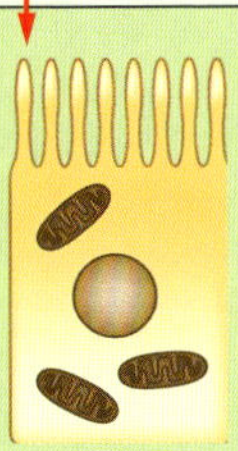	600	200

Basiskonzept

Oberflächenvergrößerung zur Erhöhung des Stoff- und Energieumsatzes

Bei Stoff- und Energieumwandlungen spielen große Oberflächen eine wichtige Rolle, weil auf engem Raum vielfältige biochemische Reaktionen ablaufen müssen.

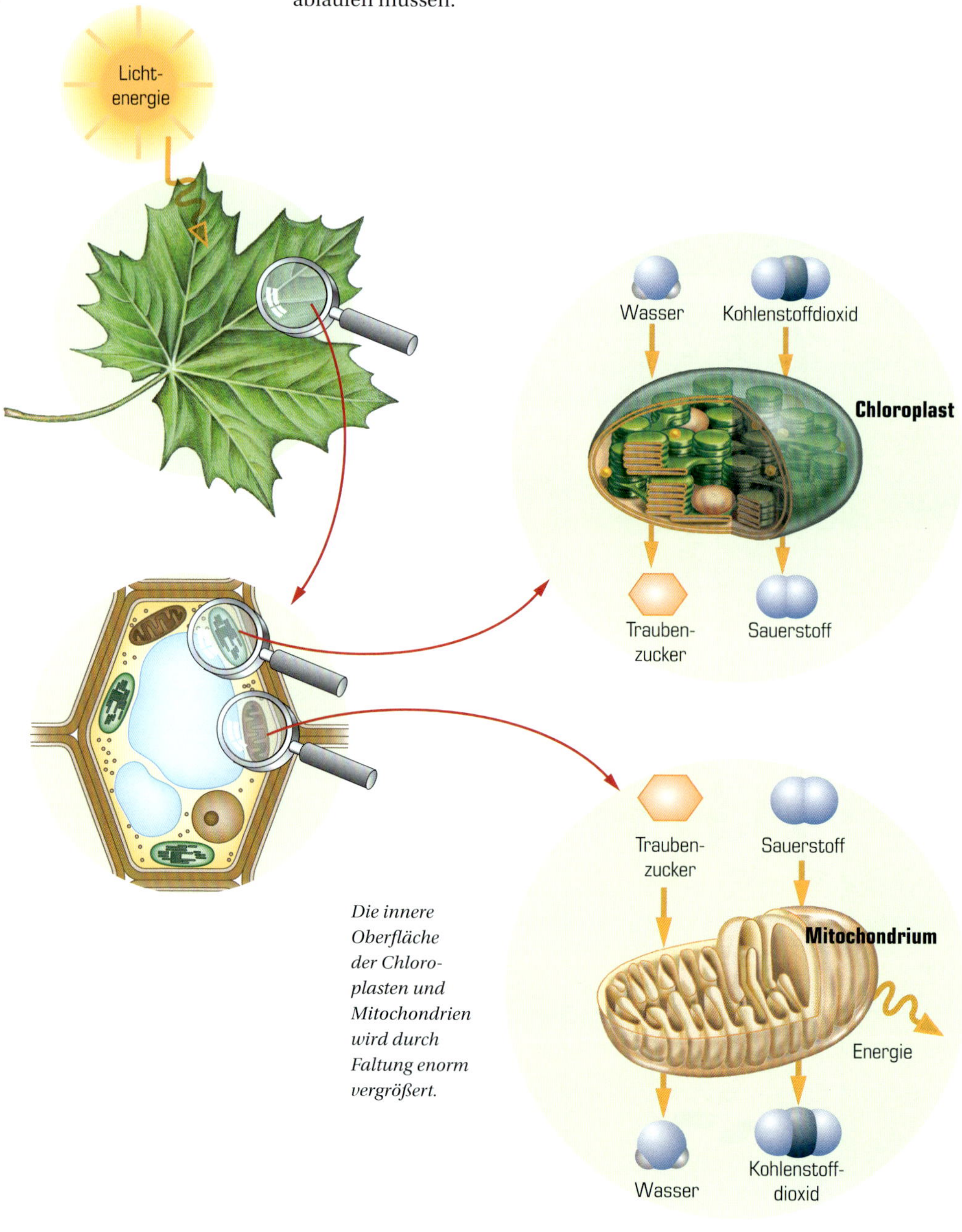

Die innere Oberfläche der Chloroplasten und Mitochondrien wird durch Faltung enorm vergrößert.

4

Wechselbeziehungen zwischen den Stoffwechselprozessen Fotosynthese und Zellatmung

Die beiden Stoffwechselvorgänge Fotosynthese und Atmung (Zellatmung) sind voneinander abhängige Prozesse (↗ Abb. 1).

Die Produzenten stellen im Prozess der **Fotosynthese** in den **Chloroplasten** der Zellen aus Kohlenstoffdioxid und Wasser organische Stoffe her.
Voraussetzung für die Bildung organischer Stoffe sind Chlorophyll und Sonnenlicht. Die Energie der Sonne wird im Prozess der Fotosynthese in chemische Energie umgewandelt und in den organischen Stoffen gespeichert.

Für die Aufrechterhaltung ihrer Lebensprozesse benötigen alle Lebewesen, Pflanzen, Tiere und Menschen, **Energie.** Diese Energie erhalten sie durch den Abbau der organischen, energiereichen Stoffe im Prozess der **Zellatmung** (biologische Oxidation). Dieser Prozess läuft in den **Mitochondrien** der Zellen ab.

Einige Lebewesen, z. B. Pilze und Bakterien, setzen die notwendige Energie aus organischen, energiereichen Stoffen durch **Gärung** frei. Hierbei wird im Vergleich zur Zellatmung weniger Energie freigesetzt.

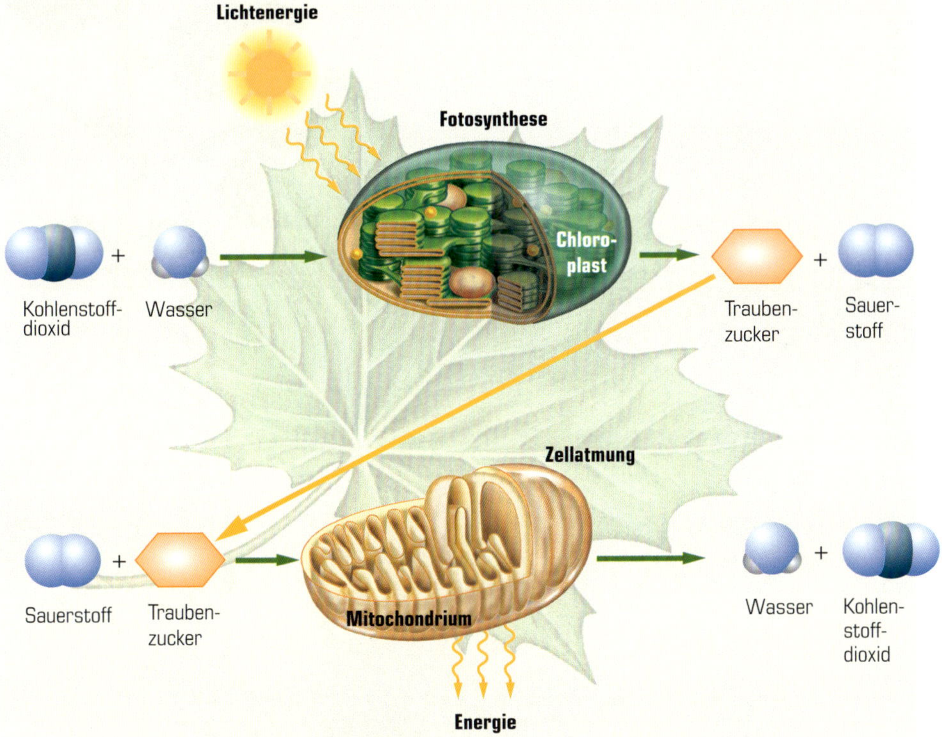

Kohlenstoffdioxid	+	Wasser	+	Energie	$\underset{\text{Zellatmung}}{\overset{\text{Fotosynthese}}{\rightleftharpoons}}$	Glucose	+	Sauerstoff
$6\ CO_2$	+	$6\ H_2O$			$\underset{\text{Zellatmung}}{\overset{\text{Fotosynthese}}{\rightleftharpoons}}$	$C_6H_{12}O_6$	+	$6\ O_2$

Basiskonzept

Wasserhaushalt der Pflanze

Die Pflanzenorgane sind mit ihrem Bau optimal für die Aufnahme und Leitung von Wasser sowie dessen Abgabe ausgebildet.

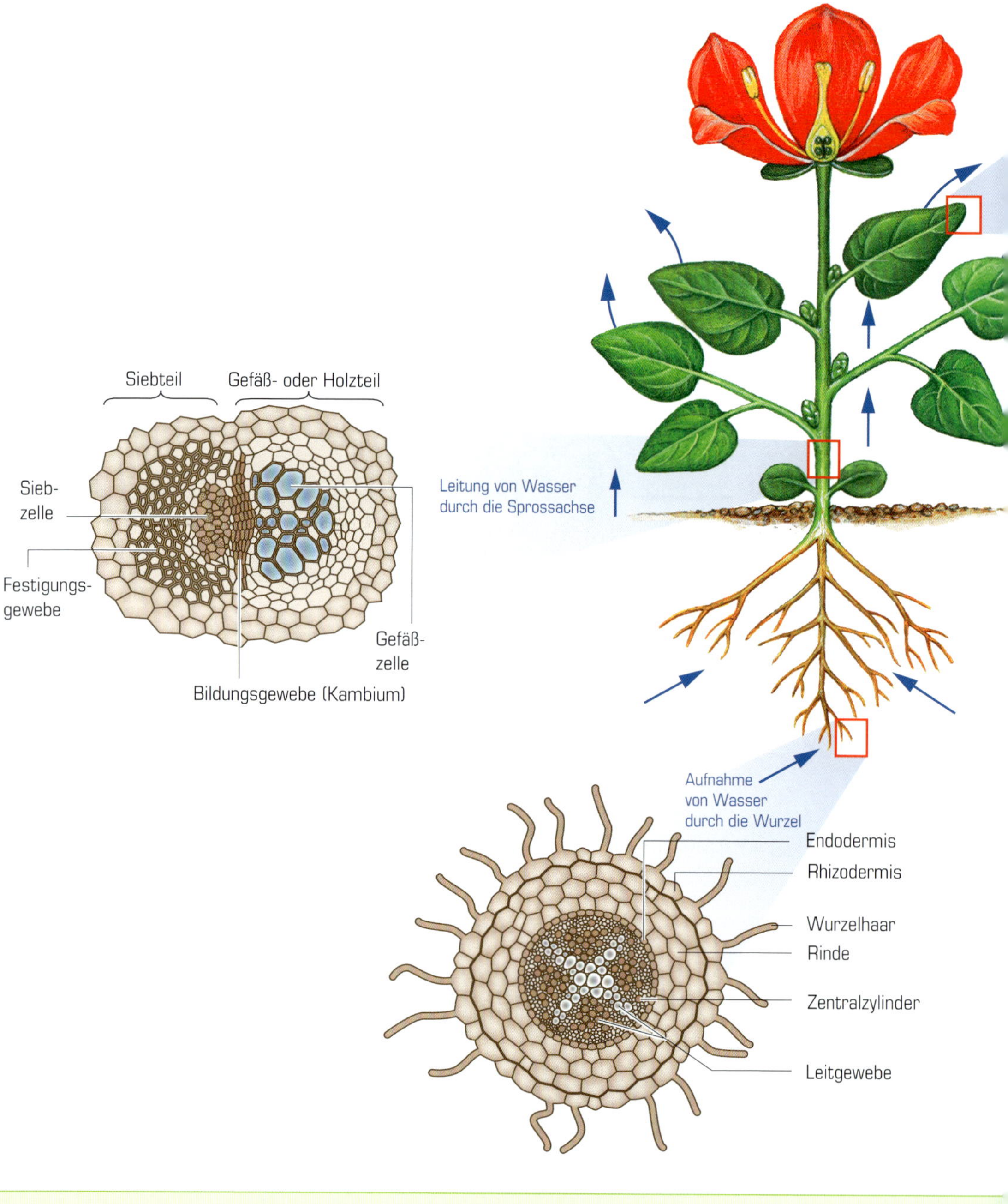

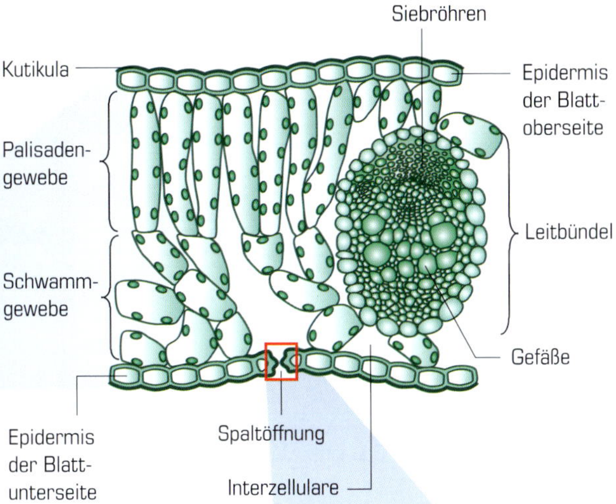

Abgabe von Wasserdampf aus den Laubblättern durch die Spaltöffnungen

Regulation der Wasserdampfabgabe

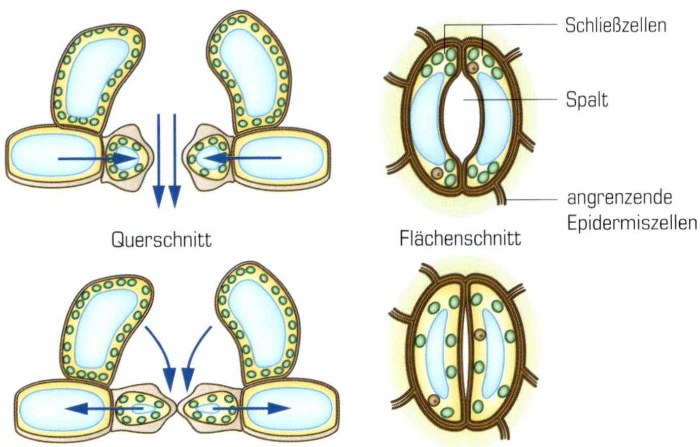

Erweiterung des Spalts
bei hohem Zellinnendruck in den Schließzellen durch hohes Wasserangebot

fördert Verdunstung (Transpiration)

Verengung des Spalts
bei niedrigem Zellinnendruck in den Schließzellen durch Wassermangel

verhindert Verdunstung (Transpiration)

Wasserhaushalt der Pflanzen

Wurzel – Wasseraufnahme
Die Wurzeln haben unterschiedliche Formen, im Grundaufbau stimmen sie jedoch überein. Die **Wurzeln** sind so gebaut, dass sie in der Lage sind, Wasser aus vielen Bereichen des Bodens aufzunehmen.
Das äußere Gewebe, die **Rhizodermis** (Wurzelhaut), besteht aus einer Zellschicht. Die Rhizodermiszellen haben Ausstülpungen und bilden so die **Wurzelhärchen.**
Durch das Auswachsen der einzelligen Rhizodermiszellen zu langen Wurzelhaaren wird die Oberfläche der Wurzeln enorm vergrößert.

Auf dem Weg in das Wurzelinnere müssen die Wasserteilchen zunächst von den Wurzelhaaren der Rhizodermis aufgenommen werden. Die Wurzelhaarzellen sind dünnwandige, schlauchförmige, lebende Zellen (↗ Abb. 2).

Die **Wasseraufnahme** beruht auf den physikalischen Gesetzmäßigkeiten **Diffusion** und **Osmose** (↗ Abb. 1).

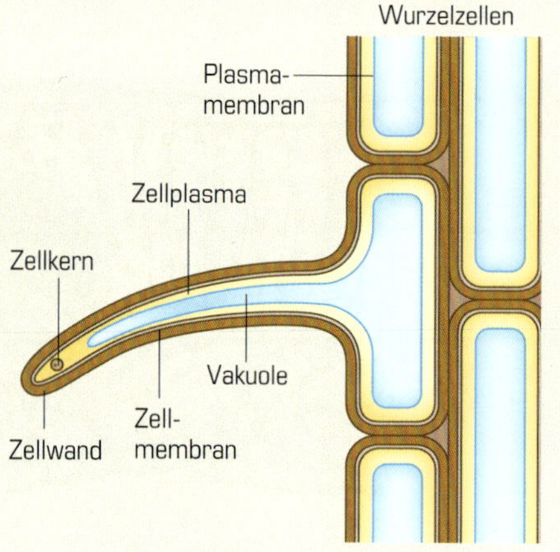

2 ▸ Bau einer Wurzelhaarzelle

Sprossachse – Wassertransport
Eine wichtige Aufgabe der **Sprossachse** besteht darin, **Stoffe zu leiten.** Wasser und gelöste Mineralstoffe werden von den Wurzeln zu den Laubblättern transportiert. Umgekehrt gelangen die in den Blättern gebildeten Stoffe über die Sprossachse in alle anderen Pflanzenteile.

Der **Transport des Wassers** erfolgt bis in die Gefäße des Zentralzylinders:

Verteilung des Wassers innerhalb der Zellen durch **Diffusion** (→ rot)

Transport des Wassers in der Rinde von Zelle zu Zelle durch **Osmose** bis in die Leitgefäße (→ blau)

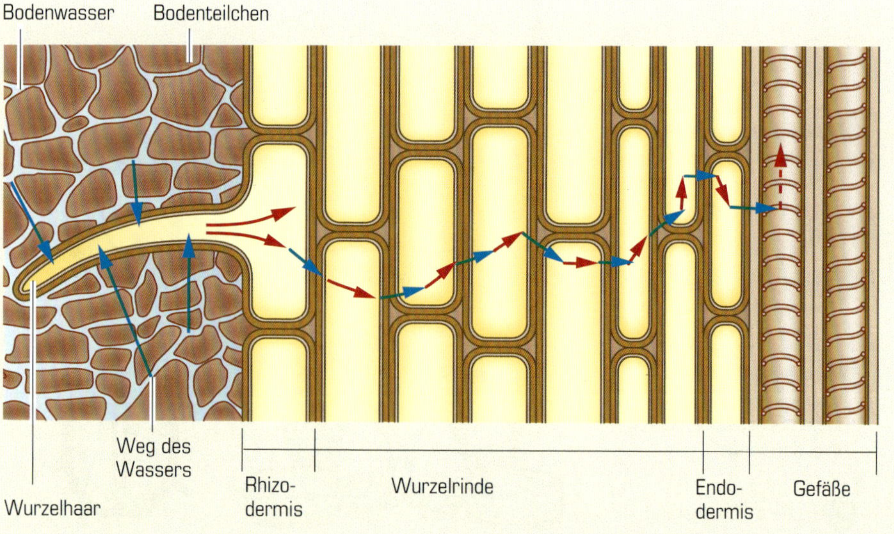

1 ▸ Wasseraufnahme durch das Wurzelhaar (→); Transport des Wassers bis zum Leitgefäß (→, →)

Der **Wassertransport** in den Gefäßen der **Leitbündel** ist kein von den Pflanzen aktiv geförderter Prozess. Er beruht auf **physikalischen Gesetzmäßigkeiten.**

Die Gefäßzellen verschiedener Pflanzen haben einen unterschiedlich geringen Durchmesser. Sie wirken wie **Kapillarsysteme,** in denen das Wasser aufsteigt. Diese Kapillarwirkung beruht auf **Adhäsionskräften.** Das sind Anziehungskräfte, die zwischen Teilchen verschiedener Stoffe wirken.

Für die Erzeugung des Wasserstroms in den Gefäßzellen gibt es zwei weitere Ursachen:
1. die Erzeugung des **Wurzeldrucks** und
2. die Entwicklung eines **Sogs** an der Sprossspitze. Im ersten Fall wird das Wasser in den Leitgefäßen von der Wurzel her „geschoben" und im zweiten Fall von den Blättern her „gezogen". Der notwendige Sog wird durch die Wasserabgabe über die Blätter **(Transpiration)** hervorgerufen. Dadurch wird Wasser aus den Blattzellen, den Blattnerven und -stielen und letztlich aus der Sprossachse und den Wurzeln nachgezogen.

Dieser **Transpirationssog** wird durch den geringen Wassergehalt der Atmosphäre erzeugt und entsteht durch den Unterdruck in den Wasserleitungsbahnen. Die Wasserfäden reißen nicht ab, da die Wasserteilchen durch **Kohäsionskräfte** aneinander haften.

Laubblatt – Wasserabgabe

Das Wasser wird in den Gefäßen der Sprossachse bis in die Blätter geleitet. Dort wird das Wasser verteilt. Aus den Gefäßen der Blattzellen gelangt das Wasser in die Interzellularen.

Es vermischt sich mit der dort vorhandenen Luft, es entsteht **Wasserdampf.** In den Interzellularen befindet sich eine höhere Anzahl von Wasserdampfteilchen als in der Außenluft. Nach den Gesetzen der **Diffusion** wandern die Wasserdampfteilchen durch den Spalt zwischen den Schließzellen in die wasserdampfärmere Außenluft. Die Wasserdampfabgabe wird durch die **Spaltöffnungen** reguliert (↗ S. 235).

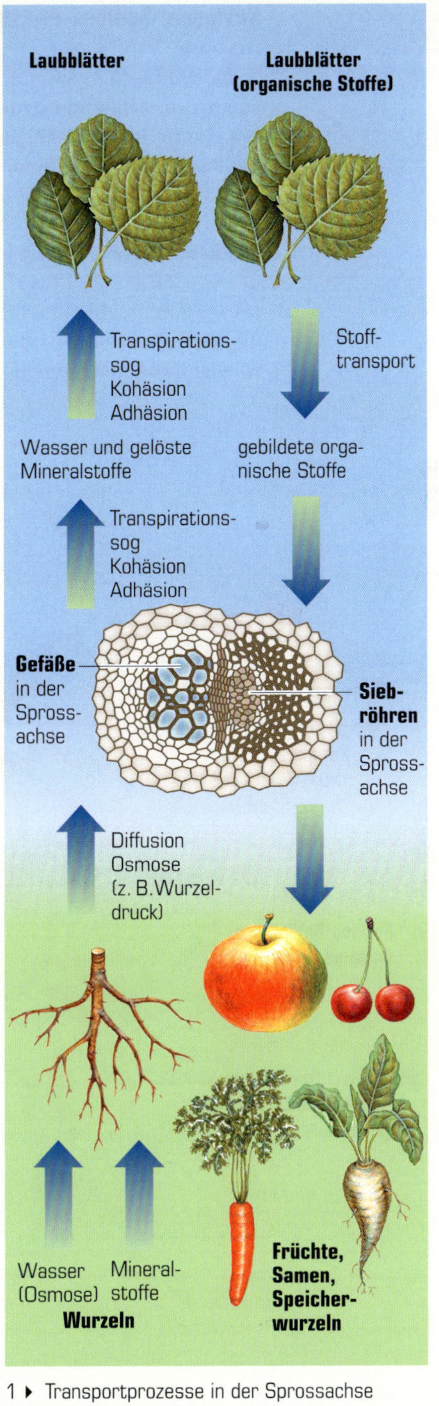

1 ▸ Transportprozesse in der Sprossachse

Kohäsionskräfte sind Anziehungskräfte, die zwischen den Teilchen eines Stoffs (z. B. Wassermolekülen) wirken.

Basiskonzept

Schlüssel-Schloss-Prinzip

In biochemischen Systemen besitzen Reaktionspartner oftmals räumlich zueinander passende **Strukturen,** die wie ein Schlüssel in ein Schloss passen. Damit können sie spezifisch miteinander interagieren. Nur der aus beiden Partnern entstandene Komplex kann eine bestimmte biologische **Funktion** im Organismus erfüllen.

Schlüssel-Schloss-Prinzip bei der Antigen-Antikörper-Reaktion

Dieses Schlüssel-Schloss-Prinzip bildet im Immunsystem des Menschen die Voraussetzung für die Antigenerkennung durch Antikörper. Dabei spielen mehrere komplementäre Strukturen gleichzeitig zusammen.

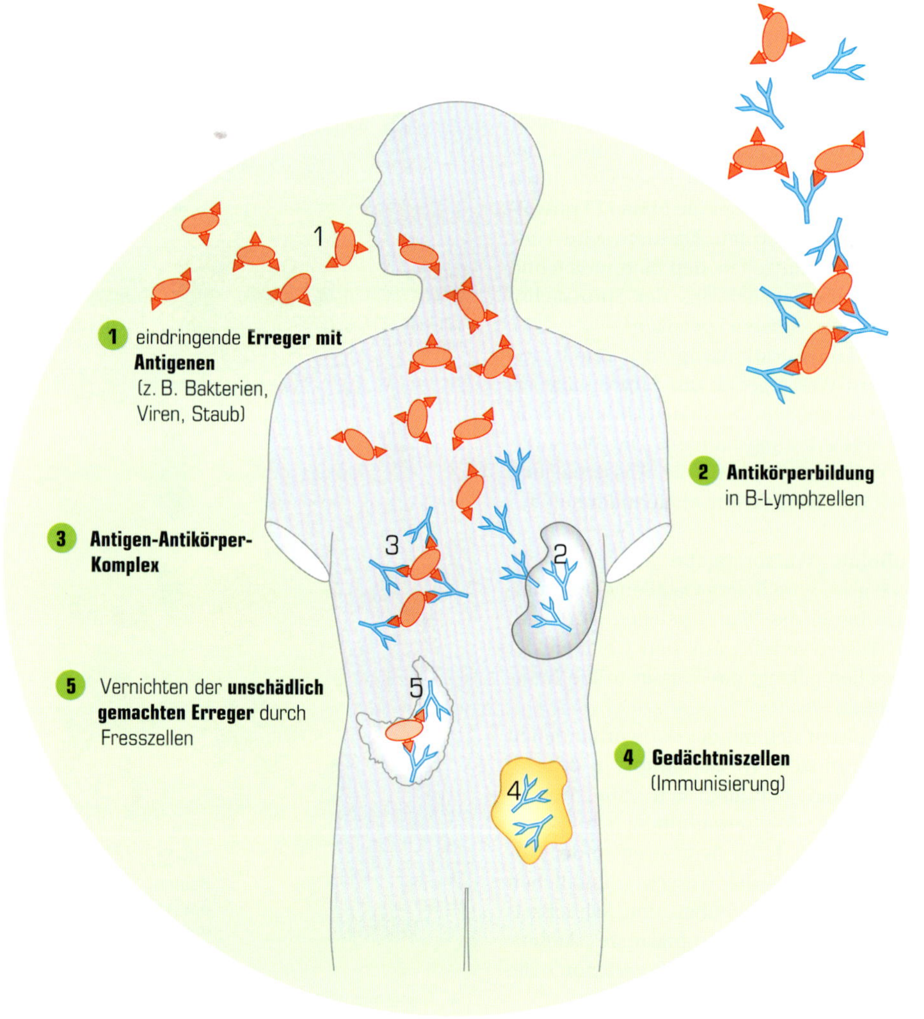

Schlüssel-Schloss-Prinzip bei der Enzymwirkung

Enzyme ① wirken als Biokatalysatoren: Sie beschleunigen die Reaktionen und liegen nach Abschluss der Reaktion wieder unverändert vor.
Jede Reaktion hat ihr spezielles Enzym, das zu einem bestimmten Stoff **(Substrat** ②) passt wie ein Schlüssel zum Schloss **(Schlüssel-Schloss-Prinzip).** Das Enzym bildet während der Reaktion mit dem Substrat einen **Enzym-Substrat-Komplex** ③. Nach der Stoffumwandlung zerfällt der Komplex in die **Reaktionsprodukte** ④ und das Enzym. Das Enzym kann sich erneut mit dem Substrat verbinden.

Ablauf einer enzymatischen Reaktion

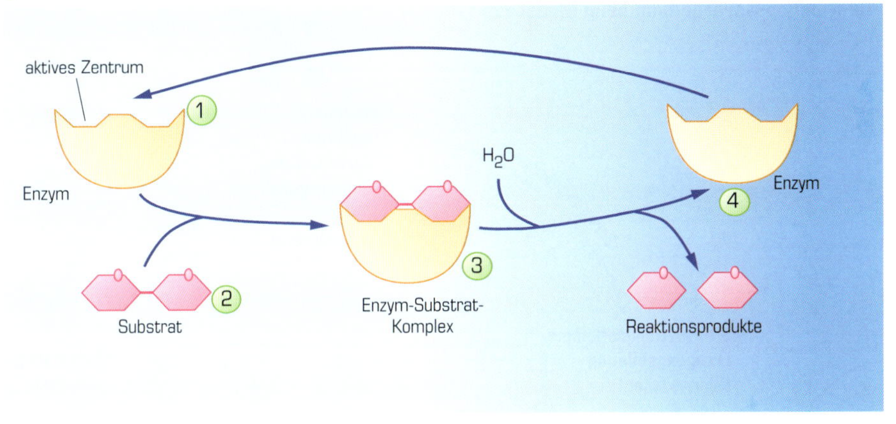

Enzymwirkung bei der Kohlenhydratverdauung

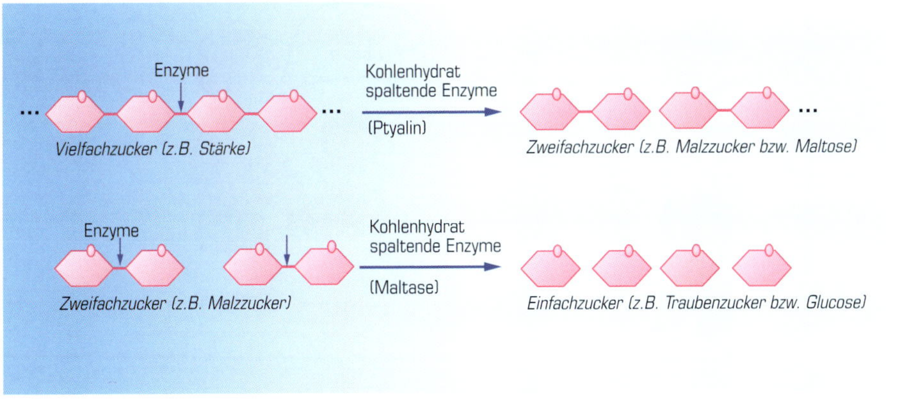

Basiskonzept

Information

Informationsaufnahme, -weiterleitung und -verarbeitung sind nur durch das Zusammenwirken von **Struktur und Funktion** möglich.
Auf Lebewesen wirken ständig Reize (Informationen) aus der Umwelt ein. Sinneszellen und Sinnesorgane, die durch ihre spezielle Struktur bestimmte Reize aufnehmen können, werden dadurch erregt. Die Erregung wird in die verarbeitenden Zentren geleitet. Das Ergebnis der Erregungsverarbeitung wird dem Erfolgsorgan gemeldet. Es kommt zu bestimmten Verhaltensweisen.

Informationsverarbeitung beim Menschen

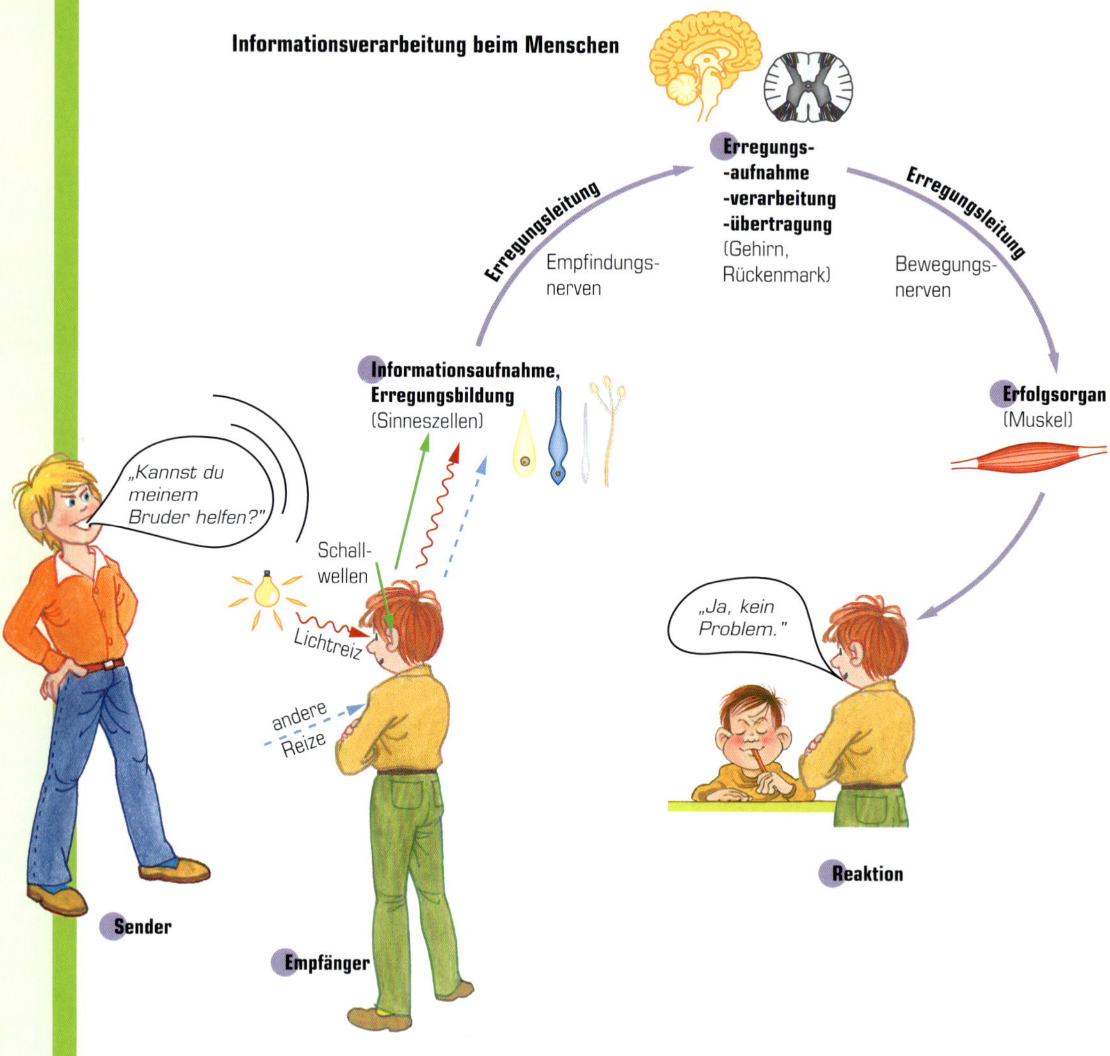

Basiskonzept

Organisation der Erbinformation

Im Zellbestandteil Zellkern liegt das genetische Erbmaterial, die DNA, in Form von Chromosomen vor. Diese unterteilen sich weiter in einzelne Bauteile. Die kleinsten Einheiten sind Nucleotide, deren Reihenfolge die Syntheseanleitung für Eiweiße verschlüsselt (genetischer Code).

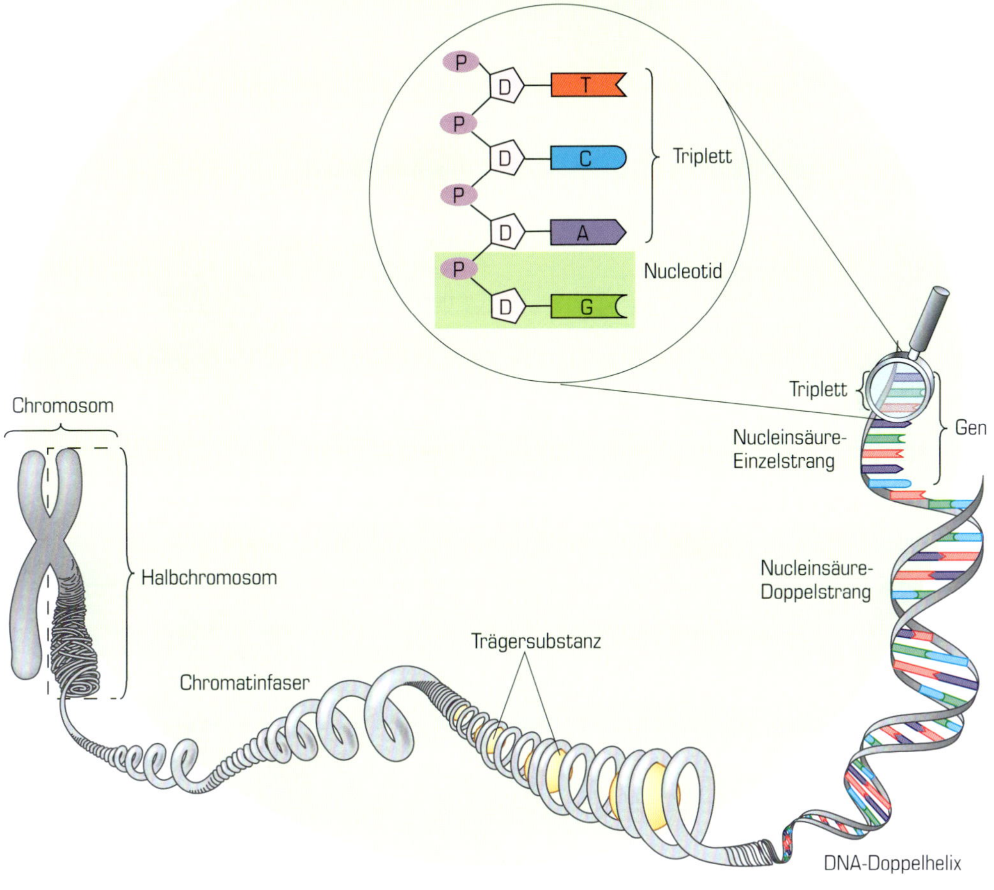

Basiskonzept

Entwicklung

Lebende Systeme verändern sich in Abhängigkeit von der Zeit. Sie sind also durch Entwicklung gekennzeichnet. Man unterscheidet dabei die Individualentwicklung und die evolutionäre bzw. stammesgeschichtliche Entwicklung.

Fortpflanzung und Individualentwicklung bei Samenpflanzen

Samenpflanzen können sich geschlechtlich und ungeschlechtlich fortpflanzen.

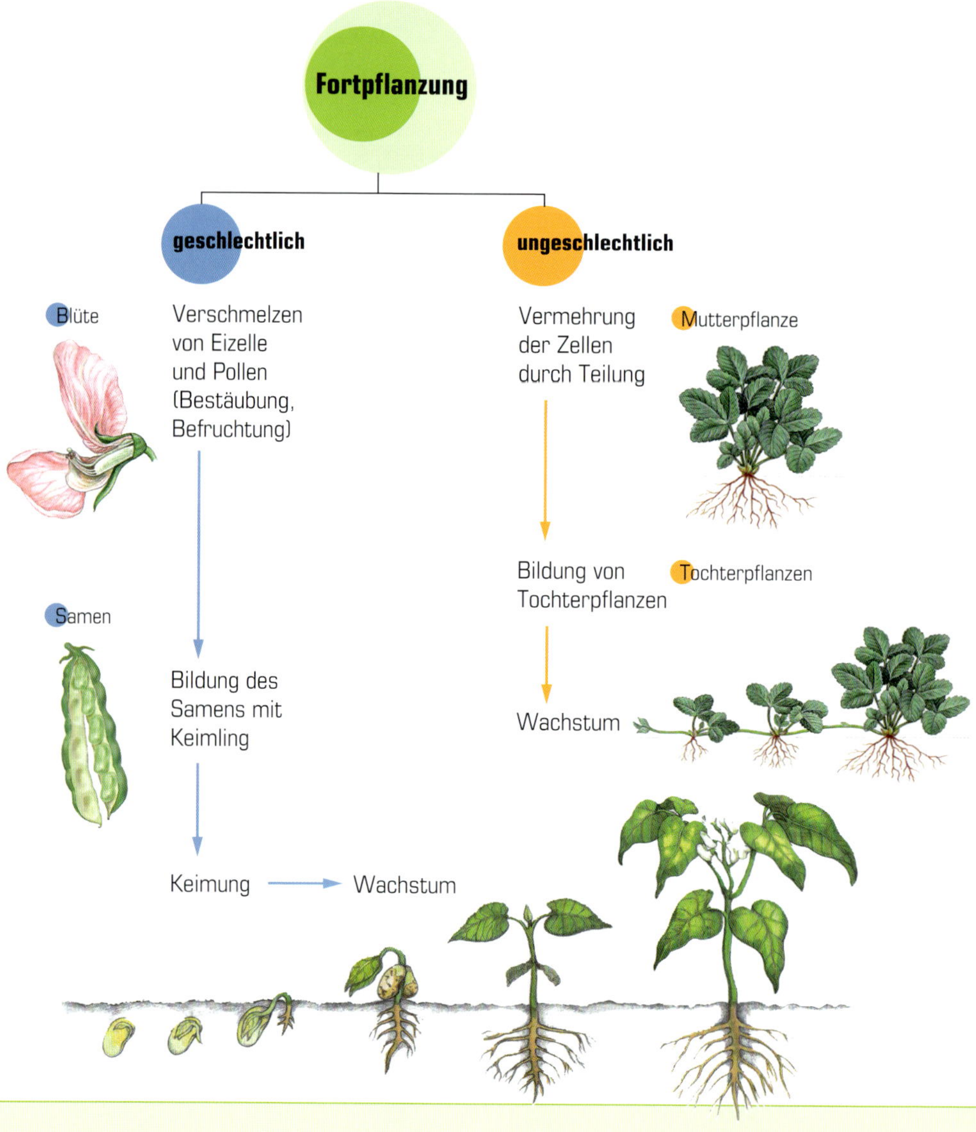

Basiskonzept

Fortpflanzung und Individualentwicklung bei Wirbeltieren

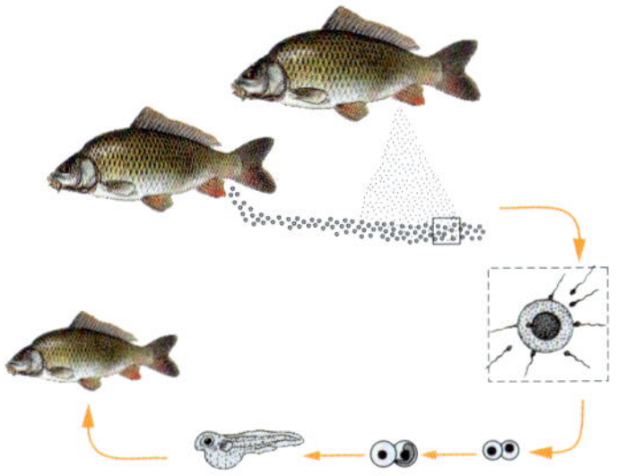

Fische

meist äußere Befruchtung;
schalenlose Eier; befruchtetes Ei, Fischlarve, Jungfisch, erwachsener Fisch;
Entwicklung im Wasser

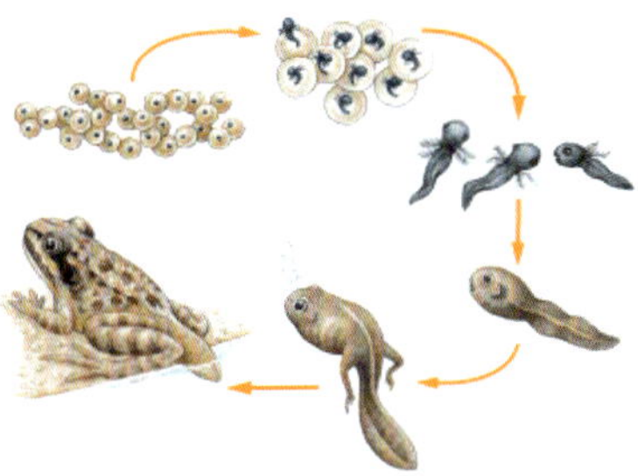

Lurche

äußere Befruchtung (Froschlurche);
innere Befruchtung (Schwanzlurche);
Eier mit Gallerthülle; befruchtetes Ei, Froschlarve (Kaulquappe), Jungfrosch;
Metamorphose im Wasser

Kriechtiere

innere Befruchtung;
pergament- oder kalkschalige Eier;
Schlupf der Jungtiere;
Entwicklung an Land

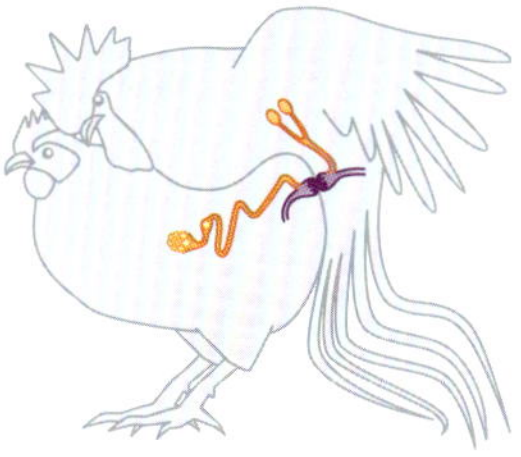

Vögel

innere Befruchtung;
kalkschalige Eier; Ausbrüten der Eier,
Schlupf der Jungvögel;
Entwicklung an Land

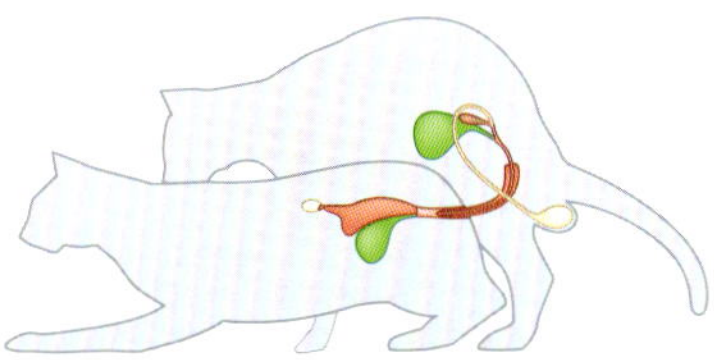

Säugetiere

innere Befruchtung;
Eizellen im Mutterkörper; Entwicklung im Mutterleib; lebend gebärend, Jungtiere werden gesäugt

Basiskonzept

Fortpflanzung des Menschen

Der Mensch pflanzt sich geschlechtlich fort. Dieser Prozess wird als Reproduktion bezeichnet und dient der Erhöhung des individuellen Fortpflanzungserfolgs bzw. der Verbesserung der eigenen Fortpflanzungsmöglichkeit u. a. durch eine Neukombination des Erbmaterials.

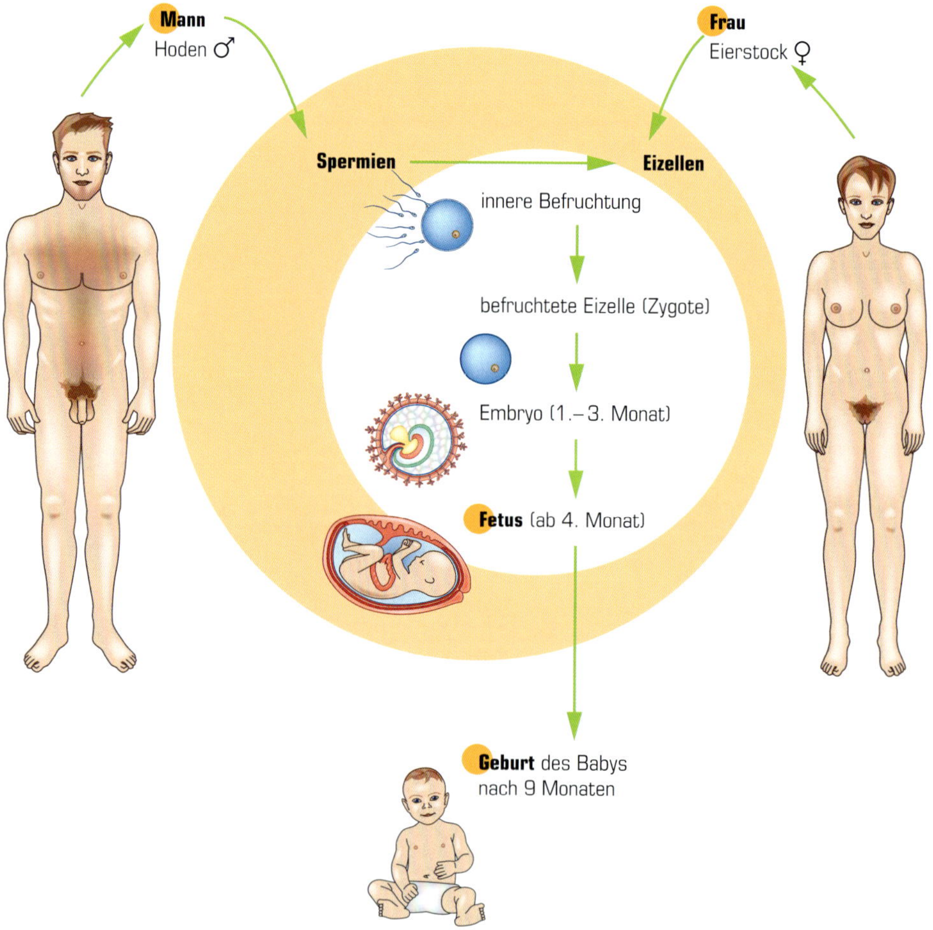

Basiskonzept

Individualentwicklung des Menschen

Wir unterscheiden eine vorgeburtliche (Befruchtung und Schwangerschaft) und eine nachgeburtliche Phase (u. a. Geburt, Säugling, Kleinkind, Pubertät, Altern) der Individualentwicklung.
Menschen verändern sich ihr gesamtes Leben lang.

Vorgeburtliche Entwicklung

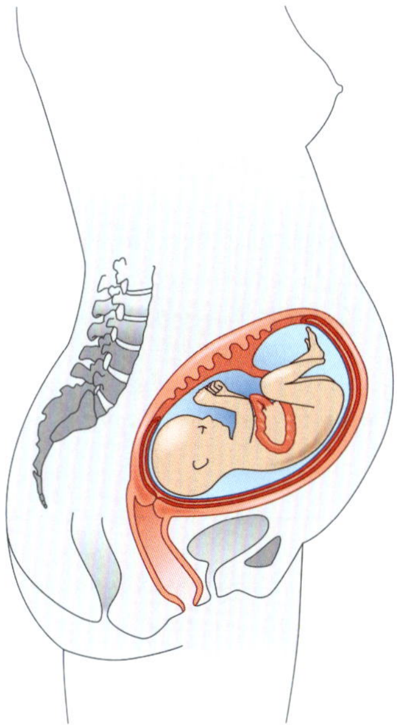

Originalgrößen

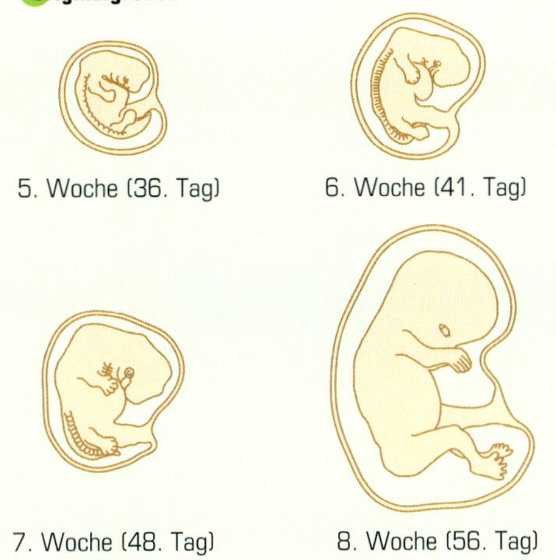

Nachgeburtliche Entwicklung

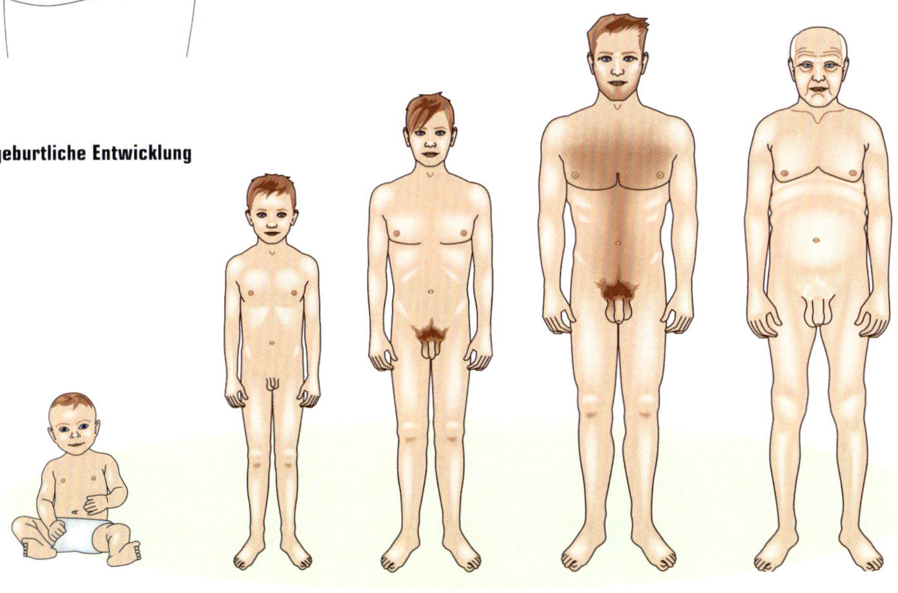

Basiskonzept

Entwicklung eines Ökosystems in längeren Zeiträumen

Auch **Ökosysteme** durchlaufen eine allmähliche Entwicklung. Dieser **Sukzession** liegt ein lineares Zeitmuster – beginnend mit einem Anfangsstadium über verschiedene Folgestadien bis zu einem stabilen Endstadium – zugrunde.

Die Aufeinanderfolge der unterschiedlichen Entwicklungsstadien ist das Ergebnis von Wechselwirkungen zwischen sich ändernden Umweltfaktoren und der Zusammensetzung ihrer Lebensgemeinschaften.

Auch ein See verändert sich. Man bezeichnet eine solche meist sehr langsam verlaufende Entwicklung als **Verlandung.**

A

Der See weist noch die charakteristische Zonierung auf. Lediglich die Tiefenzone existiert nicht mehr, Tiefenalgen bedecken den gesamten Seegrund. Dort hat sich bereits eine Schicht organischer und anorganischer Sedimente aus abgestorbenen Lebewesen und eingeschwemmten Materialien gebildet. Der See zeigt als erste Stufe der Verlandung eine ***Verflachung.***

B

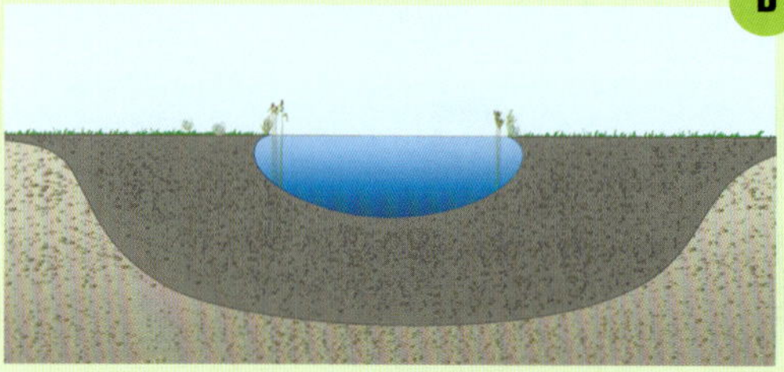

Vor allem durch weitere Ablagerung von organischer Substanz wächst der See weiter zu. Eine ***Verkleinerung*** *der Wasserfläche ist deutlich feststellbar. Die Pflanzen der Schwimmblattzone, der Röhrichtzone und der Bruchwaldzone (↗ S. 27) dringen zur Gewässermitte vor. Für einige Pflanzenarten bestehen keine Lebensbedingungen mehr, sie sterben ab.*

C

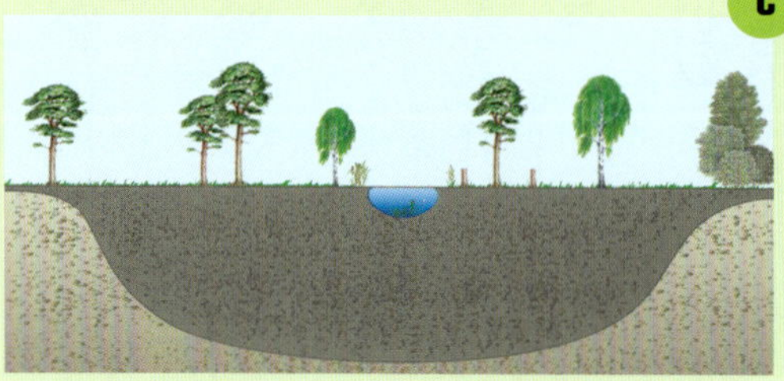

Vom See ist fast nichts mehr übrig geblieben. Der Bruchwald, bestehend aus Schwarz-Erlen, Birken und Weiden und durchsetzt mit Gräsern, Farnen und Moosen, herrscht vor. Wenn sich Bäume nicht durchsetzen können, entsteht ein ***Flachmoor,*** *aus dem sich bei nährstoffarmem Wasser auch ein* ***Hochmoor*** *bilden kann.*

Basiskonzept

Entwicklung des Lebens auf der Erde (Evolution)

Die Entwicklung des Lebens auf der Erde vollzog sich mit Anpassungen und Spezialisierungen der Organismen an die Umwelt in sehr langen Zeitabschnitten.

Zeitalter	Periode	vor Mio. Jahren	Bedeutende Ereignisse in der Geschichte des Lebens auf der Erde
Erdneuzeit	Quartär	1,6–heute	Wechsel von Kalt- und Warmzeiten; Auftreten und Entwicklung des Menschen; Beginn der Einflussnahme des Menschen auf die Natur
	Neogen	23–1,6	Auftreten und Entwicklung des Menschen, der Pflanzen und Tiere der Gegenwart
	Paläogen	65–23	Entwicklung und Ausbreitung der Säugetiere; Entwicklung der Affen und Menschenaffen; Ausbreitung der Gräser; Entfaltung der Vögel
Erdmittelzeit	Kreide	145–65	letzte Saurier; erste Affen; erste Bedecktsamer (Samen- bzw. Blütenpflanzen); erste Vögel
	Jura	200–145	Vorherrschaft der Saurier; Urvögel; Nacktsamer (Nadelgehölze, Palmfarne, Ginkgoverwandte)
	Trias	251–200	erste Säugetiere; Vielfalt der Reptilien; Samen- bzw. Blütenpflanzen (Nacktsamer vorherrschend)
Erdaltzeit	Perm	299–251	Vielfalt der Reptilien und Insekten; Samen- bzw. Blütenpflanzen werden zahlreicher, Farnpflanzen gehen zurück
	Karbon	359–299	erste Reptilien (Kriechtiere); zahlreiche Amphibien; ausgedehnte Feuchtwälder aus Farnpflanzen (Bärlappe, Schachtelhalme, Echte Farne), erste Samen- bzw. Blütenpflanzen
	Devon	416–359	erste Amphibien (Lurche), erste Insekten; Vielfalt der Fische; Quastenflosser; Farnpflanzen (vor allem Urfarne)
	Silur	444–416	erste Landpflanzen (Moose, Urfarne), Ausbreitung der Fische
	Ordovizium	488–444	erste Fische; Meeres- und Süßwasseralgen
	Kambrium	542–488	Wirbellose im Meer (Schwämme, Hohltiere, Würmer, Gliederfüßer, Stachelhäuter), Algen
Erdfrühzeit und Erdurzeit	Präkambrium	542 2500 3500 3800 4600	Wirbellose mit weichem Körper; Algen Sauerstoffgehalt der Atmosphäre mehr als 1 % des heutigen Werts älteste Fossilien von Bakterien erste Spuren des Lebens Entstehung der Erde

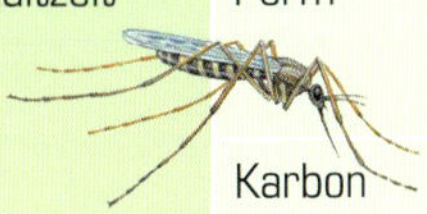

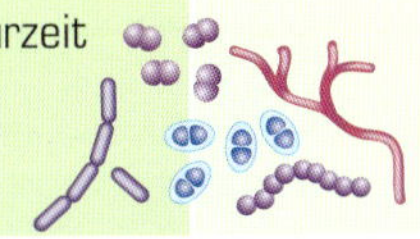

Quelle: *„International Commission on Stratigraphy"* (ICS)

Basiskonzept

Die Stammesgeschichtliche Entwicklung des Menschen

Die Aufzeichnung des langen Wegs zum modernen Menschen ähnelt eher einem Stammbusch als einem Stammbaum.

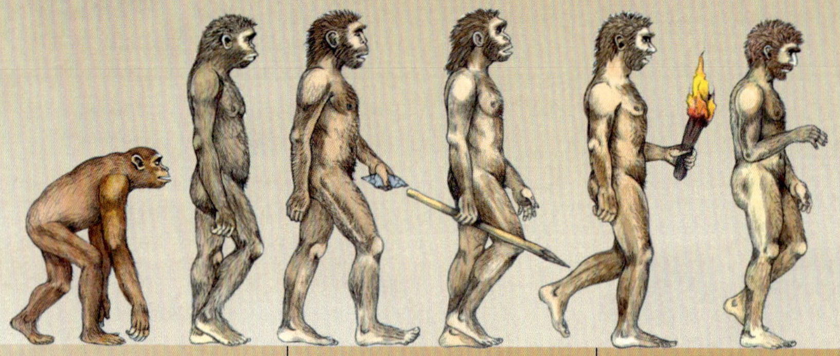

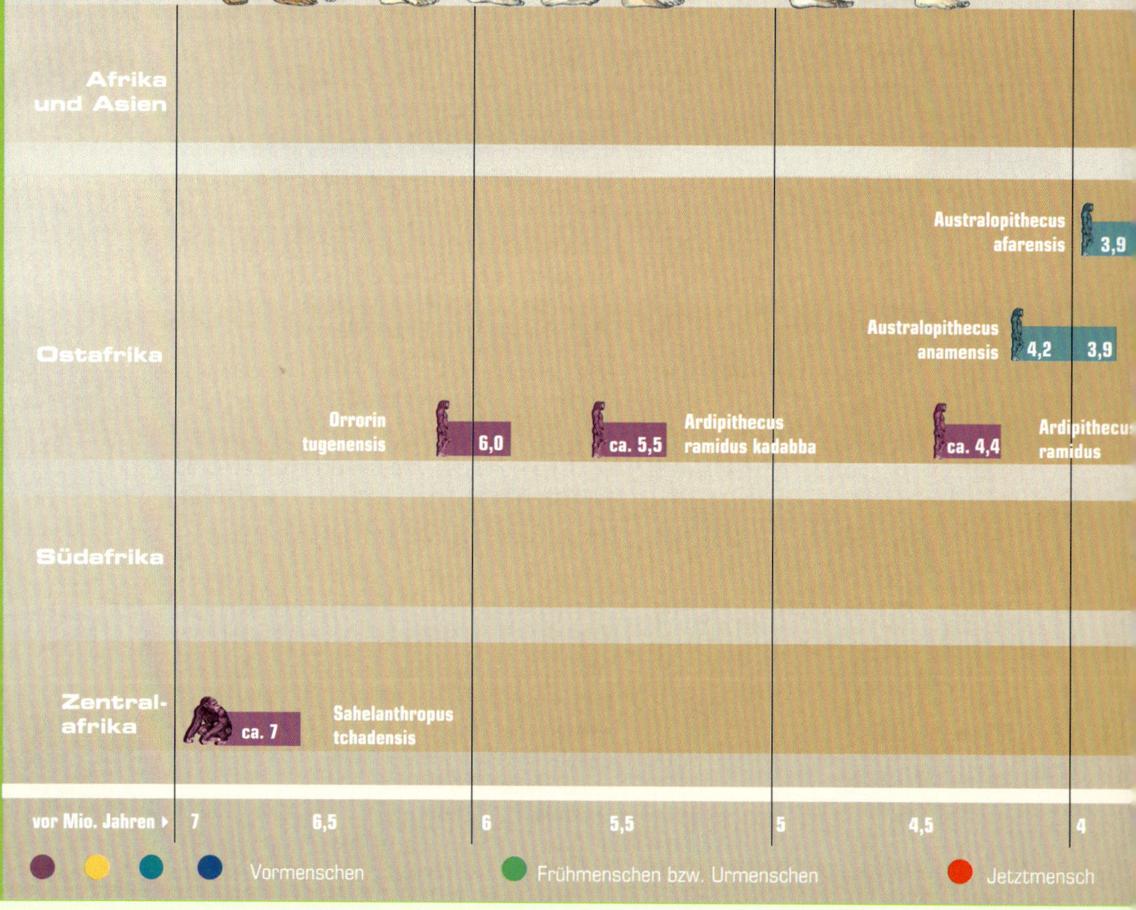

4

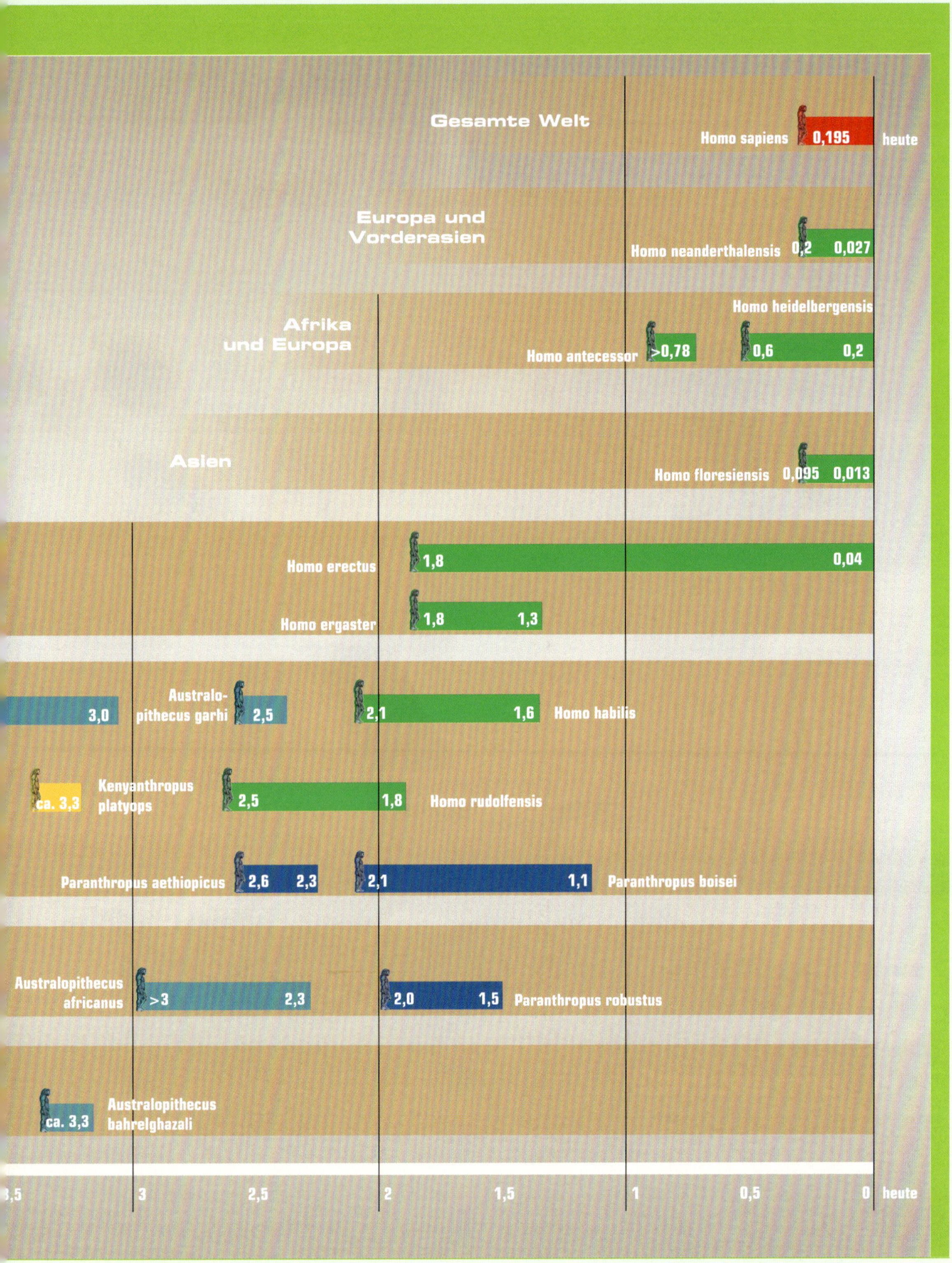
Gesamte Welt
Homo sapiens
0,195
heute
Europa und Vorderasien
Homo neanderthalensis
0,2
0,027
Afrika und Europa
Homo heidelbergensis
Homo antecessor
>0,78
0,6
0,2
Asien
Homo floresiensis
0,095
0,013
Homo erectus
1,8
0,04
Homo ergaster
1,8
1,3
3,0
Australo-pithecus garhi
2,5
2,1
1,6
Homo habilis
Kenyanthropus platyops
ca. 3,3
2,5
1,8
Homo rudolfensis
Paranthropus aethiopicus
2,6
2,3
2,1
1,1
Paranthropus boisei
Australopithecus africanus
>3
2,3
2,0
1,5
Paranthropus robustus
ca. 3,3
Australopithecus bahrelghazali
3
2,5
2
1,5
1
0,5
0
heute

Ziel erreicht?

Z

Methoden

Facharbeit und Portfolio – wie mache ich das?

Als Leistungsnachweis oder andere Prüfungsform neben der mündlichen Prüfung in der 10. Klasse ist es auch möglich, z. B. eine Facharbeit zu erarbeiten oder ein Portfolio anzulegen.
Bei einem **Portfolio** handelt es sich um eine Sammelmappe. Für künstlerische Bereiche ist sie bereits üblich, da darin eine Auswahl eigener Arbeiten zusammengestellt wird (Vorzeigeportfolio).

Aber auch für den naturwissenschaftlichen Bereich können mit dieser Mappe die eigene Leistungsfähigkeit und Entwicklung dokumentiert werden (Entwicklungsportfolio).

Für eine Prüfung werden dazu über einen definierten Zeitraum (z. B. Projektdauer) gezielt Arbeiten zu grundlegenden Lernzielen gesammelt und selber bewertet (Prüfungsportfolio).

Bei einer **Facharbeit** handelt es sich um eine umfangreiche schriftliche Arbeit. Dabei musst du dich mit einem selbst gewählten Thema möglichst fachübergreifend auseinandersetzen.
Du kannst dabei wie folgt vorgehen:

Schritt 1

Thema auswählen

Wähle ein Fachgebiet aus, das dich besonders interessiert. Suche ein Thema, worüber du mehr erfahren willst und formuliere daraus eine konkrete Aufgabenstellung.

Schritt 2

Arbeitsplan erstellen

Plane deine zur Verfügung stehende Zeit und fertige einen Ablaufplan an. Schaffe dir dafür kontrollierbare Zwischenetappen.

Schritt 3

Material auswählen

Suche geeignete Informationsquellen aus und analysiere das Material bzw. erschließe dir die Informationen.

Schritt 4

Erstellen des Texts

Eine Facharbeit unterteilt sich in die Abschnitte:
- Inhaltsgliederung
- Einleitung (führt auf das Wesentliche der Arbeit hin, erläutert die Vorgehensweise)
- Durchführungsteil mit Kapiteln und Unterkapiteln (entspricht der Inhaltsgliederung) und Grafiken, Tabellen, Abbildungen
  Achte bei der Erarbeitung darauf, dass du Zusammenhänge und Ursachen kritisch hinterfragst und Zitate, Quellenangaben u. a. richtig darstellst.
- Schlussteil (Ergebnisse kurz auf den Punkt bringen, eigene Schlussfolgerung ziehen)
- Literaturverzeichnis (Angabe der verwendeten Quellen)

Facharbeit bzw. Portfolio werden dann im Rahmen einer mündlichen **Präsentation** z. B. vor einer Prüfungskommission verteidigt.

Ziel erreicht?

Das Lösen der nachfolgenden Aufgaben erfordert sowohl ein umfangreiches Wissen aus dem Biologieunterricht der Klassen 7 bis 10 (Sachkompetenz) als auch Kenntnisse und Fähigkeiten für das Ausführen bestimmter Tätigkeiten (Methodenkompetenz). Es fordert weiterhin auch Selbstständigkeit, Verantwortung, Zielstrebigkeit, gemeinsames Lernen und Arbeiten (Selbst- und Sozialkompetenz). Die Aufgaben erheben keinen Anspruch auf Vollständigkeit. Sie können einzeln und als zusammengestellter Komplex – auch zur Vorbereitung auf Prüfungen – bearbeitet werden.

Mit Fachwissen umgehen

1. Wie kommt die Stärke in die Kartoffeln?

a) Ordne folgende Textbausteine sinnvoll:

1 Pflanzen nehmen durch die Wurzeln Wasser und Mineralsalze auf.

2 Dieses ist ein autotropher Assimilationsprozess, weil aus anorganischen, körperfremden, energiearmen Stoffen unter Energiezufuhr der körpereigene organische, energiereiche Stoff Traubenzucker entsteht.

3 Durch die Spaltöffnungen in den Blattunterseiten der Laubblätter gelangt Kohlenstoffdioxid in das Blattgewebe.

4 In den Chloroplasten wird durch Fotosynthese aus Kohlenstoffdioxid und Wasser mithilfe von Lichtenergie Traubenzucker aufgebaut.

5 Dieser Traubenzucker wird in einer Transportform von den Blättern über die Siebröhren der Leitbündel in die Kartoffelknolle geleitet.

6 Diese Stoffe gelangen durch die Gefäße in den Leitbündeln über die Sprossachse bis in die Laubblätter.

7 Diese Stärke kann mithilfe des Mikroskops in den großen Speicherzellen sichtbar gemacht werden.

8 In einem chemischen Prozess wird dann diese Transportform in speicherfähige Stärke umgewandelt.

b) Erläutere, warum Kartoffeln wichtige Nahrungsmittel sind.

2. Die Augen gehören zu den Sinnesorganen. Mit ihrer Hilfe können Lebewesen Informationen aus der Umwelt aufnehmen und Erregungen an das Nervensystem weiterleiten.

a) Benenne die in der Abbildung gekennzeichneten Teile des Auges.

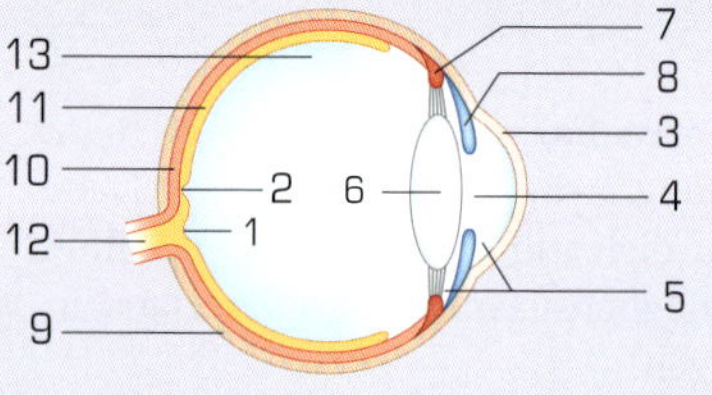

b) Gib von diesen Teilen die jeweiligen Funktionen an.

c) Beschreibe die Bildentstehung.

d) Stelle ein allgemeines Fließschema für die Funktionsweise des Sinnesorgans auf.

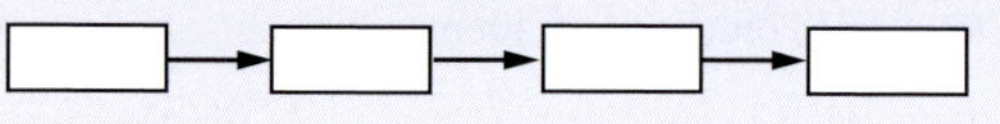

3. Zellen sind die Grundbausteine aller Lebewesen. Trotz der Vielfalt an Formen und Größen zeigen alle Zellen grundlegende Übereinstimmungen im Aufbau.

a) Vergleiche die auf S. 253 dargestellten Zellen a und b hinsichtlich ihrer Zellbestandteile.

b) Benenne die dargestellten Einzeller. Ordne sie den tierischen oder pflanzlichen Zellen zu. Begründe die Zuordnung.

c) Ziehe aus dem Vergleich jeweils eine Schlussfolgerung über die Ernährungsformen der dargestellten Zellen.

d) Stelle die Wortgleichung für die Fotosynthese auf und nenne die Bedingungen, die für diesen biochemischen Prozess vorhanden sein müssen.

Z

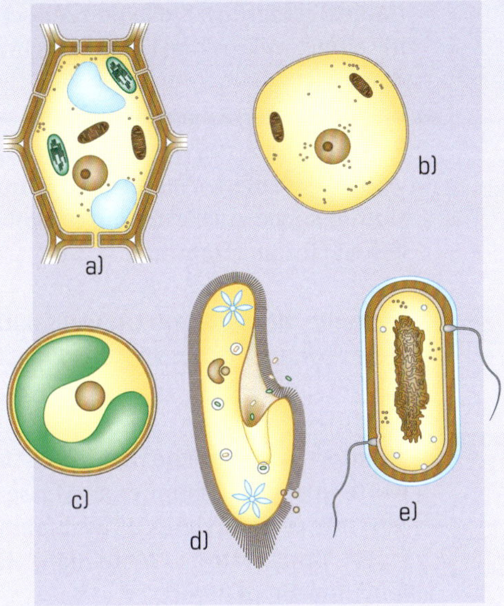

e) Ohne die Fotosynthese der Pflanzen gäbe es für die heterotroph lebenden Organismen (z.B. Menschen, Tiere, Bakterien, Pilze) bald keine Nahrung mehr auf der Erde.
Erkläre diesen Sachverhalt.

4. Die aufgenommenen bzw. erzeugten Nährstoffe (z. B. Glucose) werden von den Zellen u. a. für die Zellatmung benötigt.

a) Nenne den Zellbestandteil, in dem dieser Vorgang stattfindet.

b) Notiere die Reaktionsgleichung der Zellatmung.

c) Beschreibe an einem Sachverhalt, welche Bedeutung die Zellatmung für die Zellen bzw. die Lebewesen hat.

5. Assimilation und Dissimilation sind zwei voneinander abhängige, aber entgegengesetzte Stoff- und Energiewechselprozesse.

a) Begründe diesen Sachverhalt.

b) Versuche für diese Prozesse an Beispielen Reaktionsgleichungen aufzustellen.
Nutze dazu auch die Abbildungen auf Seite 233.

6. Jeder Mensch besitzt über 200 verschiedene Zelltypen. Dazu gehören u. a. die in der Abbildung dargestellten Zellen.

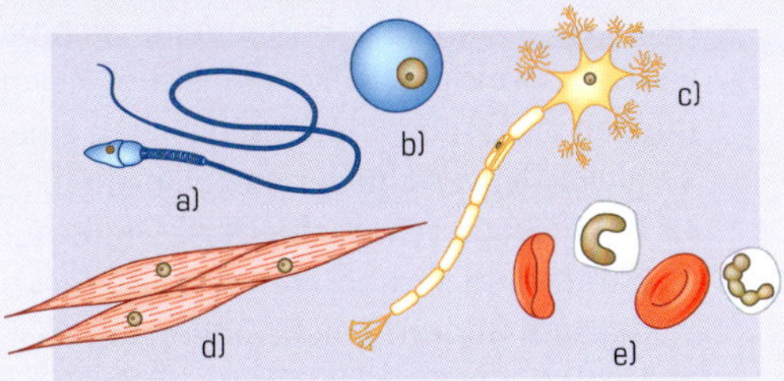

a) Gib an, um welche Zellen es sich jeweils handelt.

b) Stelle jeweils einen Zusammenhang zwischen Bau und Funktion für die abgebildeten Zellformen her.

c) Erläutere einen Vorteil, den spezialisierte Zellformen für die Lebensvorgänge in mehrzelligen Lebewesen haben.

7. Die Besiedlung von Inseln mit Organismen wird von Wissenschaftlern besonders untersucht, da sie Aufschlüsse über die Evolution geben kann.

a) Madeira ist eine Insel im Mittelatlantik, über die fast ständig stärkere Winde wehen. DARWIN fand auf dieser Insel viele Käferarten, deren Flügel verkümmert waren. Erkläre die Entstehung dieser Käferarten.

b) Die Tierwelt vieler Inseln ist meist individuenreich, aber artenarm. Diskutiere diese Aussage.
Welche Folgerungen könnten sich daraus für die Evolution ergeben?

c) Erkläre das Wirken von Auslese und Isolation am Beispiel der Darwinfinken.

Methoden der Biologie nutzen

1. Seit der Erfindung der Mikroskopie können Zellen und ihre Bestandteile sichtbar gemacht werden. Mikroskopische Zeichnungen und Fotografien ermöglichen einen Vergleich der verschiedenen Zellformen.
   a) Mikroskopiere verschiedene Dauerpräparate und fertige von den mikroskopischen Bildern Zeichnungen an.
   b) Fertige ein Frischpräparat vom Zwiebelhäutchen an. Färbe die Zellbestandteile mit einem geeigneten Farbstoff. Stelle das mikroskopische Bild ein und zeichne zwei Zellen mit ihren Anschlüssen an die Nachbarzellen.

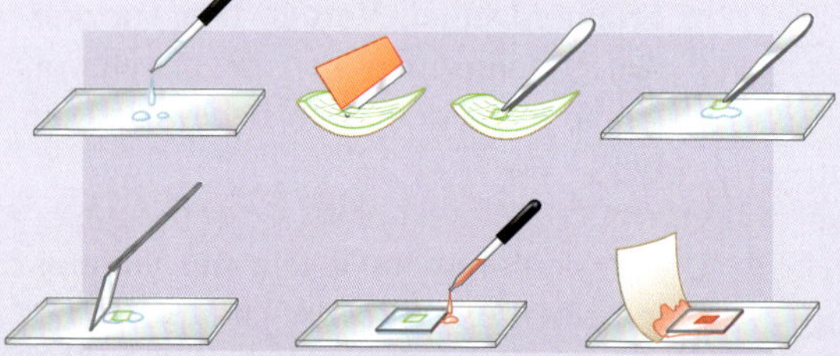

2. Die Sprossachsen vieler krautiger Pflanzen weisen Strukturen auf, die zur Festigung des Gewebes dienen.

   a) Wähle mithilfe dir zur Verfügung stehender Bestimmungsliteratur ein Lippenblütengewächs aus deiner Umgebung aus und bestimme seine Art.
   b) Fertige einen Steckbrief der Art an, der die Verwandtschaftsverhältnisse, die typischen Merkmale wie den Blütenbau, Umweltansprüche und die Bedeutung für den Menschen beinhaltet.
   c) Fertige ein Frischpräparat der Sprossachse des Lippenblütengewächses an. Ein repräsentatives dünnes Segment der Sprossachse genügt.

   Färbe dein Objekt, um verholzte Strukturen sichtbar zu machen (z. B. mit Safranin-Lichtgrün). Stelle den Ausschnitt in einer mikroskopischen Zeichnung dar.
   d) Begründe die Angepasstheit der vierkantigen Sprossachse zum Transport von Nährstoffen, Wasser und Mineralstoffen sowie zur Festigung der pflanzlichen Gestalt (Habitus).

3. Die gezielte Messung von Umweltfaktoren ist eine Voraussetzung für die Einschätzung der Qualität von Lebensräumen.
   a) Ermittle für einen selbst gewählten Standort eine Woche lang die Messwerte (je nach vorhandenen Messgeräten) für verschiedene Umweltfaktoren (z. B. Temperatur, Lichteinfall, Luftfeuchtigkeit, pH-Wert).
   b) Stelle deine Messwerte in geeigneter Form dar.
   c) Leite aus den Messwerten Aussagen über die Qualität des Standorts als Lebensraum für Pflanzen und Tiere ab.

4. In unseren Nahrungsmitteln sind Kohlenhydrate, Fette und Eiweiße als wichtige Nährstoffe in sehr unterschiedlichen Mengen enthalten.
   a) Beschreibe mithilfe von Modellen den Abbau der Nährstoffe im Verdauungssystem des Menschen. Zeige an deinem Beispiel den Vorteil von Modellen und ihre Grenzen auf.
   b) Erläutere, warum die Nährstoffe verdaut werden müssen.
   c) Weise in verschiedenen Nahrungsmitteln wie Kartoffeln, Weintrauben, Gurken, Milch, Eiern und Nüssen das Vorhandensein von reduzierenden Zuckern, Glucose (Teststreifen), Stärke, Eiweißen und Fetten nach.
   Fertige ein ausführliches Protokoll mit Durchführung, Beobachtung und Auswertung an.
   d) Nenne die wichtigsten Funktionen der drei Nährstoffgruppen.

Z

Informationen erschließen und austauschen

1. Verschiedene Gewebe, die gemeinsam bestimmte Aufgaben erfüllen, bilden Organe. Jedes Organ wiederum ist Bestandteil eines Organsystems.

a) Erarbeite eine Präsentation zu einem Organsystem des Menschen. Darin sollten folgende Aussagen enthalten sein: wesentliche Aufgabe(n) des Organsystems, Organe des Systems, Funktionen der einzelnen Organe im System, Bau- und Funktionszusammenhänge eines Organs, Regeln für die Gesunderhaltung. Gestalte deine Präsentation anschaulich (verwende z. B. Rollkarten, Torso, Computer).

b) Erstelle für deine Mitschüler ein Arbeitsblatt, auf dem sie wesentliche Aussagen deines Vortrags ergänzen können.

2. In unseren Lebensmitteln sind zusätzliche Stoffe enthalten.

a) Nenne Gruppen von Lebensmittelzusatzstoffen.

b) Untersuche in einem Lebensmittelcenter einige abgepackte Lebensmittel in Bezug auf ihre Zusatzstoffe.

c) Informiere dich im Internet über die Bedeutung dieser Stoffe und über Pro und Kontra des Einsatzes von Lebensmittelzusatzstoffen. Fertige dazu eine Wandzeitung an.

3. Gentechnologie wird inzwischen vielfältig eingesetzt, ist aber umstritten. Der Anbau von transgenen Pflanzen wird z. B. häufig von Protesten begleitet. Der Einsatz beim Menschen ruft teils heftige Diskussionen hervor.
Jeder, der sich eine eigene Meinung zu einem so komplizierten Thema bilden möchte, sollte dies auf der Basis umfassender und sachlicher Informationen machen.

a) Erarbeitet nach der Expertenmethode die Anwendungsgebiete der Gentechnik: Bildet Gruppen mit je vier Schülerinnen und Schülern. Legt fest, wer zum Experten für ein Teilthema wird, z. B. „Transgene Pflanzen", „Transgene Tiere", „Transgene Lebensmittel" und „Gentechnik in der Medizin". Sammelt nun Informationen über das jeweilige Teilthema und tauscht diese mit den entsprechenden Experten der anderen Gruppen aus. Kommt nun in der ursprünglichen Gruppe zusammen und informiert euch gegenseitig.

b) Entwerft eine Mind-Map und stellt die Ergebnisse übersichtlich dar.

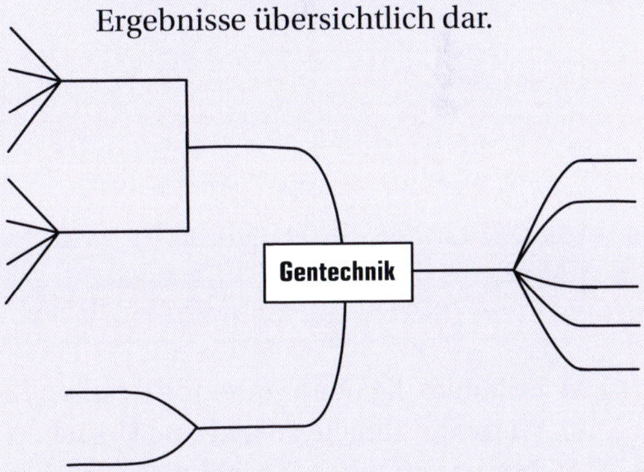

c) Wählt eine Anwendung aus der Gentechnik aus.
- Listet Argumente für den Einsatz dieser Methode (Pro-Argumente) auf.
- Listet Argumente, die gegen den Einsatz dieser Methode sprechen (Kontra-Argumente), auf.

Sachverhalte erkennen und bewerten

1. Die Energiegewinnung der Menschen durch die Verbrennung von Kohlenstoffverbindungen führt zur Emission von Kohlenstoffdioxid in die Atmosphäre (↗ Abb. unten). Dies führt zum Treibhauseffekt.
Je nach Kulturkreis, Klimazone oder Lebensstandard usw. differieren die Mengen der CO_2-Emissionen je Kopf der Bevölkerung sehr stark (↗ Tab.).

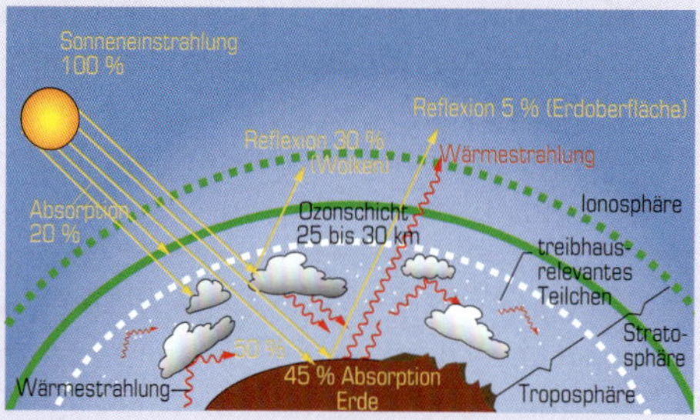

Region	**CO_2-Emissionen pro Kopf pro Jahr**
Deutschland	10,5 t
Großbritannien	9,2 t
Frankreich	6,7 t
Texas (USA)	35,6 t
Afrika	0,3 t

a) Erläutere die oben stehende Grafik.
b) Werte die Tabelle aus, nenne Ursachen der bestehenden Verhältnisse in den Regionen.
Ziehe Schlussfolgerungen bezüglich der globalen Erwärmung durch den Treibhauseffekt.
c) Nenne die Positionen des Kyoto-Protokolls von 1997 zum Klimaschutz. Bewerte die Stellung der Staaten, die dem Protokoll zustimmen oder es ablehnen.

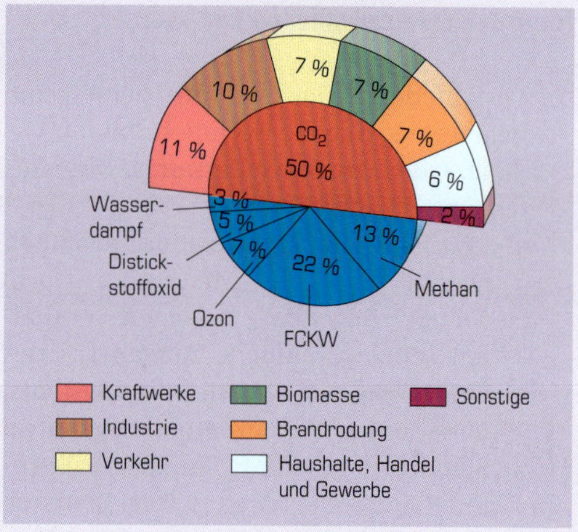

d) Stelle Maßnahmen zur Reduktion der CO_2-Emissionen in Deutschland, eurer Schule und eurer Familie zusammen. Bewerte die Maßnahmen hinsichtlich ihrer Umsetzbarkeit und Wirksamkeit.

2. Eingriffe des Menschen in die natürlichen Stoffkreisläufe und Energieflüsse haben z. T. dramatische Auswirkungen auf die betroffenen Ökosysteme.
a) Beschreibe positive und negative Einwirkungen des Menschen auf Ökosysteme.
b) Erörtere die folgende Aussage aus ökologischer und ökonomischer Sicht: „Die Nutzung fossiler Energieträger und der Kernenergie ist auch in den nächsten Jahrzehnten unverzichtbar."

3. Viele Menschen werden durch eine Organtransplantation gerettet. Häufig vergeht eine lange Zeit, bis ein geeignetes Spenderorgan gefunden wird.
a) Informiere dich im Internet über Beispiele. Erläutere die Faktoren, die bei der Suche nach einem geeigneten Organ beachtet werden müssen.
b) Immer wieder hört man, dass es einen internationalen Handel mit menschlichen Organen gibt.
Bewerte diesen Sachverhalt.

Neue Gefahrstoffsymbole

Ab 01.12.2010 gelten weltweit neue Symbole. Eine vorläufige Zuordnung ist in Spalte 4 dargestellt.

Altes Symbol	Kennbuchstabe und Gefahrenbezeichnung	Beschreibung der Wirkung der gekennzeichneten Stoffe	Neues Symbol
	T giftig T+ sehr giftig Signalwort: Gefahr	Erhebliche Gesundheitsschäden durch Einatmen, Verschlucken oder Aufnahme durch die Haut. Kann krebserzeugend/fortpflanzungsgefährdend sein. Keine Schülerexperimente.	
	Xn gesundheits- schädlich Signalwort: Gefahr	Gesundheitsschäden durch Einatmen, Verschlucken oder Aufnahme durch die Haut. Kann krebserzeugend, sensibilisierend oder fortpflanzungsgefährdend sein.	
	Xi reizend Signalwort: Achtung	Reizwirkung auf die Haut, die Atmungsorgane und die Augen. Kann sensibilisierend durch Hautkontakt sein.	
	E explosions- gefährlich Signalwort: Gefahr	Explosion unter bestimmten Bedingungen möglich. Keine Schülerexperimente.	
	C ätzend Signalwort: Gefahr	Hautgewebe und Geräte werden nach Kontakt zerstört.	
	F leicht entzündlich F+ hochentzündlich Signalwort: Gefahr	Entzünden sich selbst, an heißen Gegenständen mit Wasser entstehen leicht entzündliche Gase.	
	O brandfördernd Signalwort: Gefahr	Andere brennbare Stoffe werden entzündet, ausgebrochene Brände gefördert.	
	N umweltgefährlich, umweltgefährdend	Sind sehr giftig, giftig oder schädlich für Wasserorganismen, Pflanzen, Tiere und Bodenorganismen; schädliche Wirkung auf die Umwelt.	
	komprimierte Gase Signalwort: Achtung	Gaszylinder enthält komprimiertes Gas. Kann durch Erhitzen explodieren. Kann auch gefrorenes Gas enthalten, das Kältebrandwunden oder Verletzungen hervorruft.	

Bildquellenverzeichnis

R. Antes, www.antes-web.de: 5/3; 124/2; 126/2; K. Bachor: 95/2; Bayer HealthCare AG: 143/2; Bibliographisches Institut AG: 5/5; 13/3; 18/2; 33/1; 35/1; 35/3; 35/2; 36/1; 36/3; 39/4; 44/3; 47/2; 52/1; 54/3; 55/3; 70/2; 82/2; 117/3; 117/2; 124/3; 128/2; 162/2; 177/3; 181/4; 181/5; 182/1; 182/2; 183/2; 190/3; 190/4; 191/3; 192/2; 193/5; 196/2; 217/4; 220/1; A. Biedermann, Berlin: 85/3; Amt für Biosphärenreservat Schaalsee: 80/1; blickwinkel/ A. Hartl: 124/5; Dr. S. Brezmann, Hamburg: 43/1; CNH Deutschland GmbH: 73/1; Corel Photos Inc.: 13/2;42/2; 54/1;54/4;72/1;128/2;186/1;191/2;253/3; B. Dapprich, Amstetten: 6/2; Duden Paetec GmbH: 89/1a;89/1b;106/2;140/3;157/5;172/1;189/2;217/2; ESA: 69/4;74/3;159/1; K.-H. Firtzlaff, Berlin: 138/1; FOCUS/eye of science/Meckes, Ottawa, Reutlingen: 92/4; Fotolia/N. Okhitin : 88/1;149/2; /A. Beck;165/1; Comstock Images/Fotosearch: 7/1;100/1;251/1; Dr. T. Geisel: 69/1; Hemera Photo Objects:165/2; Honda Motor Europe GmbH: 209/3; IMA, Hannover: 85/5; iStockphoto: 5/2; 5/4; 6/3;9/1;9/4;14/1;15/1 bis 4; 18/1;33/2;36/2;37/1;39/2;41/3;42/1;43/2;49/1;50/2;55/1;64/1;75/1;81/1;83/1;86/1;87/1;87/5;88/2;92/3; 97/1; 106/1; 107/2; 109/1; 114/1; 124/4; 127/1; 128/1; 129/1; 133/3; 134/1; 136/1; 140/2; 140/4; 155/1a; 173/1; 173/4; 187/2; 190/2; 191/1; 195/1; 197/1; 208/2; 208/3; 210/1; 212/1; 213/1; 215/2; 215/3; 215/4; 216/1; 217/1; 217/5; /J. Battaglia: 131/1; /B. Coenders: 19/1; /H. Grossmann: 6/1; /M. Guhl: 77/2; /D. Hills:185/1; /A. Kalina: 209/1; /J. Krajewski: 78/1; / S. Leigh: 218/1;219/1; /P. LoveKing: 47/3; /S. Neill: 82/4; /D. Parsons: 44/1; /R. Pavlovic: 143/1; /S. Pintus: 76/2; /A. Polakovs: 35/5; /S. Randall: 13/1; /B. Rytter: 221/1;250/1; /Ch. Schmidt: 144/1; /D. Schwartz: 153/1; /Ch. Taylor: 13/4; /L.-A. Thompson: 97/2; /D. Turner: 220/1; /A. Zoric: 100/2; Jahn, Löther, Senglaub „Geschichte der Biologie“ (Gustav Fischer Verlag,1982): 107/4; F. Jantzen, Bad Arolsen: 30/2; S. Karpp, Leipzig: 155/1b; Prof. Dr. U. Kirschbaum, FH Gießen: 21/3; W. Klaeber: 44/2; Dr. A. E. Lafenthaler, Bad Hofgastein: 38/3; Laubag/Rauhut, Senftenberg: 3/1; LKA Schleswig-Holstein: 4/4; Dr. D. Langermann, Berlin: 141/1; G. Lichter, Biberach: 154/1; B. Mahler, Fotograf, Berlin: 71/2; H. Mahler, Fotograf, Berlin: 29/1; T. Martens, Großrettbach: 172/2; mauritius images/ CuboImages: 117/2;201/3; Bundesministerium für Umwelt, Naturschutz und Reaktorsicherheit: 85/2; MX-Elektronik, Berlin: 16/1; Naturfotografie F. Hecker: 71/3; Museum für Naturkunde, Berlin: 155/4;170/5; Z. Neuls, Berlin: 21/2;38/1;53/3;113/1;113/2;113/3;193/3; Neumann Verlag, Leipzig Radebaul: 189/1; NTL Austria: 17/3; panthermedia/J. Freitag: 8/1; /H. Reimann: 54/2; /E. Utz: 35/4; H.-U. Pews, Berlin: 167/3; Photo Disc Inc.: 55/5; 69/3; 70/1; 85/4; 105/2; 140/1; 192/1; Phywe Systeme GmbH & Co. KG, Göttingen: 3/2; 28/2; 30/1; picture-alliance /akg-images: 991/1; /dpa: 92/1; 98/2 u. 3; 99/2; 126/2; 140/5; 146/1;147/1;149/3;193/1;211/1; / KPA: 91/2; 208/1/© Dr. Eckart Pott/ OKAPIA: 40/3; ZB - Fotoreport: 209/1; Pixland;107/1; F. Welter-Schultes/ Planetposter editions: 156/2-8;157/2 u.3;157/6;159/4;179/1; primap software/H. Haas: 26/1; S. Raake: 4/5; Dr. B. Raum, Neuenhagen: 4/2; 20/2; 20/1;69/2;172/3; S. Ruhmke, Berlin: 7/2;7/3;151/1; Nachsatz; W. Schuchardt, Göttingen: 170/1;170/3;173/2;173/3;178/2; Siemens AG/München: 137/1; H. Theuerkauf, Gotha: 39/1;87/3;127/2;190/1;254/3; Thüringisches Landesamt für Archälogie und Denkmalpflege, Weimar: 206/1; Tierbildarchiv Angermayer, Holzkirchen: 42/3; 47/1; 48/2;; www.hessen-tourismus.de: 120/1; Landesumweltamt Brandenburg: 4/1; 9/2; Umweltbundesamt: 69/5;77/1; Urania Verlag: 170/4; Chemisches und Veterinäruntersuchungsamt Ostwestfalen-Lippe, Standort Detmold: 48/1; Prof. Dr. V. Wirth, Murr: 46/3; Prof. Dr. E. Zabel, Güstrow: 29/2;

Was bedeutet eigentlich ...

Sage voraus
Formuliere auf der Grundlage von Fakten, Erkenntnissen, Gesetzen und Modellen eine Aussage über ein wahrscheinlich auftretendes Ereignis, einen Zustand oder eine Entwicklung. Berücksichtige dabei die konkreten Bedingungen.

Experimentiere
Untersuche ein Phänomen der Natur unter ausgewählten, kontrollierten und veränderbaren Bedingungen und werte die Beobachtungsergebnisse aus. Dabei müssen sich die Bedingungen wiederholen lassen.

Beobachte
Ermittle mithilfe von Sinnesorganen oder Hilfsmitteln (z. B. Mikroskop) Eigenschaften und Merkmale, Beziehungen und Abfolgen von Objekten oder Prozessen.

Leite ab
Formuliere auf der Grundlage eines allgemeinen Sachverhalts, Gesetzes oder Modells konkrete Aussagen zu einem Beispiel.

Interpretiere
Finde grundlegende Zusammenhänge, um Aussagen, Beobachtungsergebnissen, Messwerten oder grafischen Darstellungen eine auf die Natur oder Gesellschaft bezogene inhaltliche Bedeutung zu geben. Lege diese Zusammenhänge sprachlich geordnet dar.

Vergleiche
Stelle gemeinsame und unterschiedliche Merkmale von zwei oder mehreren Vergleichsobjekten dar. Wähle die Merkmale nach dem beabsichtigten Zweck des Vergleichs aus und leite eine entsprechende Schlussfolgerung aus den Ergebnissen ab.